高等学校计算机专业系列教材

MySQL数据库技术与应用

李辉　张标　编著

清华大学出版社

北京

内 容 简 介

本书结合 MySQL 8.0 全面系统地讲述了 MySQL 数据库技术与应用。全书共 19 章,包括数据库概述,MySQL 的安装与配置,数据库的基本操作,MySQL 支持的数据类型与运算符,表的基本操作,单表查询操作,插入、更新与删除数据,多表查询操作,视图,索引,用户管理,事务与并发控制,MySQL 日志管理,MySQL 存储过程与函数,MySQL 触发器与事件调度器,MySQL 数据库备份与还原,MySQL 在 Web 技术中的应用,数据库应用系统开发实例,非关系型数据库 NoSQL 等内容。

本书每一章节都给出了一些实例,以提升读者对数据库技术的实践能力。本书附录部分还给出了 15 个上机实验任务,努力做到数据库知识点实践全覆盖,并增添了数据库目前应用极其热门的新领域即 NoSQL,并以 MongoDB 为对象进行应用讲解。

本书具有很强的逻辑性、系统性、实践性和实用性,既可作为本科相关专业"数据库技术及应用"课程的配套教材,也可供参加数据库类考试的人员、数据库应用系统开发设计人员、工程技术人员及其他相关人员参阅。

图书在版编目(CIP)数据

MySQL 数据库技术与应用/李辉,张标编著. —北京:清华大学出版社,2021.8(2024.8重印)
高等学校计算机专业系列教材
ISBN 978-7-302-57965-6

Ⅰ. ①M… Ⅱ. ①李… ②张… Ⅲ. ①SQL 语言-程序设计-高等学校-教材 Ⅳ. ①TP311.132.3

中国版本图书馆 CIP 数据核字(2021)第 065975 号

责任编辑:龙启铭
封面设计:何凤霞
责任校对:胡伟民
责任印制:刘海龙

出版发行:清华大学出版社
   网   址:https://www.tup.com.cn,https://www.wqxuetang.com
   地   址:北京清华大学学研大厦 A 座   邮 编:100084
   社 总 机:010-83470000   邮 购:010-62786544
   投稿与读者服务:010-62776969,c-service@tup.tsinghua.edu.cn
   质量反馈:010-62772015,zhiliang@tup.tsinghua.edu.cn
   课件下载:https://www.tup.com.cn,010-83470236
印 装 者:三河市铭诚印务有限公司
经 销:全国新华书店
开 本:185mm×260mm   印   张:29.25   字   数:730 千字
版 次:2021 年 8 月第 1 版   印   次:2024 年 8 月第 3 次印刷
定 价:79.00 元

产品编号:080119-01

前言

  "数据库"课程不仅是高校计算机相关专业的必修核心课程,也是其他一些专业(如大数据管理与应用、电子商务和人工智能等专业)的必修课程。随着对基于计算机网络和数据库技术的信息管理系统和应用系统需求量的增加,相关专业人员了解和掌握数据库理论与技术的需求也在不断增加。于是,编写一本具有系统性、先进性和实用性,同时又能较好地适应不同层面需求的数据库教材,无疑是必要的。

  MySQL 是目前全球最受欢迎的数据库管理系统之一。全球最大的网络搜索引擎公司 Google 使用的数据库就是 MySQL,并且国内很多大型网络公司也使用 MySQL 数据库,如百度、网易、新浪等。据统计,在世界一流的互联网公司中,排名前 20 位的有 80% 是 MySQL 的用户。MySQL 具有开源、免费、体积小、易于安装、性能高效和功能齐全等特点,因此非常适合于教学。

  目前开发的计算机应用系统,大部分都需要数据库系统的后台支持,而且系统后期的使用、维护和管理也需要大量的相关人员。结合数据库人才培养需求,将全书分为 19 章内容,涵盖了数据库概述、MySQL 的安装与配置、数据库的基本操作、MySQL 支持的数据类型与运算符、管理数据库和表、视图和索引、日志管理、触发器与事件调度器、存储过程与存储函数、用户管理、事务与并发控制、数据库备份与还原、MySQL 在 Web 技术中的应用、数据库应用系统开发实例,以及非关系型数据库 NoSQL 等方面。

  传统的关系数据库具有不错的性能。在互联网领域,MySQL 是绝对靠前的王者。随着互联网 Web 2.0 网站的兴起,传统的关系数据库暴露了很多难以克服的问题,而非关系型数据库则由于其本身的特点得到了非常迅速的发展。本书也增加了 NoSQL 知识的介绍,用以解决大规模数据集合与多重数据种类带来的挑战,尤其是处理大数据应用难题。

  本书是作者在长期从事数据库课程教学和科研的基础上编写完成的,全书各章内容都与实例紧密结合,并且融合了 MySQL 语句的具体实现,打破了纯理论的枯燥教学,有助于学生理解和应用知识,方便学生在掌握理论知识的同时提高解决问题的动手能力,达到学以致用的目的。

  本书内容循序渐进,深入浅出,概念清晰,条理性强。为方便教学和学习,本书在最后部分专门给出了上机实验的内容,能够很好地帮助读者巩固所学概念。

本书由中国农业大学李辉老师和阜阳师范大学张标老师共同编著,其中李辉老师编写第 1～10 章,张标老师编写第 11～19 章。

　　本书参考了多本优秀的数据库方面的教材及网络内容,从中获得了许多有益的知识,在此一并表示感谢。

　　在本书的编写过程中,虽然作者希望能够为读者提供最好的教材和教学资源,但由于编者水平和经验有限,错误之处在所难免,同时还有很多做得不够的地方,恳请各位专家和读者予以指正,并欢迎同行进行交流。

编　者

2021 年 5 月

目录

第 1 章

数据库概述

现代计算机已经不仅仅应用在科学计算上,而且广泛地应用在各种事务管理工作中,例如高考志愿填报、电子商务平台、QQ 好友管理以及火车票订票系统等各种信息的管理和处理。在这些应用领域中涉及大量的信息存储以及不同需求的数据统计查询,例如,京东电商平台不仅能查询到各种商品的信息,而且能够实现网上订购,并能够对消费者的购买行为进行大数据分析,向消费者推荐可能感兴趣的本店热销商品。这就需要一种软件工具来有效地管理大量的信息,从而客观上催生了数据库技术的产生和蓬勃发展。

数据库的应用已经涉及各行各业,所以本章主要针对数据库和常用的数据库管理系统 MySQL 进行介绍。

1.1 数据库简介

目前,数据库的应用已经非常普及,并且成为软件开发中必不可少的一部分。本节主要讲解数据库的相关知识。

1.1.1 数据库系统相关概念

时至今日,仍然处于数据库系统阶段,因此必须要知道什么是数据,什么是数据库,什么是数据库管理系统以及什么是数据库系统等。

1. 数据

所谓数据(Data)是指对客观事物进行描述并鉴别的符号,这些符号是可识别的、抽象的。它们不仅仅指狭义上的数字,还有多种表现形式,包括字母、文字、文本、图形、音频和视频等。现在计算机存储和处理的数据范围十分广泛,而描述这些数据的符号也变得越来越复杂。

目前比较流行的大数据是指一个体量特别大、数据类别特别多的数据集,并且这样的数据集无法用传统数据库工具对其内容进行提取、管理和处理。大数据具有数据体量巨大、数据类型多样、处理速度快且价值密度低等特点,它是数据由量变到质变产生的一个概念,并发展出一整套相关的技术。

2. 数据库

简而言之,数据库(Database,DB)就是存放数据的仓库,是为了实现一定目的而按照某种规则组织起来的数据的集合。数据有多种形式,如文字、数码、符号、图形和声音等。从广义角度讲,计算机中任何可以保存数据的文件或者系统都可以称为数据库,比如

Word 文件或 Excel 文件等。在 IT 专业领域，数据库一般指的是由专业技术团队开发的用于存储数据的软件系统。专业的数据库系统具有永久存储、有组织和可共享三个特点。

例如，把一个学校的学生、课程和学生成绩等数据有序地组织并存放在计算机内，就可以构成一个教务管理数据库。因此，数据库是由一些持久的、相互关联的数据集合组成的，并以一定的组织形式存放在计算机的存储介质中。数据库是事务处理和信息管理等应用系统的基础。

数据库技术是计算机领域的重要技术之一。在互联网、银行、通信、政府部门、企事业单位和科研机构等领域，都存在着大量的数据。数据库技术研究的是如何对数据进行有效管理，包括组织和存储数据，在数据库系统中减少数据存储冗余、实现数据共享和保障数据安全，以及高效地检索和处理数据。

3. 数据库管理系统

数据库管理系统（DataBase Management System，DBMS）是一种系统软件，由一个互相关联的数据集合和一组访问数据的程序构成。简而言之，数据库管理系统就是管理数据库的系统，该系统包括数据库以及用于访问管理数据库的接口系统。通常也会把数据库管理系统直接称为数据库。如严格意义上说，MySQL 属于数据库管理系统，但是通常也称 MySQL 为 MySQL 数据库。数据库管理系统的基本目标是提供一个可以方便有效地存取数据库信息的环境；它的主要功能是维护数据库，并有效地访问数据库中各个部分的数据。

数据库管理系统是数据库系统的核心组成部分，对数据库的定义、查询、更新及各种控制都是通过 DBMS 进行的。DBMS 总是基于各种数据模型而建立的，有层次型、网状型、关系型和面向对象型等多种模型。

注意：数据模型是数据库系统的核心与基础，是对数据与数据之间的联系、数据的语义和数据一致性约束的概念的整体描述。数据模型通常是由数据结构、数据操作和完整性约束三部分组成的。其中，数据结构是对系统静态特征的描述，描述对象（包括数据）的类型、内容、性质和数据之间的相互关系；数据操作是对系统动态特征的描述，是对数据库各种对象实例的操作；完整性约束是完整性规则的集合，它定义了给定数据模型中数据及其联系所具有的制约和依存完整性约束。

4. 数据库应用程序

数据库应用程序（Database Application System，DBAS）是在数据库管理系统基础上，使用数据库管理系统的语法开发的直接面对最终用户的应用程序，如学生管理系统、人事管理系统和图书管理系统等。

5. 数据库管理员

数据库管理员（Database Administrator，DBA）是指在数据库系统中负责创建、监控和维护整个数据库的专业管理人员，其主要负责数据库的运营和维护。

6. 最终用户

最终用户（User）指的是数据库应用程序的使用者。用户面向的是数据库应用程序（通过应用程序操作数据），而不是直接与数据库打交道。

7. 数据库系统

数据库系统(Database System,DBS)的概念容易引起混淆,大多数初学者认为数据库就是数据库系统。其实,数据库系统的范围比数据库大很多。数据库系统是由硬件和软件组成的,其中硬件主要用于存储数据库中的数据,包括计算机、存储设备等;软件主要包括操作系统以及应用程序等。通常情况下,一般认为 DBS 由数据库、数据库管理系统、数据库应用程序、数据库管理员和最终用户构成,其中 DBMS 是数据库系统的基础和核心。图 1-1 所示为数据库系统组成图。

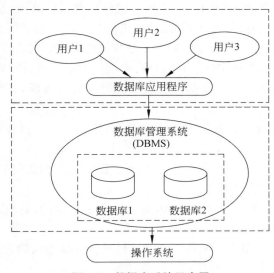

图 1-1　数据库系统示意图

1.1.2　数据管理技术的发展过程

数据管理技术是指对数据进行有效分类、组织、编码、存储、检索和维护的过程,其目的是使数据能够充分且高效地发挥其作用。到目前为止,数据管理技术的发展总共历经了三个阶段,即人工管理阶段、文件系统阶段和数据库系统阶段。其中数据库系统阶段是目前最高级的阶段。下面简单介绍一下这三个阶段的发展史及其特点。

1. 人工管理阶段

自 1946 年第一台电子计算机诞生至 20 世纪 50 年代中期,计算机主要应用于科学计算。当时,计算机除了硬件设备外,并没有任何的软件可以用于存储数据,使用的外存也只有磁带、卡片和纸带,并没有磁盘等直接存储设备;软件也只有汇编语言,没有操作系统,所以数据只能采用人工管理的方式。

人工管理阶段存在许多弊端,如下所述。

(1) 数据不能长期保存。由于数据存储在处理数据的程序中,导致数据与程序组成一个整体。程序运行时,数据载入;程序结束时,数据随着内存的释放而消失。即使是存储在磁带或卡片等外存中的数据,也只是一些临时数据。

(2) 没有软件对数据进行保存。程序设计者不仅要考虑数据之间的逻辑结构,还要考虑数据的存储结构和存取方式等。

（3）数据面向应用（数据不能共享）。数据是附属于程序的，即使两个程序拥有相同的数据，也必须设计各自的数据存储结构和存取方式，而不能实现相同数据的共享，因此会导致程序与程序之间存在大量的重复数据。

（4）数据不具备独立性。由于数据依托于程序，所以一旦数据的存储结构发生变化，就会导致程序改变，使得数据没有独立性。

2. 文件系统阶段

20 世纪 50 年代后期到 60 年代中期，由于硬件出现了磁盘、磁鼓等直接存储设备，软件也有了各种高级语言和操作系统，因此计算机不仅可以应用于科学计算，也被大量应用于经营管理活动。人们可以将程序所需的大量数据组织成数据文件以长期保存到直接存储设备上，然后利用操作系统中的文件管理功能随时对数据进行存取。

发展到文件系统阶段，对于数据的存储已经有了质的飞跃，该阶段的主要特点如下所述。

（1）数据可以长期保存。数据保存在磁盘上，用户可以通过程序对数据进行增、删、改、查等操作。

（2）使用文件系统来管理数据。文件系统是程序与数据之间的接口，程序需要通过文件系统来建立、存储和操作数据。

（3）数据冗余大（数据共享性差）。因为文件是为特定的用途设计的，因此会造成数据在多个文件中被重复存储。

（4）数据不一致。这是由于数据冗余和文件的独立性造成的，在更新数据时，很难保证相同数据在不同文件中的一致性。

（5）数据独立性差。修改文件的存储结构后，相关的程序也需要修改。

3. 数据库系统阶段

20 世纪 60 年代后期，存储技术出现了大容量的磁盘，因此计算机管理和处理的数据量急剧增加，原有的文件系统已经不能满足大量用户对数据共享性、独立性及安全性的需求，所以数据库应运而生。

1968 年，IBM 公司成功研发数据库系统，这标志着数据管理技术进入了第三个阶段，即数据库系统阶段。在该阶段中，数据库替代了文件来存储数据，使得计算机能够更快速地处理大量的数据。数据库系统阶段弥补了上个阶段的不足，其具有如下 4 个特点。

（1）数据结构化。数据库系统实现了整体数据的结构化，这是数据库的最主要特征之一。这里所说的"整体"结构化，是指数据库中的数据不只是针对某个应用，而是面向全组织、面向整体的。

（2）实现数据共享。因为数据是面向整体的，所以数据可以被多个用户、多个应用程序共享使用，从而可以大幅度地减少数据冗余，节约存储空间，避免数据之间的不相容性与不一致性。

（3）数据独立性高。数据的独立性包含逻辑独立性和物理独立性，其中逻辑独立性是指数据库中数据的逻辑结构和应用程序相互独立；物理独立性是指数据物理结构的变化不影响数据的逻辑结构。数据独立性由模式、外模式和内模式三级模式结构中的外模式与模式之间以及模式与内模式之间的映像来保证。

（4）数据统一管理与控制。数据的统一控制包含安全控制、完整控制和并发控制。简单来说就是防止数据丢失，确保数据正确有效，并且在同一时间内允许用户对数据进行多路存取，防止用户之间的异常交互。例如，春节期间网上订票时，由于出行人数多、时间集中和抢票的问题，火车票数据在短时间内会发生巨大的变化，数据库系统要保证数据不出现问题。

1.1.3　数据库的分类

数据库经过几十年的发展，出现了多种类型。根据数据的组织结构不同，主要分为网状数据库、层次数据库、关系型数据库和非关系型数据库四种。目前最常见的数据库模型主要是关系型数据库和非关系型数据库。

1. 关系型数据库

关系型数据库模型是将复杂的数据结构用较为简单的二元关系（二维表）来表示，如图 1-2 所示的学生基本信息表。在该类型的数据库中，对数据的操作基本上都建立在一个或多个表格上，可以采用结构化查询语言（SQL）对数据库进行操作。关系型数据库是目前主流的数据库技术，其中具有代表性的数据库管理系统有 Oracle、DB2、SQL Server、MySQL、PostgreSQL 和达梦等。

学号	姓名	性别	年龄	院系
2020301110102	胡楠楠	女	18	人工智能院
2020301210115	王一珺	女	17	大数据学院
2020301310116	林旭	男	19	区块链学院
2020301410130	马梦茹	女	16	智能制造学院
2020301510131	李维东	男	17	网络安全学院

图 1-2　关系型数据库的存储结构

2. 非关系型数据库 NoSQL

NoSQL（Not Only SQL）泛指非关系型数据库。关系型数据库在超大规模和高并发的 Web 2.0 纯动态网站上已经显得力不从心，暴露了很多难以克服的问题。NoSQL 数据库的产生就是为了解决大规模数据集合了多种数据类型带来的挑战，尤其是大数据应用难题。常见的非关系型数据库管理系统有 Memcached、MongoDB、Redis 等。

MongoDB 是一个介于关系型数据库和非关系型数据库之间的产品，是非关系型数据库当中功能最丰富、最像关系型数据库的产品。它支持的数据结构非常松散，是类似 json 的 bjson 格式，因此可以存储比较复杂的数据类型。MongoDB 的最大特点是支持的查询语言非常强大，其语法类似于面向对象的查询语言，几乎可以实现类似于关系型数据库的单表查询的绝大部分功能，而且支持对数据建立索引。

Redis 是一个高性能的键-值（key-value）数据库，在部分场合可以对关系型数据库起到很好的补充作用。它提供了 Java、C/C++、C♯、PHP、JavaScript、Perl、Object-C、Python 和 Ruby 等客户端，使用非常方便。

1.1.4　常见的关系型数据库

虽然非关系型数据库的优点很多,但由于其并不提供 SQL 支持,学习和使用成本较高并且无事务处理,所以本书还是把重点放在关系型数据库上。下面将介绍常用的关系型数据库管理系统。

1. Oracle

Oracle 数据库是由美国的 Oracle 公司开发的世界上第一款支持 SQL 语言的关系型数据库。经过多年的完善与发展,Oracle 数据库已经成为世界上最流行的数据库,也是 Oracle 公司的核心产品。

Oracle 数据库具有很好的开放性,能在所有的主流平台上运行,并且性能好、安全性高且风险低。但其对硬件的要求很高,管理维护和操作比较复杂而且价格高,所以一般用在满足对银行、金融和保险等行业大型数据库的需求上。

2. DB2

DB2 是 IBM 公司著名的关系型数据库产品。DB2 的稳定性、安全性和恢复性等都无可挑剔,而且从小规模到大规模的应用都可以使用,但用起来非常烦琐,比较适合大型的分布式应用系统。

3. SQL Server

SQL Server 是由 Microsoft 开发和推广的关系型数据库。SQL Server 的功能比较全面、效率高,可以作为中型企业或单位的数据库平台。SQL Server 可以与 Windows 操作系统紧密结合,无论是应用程序开发速度还是系统事务处理运行速度,都能得到大幅度提升。但 SQL Server 只能在 Windows 系统下运行,毫无开放性可言。

4. MySQL

MySQL 是一种开源的轻量级关系型数据库,MySQL 数据库使用最常用的结构化查询语言(SQL)对数据库进行管理。由于 MySQL 是开源的,因此任何人都可以在 General Public License 的许可下下载并根据个人需要对其缺陷进行修改。

由于 MySQL 数据库具有体积小、速度快、成本低和开源等优点,现已被广泛应用于互联网上的中小型网站,并且大型网站也开始使用 MySQL 数据库,如网易、新浪等。

5. PostgreSQL

PostgreSQL 是一个开源的关系型数据库管理系统,它是在美国加州大学伯克利分校计算机系开发的 POSTGRES 的基础上发展起来的。目前,PostgreSQL 数据库是个非常优秀的开源项目,很多大型网站都使用 PostgreSQL 数据库来存储数据。

PostgreSQL 支持大部分 SQL 标准,并且提供了许多其他特性,如复杂查询、外键、触发器、视图、事务完整性和 MVCC。同样,PostgreSQL 可以用许多方法扩展,例如,通过增加新的数据类型、函数、操作符、聚集函数和索引方法等。

6. 达梦数据库

达梦数据库管理系统是达梦公司推出的我国具有完全自主知识产权的高性能数据库管理系统,简称 DM。达梦数据库管理系统的最新版本是 8.0 版本,简称 DM8。

DM8 采用全新的体系结构,在保证大型通用的基础上,针对可靠性、高性能、海量数据处理和安全性做了大量的研发和改进工作,极大提升了达梦数据库产品的性能、可靠性和可扩展性,能同时兼顾 OLTP 和 OLAP 请求,从根本上提升了 DM8 产品的品质。

1.1.5　数据库中的数据存储

通过前面的讲解可知,数据库是存储和管理数据的"仓库",但是数据库并不能直接存储数据,数据是存储在表中的。在存储数据的过程中一定会用到数据库服务器。所谓的数据库服务器就是指在计算机上安装一个数据库管理程序即数据库管理系统,如 MySQL。数据库、表以及数据库管理系统之间的关系如图 1-3 所示。

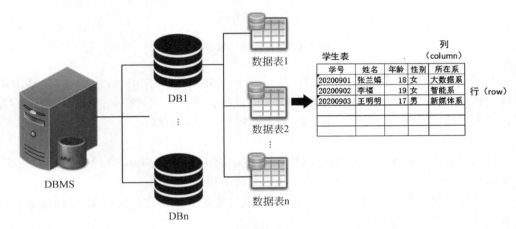

图 1-3　数据库、表以及数据库管理系统之间的关系图

从图 1-3 的左侧可以看出,一个数据库管理系统可以管理多个数据库。通常情况下开发人员会针对每个应用创建一个数据库,为保存应用中的实体数据,会在数据库中创建多个表(用于存储和描述数据的逻辑结构),每个表都记录着实体的相关信息。简单地说,表是记录的集合,而数据库是表的集合。但是,通常数据库并不是简单地存储这些实体的数据,还要表达实体之间的关系。

对于初学者来说,通常很难理解应用中的实体数据是如何存储在表中的。接下来通过一个图例来描述,如图 1-3 右侧所示。图 1-3 右侧描述了学生表的结构以及数据的存储方式,表的横向称为行,纵向称为列,每一行的内容称为一条记录,每一列的列名称为字段,如学号、姓名、年龄、性别和所在系等。通过观察该表可以发现学生表中的每一条记录,如"20200901,张兰娟,18,女,大数据系"。

1.1.6　数据库的体系结构

1. 数据库的三级模式结构

三级模式是指数据库管理系统从三个层次来管理数据,三级模式结构是指模式、外模式和内模式,如图 1-4 所示。在外模式与模式之间以及模式与内模式之间还存在映像,即二级映像。

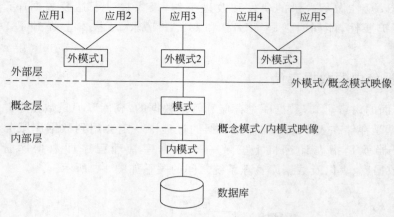

图 1-4　数据库的三级模式

在图 1-4 中，外模式面向应用程序，描述用户的数据视图（View）；内模式（又称为物理模式或存储模式）面向物理上的数据库，描述数据在磁盘中如何存储；概念模式（又称为模式或逻辑模式）面向数据库设计人员，描述数据的整体逻辑结构。

1）模式

模式是数据库中全体数据的逻辑结构和特征的描述，是所有用户的公共数据视图。一个数据库只有一个模式。模式位于三级结构的中间层。

定义模式时不仅要定义数据的逻辑结构，而且要定义数据之间的联系，以及定义与数据有关的安全性和完整性要求。

2）外模式

外模式也称用户模式，它是数据库用户（包括应用程序员和最终用户）能够看见和使用的局部数据的逻辑结构和特征的描述，是数据库用户的数据视图，也是与某一应用有关的数据的逻辑表示。外模式是模式的子集，一个数据库可以有多个外模式。外模式是保证数据安全的一个有力措施。

例如，在打开一个电子表格后，默认会显示表格中所有的数据，这个表格称为基本表。在将数据提供给其他用户时，出于权限、安全控制等因素的考虑，只允许用户看到部分数据，或不同用户看到不同的数据，这样的需求就可以用视图来实现。

在图 1-4 中，基本表中的数据是实际存储在数据库中的，而视图中的数据是查询或计算出来的。由此可见，外模式可以根据不同用户的需求创建不同的视图，且由于不同用户的需求不同，数据的显示方式也会多种多样。因此，一个数据库中会有多个外模式，而概念模式和内模式则只有一个。

3）内模式

内模式也称存储模式，一个数据库只有一个内模式。它是数据物理结构和存储方式的描述，是数据库内部的表示方式。

图 1-5 显示了关系数据库三级结构的一个实例。

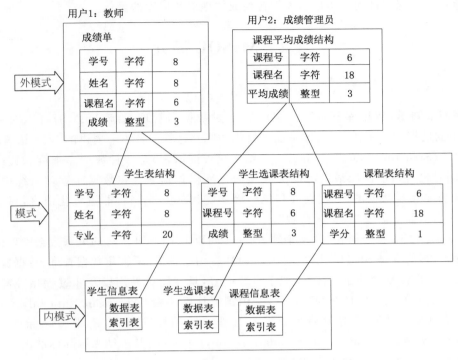

图 1-5　关系数据库三级结构的一个实例

2. 三级模式之间的映射

通过前面的分析可知,三级模式是数据的三个抽象级别,每个级别关心的重点不同。为了使三级模式之间产生关联,数据库管理系统在三级模式之间提供了二级映像功能。二级映像是一种规则,它规定了映像双方如何进行转换。通过二级映像,体现了逻辑和物理两个层面的数据独立性。

(1)逻辑独立性。外模式/概念模式映像体现了逻辑独立性。逻辑独立性是指当修改了概念模式时,不影响其上一层的外模式。例如,将图 1-5 中基本表的"学生""选课表"和"成绩"形成一个"成绩单"表中,此时概念模式发生了更改,但可以通过改变外模式/概念模式的映像,继续为用户提供原有的视图,如图 1-5 所示。由此可见,逻辑独立性能够让使用视图的用户感觉不到基本表的改变。其实,逻辑独立性带来的好处还有很多,随着后面的学习,读者会有更深入的体会。

(2)物理独立性。概念模式/内模式映像体现了物理独立性。物理独立性是指当修改了内模式时,不影响其上层的概念模式和外模式。例如,在 Excel 中将扩展名为".xls"的文件另存为扩展名为".xlsx"的文件,虽然更换了文件格式,但是打开文件后显示的表格内容一般不会发生改变。

在数据库中,如果更换更先进的存储结构,或者创建索引以加快查询速度,内模式将会发生改变。此时,只需改变概念模式/内模式映像,就不会影响原有的概念模式。另外,物理独立性使得用户不必了解数据库内部的存储原理,即可正常使用数据库来保存数据。

数据库管理系统会自动将用户的操作转换成物理级数据库的操作。

1.2 MySQL 简介

1.2.1 SQL

我们都知道，数据库管理人员（DBA）通过数据库管理系统（DBMS）可以对数据库（DB）中的数据进行操作，但具体是如何操作的呢？这就涉及本节要讲的 SQL 语言。

SQL（Structured Query Language，结构化查询语言）是一种数据库查询和程序设计语言，同时也是目前使用最广泛的关系型数据库操作语言。在数据库管理系统中，使用 SQL 语言来实现数据的存取、查询和更新等功能。SQL 是一种非过程化语言，只需要提出"做什么"，而不需要指明"怎么做"。

SQL 是由 IBM 公司在 1974 年到 1979 年间以 E.J.Codd 发表的关系数据库理论为基础开发的，其前身是 SEQUEL，后更名为 SQL。由于 SQL 语言集数据查询、数据操纵、数据定义和数据控制功能于一体，类似于自然语言，具有简单易用以及非过程化等特点，从而得到了快速的发展。1986 年 10 月，美国国家标准协会（American National Standards Institute，ANSI）将其采纳为关系数据库管理系统的标准语言，后来国际标准化组织（International Organization for Standardization，ISO）又将其采纳为国际标准。

SQL 语言由以下五个部分组成。

1. 数据查询语言

数据查询语言（Data Query Language，DQL）用于数据的查询，其基本结构是使用 SELECT 子句、FROM 子句和 WHERE 子句的组合来查询一条或多条数据。

2. 数据操作语言

数据操作语言（Data Manipulation Language，DML）用于对数据库中的数据进行增加、修改和删除操作，主要包括：

（1）INSERT：增加数据。

（2）UPDATE：修改数据。

（3）DELETE：删除数据。

3. 数据定义语言

数据定义语言（Data Definition Language，DDL）用于对数据库对象（表、索引、视图、触发器、存储过程、函数和表空间等）进行创建、修改和删除操作，主要包括：

（1）CREATE：创建数据库对象。

（2）ALTER：修改数据库对象。

（3）DROP：删除数据库对象。

4. 数据控制语言

数据控制语言（Data Control Language，DCL）用来授予或回收访问数据库的权限，主要包括：

（1）GRANT：授予用户某种权限。

（2）REVOKE：回收授予的某种权限。

5. 事务控制语言

事务控制语言（Transaction Control Language，TCL）用于数据库的事务管理，主要包括：

（1）START TRANSACTION：开启事务。

（2）COMMIT：提交事务。

（3）ROLLBACK：回滚事务。

（4）SET TRANSACTION：设置事务的属性。

目前各大数据库厂商的数据库产品都支持 SQL-92 标准，但也做了一些修改和补充，所以不同数据库产品的 SQL 仍然存在少量的差别。例如，Oracle 公司的 Oracle 数据库所使用的 SQL 语言是 Procedural Language/SQL（PL/SQL），而 Microsoft 公司的 SQL Server 数据库系统支持的是 Transact-SQL（T-SQL）。MySQL 也对 SQL 标准进行了扩展，只是至今没有命名。

通过 SQL 可以直接操作数据库，许多编程语言也支持 SQL 语句，例如，在用 Java、Python 和 PHP 等语言编写的程序中可以嵌入 SQL 语句，使得这样的程序可以调用 SQL 语句操作数据库。

1.2.2　MySQL

MySQL 数据库最初是由 MySQL AB 公司开发的产品，几经辗转，最后成为 Oracle 公司的产品。MySQL 是目前 IT 行业最流行的开源数据库管理系统，同时它也是一个支持多线程、高并发、多用户的关系型数据库管理系统。MySQL 之所以受到业界人士的青睐，主要是因为其具有以下几方面优点。

1. 开源

MySQL 最强大的优势之一在于它是一个开源的数据库管理系统。开源的特点是给予了用户根据自己需要修改 DBMS 的自由。MySQL 采用了 General Public License，这意味着授予用户阅读、修改和优化源代码的权利，这样即使是免费版的 MySQL，其功能也足够强大，这也是 MySQL 越来越受欢迎的主要原因。

2. 开放性

MySQL 可以在不同的操作系统下运行，简单地说，MySQL 可以支持 Windows 系统、UNIX 系统和 Linux 系统等多种操作系统平台。这意味着在一个操作系统中实现的应用程序可以很方便地移植到其他的操作系统下。

3. 轻量级

MySQL 的核心程序完全采用多线程编程，这些线程都是轻量级的进程，它在灵活地为用户提供服务时，不会占用过多的系统资源。因此 MySQL 能够更快速、高效地处理数据。

4. 成本低

MySQL 分为社区版和企业版，社区版是完全免费的，而企业版是收费的。即使在开发中需要用到一些付费的附加功能，其价格相对于昂贵的 Oracle、DB2 等也有很大的优势。其实免费的社区版也支持多种数据类型和正规的 SQL 查询语言，能够对数据进行各种查询、增加、删除和修改等操作,所以一般情况下社区版就可以满足开发需求了,而对数据库可靠性要求比较高的企业可以选择企业版。

另外,PHP 中提供了一整套的 MySQL 函数,对 MySQL 进行了全方位的强力支持。

总体来说,MySQL 是一款开源、免费、轻量级的关系型数据库,其具有体积小、速度快、成本低、开源等优点,因此发展前景是无可限量的。

1.2.3   MySQL 中的 SQL 注意点

在 MySQL 使用的过程中,其相关的基本语法有以下 4 点需要注意的地方。

(1) 换行、缩进与结尾分隔符。MySQL 中的 SQL 语句可以单行或多行书写,多行书写时可以按回车键换行。每行中的 SQL 语句可以使用空格缩进以增强语句的可读性,在 SQL 语句完成时通常情况下使用分号(;)结尾,在命令行窗口中也可使用"\g"结尾,效果与分号相同。另外,在命令行窗口中,还可以使用"\G"结尾,如 SHOW DATABASES\G 将结果以每条记录(一行数据)为一组显示,并将所有的字段纵向排列展示。

(2) 大小写问题。MySQL 的关键字在使用时不区分大小写,如 SHOW DATABASES 与 show databases 都表示获取当前 MySQL 服务器中的数据库。另外,MySQL 中的所有数据库名称、数据表名称和字段名称默认情况下在 Windows 系统中都忽略大小写,而在 Linux 系统所有数据库与数据表名称都区分大小写,通常开发时推荐使用小写形式。

为了读者便于理解,本书约定所有 MySQL 关键字均采用大写形式出现,其他自定义的名称(如数据库名)均以小写形式出现。

(3) 反引号的使用。在项目开发中,为了避免用户自定义的名称与系统中的命令(如关键字)冲突,最好使用反引号(ˋ)包裹数据库名称、字段名称和数据表名称。其中,反引号键在键盘左上角 Tab 键的上方,读者只需将输入法切换到英文状态,按下此键即可输入反引号。

(4) 适当增加注释。MySQL 中的注释通常可以分为两类:一类是将注释内容添加到表结构中(此处了解即可,具体会在创建表时详细讲解);另一类则会在服务器实际运行时被忽略,有单行注释和多行注释之分。

MySQL 中单行注释以"♯"开始,也支持标准 SQL 中的"--"单行注释。但是为了防止"--"与 SQL 语句中的负号和减法运算相混淆,在第二个短横线后必须添加至少一个控制字符(如空格、制表符、换行符等),将其标识为单行注释符号。同样地,MySQL 也支持标准 SQL 中的多行注释(/ * 此处填写注释内容 * /),它的开始符号为"/ *",结束符号为"* /",中间的内容就是要编写的注释。对于在开发中编写的 SQL 语句,建议合理地添加单行或多行注释,以方便阅读与理解。

1.3   扩展阅读:MySQL 工作流程

MySQL 是一个基于客户机/服务器(Client/Server,C/S)的关系数据库管理系统,它的使用工作流程如图 1-6 所示。

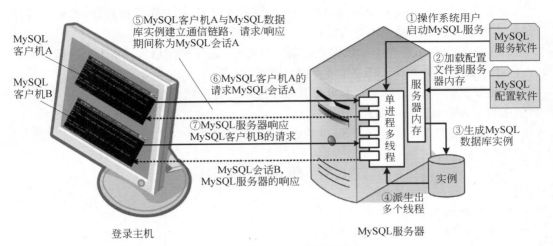

图 1-6　MySQL 工作流程图

（1）操作系统用户启动 MySQL 服务。

（2）MySQL 服务启动期间，首先将 MySQL 配置文件中的参数信息读入 MySQL 服务器内存。

（3）根据 MySQL 配置文件的参数信息或者编译 MySQL 时参数的默认值生成一个 MySQL 服务实例进程。

（4）MySQL 服务实例进程派生出多个线程，为多个 MySQL 客户机提供服务。

（5）数据库用户访问 MySQL 服务器的数据时，首先需要选择一台登录主机，然后在该登录主机上开启 MySQL 客户机，输入正确的账户名和密码，建立一条 MySQL 客户机与 MySQL 服务器之间的通信链路。

（6）数据库用户在 MySQL 客户机上书写 MySQL 命令或 SQL 语句，它们将沿着该通信链路传送给 MySQL 服务实例，这个过程称为 MySQL 客户机向 MySQL 服务器发送请求。

（7）MySQL 服务实例负责解析这些 MySQL 命令或 SQL 语句，并选择一种执行计划来运行这些 MySQL 命令或 SQL 语句，然后将执行结果沿着通信链路返回给 MySQL 客户机，这个过程称为 MySQL 服务器向 MySQL 客户机返回响应。

（8）数据库用户关闭 MySQL 客户机，通信链路被断开，该客户机对应的 MySQL 会话结束。

1.4　本 章 小 结

数据管理技术总共历经了三个阶段：人工管理阶段、文件系统阶段和数据库系统阶段。目前，仍然处于数据库系统阶段。

数据库指的是以一定格式存放的能够实现多个用户共享并且与应用程序彼此独立的数据集合。

数据库系统(Database System,DBS)一般是由数据库、数据库管理系统、数据库应用程序、数据库管理员和最终用户构成。

　　SQL 语言分为五个部分：数据查询语言(DQL)、数据操作语言(DML)、数据定义语言(DDL)、数据控制语言(DCL)和事务控制语言(TCL)。

　　根据数据的组织结构的不同,可将数据库主要分为网状数据库、层次数据库、关系型数据库和非关系型数据库四种。

　　MySQL 的主要优势包括开源、开放性、轻量级和成本低等。

1.5　思考与练习

1. 简述数据库管理技术的发展过程。

2. 数据库系统包括哪几部分？

3. SQL 语言主要分为几类？

4. 请简述数据库、表和数据库服务器之间的关系。

5. 常见的关系型数据库有哪几种？

6. 简述 MySQL 的优势。

7. 在数据管理技术的三个发展阶段中,数据共享最好的是(　　)。

　　A. 人工管理阶段　　　　　　　　　　B. 文件系统阶段

　　C. 数据库系统阶段　　　　　　　　　D. 三个阶段相同

8. 以下关于数据库系统的叙述中,正确的是(　　)。

　　A. 数据库中的数据可被多个用户共享

　　B. 数据库中的数据没有冗余

　　C. 数据独立性的含义是数据之间没有关系

　　D. 数据安全性是指保证数据不丢失

9. 下列关于数据库的叙述中,错误的是(　　)。

　　A. 数据库中只保存数据

　　B. 数据库中的数据具有较高的数据独立性

　　C. 数据库按照一定的数据模型组织数据

　　D. 数据库是大量有组织、可共享数据的集合

10. DBS 的中文含义是(　　)。

　　A. 数据库系统　　　　　　　　　　　B. 数据库管理员

　　C. 数据库管理系统　　　　　　　　　D. 数据定义语言

11. 数据库管理系统是(　　)。

　　A. 操作系统的一部分　　　　　　　　B. 在操作系统支持下的系统软件

　　C. 一种编译系统　　　　　　　　　　D. 一种操作系统

12. 数据库、数据库管理系统和数据库系统三者之间的关系是(　　)。

　　A. 数据库包括数据库管理系统和数据库系统

　　B. 数据库系统包括数据库和数据库管理系统

  C. 数据库管理系统包括数据库和数据库系统

  D. 不能相互包括

13. 下列关于数据库系统特点的叙述中,错误的是(　　)。

  A. 非结构化数据存储

  B. 数据共享性好

  C. 数据独立性高

  D. 数据由数据库管理系统统一管理控制

14. 下列关于数据的叙述中,错误的是(　　)。

  A. 数据的种类分为文字、图形和图像三类

  B. 数字只是最简单的一种数据

  C. 数据是描述事物的符号记录

  D. 数据是数据库中存储的基本对象

15. 下列不属于数据库管理系统主要功能的是(　　)。

  A. 数据计算功能   B. 数据定义功能

  C. 数据操作功能   D. 数据库的维护功能

16. 下列关于数据库的叙述中,不准确的是(　　)。

  A. 数据库中存放的对象是数据表

  B. 数据库是存放数据的仓库

  C. 数据库是长期存储在计算机内的、有组织的数据集合

  D. 数据库中存放的对象可为用户共享

17. 以下关于数据库管理系统的叙述中,正确的是(　　)。

  A. 数据库管理系统具有数据定义功能

  B. 数据库管理系统都基于关系模型

  C. 数据库管理系统与数据库系统是同一个概念的不同表达

  D. 数据库管理系统是操作系统的一部分

18. 下列描述中正确的是(　　)。

  A. SQL 是一种过程化语言

  B. SQL 采用集合操作方式

  C. SQL 不能嵌入到高级语言程序中

  D. SQL 是一种 DBMS

19. 下列不属于常见数据库产品的是(　　)。

  A. Oracle   B. MySQL   C. DB2   D. Nginx

20. 在下列类型的数据库系统中应用最广泛的是(　　)。

  A. 分布型数据库系统   B. 逻辑型数据库系统

  C. 关系型数据库系统   D. 层次型数据库系统

第2章

MySQL 的安装与配置

MySQL 是基于 C/S(Client/Server,客户/服务器)模式的,简单地说,如果要搭建 MySQL 环境,需要两部分:服务器端软件和客户端软件。

服务器端软件为 MySQL 数据库管理系统,它包括一组在服务器主机上运行的程序和相关文件(数据文件、配置文件和日志文件等),通过运行程序,启动数据库服务。客户端软件则是连接数据库服务器并用来执行查询、修改和管理数据库中数据的程序。

MySQL 支持所有的主流操作平台,Oracle 公司为 MySQL 应用于不同的操作平台提供了不同的版本。本章主要讲解 Windows 平台下 MySQL 的安装与配置过程。

2.1   下载 MySQL 软件

如果只是为了个人的学习和软件开发,那么安装免费的 MySQL 社区版即可。首先进入 MySQL 的官网 https://www.mysql.com/,然后单击 DOWNLOADS 导航栏,默认进入 MySQL 的"MySQL Community(GPL)Downloads 》",单击后进入"MySQL Community Downloads"页面,单击"MySQL Community Server"即可进入 MySQL 数据库的下载页面,如图 2-1 所示。

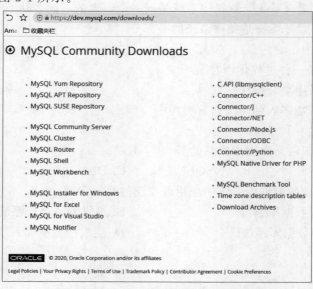

图 2-1　MySQL 社区版产品下载页面

　　社区版与企业版主要的区别：社区版包含所有 MySQL 的最新功能，而企业版只包含稳定之后的功能。换句话说，社区版可以理解为是企业版的测试版。MySQL 官方的支持服务只针对企业版，如果用户在使用社区版时出现了问题，MySQL 官方是不负责任的。

　　进入 MySQL 数据库的下载界面后，首先在"Select Operating System"下拉菜单中选择"Microsoft Windows"平台，然后进入 MySQL Installer MSI 下载页面，如图 2-2 所示。

图 2-2　Windows 平台下的 MySQL 数据库产品页面

　　Windows 平台下的 MySQL 文件有两个版本：MSI 和 ZIP。

　　MSI 是安装版。在安装过程中，会将用户的各项选择自动写入配置文件（ini）中，即自动进行配置，适合初学者使用，也是本书中使用的版本。

　　ZIP 版是压缩版。需要用户自己打开配置文件写入配置信息，适合高级用户。

　　在 MSI 下载页面，按照图 2-3 中所示，选择"（mysql-installer-community-8.0.19.0.msi）"文件下载。此时 MySQL 官网会建议你注册或者登录账号然后下载，当然也可以选择"No thanks, just start my download."，直接进行下载。

　　在 ZIP 版的下载页面，按照图 2-4 所示，选择正确的文件下载。此时 MySQL 官网会建议你注册或者登录账号然后下载，当然也可以选择"No thanks, just start my download."，直接进行下载。

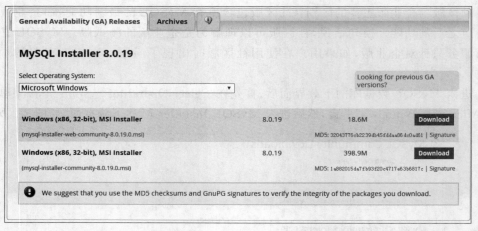

图 2-3　Windows 平台下的 MSI 版 MySQL 下载页面

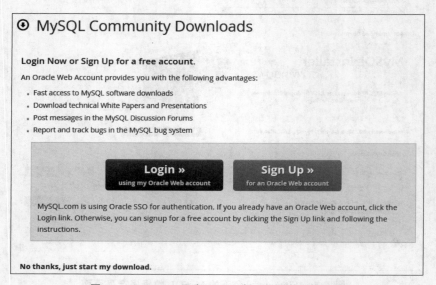

图 2-4　Windows 平台下 ZIP 版 MySQL 下载页面

2.2　Windows 平台下安装与配置 MySQL

经过 2.1 节的演示,相信大家都已经根据自己计算机的操作系统下载了正确的 MySQL 版本,接下来就可以开始安装了。

2.2.1　安装 MySQL

根据下载路径找到已下载的 MySQL 安装程序(mysql-installer-community-8.0.19.0. msi),具体安装步骤如下所示。

(1) 双击安装程序 mysql-installer-community-8.0.19.0.msi,此时会弹出 MySQL 许

可协议界面,如图 2-5 所示。单击选中复选框"I accept the license terms"后,单击 Next 按钮,进入安装类型选择界面。

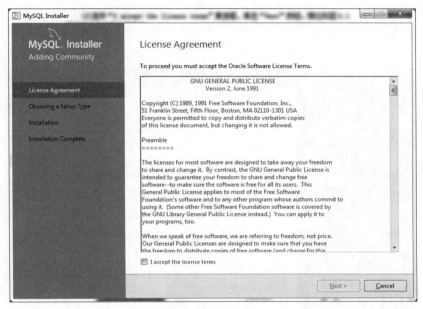

图 2-5　许可协议界面

（2）选择自定义安装类型"Custom"（此类型可以根据用户自己的需求选择安装需要的产品）,然后单击 Next 按钮,如图 2-6 所示。

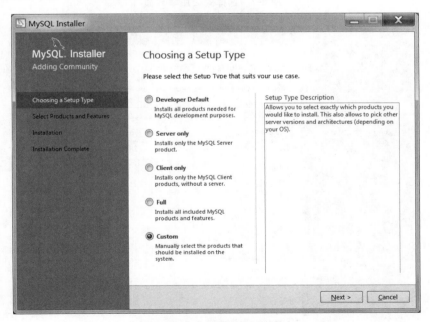

图 2-6　安装类型选择界面

（3）在选择安装版本界面中，展开第一个节点"MySQL Servers"，找到并单击 "MySQL Server 8.0.19-X64"，之后向右的箭头会变成绿色，如图 2-7 所示。单击该绿色的箭头，将选中的产品添加到右边的待安装列表框中。然后在展开安装列表中的 MySQL Server 8.0.19-X64 节点上，取消"Development Components"选项前边的"√"，然后单击 Next 按钮进入安装列表界面，如图 2-8 所示。

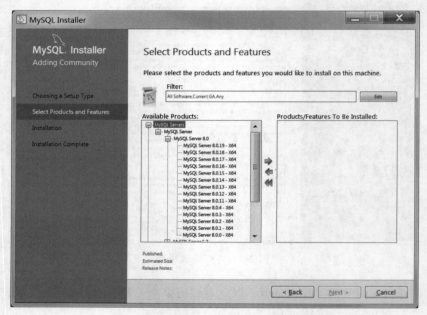

图 2-7　选择安装版本界面

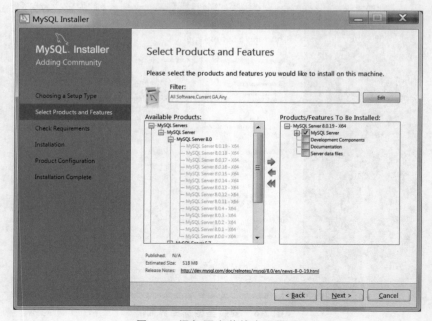

图 2-8　添加要安装的产品界面

（4）单击安装列表界面的"Execute"按钮后，要安装的产品右边会显示一个进度百分比，安装完成之后前边会出现绿色的"√"，如图 2-9 所示。之后继续单击 Next 按钮即可。

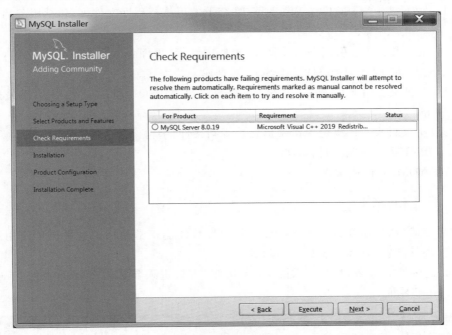

图 2-9　安装列表界面

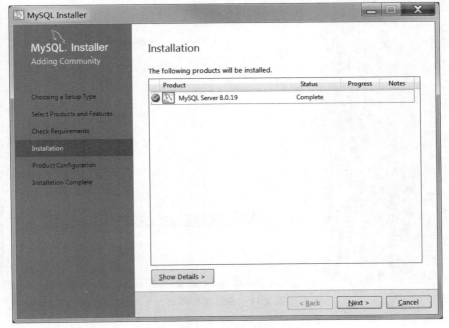

图 2-10　安装成功界面

完成上述 4 个步骤后,MySQL 就安装成功了。

MySQL 数据库默认安装目录如下。

- bin 文件夹:MySQL 在 Windows 系统下的可执行程序文件夹,包括服务启动程序 mysqld.exe 等。
- include 文件夹:引用平台支持库,也叫内置库,里面包含数据库信息文件,也有用 C、C++ 和 PHP 等编写的 MySQL 数据库支持程序。
- lib 文件夹:档案库,也叫文件库,存放一些 MySQL 日志文件以及相关插件文件等。
- share 文件夹:存放包含错误信息及规则文件,字符设置文件等。
- COPYING:复制文件。
- README:自述文件。

2.2.2　配置 MySQL

安装完成后,还需要设置 MySQL 的各项参数才能正常使用。这里仍然使用图形化界面对其进行配置,具体步骤如下所示。

(1) 直接单击图 2-11 中所示的 Next 按钮,直接进入参数配置页面中的"Type and NetWorking"界面。

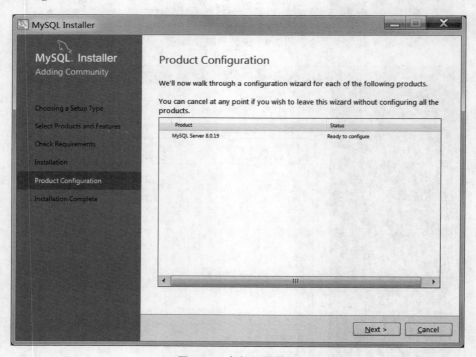

图 2-11　参数配置界面

(2) 进入"Type and Networking"界面后,会看到两个选项"Standalone MySQL Server / Classic MySQL Replication"和"InnoDB Cluster Sandbox Test Setup(for testing

only)"。

如果要运行独立的 MySQL 服务器，可以选择前者，以便稍后配置经典的 MySQL 复制设置。使用该选项，用户可以手动配置复制设置，并在需要时提供自己的高可用性解决方案。

而后者是 InnoDB 集群沙箱测试设置，仅用于测试。

这里要选择的是"Standalone MySQL Server / Classic MySQL Replication"选项，然后单击 Next 按钮，如图 2-12 所示。

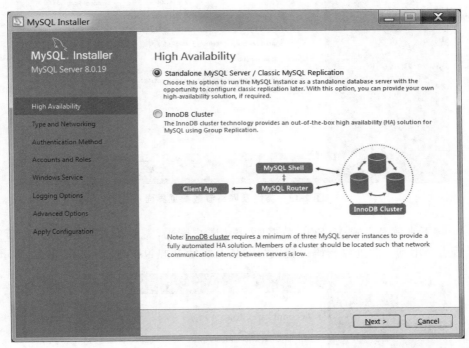

图 2-12　类型选择界面

（3）对于图 2-13 所示的服务器配置类型"Config Type"选择"Development computer"，不同的选择将决定系统为 MySQL 服务器实例分配资源的大小，"Development computer"占用的内存是最少的。连接方式保持默认的 TCP/IP，端口号也保持默认的 3306 即可。然后单击 Next 按钮。

在真实环境中，数据库服务器进程和客户端进程可能运行在不同的主机中，它们之间必须通过网络进行通信。MySQL 采用 TCP 作为服务器和客户端之间的网络通信协议。在网络环境下，每台计算机都有一个唯一的 IP 地址，如果某个进程需要采用 TCP 协议进行网络通信，就可以向操作系统申请一个端口号。端口号是一个整数值，它的取值范围是 0～65 535。这样，网络中的其他进程就以通过 IP 地址＋端口号的方式与这个进程建立连接，这样进程之间就可以通过网络进行通信了。

MySQL 服务器在启动时会默认申请 3306 端口号，之后就在这个端口号上等待客户端进程进行连接。正式地讲，MySQL 服务器会默认监听 3306 端口。

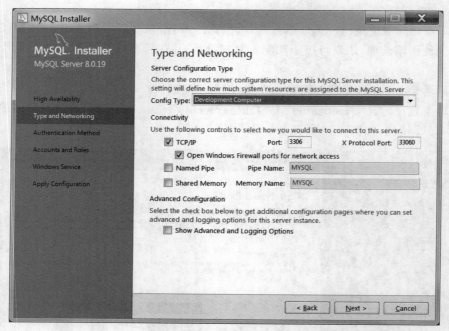

图 2-13　类型及网络参数配置界面

（4）接下来就是设置 MySQL 数据库 root 账户密码，需要输入两遍。这个密码必须记住，后边会用到。此处将密码设置成"12345"，之后单击 Next 按钮，如图 2-14 所示。

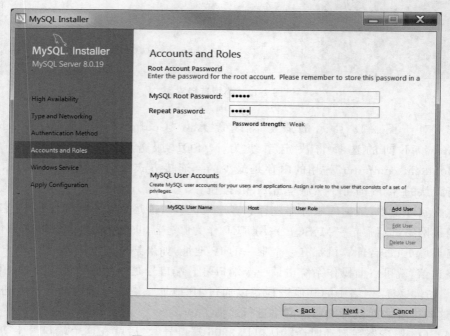

图 2-14　设置 root 账户的密码界面

（5）在配置 Windows 服务时，需要执行以下几步操作：选中"Configure MySQL Server as a Windows Service"复选框，将 MySQL 服务器配置为 Windows 服务；取消选中"Start the MySQL Server at System Startup"复选框（该选项用于设置是否开机启动 MySQL 服务，在此选择开机不启动，也可以根据自己的需要来选择）；选中"Standard System Account"选项，该选项是标准系统账户，推荐使用该账户；然后单击 Next 按钮。如图 2-15 所示。

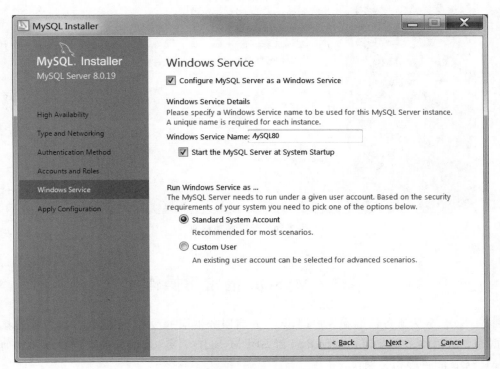

图 2-15　设置 Windows 服务界面

在图 2-15 中将 Windows Service Name 设置为 MySQL80，它是要用于此 MySQL 服务器实例的 Windows 服务名称，每个实例都需要一个唯一的名称。

一台计算机上可以同时运行多个程序，比如微信、QQ、文本编辑器等。计算机上运行的每一个程序也称为一个进程。运行过程中的 MySQL 服务器程序和客户端程序在本质上来说都是计算机中的进程，其中代表 MySQL 服务器程序的进程称为 MySQL 数据库实例（instance）。

（6）执行上述一系列配置。直接单击"Execute"按钮，所有的配置完成之后，会出现如图 2-16 所示的界面。单击"Finish"按钮，就会跳到配置成功界面。之后单击界面上的 Next 按钮，在弹出的界面中单击"Finish"按钮即可完成配置。

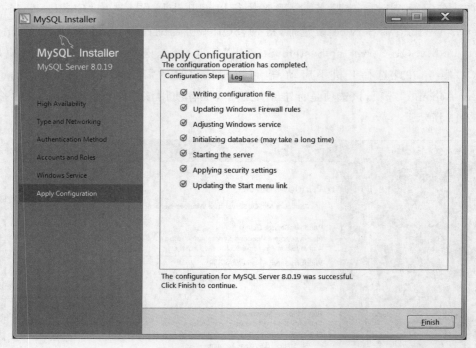

图 2-16   配置成功界面

2.3   MySQL 的常用操作

MySQL 分为服务器端和客户端,只有开启服务器端的服务,才能通过客户端连接到数据库。所以本节就要讲述如何开启和关闭 MySQL 服务、如何登录数据库以及如何更改 MySQL 配置等相关操作。

注意:MySQL 服务指的是一系列关于 MySQL 的后台进程,与 MySQL 数据库不是一个概念,不要把它们弄混淆了。MySQL 服务启动以后,才能访问 MySQL 数据库。

2.3.1   启动与关闭 MySQL 服务

在不同的平台下启动与关闭 MySQL 服务的操作方式是不一样的,下面针对 Windows 平台,详细介绍一下 MySQL 服务的启动和关闭过程。

对于 Windows 平台,主要有两种方式可以开启或关闭 MySQL 服务:DOS 命令或图形化界面。

1. 通过 DOS 命令启动与关闭 MySQL 服务

(1) 单击"开始"菜单,在最下边的"搜索程序和文件"搜索框中输入 cmd,按回车键即可进入 DOS 窗口,如图 2-17 所示。

注意:也可以通过快捷键 Win+R 打开"运行"窗口,然后在"打开"文本框中输入 cmd,单击"确定"按钮或者按回车键进入 DOS 窗口。

图 2-17　"开始"菜单搜索框

（2）在 DOS 窗口中输入命令"net start"，按回车键后即可查看 Windows 系统目前已经开启了哪些服务，如图 2-18 所示。

图 2-18　查看 Windows 系统已经开启的服务

如果列表中有"MySQL80"这一项，说明该服务已经启动；如果没有，则说明尚未启动，那么就可以使用命令"net start MySQL80"来启动服务（要求具有超级管理员权限，否则会拒绝），如图 2-19 所示。

（3）从图 2-19 中可以看到，MySQL 服务已经启动成功，接下来试着关闭该服务。在 DOS 窗口中输入命令"net stop MySQL80"，执行该命令后，即可看到如图 2-20 所示的界面。

图 2-19　利用 DOS 命令启动 MySQL 服务

图 2-20　利用 DOS 命令关闭 MySQL 服务

2. 通过图形化界面启动与关闭 MySQL 服务

除了使用 DOS 命令来启动和关闭 MySQL 服务外，还可以使用简便的图形化界面来进行更加直观的操作。

（1）打开服务列表窗口，依次单击"开始"菜单→"控制面板"→"管理工具"→"服务"，进入服务列表窗口，如图 2-21 所示。在图中可以看到名称为"MySQL80"的服务，启动类型为手动。选中 MySQL80 服务，单击左侧的"启动"按钮，或者右击并选择"启动"选项，则可以启动该服务，此时服务状态会更改为"已启动"。

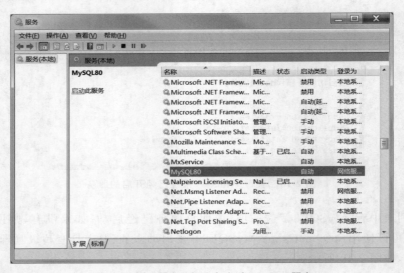

图 2-21　在"服务"窗口中启动 MySQL 服务

（2）如图 2-22 所示，启动后可以使用同样的方法来关闭服务：单击左侧的"停止"按钮或者右击并选择"停止"选项。

图 2-22　在"服务"窗口中关闭 MySQL 服务

注意：也可以通过快捷键 Win＋R 打开“运行”窗口，然后在“打开”文本框中输入“services.msc”，单击“确定”或者按回车键进入服务列表窗口。服务的启动类型分为手动、自动和禁用。如果该服务需要频繁使用，建议将其设置为自动（开机自启）；如果只是偶尔使用，建议设置为手动，以免长期占用系统资源；而禁用状态的服务是不能启动的。

2.3.2　登录与退出 MySQL 数据库

MySQL 服务启动后，就可以通过 MySQL 客户端来登录数据库了。下面仍然针对 Windows 平台进行操作。

在 Windows 平台下，可以通过两种方式来登录数据库：MySQL Command Line Client 和 DOS 命令。

1. 通过 MySQL Command Line Client 登录与退出数据库

（1）在安装 MySQL 时，同时安装了客户端，即 MySQL Command Line Client。在“开始”菜单中依次单击：“所有程序”→“MySQL”→“MySQL Server 8.0”→“MySQL 8.0 Command Line Client”，便可打开 MySQL 客户端。该客户端是一个简单的命令行窗口，如图 2-23 所示。

MySQL 8.0 Command Line Client - Unicode
Enter password:

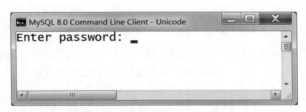

图 2-23　MySQL 客户端窗口

可以看到打开客户端命令行窗口后，会提示输入密码，这个密码就是在 2.2.2 节中设置的密码，即“12345”。输入正确的密码后按回车键即可登录成功，如图 2-24 所示。登录成功后，会在客户端窗口中显示 MySQL 版本的相关信息。

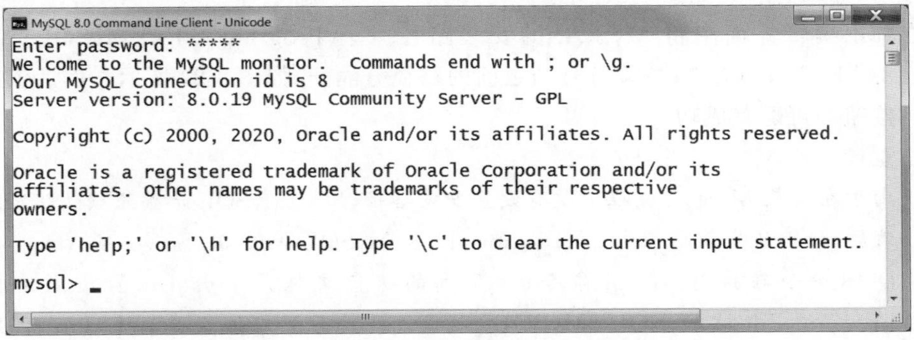

MySQL 8.0 Command Line Client - Unicode
Enter password: *****
Welcome to the MySQL monitor. Commands end with ; or \g.
Your MySQL connection id is 8
Server version: 8.0.19 MySQL Community Server - GPL
Copyright (c) 2000, 2020, Oracle and/or its affiliates. All rights reserved.
Oracle is a registered trademark of Oracle Corporation and/or its
affiliates. Other names may be trademarks of their respective
owners.
Type 'help;' or '\h' for help. Type '\c' to clear the current input statement.
mysql>

图 2-24　利用 MySQL 客户端登录成功窗口

（2）登录成功后，可以使用 quit 或者 exit 命令退出登录。在执行完 quit 或者 exit 命令后，客户端窗口会直接消失。

2. 通过 DOS 命令登录与退出数据库

（1）Windows 用户还可以直接使用 DOS 窗口执行相应的命令来登录数据库。打开 DOS 窗口，输入如下命令：

```
mysql -h 127.0.0.1 -u root -p
```

其中，mysql 是登录数据库的命令；-h 后面需要加上服务器的 IP 地址（由于 MySQL 服务器安装在本地计算机中，所以 IP 地址为 127.0.0.1）；-u 后边填写的是连接数据库的用户名，在此为 root 用户；-p 后边是设置的 root 用户的密码（密码不需要直接写在-p 后边）。

接下来，就在 DOS 窗口中输入上述命令，但是令人遗憾的是，执行结果提示如图 2-25 所示。

'mysql' 不是内部或外部命令

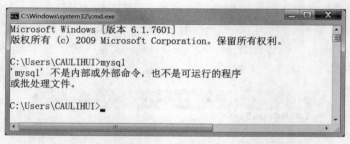

图 2-25　利用 DOS 命令登录 MySQL 失败界面

那这到底是怎么回事呢？原来是因为还缺少一项配置，即环境变量 Path 的配置，需要将 MySQL 的安装路径加入系统 Path 中。

（2）配置环境变量 Path。右击桌面上的"计算机"图标→"属性"→单击左侧的"高级系统设置"，之后就会看到系统属性界面。

单击"高级"→"环境变量"后，就可以进入环境变量界面；在系统变量中选中 Path 变量后单击"编辑"按钮，如图 2-26 所示。

在弹出编辑界面中将 MySQL 的安装路径"C:\Program Files\MySQL\MySQL Server 8.0\bin"添加进去，并以分号与之前的路径分隔开，如图 2-27 所示。然后依次单击"确定"按钮即可配置成功。

注意：

- 由于在安装 MySQL 过程中没有设置安装路径，所以 MySQL 是按照默认路径进行安装的，该默认安装路径为 C:\Program Files\MySQL\MySQL Server 8.0\bin。
- DOS 命令在执行 mysql 命令时，用到的执行文件是 mysql.exe，该文件在 C:\Program Files\MySQL\MySQL Server 8.0\bin 文件夹中，所以实际上是把 mysql.exe 所在的路径添加到 Path 中。
- 不要删除 Path 中原有的路径，只需要在其后边加上"；C:\Program Files\MySQL\MySQL Server 8.0\bin"即可。其中"；"是用来与之前的路径进行分隔开的，且该分号必须为英文格式。

图 2-26　配置环境变量 Path

图 2-27　添加 MySQL 安装路径到 Path 中

（3）重新打开 DOS 窗口，输入"mysql -h 127.0.0.1 -u root -p"命令后，便会要求输入密码，输入正确的密码"12345"，执行结果如图 2-28 所示。最好不要在一行命令中输入密码。在一些系统中，直接在黑框中输入的密码可能会被同一台机器上的其他用户通过诸如 ps 之类的命令看到。如果非要在一行命令中显式地输入密码，那么-p 和密码值之间不能有空白字符（其他参数名和参数值之间可以有空白字符）。

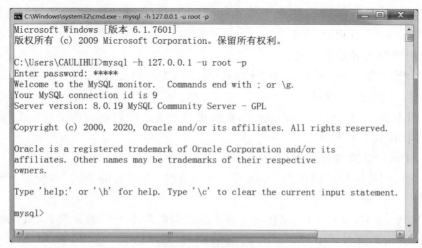

图 2-28　利用 DOS 命令登录 MySQL 成功界面

（4）退出 MySQL 的命令同样是 exit 或者 quit，分别如图 2-29 和图 2-30 所示。

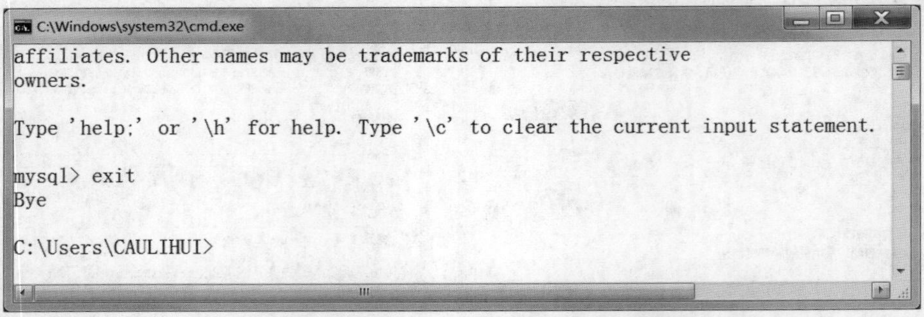

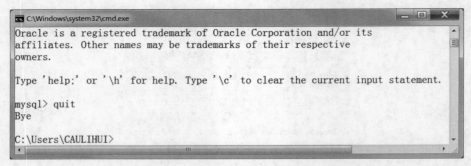

图 2-29　利用 DOS 命令 exit 退出 MySQL 界面

图 2-30　利用 DOS 命令 quit 退出 MySQL 界面

2.3.3　更改 MySQL 配置

MySQL 数据库安装与配置成功后，有可能需要根据实际需求更改某些配置，如更改默认字符集、存储引擎和端口号等信息。

本节中将介绍 Windows 平台下常用来更改 MySQL 配置的两种方式：使用配置向导和使用 my.ini 文件修改配置。

1. 使用配置向导修改配置

单击"开始"菜单→"所有程序"→"MySQL"→"MySQL Installer - Community"，打开配置向导，如图 2-31 所示。

按照图中所示，选择"Reconfigure"，重新进行配置。配置过程与 2.2.2 节中介绍的过程基本相同，在此不再赘述。

2. 使用 my.ini 文件修改配置

除了使用配置向导修改配置外，还有一种更方便、更灵活的方式，即使用 my.ini 文件修改配置。

（1）找到 my.ini 文件：MySQL 8.0 版本与之前的版本不同的是安装的目录结构发生了变化，my.ini 文件并不在 MySQL 的安装路径"C:\Program Files\MySQL\MySQL Server 8.0\bin"中，而是在"C:\ProgramData\MySQL\MySQL Server 8.0"路径下。

图 2-31 配置向导界面

需要提醒一下，如果在 C 盘根目录中并未找到 ProgramData 文件夹，则需要设置文件夹选项，选择显示隐藏的文件、文件夹和驱动器。

（2）打开 my.ini 文件，即可看到 MySQL 的配置信息，如图 2-32 所示为部分文件的部分配置内容。如果要修改某一项配置，可以直接在该文件中进行修改，然后重新启动 MySQL 服务，新的配置即可生效。

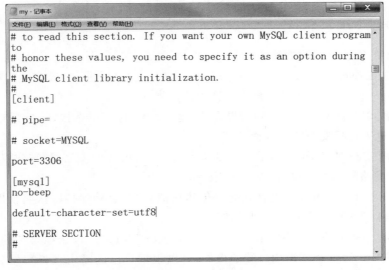

图 2-32 my.ini 文件部分内容

2.4　MySQL 常用图形化管理工具 Navicat

在 Windows 系统中,不管是使用 MySQL 数据库自带的客户端窗口还是用 DOS 窗口来操作数据库时,都需要记住很多复杂的命令,这就导致了学习的不便性。所以在本节中要介绍一种方便的 MySQL 数据库图形化管理工具 Navicat,在该工具中,通过简单的鼠标操作即可代替命令行窗口中的复杂命令。

2.4.1　下载 Navicat 软件

可以在 https://www.navicat.com.cn/download/navicat-premium 官网下载 Navicat 软件,如图 2-33 所示,根据自己计算机的版本选择一个直接下载。

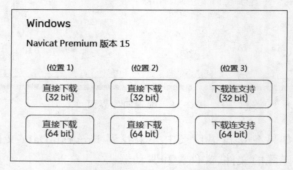

图 2-33　Navicat 下载界面

下载完成后,会在设置的下载目录中找到如下文件: navicat150_premium_cs_x64.exe。

2.4.2　安装 Navicat 软件

Navicat 的安装过程非常简单,如下所述。

(1) 双击 navicat150_premium_cs_x64.exe 文件,就可以进入 Navicat 的欢迎界面,如图 2-34 所示。单击"下一步"按钮,进入许可协议界面。

(2) 如图 2-35 所示,在许可协议界面中,选中"我同意"单选按钮,然后继续单击"下一步"按钮,进入选择安装路径界面。

(3) 如图 2-36 所示,可以根据自己的喜好选择 Navicat 的安装路径(建议大家安装到除 C 盘以外的路径),之后单击"下一步"按钮。

(4) 如图 2-37 所示,需要选择在哪里创建快捷方式,直接保持默认路径即可(也可以根据自己的喜好修改),单击"下一步"按钮。

(5) 如图 2-38 所示,选中"Create a desktop icon"复选框(该选项是在询问用户是否在桌面上创建图标,这个不影响后续的操作,可以根据自己的需求选择),然后单击"下一步"按钮。

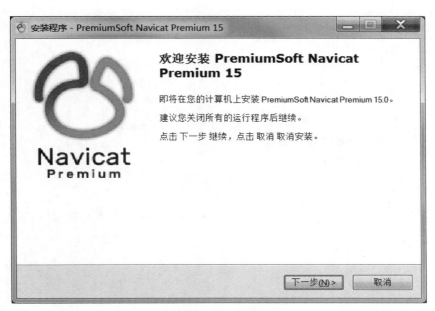

图 2-34　Navicat 欢迎界面

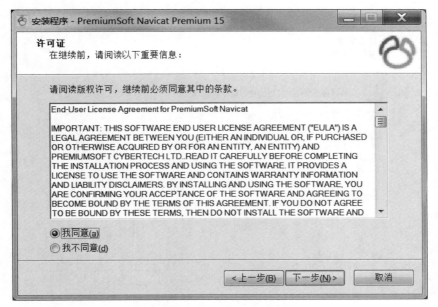

图 2-35　Navicat 许可协议界面

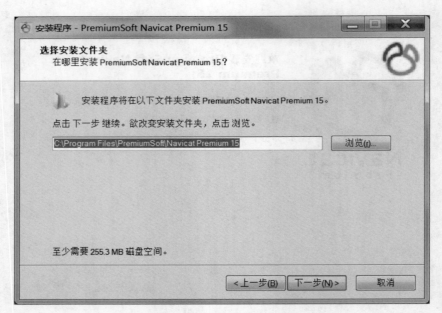

图 2-36　Navicat 选择安装路径界面

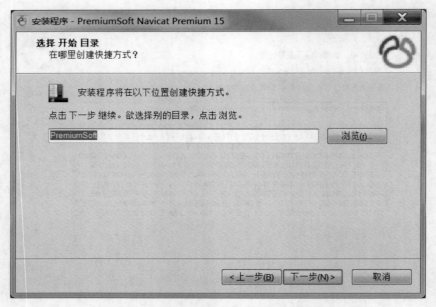

图 2-37　Navicat 选择创建快捷方式路径界面

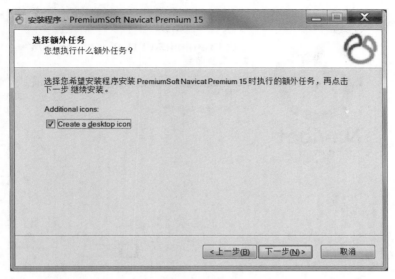

图 2-38　Navicat 选择是否创建桌面图标界面

（6）如图 2-39 所示，单击"Install"按钮，开始进行安装，此时会显示安装进度。安装完成后会出现图 2-40 所示的界面，单击"Finish"按钮后安装完成。

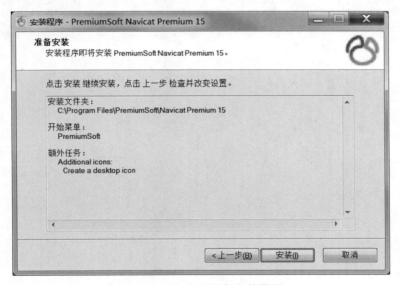

图 2-39　Navicat 准备安装界面

2.4.3　通过 Navicat 软件登录 MySQL 数据库

由于在安装 Navicat 的过程中设置了桌面图标，所以可以很轻松地找到 Navicat 程序（如果没有设置桌面图标，可以到安装目录下查找"navicat.exe"文件，或者在"开始"菜单中查找"PremiumSoft"文件夹中的"Navicat 15 for MySQL"程序），双击程序图标，就会看

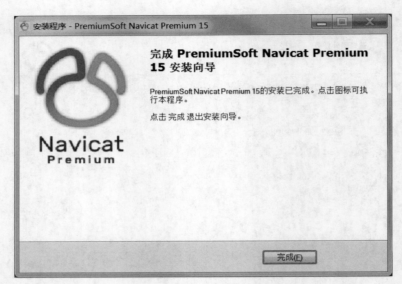

图 2-40   Navicat 安装完成界面

到如图 2-41 所示的界面。

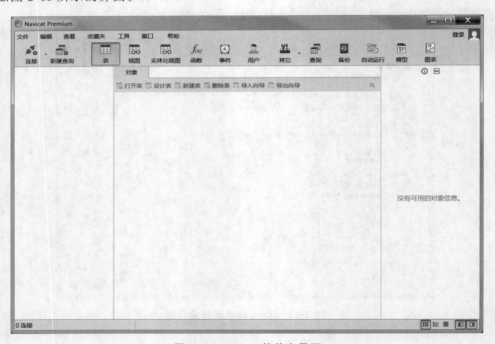

图 2-41   Navicat 软件主界面

在使用 Navicat 软件登录数据库之前,千万别忘了启动 MySQL 服务,否则数据库会连接不成功。服务启动成功后,在菜单栏中单击"Connection"功能模块后,会弹出选择框,选择"MySQL",如图 2-42 所示。

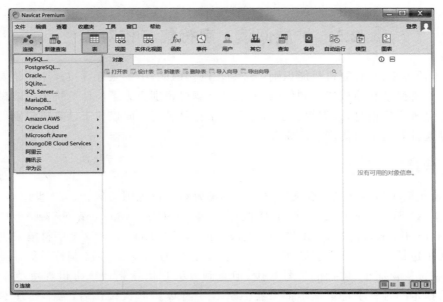

图 2-42　使用 Navicat 连接 MySQL

在弹出的"新建连接"界面中,需要填入正确的主机名/IP 地址、端口号、用户名、密码等信息,然后单击"测试连接"按钮,在提示连接成功后,单击"确定"按钮即可,如图 2-43所示。

图 2-43　设置连接参数

2.5   扩展阅读：字符集与校对集

从本质上来说，计算机只能识别二进制代码。因此，不论是计算机程序还是要处理的数据，最终都必须转换成二进制代码，才能被计算机识别。为了使计算机不仅能做科学计算，也能处理文字信息，人们想出了给每个文字符号进行编码以便于计算机识别处理的办法，这就是计算机字符集产生的原因。

2.5.1   概述

字符集简单地说就是一套文字符号及其编码和比较规则的集合。20 世纪 60 年代初期，美国 ANSI 发布了第一个计算机字符集 ASCII（American Standard Code for Information Interchange），后来进一步变成了国际标准 ISO-646。这个字符集采用 7 位编码，定义了包括大小写英文字母、阿拉伯数字、标点符号以及 33 个控制符号等。虽然这个美式的字符集很简单，包括的符号很少，但直到今天它依然是计算机世界里奠基性的标准，其后指定的各种字符集基本都兼容 ASCII 字符集。自 ASCII 后，为了处理不同的语言和文字，很多组织和机构先后创造了几百种字符集，例如 ISO-8859 系列、GBK 等，这么多的字符集收录的字符和字符的编码规则各不相同，给计算机软件开发和移植带来了很大困难，所以创建一种统一的字符集编码成了 20 世纪 80 年代计算机行业的迫切需要和普遍共识。

2.5.2   MySQL 支持的字符集

默认情况下，MySQL 使用字符集为 latin1（西欧 ISO_8859_1 字符集的别名）。由于 latin1 字符集是单字符编码，而汉字是双字节编码，由此可能导致 MySQL 数据库不支持中文字符查询或者中文字符显示乱码等问题。为了避免此类问题，需要对字符集及字符排序规则进行设置。

MySQL 服务器可以支持多种字符集，在同一台服务器、同一个数据库甚至同一个表中的不同字段都可以使用不相同的字符集，可以用 show character set 查看所有可以使用的字符集，或者使用 information_schema.character_sets 显示所有的字符集和该字符集的默认校对规则。

MySQL 字符集包括字符集和校对规则两个概念。其中字符集用来定义 MySQL 存储字符串的方式，校对规则用来定义比较字符串的方式。字符集和校对规则是一对多的关系，两个不同的字符集不能有相同的校对规则，每个字符集有一个默认校对规则，例如 GBK 的默认校对规则是 gbk_chinese_ci。校验规则的命名约定是，它们以其相关的字符集名开始，通常包括一个语言名，并且以_ci（表示大小写不敏感）、_cs（大小写敏感）或_bin（按照二进制编码值进行比较）结束。

MySQL 支持 30 多种字符集的 70 多种校对规则，每个字符集至少对应一个校对规则。可以用命令：

```
SHOW COLLATION LIKE '***';
```

或者通过系统表 information_schema.COLLATIONS 来查看相关字符集的校对规则。

2.5.3 MySQL 字符集选择

对数据库来说,字符集更加重要,因为数据库存储的数据大部分都是各种文字。字符集对数据库的存储、处理性能以及日后对系统的移植、推广都会有影响。MySQL 目前支持的字符集种类繁多,在选择时应该考虑以下几点。

(1) 满足应用支持语言的要求,如果应用要处理的语言种类很多,并且要在不同语言的国家发布,就应该选择 Unicode 字符集。就目前对 MySQL 来说,可选择 UTF-8。

(2) 如果应用中涉及已有数据的导入,就要充分考虑数据库字符集对已有数据的兼容性。假若已经有数据是 GBK 文字,此时如果选择 UTF-8 作为数据库字符集,就会出现汉字无法正确导入或显示的问题。

(3) 如果数据库只需要支持一般的中文,数据量很大,并且性能要求也很高,那就应该选择双字 GBK。因为,相对于 UTF-8 而言,GBK 比较"小",每个汉字占用 2 字节,而 UTF-8 汉字编码需要 3 字节,这样可以减少磁盘 I/O、数据库缓存以及网络传输的时间。如果主要处理的是英文字符,只有少量汉字,那么选择 UTF-8 比较好。

(4) 如果数据库需要做大量的字符运算,如比较、排序等,那么选择定长字符集可能更好,因为定长字符集比变长字符集的处理速度快。

(5) 考虑客户端所使用的字符集编码格式。如果所有客户端都支持相同的字符集,则应该优先选择该字符集作为数据库字符集。这样可以避免因字符集转换带来的性能开销和数据损失。

2.5.4 MySQL 字符集设置

MySQL 的字符集和校对规则有 4 个级别的默认设置:服务器级、数据库级、表级和字段级。它们分别设置在不同的地方,作用也不同,可以在 MySQL 服务启动的时候确定。

1. 服务器字符集和校对规则

首先可以使用命令:

```
SHOW variables LIKE 'character_set_server'
```

来查询当前的服务器的字符集,用命令:

```
SHOW variables LIKE 'collation_server'
```

查看校对规则。

服务器字符集和校对规则可以在 MySQL 服务启动的时候确定。可以在 my.cnf 配置文件中设置,如果要设置成 GBK,那么可以修改内容如下:

```
[mysqld]
character-set-server=gbk;
```

还有一种方式,就是在启动时指定字符集为 GBK,命令如下:

```
mysqld -character-set-server=gbk
```

以上两种方式只是指定了字符集,校对规则则使用与其对应的默认校对规则。

2. 数据库字符集和校对规则

数据库的字符集和校对规则是在创建数据库的时候指定的,也可以在创建完数据库后通过"alter database"命令进行修改。需要注意的是,如果数据库中已经存在数据,则因为修改字符集并不能将已有的数据按照新的字符集进行存放,所以不能通过修改数据库的字符集直接修改数据的内容。

设置数据库字符集的规则如下:

* 如果指定了字符集和校对规则,则使用指定的字符集和校对规则。
* 如果指定了字符集而没有指定校对规则,则使用指定字符集的默认校对规则。
* 如果指定了校对规则但未指定字符集,则使用与该校对规则关联的字符集。
* 如果没有指定字符集和校对规则,则使用服务器字符集和校对规则作为数据库的字符集和校对规则。

要显示当前数据库字符集和校对规则,可用以下两条命令分别查看:

```
SHOW variables LIKE  'character_set_database'
SHOW variables LIKE  'collation_database'
```

3. 表字符集和校对规则

表的字符集和校对规则在创建表的时候指定,可以通过 alter table 命令进行修改。同样,如果表中已有记录,则修改字符集对原有的记录并没有影响,不会按照新的字符集进行存放。

设置表的字符集的规则和上面基本类似:

* 如果指定了字符集和校对规则,则使用指定的字符集和校对规则。
* 如果指定了字符集而没有指定校对规则,则使用指定字符集的默认校对规则。
* 如果指定了校对规则但未指定字符集,则使用与该校对规则关联的字符集。
* 如果没有指定字符集和校对规则,则使用数据库字符集和校对规则作为表的字符集和校对规则。

要显示当前表字符集和校对规则,可用以下命令查看:

```
SHOW CREATE TABLE 表名;
```

4. 列字符集和校对规则

MySQL 可以定义列级别的字符集和校对规则,主要是针对相同表中的不同字段需要使用不同字符集的情况,应该说一般遇到这种情况的概率比较小,这只是 MySQL 提供的一个灵活设置的手段。

列字符集和校对规则的定义可以在创建表时指定,或者在修改表时调整。如果在创建表的时候没有特别指定字符集和校对规则,则默认使用表的字符集和校对规则。

5. 连接字符集和校对规则

本节描述了 4 种设置方式用于连接字符集和校对规则,确定的是数据保存的字符集和校对规则。对于实际的应用访问来说,还存在客户端和服务器之间交互的字符集和校对规则的设置。

　　MySQL 提供了 3 个不同的参数:character_set_client、character_set_connection 和 character_set_results,分别代表客户端、连接和返回结果的字符集。通常情况下,这 3 个字符集应该是相同的,这样才可以确保用户写入的数据可以正确地读出,特别是对于中文字符,不同的写入字符集和返回结果字符集将导致写入的记录不能正确读出。

　　通常情况下,不会单个地设置这 3 个参数,可以通过以下命令来设置连接的字符集和校对规则:

```
SET names ***;
```

　　这个命令可以同时修改这 3 个参数的值。使用这个方法修改连接的字符集和校对规则,需要在应用每次连接数据库后都执行这个命令。另一个简单的办法就是在 my.cnf 中设置以下语句:

```
[mysql]
default-character-set=gbk;
```

　　这样服务启动后,所有连接默认是使用 GBK 字符集进行连接,而不需要在程序中再执行 set names 命令。

2.6　本 章 小 结

　　本章以 Windows 平台为例,讲述了 MySQL 的下载、安装、配置、启动和关闭的过程,最后介绍了基于客户端工具 Navicat 操作 MySQL 的方法。

2.7　思 考 与 练 习

　　1. MySQL 配置文件的文件名是什么?

　　2. 请简述 MySQL 的安装与配置过程。

　　3. 如何启动和停止 MySQL 服务器?

　　4. 以下关于 MySQL 的说法中错误的是(　　　)。

　　　　A. MySQL 是一种关系型数据库管理系统

　　　　B. MySQL 软件是一种开源软件

　　　　C. MySQL 服务器工作在客户端/服务器模式下或嵌入式系统中

　　　　D. MySQL 完全支持标准的 SQL 语句

　　5. MySQL 的默认端口号为(　　　)。

　　　　A. 3306　　　　　　　　B. 1433　　　　　　　　C. 3307　　　　　　　　D. 1521

　　6. (　　　)是 MySQL 服务器。

　　　　A. MySQL　　　　　　　　　　　　　　B. MySQLD

　　　　C. MySQL Server　　　　　　　　　　　D. MySQLS

7. MySQL 是一种（　　　）数据库管理系统。

   A. 层次型　　　　　　　B. 网络型　　　　　　　C. 关系型　　　　　　　D. 对象型

8. 在 DOS 命令行窗口中输入（　　　）命令，再输入密码，可以登录 MySQL 数据库。

   A. mysql -uroot -p　　　　　　　　　　　B. net start mysql

   C. mysql -u -p　　　　　　　　　　　　　D. net mysql start

9. 下列选项中，（　　　）是 MySQL 默认提供的用户。

   A. admin　　　　　　　B. test　　　　　　　C. root　　　　　　　D. user

10. MySQL 配置文件的文件名是（　　　）。

    A. admin.ini　　　　　　B. my.ini　　　　　　C. root.cnf　　　　　　D. user.ini

第3章

数据库的基本操作

数据库从字面上理解就是存储数据的仓库,就像超市里的商品仓库一样,不同类别的商品放在不同的库中,比如将办公用品存放到办公用品库。在 MySQL 服务器中的数据库可以有多个,分别存储不同的数据。要想将数据存储到数据库中,首先需要创建一个数据库。比如,把学生信息存放到学生信息数据库中,把员工信息存放到员工信息数据库中。本章主要讲解创建、查看、修改和删除数据库等基本操作。

3.1　创建数据库

启动 MySQL 服务后,使用 MySQL 自带的客户端软件输入正确的密码或者使用第三方数据库管理软件 Navicat 均可连接到数据库服务器(具体操作详见 2.4.3 节内容)。创建数据库是指在数据库系统中划分一块空间,用来存储相应的数据。这是进行表操作的基础,也是进行数据库管理的基础。本节主要使用两种方法:利用 SQL 语句创建数据库以及使用图形界面创建数据库。

3.1.1　创建数据库的基本语法

在 MySQL 数据库中存在系统数据库和自定义数据库,系统数据库是在安装 MySQL 后系统自带的数据库;自定义数据库是通过语法或图形操作界面工具由用户定义创建的数据库。在创建数据库之前,要先了解目前在 MySQL 数据库中已经存在哪些数据库。查看现有数据库的语句如下:

```
SHOW DATABASES;
```

使用上面的语句查看数据库的结果如图 3-1 所示。

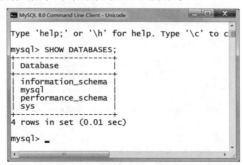

图 3-1　查看 MySQL 中的数据库

现在已经知道了如何查看已经存在的数据库,那么就可以创建新的用户自定义数据库了,创建数据库的语法如下所示:

CREATE DATABASE [IF NOT EXISTS]数据库名 CHARACTER SET 字符集 COLLATE collation_name;

其中:

(1) IF NOT EXISTS 表示当指定的数据库不存在时执行创建操作,否则忽略此操作。语法内使用"[]"括起来的选项表示可选参数。后续章节中出现的 SQL 语法结构中的"[]"都表示可选项。

(2)"数据库名"是唯一的,不能与其他数据库重名,否则将发生错误。数据库命名不要使用数字开头,可以是字母、数字、下画线(_)和"$"组成的任意字符串,不建议用汉字,并且尽量要有实际意义。名称最长可为 64 个字符,而别名最多可长达 256 个字符。不能使用 MySQL 关键字作为数据库名和表名。例如:学生管理系统的数据库可以直接使用英语命名为"student",或者用汉语拼音的首字母命名为"xs"。在 MySQL 中不区分大小写,默认情况下,Windows 下的数据库名和表名的大小写是不敏感的,而在 Linux 下数据库名和表名的大小写是敏感的。为了便于数据库在平台间进行移植,建议读者采用小写来定义数据库名和表名。

(3) 设置数据库的字符集,其目的是为了避免数据库中存储的数据出现乱码的情况。如果在创建数据库时不指定字符集,那么就使用系统的字符集。系统默认的字符集是 Server Default。除了系统的默认字符集外,还可以选择 UTF-8、BIG5、DEC8、GB2312 和 GBK 等。如果要在数据库中存放中文,最好使用 UTF8。在创建数据库时,可以省略设置字符集的语句,这样就会采用数据库默认的字符集。

要查看 MySQL 数据库中支持的字符集,可以使用 SHOW CHARACTER SET 语句。查看当前数据库中所支持字符集的结果如图 3-2 所示。

```
mysql> SHOW CHARACTER SET;
+----------+-----------------------------+---------------------+--------+
| Charset  | Description                 | Default collation   | Maxlen |
+----------+-----------------------------+---------------------+--------+
| armscii8 | ARMSCII-8 Armenian          | armscii8_general_ci |      1 |
| ascii    | US ASCII                    | ascii_general_ci    |      1 |
| big5     | Big5 Traditional Chinese    | big5_chinese_ci     |      2 |
| binary   | Binary pseudo charset       | binary              |      1 |
| cp1250   | Windows Central European    | cp1250_general_ci   |      1 |
| cp1251   | Windows Cyrillic            | cp1251_general_ci   |      1 |
| cp1256   | Windows Arabic              | cp1256_general_ci   |      1 |
| cp1257   | Windows Baltic              | cp1257_general_ci   |      1 |
| cp850    | DOS West European           | cp850_general_ci    |      1 |
| cp852    | DOS Central European        | cp852_general_ci    |      1 |
| cp866    | DOS Russian                 | cp866_general_ci    |      1 |
| cp932    | SJIS for Windows Japanese   | cp932_japanese_ci   |      2 |
| dec8     | DEC West European           | dec8_swedish_ci     |      1 |
| eucjpms  | UJIS for Windows Japanese   | eucjpms_japanese_ci |      3 |
| euckr    | EUC-KR Korean               | euckr_korean_ci     |      2 |
| gb18030  | China National Standard GB18030 | gb18030_chinese_ci |   4 |
| gb2312   | GB2312 Simplified Chinese   | gb2312_chinese_ci   |      2 |
| gbk      | GBK Simplified Chinese      | gbk_chinese_ci      |      2 |
| geostd8  | GEOSTD8 Georgian            | geostd8_general_ci  |      1 |
| greek    | ISO 8859-7 Greek            | greek_general_ci    |      1 |
| hebrew   | ISO 8859-8 Hebrew           | hebrew_general_ci   |      1 |
| hp8      | HP West European            | hp8_english_ci      |      1 |
| keybcs2  | DOS Kamenicky Czech-Slovak  | keybcs2_general_ci  |      1 |
| koi8r    | KOI8-R Relcom Russian       | koi8r_general_ci    |      1 |
| koi8u    | KOI8-U Ukrainian            | koi8u_general_ci    |      1 |
| latin1   | cp1252 West European        | latin1_swedish_ci   |      1 |
| latin2   | ISO 8859-2 Central European | latin2_general_ci   |      1 |
| latin5   | ISO 8859-9 Turkish          | latin5_turkish_ci   |      1 |
| latin7   | ISO 8859-13 Baltic          | latin7_general_ci   |      1 |
| macce    | Mac Central European        | macce_general_ci    |      1 |
| macroman | Mac West European           | macroman_general_ci |      1 |
| sjis     | Shift-JIS Japanese          | sjis_japanese_ci    |      2 |
| swe7     | 7bit Swedish                | swe7_swedish_ci     |      1 |
| tis620   | TIS620 Thai                 | tis620_thai_ci      |      1 |
| ucs2     | UCS-2 Unicode               | ucs2_general_ci     |      2 |
| ujis     | EUC-JP Japanese             | ujis_japanese_ci    |      3 |
| utf16    | UTF-16 Unicode              | utf16_general_ci    |      4 |
| utf16le  | UTF-16LE Unicode            | utf16le_general_ci  |      4 |
| utf32    | UTF-32 Unicode              | utf32_general_ci    |      4 |
| utf8     | UTF-8 Unicode               | utf8_general_ci     |      3 |
| utf8mb4  | UTF-8 Unicode               | utf8mb4_0900_ai_ci  |      4 |
+----------+-----------------------------+---------------------+--------+
41 rows in set (0.00 sec)
```

图 3-2   MySQL 中支持的字符集

3.1.2 使用 SQL 语句创建数据库

不管是在 MySQL 自带的客户端软件 MySQL 8.0 Command Line Client 中还是在 Navicat 软件中都可以输入 SQL 语句并执行,这里选择后者进行演示。

(1) 连接数据库。连接数据库成功之后,会在窗口左侧显示自己设置的"连接"图标,此处为"DBconn",双击该图标后,会出现如图 3-3 所示的目录结构。

(2) 创建一个 SQL 语句执行窗口。如图 3-4 所示,在工具栏中单击"查询"工具,然后单击"新建查询",即可创建一个 SQL 语句执行窗口。

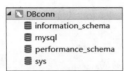

图 3-3　无数据库的目录结构图　　　　图 3-4　创建 SQL 语句执行窗口

(3) 创建数据库。在刚刚创建的 SQL 语句执行窗口中输入创建数据库的 SQL 语句,其语法格式如下所示:

```
CREATE DATABASE db_name
```

其中,CREATE DATABASE 是创建数据库的固定格式,db_name 为要创建的数据库名称。接下来创建一个名为 db_test 的数据库,如例 3-1 所示。

在创建数据库时,如果不指定其使用的字符集或者字符集的校对规则,那么将根据 my.ini 文件中指定的 defaut-character-set 变量的值来设置其使用的字符集。从创建数据库的基本语法中可以看出,在创建数据库时,还可以指定数据库所使用的字符集。如果给 "db_test"指定其字符集为 GBK,可以将命令改为:

```
CREATE DATABASE db_test CHARACTER SET=GBK;
```

【例 3-1】 使用 SQL 语句创建名为 db_test 的数据库。

```
CREATE DATABASE db_test;
```

执行结果如图 3-5 所示。

图 3-5 中已经标示出操作的具体步骤如下。

(1) 在窗口中写入创建数据库的 SQL 语句。

(2) 单击"运行"按钮,执行 SQL 语句。

(3) 如果下方的"信息"一栏中显示 OK,则表示创建数据库成功,否则创建失败。

(4) 右击 DBconn 图标后,选择"刷新"选项进行刷新操作。

(5) 刷新后会在左侧的目录结构中出现 db_test 数据库。在创建数据库后,MySQL 会在存储数据的 data 目录中创建一个与数据库同名的子目录(即 db_test)。因此,在 MySQL 中还可以通过在 data 下创建目录的方式完成数据库的创建。

注意:如果数据库已经存在,则不能创建成功,系统会提示"1007 - Can't create

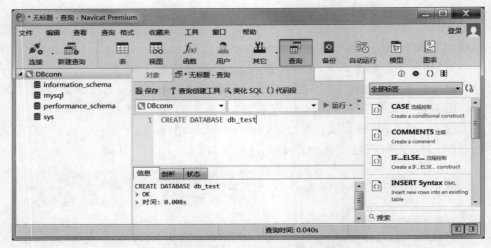

图 3-5　使用 SQL 语句创建数据库

database 'db_test'; database exists"错误。在 MySQL 中，不允许同一系统中存在两个相同名称的数据库。为了避免类似的错误，可以将命令改写为：

CREATE DATABASE IF NOT EXISTS db_test;

还可以通过语法中给出的 CREATE SCHEMA 来创建数据库，两者的功能是一样的。比如，例 3-1 中使用 SQL 语句创建名为 db_test 的数据库的命令可以写为：

CREATE CHEMA db_test;

3.1.3　使用图形界面创建数据库

对于初学者而言，使用 SQL 语句创建数据库时，需要记住相应的 SQL 语句，与在图形界面上的操作相比比较困难，所以可以直接利用 Navicat 的图形界面创建数据库。

（1）右击 DBconn，在弹出的列表中选择"新建数据库"选项，如图 3-6 所示。

图 3-6　选择"新建数据库"选项

（2）在弹出的"新建数据库"窗口的"常规"栏中按照要求输入数据库名称、字符集和排序规则。其实只需要指定数据库名称即可，如果不指定字符集和排序规则，则表示选择默认配置，如图 3-7 所示。

图 3-7　使用图形界面创建数据库

在"SQL 预览"栏中可以看到系统根据操作自动生成的 SQL 语句，如图 3-8 所示。

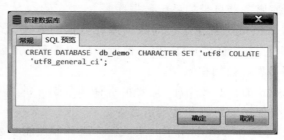

图 3-8　系统自动生成的 SQL 语句

（3）单击"确定"按钮后，会在左侧的目录结构中看到名为 db_test 的数据库。

3.2　查看数据库

因为在创建数据库时，有可能出现"1007 - Can't create database 'db_test'；database exists"错误，所以希望在创建新的数据库之前先查看一下目前已有的数据库。这里同样介绍两种查看数据库的方法：使用 SQL 语句和图形界面。

3.2.1　使用 SQL 语句查看数据库

1. 查看所有的数据库

数据库创建完成后，若要查看该数据库的信息，或查看 MySQL 服务器当前都有哪些数据库，可以根据不同的需求选择以下的方式进行查看。在 SQL 语句执行窗口中输入如例 3-2 所示的 SQL 语句。

【例 3-2】　使用 SQL 语句查看所有数据库。

```
SHOW DATABASES;
```

执行结果如图 3-9 所示。

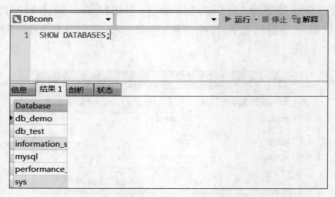

图 3-9　例 3-2 的执行结果

从图 3-9 中可以看到,除了在 3.1 节中创建的 db_test 和 db_demo 两个数据库外,还有 4 个 MySQL 数据库服务器自带的系统数据库。

(1) information_schema:提供了访问数据库元数据的方式(数据字典、所有表和库的结构信息)。其中保存着关于 MySQL 服务器所维护的所有其他数据库的信息,如数据库名、表名、列的数据类型和访问权限等。

(2) mysql:MySQL 的核心数据库,主要负责存储数据库的用户、权限设置、关键字以及 MySQL 自己需要使用的控制和管理信息等。

(3) performance_schema:主要用于收集数据库服务器性能参数,如提供进程等待的详细信息,包括锁、互斥变量和文件信息;保存历史的事件汇总信息,为提供 MySQL 服务器性能做出详细的判断;对于新增和删除监控事件点都非常容易,并可以改变 MySQL 服务器的监控周期等。

(4) sys:MySQL 5.7 新增的系统数据库,其在 MySQL 5.7 中是默认存在的,在 MySQL 5.6 及以上版本中可以手动导入。这个库通过视图的形式把 information_ schema 和 performance_schema 结合起来,查询出令人更加容易理解的数据。库中所有的数据源都来自 performance_schema。目标是把 performance_schema 的复杂度降低,让 DBA 能更好地阅读这个库里的内容,以及更快地了解 DB 的运行情况。

对于初学者来说,建议不要随意删除和修改这些数据库,以避免造成服务器故障。

2. 查看指定的数据库

如果想要查看某个已经存在的数据库的创建信息,则需要使用的 SQL 语句的语法格式如下所示:

```
SHOW CREATE DATABASE db_name;
```

其中 SHOW CREATE DATABASE 为查看指定数据库的固定格式,db_name 为指定的数据库名称。接下来可以查看一下数据库 db_demo 的创建信息,如例 3-3 所示。

【例 3-3】 使用 SQL 语句查看指定的数据库。

```
SHOW CREATE DATABASE db_demo;
```

执行结果如图 3-10 所示。

图 3-10　例 3-3 的执行结果

从图 3-10 中可以看到关于 db_demo 数据库的一些创建信息,如数据库名称,并且默认字符集为 UTF-8。其中"40100"表示版本号 4.1.00；"/ * 注释内容 * /"为 MySQL 支持的一种注释格式,并且 MySQL 对其进行了扩展,即当在注释中使用"!"加上版本号时,只要 MySQL 的当前版本等于或大于该版本号,则该注释中的 SQL 语句将被 MySQL 执行。但是这种方式只适用于 MySQL 数据库,不具有其他数据库的可移植性。

3.2.2　使用图形界面查看数据库

1. 查看所有的数据库

使用 Navicat 软件查看所有的数据库非常简单,所有的数据库都直接显示在左侧视图中,如图 3-11 所示(在查看之前可以先刷新列表)。

2. 查看指定的数据库

右击要查看的数据库 db_test,在弹出的列表中选择"编辑数据库"选项,之后会看到如图 3-12 所示的界面。

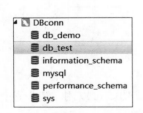

图 3-11　利用图形界面查看所有数据库

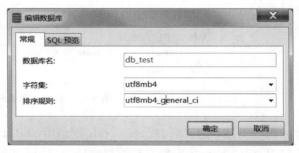

图 3-12　利用图形界面查看指定的数据库

从图 3-12 中可以清楚地看到关于数据库 db_test 的创建信息：数据库名称、字符集(utf8mb4)和排序规则(utf8_general_ci)。

注意：由于在创建数据库时并没有指定字符集和排序规则,所以 utf8mb4 和 utf8_general_ci 为 MySQL 默认的字符集和排序规则。

3.3　修改数据库

在 MySQL 数据库中，通过数据库修改语句只能对数据库使用的字符集进行修改，数据库中的这些特性存储在 db.opt 文件中。对于数据库使用的字符集，可以通过语句或图形界面来修改。

3.3.1　使用 SQL 语句修改数据库使用的字符集

修改数据库使用的字符集使用的是 ALTER 关键字，其语法格式如下所示：

```
ALTER DATABASE db_name CHARACTER SET new_charset;
```

其中 ALTER DATABASE 为修改数据库的固定语法格式，db_name 为要修改的数据库名称，CHARACTER SET 表示修改的是数据库的字符集，new_charset 为新的字符集名称。

假设要将 db_test 数据库的字符集由 UTF-8（默认字符集）修改为 GBK，具体操作如例 3-4 所示。

【例 3-4】　使用 SQL 语句修改所有数据库的字符集。

```
ALTER DATABASE db_test CHARACTER SET gbk;
```

执行结果如图 3-13 所示。

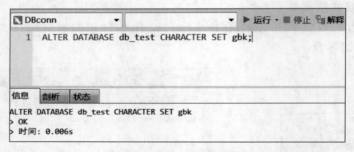

图 3-13　例 3-4 的执行结果

执行上述 SQL 语句后，显示 OK 则说明 SQL 语句执行成功。可以用 3.2.1 节中学到的知识查看 db_test 数据库是否修改成功，执行如下 SQL 语句：

```
SHOW CREATE DATABASE db_test;
```

执行结果如图 3-14 所示。

从图中可以清楚地看到，db_test 数据库的字符集已经被修改为 GBK。实际上，虽然只是将字符集修改为 GBK，但是其排序规则也会被自动修改为相应的 gbk_chinese_ci。

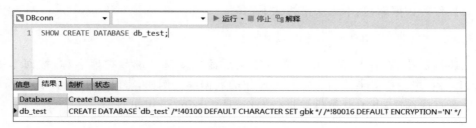

图 3-14　查看 db_test 字符集

3.3.2　使用图形界面修改数据库使用的字符集

使用 Navicat 软件来修改数据库的字符集是比较方便的，首先右击要修改的数据库，然后选择"编辑数据库"选项就可以进入"编辑数据库"窗口，在"字符集"下拉列表中选择合适的字符集，单击"确定"按钮即可。这里以 db_test 为例，将其字符集修改为 GBK，如图 3-15 所示。

图 3-15　利用图形界面修改数据库字符集

只需要选择要修改的字符集，排序规则无须做任何操作，因为系统会根据选择的字符集自动进行匹配。

3.4　选择数据库

由于 MySQL 服务器中的数据需要存储到数据表中，而数据表需要存储到对应的数据库中，并且 MySQL 服务器中又可以同时存在多个数据库，因此，在对数据和数据表进行操作前，首先需要选择数据库。基本语法格式如下：

```
USE 数据库名;
```

接下来选择数据库 db_test 进行操作，具体 SQL 语句与执行结果如下。

```
USE db_test;
Database changed
```

除了可以使用 USE 关键字选择数据库外，在用户登录 MySQL 服务器时也可以直接

选择要操作的数据库,基本语法格式如下:

```
mysql -h 主机 -u 用户名 -p 密码 数据库名
```

上述语法中,在用户登录服务器的密码后添加要选择的数据库名称,按回车键后,MySQL 会在登录服务器后自动选择要操作的数据库。例如,密码为 123456 的 root 用户登录后要直接选择 db_test 数据库进行操作,具体 SQL 语句如下:

```
mysql -hlocalhost -u root -p 123456 db_test
```

3.5   删除数据库

当数据库不再使用时应该将其删除,以确保数据库存储空间中存放的是有效的数据。删除数据库后就不能恢复该数据库了,因此不要轻易使用该操作。最好在删除数据库之前先将数据库进行备份,备份数据库的方法将在本书的后面章节中讲解。

但是,需要特别注意的是,数据库一旦删除,会将数据库中所有的表结构和数据一同删除,所以在做删除数据库的操作时需要非常慎重。

3.5.1   使用 SQL 语句删除数据库

在 MySQL 中删除数据库的语法是很简单的,只需要知道数据库的名称就可以将其删除掉,其语法格式如下所示:

```
DROP DATABASE db_name;
```

其中,DROP DATABASE 为删除数据库的固定语法格式,db_name 为要删除的数据库名称。以删除 db_test 数据库为例,具体操作如例 3-5 所示。

【例 3-5】 使用 SQL 语句删除数据库。

```
DROP DATABASE db_test;
```

执行结果如图 3-16 所示。

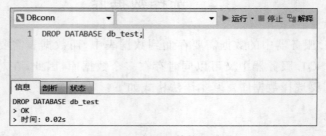

图 3-16   例 3-5 的执行结果

为了证实 db_test 数据库是否已经成功删除,可以执行查看所有数据库的 SQL 语句,如下所示:

```
SHOW DATABASES;
```

执行结果如图 3-17 所示。

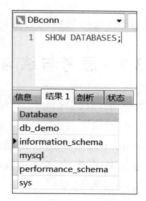

图 3-17　查看 db_test 是否删除成功

图 3-17 中显示的数据库列表中并没有名为 db_test 的数据库,证明例 3-5 中的 SQL 语句确实执行成功。

3.5.2　使用图形界面删除数据库

使用 Navicat 软件删除数据库时,只需要右击要删除的数据库,然后在弹出的功能列表中选择"删除数据库"选项。下面以删除 db_demo 数据库为例,具体操作如图 3-18 所示。

单击"删除数据库"选项后,会出现如图 3-19 所示的"确认删除"对话框,如果确定要删除就单击"删除"按钮,否则单击"取消"按钮。

图 3-18　利用图形界面删除数据库

图 3-19　"确认删除"对话框

在执行删除数据库操作前,一定要备份需要保留的数据,确保数据的安全,以避免因误操作而造成严重的后果。

3.6 本 章 小 结

本章主要介绍了创建、查看、修改、选择和删除数据库的知识。

3.7 思 考 与 练 习

1. 练习使用 SQL 语句创建数据库，数据库的名称为 School，字符集选择默认字符集 UTF-8。

2. 练习使用 SQL 语句查看 School 数据库是否创建成功，并查看其创建信息。

3. 练习使用 SQL 语句将 School 数据库的字符集修改为 GBK。

4. 练习使用 SQL 语句删除 School 数据库。

5. 查看数据库的语法格式是（   ）。
   - A. CREATE DATABASE 数据库名；
   - B. SHOW DATABASES；
   - C. USE 数据库名；
   - D. DROP DATABASE 数据库名；

6. SQL 代码"USE MyDB；"的功能是（   ）。
   - A. 修改数据库 MyDB
   - B. 删除数据库 MyDB
   - C. 选择数据库 MyDB
   - D. 创建数据库 MyDB

7. SQL 代码"DROP DATABASE MyDB001；"的功能是（   ）。
   - A. 修改数据库名为 MyDB001
   - B. 删除数据库 MyDB001
   - C. 使用数据库 MyDB001
   - D. 创建数据库 MyDB001

8. 下列描述错误的是（   ）。
   - A. 在 Windows 系统中，可以创建一个名称为 tb_bookInfo 的数据库和一个名称为 tb_bookinfo 的数据库
   - B. MySQL 数据库名可以由任意字母、阿拉伯数字、下画线（_）和"＄"组成
   - C. MySQL 数据库名最长可为 64 个字符
   - D. 不能使用 MySQL 关键字作为数据库名和表名

9. 下列（   ）语句可以用于将 db_library 数据库作为当前默认的数据库。
   - A. CREATE DATABASE db_library；
   - B. SHOW db_library；
   - C. USE db_library；
   - D. SELECT db_library；

10. 下列关于修改数据库的描述中错误的是（   ）。
   - A. 使用 ALTER DATABASE 语句可以修改数据库名
   - B. 使用 ALTER DATABASE 的 CHARACTER SET 选项可以修改数据的字符集
   - C. 使用 ALTER DATABASE 的 COLLATE 选项可以指定字符集的校对规则
   - D. 使用 ALTER DATABASE 语句时可以不指定数据库名称

第 4 章

MySQL 支持的数据类型与运算符

数据类型作为数据的一种属性,能够表示数据所表达的信息以及存储类型。由于不同数据类型的存储方式不同,所以数据库中字段的数据类型对于数据库的优化非常重要。几乎所有的数据库(如 Oracle、MySQL 和 SQL Server 等)都定义了适用于自己的数据类型。但是,不同的数据库具有不同的特点,其定义的数据类型的种类和名称或多或少都会有所不同。

可以通过 MySQL 客户端命令行输入相关命令来查看 MySQL 数据库支持的所有数据类型。首先需要启动 MySQL 服务并登录数据库,然后输入 HELP DATA TYPES 命令,查看 MySQL 数据库支持的数据类型。

通过命令查看,可以看到 MySQL 支持多种数据类型,主要包括数值类型、日期和时间类型以及字符串类型三种。需要注意的是从 MySQL 5.7 开始,该数据库已经支持 JSON 数据的存储。本章将详细讲解各种数据类型。

通过本章的学习,读者可以了解算术运算符、比较运算符、逻辑运算符和位运算符等各种运算符的使用方法,还可以了解各种运算符的优先级别。在实际应用中经常需要使用运算符,学好本章可以让以后的操作更加简单。

4.1 数 值 类 型

MySQL 支持所有的 ANSI/ISO SQL 92 数字类型。数字分为整数和小数,其中整数用整数类型表示;小数用浮点数类型和定点数类型表示。例如可以将学生的年龄设置为整数类型,并将学生的成绩设置为浮点数类型等。不同的数据库对 SQL 标准做了不同的拓展。MySQL 除了支持 SQL 标准中的数值类型,如严格数值类型以及近似数值类型,还拓展了新的数值类型,如 BIT 等。

4.1.1 整数类型

顾名思义,整数类型是用来存储整数的。MySQL 支持的整数类型有 SQL 标准中的整数类型 INTEGER 和 SMALLINT,并在此基础上拓展了新的整数类型,如 TINYINT、MEDIUMINT 和 BIGINT。

由于不同的整数类型所占用的存储空间大小不同,所以表示的数据范围也不同。每种整数类型所占空间大小及表数范围如表 4-1 所示。

表 4-1　整数类型特性一览表

整数类型	大小	表数范围(有符号)	表数范围(无符号)	作　用
TINYINT	1 字节	−128～127	0～255	小整数值
SMALLINT	2 字节	−32768～32767	0～65535	大整数值
MEDIUMINT	3 字节	−8388608～8388607	0～16777215	大整数值
INT/INTEGER	4 字节	−2147483648～2147483647	0～4294967295	大整数值
BIGINT	8 字节	−9233372036854775808～9223372036854775807	0～18446744073709551615	极大整数值

从表 4-1 中可以看出,MySQL 主要支持 5 个整数类型,分别是 TINYINT、SMALLINT、MEDIUMINT、INT/INTEGER 和 BIGINT。这些类型除了存储空间大小和表数范围不同外,在很大程度上是相同的。

注意:

(1) INT 与 INTEGER 是同一种数据类型。

(2) 每种数据类型的表数范围可以根据所占字节数计算得出。

在选择数据类型时,要根据实际需求确定数值的范围,从而确定最合适的数据类型。如果选择不当,则可能会出现"Out of range"的错误提示。

下面使用命令 HELP INT 来查看一下 MySQL 中对于 INT 类型的描述,如例 4-1 所示。

【例 4-1】　查看 INT 数据类型。

```
mysql> HELP INT;
Name: 'INT'
Description:
INT[(M)][UNSIGNED][ZEROFILL]
```

在例 4-1 中,可以看到对于 INT 数据类型的描述中有三个可选属性。

(1) (M):M 指定了 INT 型数据显示的宽度。MySQL 是以一个可选的显示宽度的形式对 SQL 标准进行扩展的。为了方便理解,这里举个例子,如果某个字段的数据类型为 INT(4),则当存储的数据是 10 时(此处配合 ZEROFILL 使用),则会在左边填补两个 0 凑足四位数;当存储的数据是 100 时,只需要在左边填补一个 0 即可;而当存储的数据是 100000 时,由于已经超过 4 位数,所以按照原样输出,即宽度会自动扩充。

(2) UNSIGNED:UNSIGNED(无符号)修饰符规定字段的值只能保存正数。由于不需要保存数字的正、负号,所以在存储时可以节约一个"位"的空间,从而增大这个字段可以存储数值的范围。

(3) ZEROFILL:ZEROFILL(零填充)修饰符规定可以用 0(不是空格)来填补输出的值。使用这个修饰符可以阻止 MySQL 数据库存储负值。

注意:

● M 只是指定了预期的显示宽度,并不影响该字段所选取的数据类型的存储空间大小以及表数范围。

- 如果要存储的数据长度不足显示宽度(M)，则需要配合使用 ZEROFILL 修饰符才会填补 0。
- 如果某个字段使用了 ZEROFILL 修饰，则该字段会默认添加 UNSIGNED 修饰符。
- 在例 4-1 中，查看 MySQL 支持的数据类型中有一种称为 AUTO_INCREMENT 的类型。该类型可以看作是整数类型的一种属性，用于需要产生唯一标识符或者顺序值时。AUTO_INCREMENT 值一般从 1 开始，每行自动递增 1。

4.1.2　浮点数和定点数类型

如果想要在数据库中存储小数类型，则需要使用下面两种 MySQL 指出的数据类型：浮点数类型和定点数类型。浮点数类型在数据库中存放的是近似值，因此也称为近似值类型；定点数类型则在数据库中存放精确值。

浮点数类型包括 FLOAT(单精度)和 DOUBLE(双精度)两种，定点数类型只包括 DEC/DECIMAL/NUMERIC 一种(DEC/DECIMAL 与 NUMERIC 表示的是同一种数据类型，习惯上使用 DEC 或 DECIMAL)。

1. 浮点数类型

浮点数类型所占空间大小及表数范围如表 4-2 所示。

表 4-2　浮点数类型特性一览表

浮点数类型	大小	表数范围(有符号)	表数范围(无符号)	作　用
FLOAT	4 字节	$(-3.402823466E+38,$ $-1.175494351E-38)$	$0,(1.175494351E-38,$ $3.402823466E+38)$	单精度浮点数值
DOUBLE	8 字节	$(-1.7976931348623157E+308,$ $-2.2250738585072014E-308)$	$0,(2.2250738585072014E-308,$ $1.7976931348623157E+308)$	双精度浮点数值

从表中可以看出，DOUBLE 类型的精度要比 FLOAT 高。同样可以使用命令 HELP DOUBLE 查看 MySQL 中对于 DOUBLE 类型的描述，如例 4-2 所示。

【例 4-2】 查看 DOUBLE 数据类型。

```
mysql> HELP DOUBLE;
Name: 'DOUBLE'
Description:
DOUBLE[(M,D)] [UNSIGNED] [ZEROFILL]
```

从例 4-2 中可以看到，浮点数类型与整数类型类似，均有三个可选属性：(M，D)、UNSIGNED 和 ZEROFILL。其中 UNSIGNED 与 ZEROFILL 的含义与使用方法均已在 4.1.1 节中讲述过，所以在此重点讲解(M，D)。

(M，D)中的 M 表示浮点数据类型中数字的总个数，D 表示小数点后数字的个数。如果某字段定义为 DOUBLE(6，3)，而要存储的数据是 314.15926，则由于该数据小数点后的位数超过 3，所以会在保存数据时四舍五入，从而使数据库中实际存放的是 314.15926 的近似值 314.159；如果要存放的数据是 3.1415926，则实际存放的是 3.142；但是当要存放的数据为 3141.5926 时，会提示"Out of range"错误。需要注意的是，与整数类型不一样的是，浮点数类型的宽度不会自动扩充。

FLOAT 和 DOUBLE 中的 M 和 D 如果没有指定值，则取值默认都为 0。在不超过数据类型的表数范围的情况下，并不会限制数字的总个数及小数点后数字的个数，即按照实际精度来显示。

如果要指定 M 和 D 值的话，也需要注意，M 和 D 的取值是有范围的。

（1）M 的取值范围为 0～255。但由于 FLOAT 只能保证 6 位有效数字的准确性，所以在 FLOAT(M,D) 中，当 M<=6 时，数字通常是准确的；而 DOUBLE 只能保证 16 位有效数字的准确性，所以在 DOUBLE(M,D) 中，当 M<=16 时，数字也通常是准确的。

（2）D 的取值范围为 0～30，同时必须满足 D<=M，否则会报错。

注意：浮点数类型(M, D)的用法为非标准用法，如果需要进行数据库迁移，则不要这么使用。

2. 定点数类型

定点数类型在数据库中是以字符串形式存储的，因此是精确值。定点数只有一种数据类型，即 DECIMAL，该数据类型用于精度要求非常高的计算中，如涉及金钱操作的领域。定点数所占内存大小及表数范围如表 4-3 所示。

表 4-3　定点数类型特性一览表

浮点数类型	大小	表数范围	作用
DECIMAL(M,D)	M+2	最小和最大取值范围与 DOUBLE 相同； 指定 M 和 D 时，有效取值范围由 M 和 D 的大小决定	精度较高的小数值

【例 4-3】 查看 DECIMAL 数据类型。

```
mysql> HELP DECIMAL;
Name: 'DECIMAL'
Description:
DECIMAL[(M[,D])] [UNSIGNED] [ZEROFILL]
```

DECIMAL(M,D) 的用法基本与浮点数类型(M,D)的用法相似，但是一些细节上仍有不同。

（1）DECIMAL 类型的 M 默认值为 10，D 默认值为 0。如果在创建表时，定义某字段为 DECIMAL 类型而没有带任何参数，则等同于 DECIMAL(10,0)，比如要存储的数据是 1.23，则保存到数据库中的实际是 1，而不是 1.23。如果只带一个参数，则该参数为 M 值，D 则取默认值 0。

（2）M 的取值范围为 1～65，取 0 时会被设为默认值 10，超出范围则会报错。

（3）D 的取值范围为 0～30，同时必须满足 D<=M，否则会报错。

4.1.3　BIT 类型

MySQL 5.0 以前,BIT 与 TINYINT 表示同一种数据类型。但是在 MySQL 5.0 以及之后的版本中,BIT 是一个完全不同的数据类型。可以使用 BIT 数据类型保存位字段值,即 BIT 可以方便地存储二进制数据。BIT 类型所占内存大小及表数范围如表 4-4 所示。

表 4-4　BIT 类型特性一览表

BIIT 类型	大小	表数范围	作用
BIT(M)	1~8 字节	BIT(1) ~BIT(64)	位字段值

从表 4-4 中可以看出,BIT 类型的表数范围与 M 有关,那 M 是什么呢?可以使用命令 HELP BIT 查看 MySQL 中对于 BIT 类型的描述,如例 4-4 所示。

【例 4-4】　查看 BIT 数据类型。

```
mysql> HELP BIT
Name: 'BIT'
Description:
BIT[(M)]
```

从例 4-4 中可以知道 M 指的是位数,取值范围为 1~64,如果没有指定 M 的值,则默认 M 为 1。如 BIT(1)的取值范围只有 0 和 1;BIT(4)的取值范围为 0~15;BIT(64)的取值范围为 $0 \sim 2^{64} - 1$。

BIT 数据类型使用 b'value'的形式存储二进制数据,其中 value 指的是一个由 0 和 1 组成的二进制数据。如 b'111'和 b'10000000'分别表示十进制的 7 和 128。

如果 value 值的位数小于指定的 M,则会在 value 值的左侧补 0。如指定字段的数据类型为 BIT(6),而存储的数据为 b'111',则存入数据库中的数据实际为 b'000111'。

注意:在接下来创建表时,数字类型的选择应遵循如下原则。

(1) 选择最小的可用类型,如果该字段的值不会超过 127,则使用 TINYINT 比 INT 效果好。

(2) 对于完全都是数字的值,即无小数点时,可以选择整数类型,比如年龄。

(3) 浮点类型用于可能具有的小数部分的数,比如学生成绩。

(4) 在需要表示金额等货币类型时优先选择 DECIMAL 数据类型。

4.2　日期和时间类型

为了方便在数据库中存储日期和时间,MySQL 提供了表示日期和时间的数据类型,分别是 TIME、DATE、YEAR、DATETIME 和 TIMESTAMP。比如存放商场活动的持续时间和职员的出生日期等。从形式上来说,MySQL 日期类型的表示方法与字符串的表示方法相同(使用单引号括起来)。本质上,MySQL 日期类型的数据是一个数值类型,可以参与简单的加、减运算。

五种日期与时间类型的取值范围及相应的"0"值如表 4-5 所示。

表 4-5　日期与时间类型特性一览表

类　型	格　式	取 值 范 围	0 值
TIME	'HH:MM:SS'	('−838:59:59', '838:59:59')	'00:00:00'
DATE	'YYYY-MM-DD'	('1000-01-01', '9999-12-31')	'0000-00-00'
YEAR	YYYY	(1901, 2155)	0000
DATETIME	'YYYY-MM-DD HH:MM:SS'	('1000-01-01 00:00:00', '9999-12-31 23:59:59')	'0000-00-00 00:00:00'
TIMESTAMP	'YYYY-MM-DD HH:MM:SS'	('1970-01-01 00:00:01' UTC, '2038-01-19 03:14:07' UTC)	'0000-00-00 00:00:00'

每种日期与时间类型都有一个取值范围和一个"0"值。在非严格模式下,当存储的数据格式不合法时,系统会给出警告,并将 0 值插入到数据库中。当插入的数据格式合法但是超出数据类型的范围时,该数据将被裁剪为范围最接近的端点(最大值或最小值)。但是在严格模式下,非法或合法但超出范围的数据是不允许存入数据库的,系统会提示错误。下面将在严格模式下讲解各种日期与时间类型。

注意:

(1) 严格模式:STRICT_TRANS_TABLES。该模式下如果插入的数据不合法或者超出范围均会提示错误,插入数据不会成功。

(2) 非严格模式:该模式下如果插入的数据不合法或者合法但超出范围,只会给出警告,但会插入成功,插入的数据为 0 值或者边界值。

(3) MySQL7 中默认为严格模式,如果想要修改,可以在 my.ini 配置文件中去掉 STRICT_TRANS_TABLES,并重新启动 MySQL 服务即可。

(4) 为了防止数据库迁移出现问题,建议使用严格模式。

4.2.1　TIME 类型

TIME 类型专门用来存储时间数据,如果不需要记录日期而只需要记录时间,则选择 TIME 类型是最合适的。

MySQL 中使用'HH:MM:SS'(如果所要表示的时间值较大,也可以使用'HHH:MM:SS')的形式来检索和显示 TIME 数据类型。其中 HH 表示小时,取值范围为 −838~838(因为 TIME 类型不仅可以表示一天中的某个时间,此时小时取值为 0~23;TIME 还可以表示两个事件的时间间隔,此时小时的取值可能会比 23 大,甚至是负数);MM 表示分,取值范围为 0~59;SS 表示秒,取值范围为 0~59。

可以使用下面这四种方式来指定 TIME 值。

(1) 'D HH:MM:SS[.fraction]'有分隔符格式的字符串。其中 D 表示天数,取值范围为 0~24;fraction 表示小数部分。比如指定数据类型为 TIME,要存储的值为'1 14:13:

12.8'，则实际存储到数据库中的值为'38:13:13'，这是因为在保存数据时，小时的值为（D ＊ 24＋HH），而 SS 后边的小数部分则会四舍五入（这是因为没有指定小数部分的位数，所以默认没有小数部分）。

但是，TIME 类型是支持存储小数部分的，这时需要指定数据类型为 TIME(fsp)，其中 fsp(fractional seconds precision)为小数部分的位数，取值范围为 1～6。如指定数据类型为 TIME(3)，要存储的数据为'14:13:12.8888'，则存储到数据库中的数据为'14:13:12. 889'。

其实没有必要严格按照上面的格式进行书写，还可以根据自己的需求任意省略其中的某些部分，像'D HH:MM:SS'、'D HH:MM'、'D HH'、'HH:MM:SS.fraction'、'HH: MM:SS'、'HH:MM'或'SS'这些非严格的语法也是正确的。

（2）'HHMMSS[.fraction]'：无分隔符的字符串。如果是个有意义的时间值，如'101112'，则会被解析为'10:11:12'；但如果是个没有意义的时间值，如'109712'（非法时间值，其分钟部分的数值为 97，没有意义），则系统将提示"Incorrect time value"错误。

注意：

- HHMMSS[.fraction]格式中[]中的内容表示可选部分，以下类同。
- 在 MySQL 中，TIME 值'11:12'表示的是'11:12:00'，而不是'00:11:12'。
- TIME 值'1112'表示的是'00:11:12'而不是'11:12:00'；类似地，'12'表示的是'00:00: 12'。
- 通过上述两个例子要注意区分有分隔符的'HH:MM:SS'TIME 格式和无分隔符的 'HHMMSS'TIME 格式。
- 如果 TIME 值是'0'或者数字 0，则表示的是'00:00:00'。

（3）HHMMSS[.fraction]格式的数字。这种格式是以数字形式表示 TIME 数据的（注意，没有单引号）。如果该数字是个有意义的时间值，如 111213，则会被转换为标准时间格式的'11:12:13'；如果该数字是个不合法的时间值，如 111267（该数据有不合法的秒数），则系统会提示"Incorrect time value"错误。如果直接输入数字 0，则会转换成 TIME 数据类型对应的 0 值，即'00:00:00'。

（4）使用 CURRENT_TIME、NOW()或者 SYSDATE()三种方式获取系统当前时间。

4.2.2　DATE 类型

DATE 类型是专门用来存储日期数据的，如果只需要存储日期值而不需要时间部分，则应该选择 DATE 类型。

MySQL 中使用'YYYY-MM-DD'的形式来检索和显示 DATE 数据类型。其中 YYYY 表示年，取值范围为 1000～9999；MM 表示月，取值范围为 1～12；DD 表示日，取值范围为 1～31，还要根据实际的年份、月份确定具体的范围。如数据'2020-06-31'就是非法数据，因为 6 月没有 31 号。DATE 数据类型支持的范围是'1000-01-01'～'9999-12-31'。

可以使用下面这五种方式来指定 DATE 值。

（1）'YYYY-MM-DD'：有分隔符格式的字符串。如果数据中月和日的值小于 10，则不需要指定两位数,直接指定一位数即可。如 DATE 数据'2020-7-9'与'2020-07-09'表示的含义是相同的。

(2) 'YY-MM-DD':有分隔符格式的字符串。其中 YY 的取值如果是 00~69,则年份自动转换为 2000~2069,如果是 70~99,则年份自动转换为 1970~1999。如果是'20-7-9',会转换为'2020-07-09';数据是'70-7-9',则会转换为'1970-07-09'。

MySQL 中除了支持'YYYY-MM-DD'以及'YY-MM-DD'这种标准的分隔符格式外,还可以支持非标准的分隔符格式,即任何标点都可以用来作为间隔符,如'YYYY.MM.DD'、'YY.MM.DD'、'YYYY/MM/DD'、'YY/MM/DD'、'YYYY@MM@DD'和'YY@MM@DD'等表示的含义与'YYYY-MM-DD'或者'YY-MM-DD'相同。这是因为即使用户输入的 DATE 数据格式不严格,但是 MySQL 会将其转换成标准格式的数据然后保存到数据库中,如数据'2020@7@9'或者'20@7@9'均会被转换成'2020-07-09'。

(3) 'YYYYMMDD'或者'YYMMDD'无分隔符格式的字符串。如果 DATE 数据是个有意义的日期值,如'20200711'和'200711'均会被转换为'2020-07-11';如果 DATE 数据是个不合法的日期值,如'201332'(其中的月和日部分无意义),则系统会提示“Incorrect date value”错误。

(4) YYYYMMDD 或者 YYMMDD 格式的数字。这种格式是以数字形式表示 DATE 数据的(注意,没有单引号)。如果该数字是个有意义的日期值,如 20200711 和 200711 均会被转换为标准日期格式的'2020-07-11';如果该数字是个不合法的日期值,如 201332,则系统会提示“Incorrect date value”错误。如果直接输入数字 0,则会转换成 DATE 数据类型对应的 0 值,即'0000-00-00'。用法与无分隔符格式的字符串表示形式基本一致。

(5) 使用 CURRENT_DATE、NOW()或 SYSDATE()三种方式获取系统当前日期。

4.2.3　YEAR 类型

YEAR 类型只是用来表示年份的数据类型,MySQL 中使用 YYYY 来检索和显示 YEAR 类型,其取值范围为 1901~2155 以及 0000。

YEAR 类型的使用较为简单,主要有以下四种方式。

(1) YYYY 或者'YYYY'格式的 4 位数字或字符串。使用该形式表示的年份范围为 1901~2155,具体写法如 2020、'2020'。但如果数据超出该范围,则会提示“Out of range”错误,如数据 2050 或'2050'。

(2) Y、YY 格式的 1~2 位数字。如果取值范围是 1~69,则将年份自动转换为 2001~2069;如果取值范围是 70~99,则将年份自动转换为 1970~1999;如果取值是 0,则年份会转换成 YEAR 类型对应的 0 值,即 0000。

(3) 'Y'、'YY'格式的 1~2 位字符串。如果取值范围是'0'~'69',则将年份自动转换为 2000~2069;如果取值范围是'70'~'99',则将年份自动转换为 1970~1999。

注意:数字表示的 0 与字符串表示的'0'或者'00'所表示的年份是不一样的:数字 0 表示的是 0000,而字符串'0'或者'00'表示的是 2000。

(4) 使用 NOW()或者 SYSDATE()两种方式获取系统当前年份。

4.2.4　DATETIME 类型

DATETIME 类型适用于需要同时存储日期与时间的场合。MySQL 中使用'YYYY-MM-DD HH：MM：SS'的形式来检索和显示 DATETIME 类型数据，其支持的取值范围为'1000-01-01 00：00：00'～'9999-12-31 23：59：59'。

从 DATETIME 类型的形式上可以看出，DATETIME 可以看作是用 DATE 和 TIME 类型的组合，其用法也基本与 DATE 和 TIME 类型相同。下面介绍一下 DATETIME 值的五种指定方式。

(1) 'YYYY-MM-DD HH：MM：SS[.fraction]'：有分隔符格式的字符串。这种表示方式下，DATETIME 类型的取值范围为'1000-01-01 00：00：00'～'9999-12-31 23：59：59'。

与 TIME 数据类型相似，DATETIME 类型也可以存储小数部分。如果将数据类型直接定义为 DATETIME，默认是不存储小数部分的；而如果将数据类型定义为 DATETIME(fsp)，其中 fsp 的取值为 1 ～ 6，则可以存储小数部分，如数据类型为 DATETIME(2)，要存储的数据为'2020-7-11 15：33：56.345'，那么实际存入到数据库中的日期与时间值为'2020-7-11 15：33：56.35'。

与 DATE 类型相似，分隔符的形式可以是任意符号，如'YYYY.MM.DD HH.MM.SS'、'YYYY/MM/DD HH/MM/SS'、'YYYY@MM@DD HH@MM@SS'等。

注意：对于 TIME 类型而言，分隔符只能是"："，而 DATETIME 类型中时间部分的分隔符可以是任意符号。

(2) 'YY-MM-DD HH：MM：SS[.fraction]'：有分隔符格式的字符串。其中 YY 的取值范围与 DATE 类型中的 YY 相同：如果 YY 的取值是 00～69，则年份部分会自动转换为 2000～2069；如果 YY 是 70～99，则年份自动转换为 1970～1999。

同样，对于包括分隔符的字符串值，如果月、日、时、分、秒的值小于 10，则不需要指定两位数。如'2020-7-9 1：2：3'与'2020-07-09 01：02：03'是相同的。

(3) 'YYYYMMDDHHMMSS[.fraction]'或者'YYMMDDHHMMSS[.fraction]'：无分隔符格式的字符串。'YYYYMMDDHHMMSS[.fraction]'的使用方式与'YYYY-MM-DD HH：MM：SS[.fraction]'相同；'YYMMDDHHMMSS[.fraction]'的使用方式与'YY-MM-DD HH：MM：SS[.fraction]'相同。

(4) YYYYMMDDHHMMSS[.fraction]或者 YYMMDDHHMMSS[.fraction]格式的数字。如果要存储的数字是个有意义的日期与时间值，如 20200711160645 和 200711160645 均会被转换为标准日期格式的'2020-07-11 16：06：45'；如果要存储的数字是个不合法的日期与时间值，如 171332160645，则系统会提示"Incorrect datetime value"错误。如果直接输入数字 0，则会转换成 DATETIME 数据类型对应的 0 值，即'0000-00-00 00：00：00'。

(5) 使用 NOW()或者 SYSDATE()两种方式获取系统当前日期。

4.2.5　TIMESTAMP 类型

TIMESTAMP 类型与 DATETIME 类型相似，都是存储日期与时间的。其检索与显示形式同样是'YYYY-MM-DD HH：MM：SS'，但是取值范围要比 DATETIME 小，为'1970-01-01 00：00：01' UTC～'2038-01-19 03：14：07' UTC。

注意：

- UTC(Universal Time Coordinated)为通用协调时间，又称世界统一时间。中国位于东八区，领先 UTC 时间 8 个小时。
- MySQL 在存储 TIMESTAMP 类型的数据时，会转换成 UTC 时间存储，显示数据时再转换成当地时区的时间。

TIMESTAMP 类型的数据指定方式与 DATETIME 基本相同，两者的不同之处在于以下 4 点。

(1) 数据的取值范围不同，TIMESTAMP 类型的取值范围更小。

(2) 如果对 TIMESTAMP 类型的字段没有明确赋值，或是被赋予了 NULL 值，MySQL 会自动将该字段赋值为系统当前的日期与时间。

(3) TIMESTAMP 类型还可以使用 CURRENT_TIMESTAMP 来获取系统当前时间。

(4) TIMESTAMP 类型有一个显著的特点，那就是时间是根据时区来显示的。例如，在东八区插入的 TIMESTAMP 数据为 2020-07-11 16：43：25，在东七区显示时，时间部分就变成了 15：43：25，在东九区显示时，时间部分就变成了 17：43：25。

4.3　字符串类型

字符串类型是在数据库中存储字符串的数据类型。MySQL 中提供了多种字符串类型，分别为 CHAR、VARCHAR、BINARY、VARBINARY、BLOB、TEXT、ENUM 和 SET 等。使用不同的字符串类型可以实现从简单的一个字符到巨大的文本块或二进制字符串数据的存储。

各种字符串类型所占空间大小及特点如表 4-6 所示。

表 4-6　字符串类型特性一览表

字符串类型	大　小	描　述
CHAR(M)	0～255 字节	允许长度为 0～M 个字符的定长字符串
VARCHAR(M)	0～65 535 字节	允许长度为 0～M 个字符的变长字符串
BINARY(M)	0～255 字节	允许长度为 0～M 个字节的定长二进制字符串
VARBINARY(M)	0～65 535 字节	允许长度为 0～M 个字节的变长二进制字符串
TINYBLOB	0～255 字节	二进制形式的短文本数据（长度为不超过 255 个字符）
TINYTEXT	0～255 字节	短文本数据
BLOB	0～65 535 字节	二进制形式的长文本数据
TEXT	0～65 535 字节	长文本数据

续表

字符串类型	大　　小	描　　述
MEDIUMBLOB	0～16 777 215 字节	二进制形式的中等长度文本数据
MEDIUMTEXT	0～16 777 215 字节	中等长度文本数据
LONGBLOB	0～4 294 967 295 字节	二进制形式的极大文本数据
LONGTEXT	0～4 294 967 295 字节	极大文本数据

下面将对各种字符串类型进行详细讲解。

4.3.1　CHAR 和 VARCHAR 类型

CHAR 和 VARCHAR 类型相似，均用于存储较短的字符串，主要的不同之处在于存储方式。CHAR 类型长度固定，VARCHAR 类型的长度可变。

CHAR 类型用于存储定长的字符串，该长度在创建表时便以 CHAR(M) 的形式指定。其中 M 即指定的字符串长度，取值范围为 0～255。例如：定义某字段数据类型为 CHAR(4)，则规定了该数据所占的空间大小为 4 字节，而允许存储的字符串的长度小于或等于 4；但是当长度小于 4 时，会在字符串右侧补充空格以达到长度为 4 的要求，如要存储的字符串为'ab'，长度不足 4，则在其右侧补充两个空格转化为'a　b'后再存储到数据库中；如果要存储的字符串长度超过 4，则会提示"Data too long for column"的错误。

VARCHAR 类型用于存储不定长的字符串，即 VARCHAR 类型的长度是可变的。同样是以 VARCHAR(M) 的形式指定长度，其中 M 指的是最大长度，取值范围为 0～65 535，而存储的数据所占空间大小为字符串的实际长度加 1。例如：定义某字段数据类型为 VARCHAR(4)，要存储的数据是字符串'ab'，那么存储到数据库中的就是'ab'，而该数据所占空间大小为 3 字节。当 VARCHAR 类型的数据小于指定的最大长度 M 时，不会再填充空格，而长度大于 M 的数据则会提示"Data too long for column"错误。

为了更方便大家观察两者在数据存储方面的不同之处，列举几个具体的数据来对比一下，如表 4-7 所示。

表 4-7　CHAR(4) 与 VARCHAR(4) 对比

存储值	CHAR(4)	大小	VARCHAR(4)	大小
''	'　　'	4 字节	''	1 字节
'ab'	'ab　'	4 字节	'ab'	3 字节
'abcd'	'abcd'	4 字节	'abcd'	5 字节
'abcdefgh'	错误	—	错误	—

因为 VARCHAR 类型能够根据字符串的实际长度来动态改变所占空间字节的大小，所以在不能明确该字段具体需要多少字符时推荐使用 VARCHAR 类型，这样可以大大节约磁盘空间和提高存储效率。

注意：如果定义数据类型为 VARCHAR(6)，那么该字段最多可以容纳 6 个汉字。

这点别和 Oracle 数据库的 VARCHAR2 类型混淆了,Oracle 中的字符串类型规定 2 字节表示一个汉字。

4.3.2　BINARY 和 VARBINARY 类型

BINARY 和 VARBINARY 数据类型与 CHAR 和 VARCHAR 数据类型类似,只不过前者用来存储二进制字符串,而非字符型字符串。也就是说,BINARY 和 VARBINARY 类型中并没有字符集的概念,所以对其进行的排序和比较都是按照二进制值进行计算的。其中 BINARY 类型长度固定,而 VARBINARY 类型则长度可变。

BINARY 类型用来存储长度固定的二进制字符串。指定数据类型的方式为 BINARY(M),其中 M 为字节长度,取值范围为 0~255。如果要存储的数据长度不足 M,则在数据右边填补'\0'以达到指定的字节长度 M。例如,定义数据类型为 BINARY(4),要存储的数据为'ab',则在其右侧补充两个'\0'转化为'ab\0\0'后再存储到数据库中。

VARBINARY 类型用来存储长度可变的二进制字符串。指定数据类型的方式同样为 VARBINARY(M),其中 M 为最大字节长度,取值范围为 0~65535。存储数据所占的空间为数据的实际占用空间加 1,这样能够有效地节省系统空间和提高存储效率。

注意:BINARY 和 VARBINARY 数据类型与 CHAR 和 VARCHAR 数据类型虽然相似,但仍有一些不同之处,其主要的差别在于以下 3 点。

- BINARY(M)和 VARBINARY(M)中的 M 值代表的是字节数,而非字符长度。
- CHAR 和 VARCHAR 在进行字符比较时,比较的只是本身存储的字符(忽略字符后的填充字符);而对于 BINARY 和 VARBINARY 来说,由于是按照二进制值来进行比较的,因此结果会不同。
- 对于 BINARY 字符串,其填充字符是'\0',而 CHAR 的填充字符为空格。

4.3.3　TEXT 和 BLOB 类型

TEXT 类型只能用来存储数据量比较大的文本数据。MySQL 中提供了 4 种 TEXT 的子类型:TINYTEXT、TEXT、MEDIUMTEXT 以及 LONGTEXT。这 4 种 TEXT 的区别在于能够保存数据的最大长度不同,其中 TINYTEXT 的长度最小,LONGTEXT 的长度最大,具体长度详见表 4-6。

BLOB 类型用来存储数据量比较大的二进制数据。BLOB 类型也包括 4 种子类型:TINYBLOB、BLOB、MEDIUMBLOB 和 LONGBLOB。这 4 种 BLOB 类型最大的区别也是最大长度不同,其中 TINYBLOB 的长度最小,LONGBLOB 的长度最大,具体长度详见表 4-6。

BLOB 类型与 TEXT 类型很类似,不同点在于 BLOB 类型用于存储二进制数据。BLOB 类型是基于数据的二进制编码进行排序和比较,而 TEXT 类型是根据文本中字符对应的字符集进行排序和比较的,这一点类似于 BINARY 与 CHAR 的区别。

在实际开发中,如果存储的是文本格式的数据(如新闻内容等),则推荐使用 TEXT 类型;而如果要存储的是二进制格式的数据(如音乐、图片、视频和 PDF 文档等),则需要选择 BLOB 类型。选定类型后,再根据数据的大小选取合适的子类型。

4.3.4　ENUM 类型

ENUM 类型的中文名称为枚举类型。ENUM 是一个字符串对象，其值通常选自一个允许值列表中，该列表在创建表时会被明确地设定，设定的格式为：ENUM('value1', 'value2', 'value3', 'value4', 'value5', ...)。在设定列表时，理论上最多可定义 65535 个不同的字符串成员（但是实际上少于 3000 个），每一个字符串成员都会对应一个索引值，依次为 1、2、3、4、5 等，存储在数据库中的就是字符串成员所对应的索引值，而非字符串本身。

在使用 ENUM 类型时，主要有以下几条注意事项。

（1）从允许值列表中选择值时，可以使用字符串对象所对应的索引，也可以使用字符串对象本身。

（2）在严格模式下，如果选取了一个无效值（即一个不在允许值列表中的字符串对象），则会提示"Data truncated for column"错误。

（3）在非严格模式下，如果选取了一个无效值，那么空字符串将作为一个特殊的错误值被插入。为了区分无效值导致的空字符串和普通的空字符串，MySQL 中规定前者的索引为 0。

（4）如果定义某 ENUM 字段时标明值非空，则无法插入 NULL 值；但如果定义时并没有标明该值非空，则可以将 NULL 值插入数据中，该 NULL 值对应的索引值也为 NULL。

因为 ENUM 类型的数据只能从设定的允许值列表中选择其中一个，所以 ENUM 适合存储表单界面中的"单选项"。

4.3.5　SET 类型

SET 类型也是一个字符串对象，与 ENUM 类似但不相同。SET 类型可以从允许值列表中选择多个字符串成员，其列表的设定方式与 ENUM 相似，即 SET('value1', 'value2', 'value3', 'value4', 'value5', ...)，但 SET 列表中字符串成员的个数范围为 0～64。列表中的每一个字符串成员同样都对应一个索引值，依次为 1、2、3、4、5 等，存入数据库中的依然是该索引值，而非字符串对象。

在使用 SET 类型时，主要有以下几条注意事项。

（1）在非严格模式下，SET 同样可以使用空字符串代替无效值插入数据库中，而在严格模式下插入无效值会提示错误。

（2）在非严格模式下，如果插入一个既有有效值又有无效值的记录，那么 MySQL 会自动过滤掉无效值，只插入有效值，而在严格模式下则会提示错误。

（3）如果选择的多个字符串对象中包含有重复元素，则 MySQL 会自动去除重复的元素，如选择的成员为('a, b, a')，但存入数据库的是('a, b')。

因为 SET 类型的数据能够从设定的允许值列表中选择多个，所以 SET 适合存储表单界面中的"多选值"。

在创建表时，使用字符串类型时应遵循以下原则。

(1) 从速度方面考虑,要选择固定的列,可以使用 CHAR 类型。

(2) 要节省空间,使用动态的列,可以使用 VARCHAR 类型。

(3) 要将列中的内容限制为一种选择,可以使用 ENUM 类型。

(4) 允许在一个列中有多于一个的条目,可以使用 SET 类型。

(5) 如果要搜索的内容不区分大小写,可以使用 TEXT 类型。

(6) 如果要搜索的内容区分大小写,可以使用 BLOB 类型。

4.4　JSON 类 型

从 MySQL 5.7.8 开始,MySQL 便可以支持原生 JSON(JavaScript Object Notation)数据类型,这样能够更加快速有效地访问 JSON 文件中的数据。

那么什么是 JSON 数据呢? 其实 JSON 是一种轻量级的数据交换格式,采用了独立于语言的文本格式,类似于 XML 但是比 XML 简单,更易读且容易编写,对计算机来说易于解析和生成。

相比于 JSON 格式的字符串类型,JSON 数据类型的优势有:

(1) 存储在 JSON 列中的 JSON 文档会被自动验证,无效的文档会产生错误。

(2) 最佳存储格式。存储在 JSON 列中的 JSON 文档会被转换为允许快速读取文档元素的内部格式。

存储在 JSON 列中的任何 JSON 文档的大小都受系统变量 max_allowed_packet 的值限制,可以使用 JSON_STORAGE_SIZE() 函数获得存储 JSON 文档所需的空间。

在 MySQL 中支持两种 JSON 数据,即 JSON 数组和 JSON 对象。

(1) JSON 数组。JSON 数组中可以存储多种数据类型,其格式为:[值 1,值 2,值 3,...],以“[”开始,以“]”结束,两个数据之间使用“,”隔开,如["abc", 10, null, true, false]。

(2) JSON 对象。JSON 对象是以“键/值”对形式存储的,其格式为:{键 1:值 1,键 2:值 2, ...},以“{”开始,以“}”结束,每个“键”后跟一个“:”;两个“键/值”对之间使用“,”(逗号)分隔,如{"k1": "value", "k2": 10}。

注意:

(1) JSON 数组中的元素可以是 JSON 数组或者 JSON 对象类型,如[99, {"id": "HK500", "cost": 75.99}, ["hot", "cold"]]。

(2) JSON 对象中的值也可以是 JSON 数组类型,如{"k1": "value", "k2": [10, 20]}。

(3) MySQL 中是将 JSON 数据以字符串形成存入数据库的。

4.5　运算符与表达式

运算符是用来连接表达式中各个操作数的符号,其作用是指明对操作数所进行的运算。MySQL 数据库支持使用运算符,通过运算符,可以使数据库的功能更加强大。而且,可以更加灵活地使用表中的数据。MySQL 运算符包括 4 类,分别是算术运算符、比较运算符、逻辑运算符和位运算符。

当数据库中的表定义完成后,表中的数据代表的意义就已经确定下来了。通过使用运算符进行运算,可以得到包含另一层意义的数据。例如,学生表中存在一个 birth 字段,这个字段表示学生的出生年份。如果用户现在希望查找这个学生的年龄,而学生表中只有出生年份,没有字段表示年龄,这就需要进行运算,用当前的年份减去学生的出生年份,就可以计算出学生的年龄。

从上面可以知道,MySQL 运算符可以指明对表中数据所进行的运算,以便得到用户希望得到的数据。这样可以使 MySQL 数据库更加灵活。

4.5.1　算术运算符

算术运算符是 MySQL 中最常用的一类运算符,如表 4-8 所示。MySQL 支持的算术运算符包括加、减、乘、除、求余。这类运算符主要是用在数值计算上。其中,求余运算也称为模运算。

在对数据表的查询中,算术运算符通常应用在 SELECT 查询结果的字段中,在 WHERE 条件表达式中则应用较少。

表 4-8　MySQL 的算术运算符

运算符	作用	运算符	作用
+	加法	/或 DIV	除法
—	减法	%或 MOD	取余
*	乘法		

运算符两端的数据可以是真实的数据(如 6),或数据表中的字段(如 grade)。参与运算的数据一般称为操作数,操作数与运算符组合在一起统称为表达式(如 5+2)。

在 MySQL 中可以直接利用 SELECT 查看数据的运算结果。算术运算符的使用看似简单,但是在实际应用时还有几点需要注意。

浮点数进行加减运算时,运算结果中的精度(小数点后的位数)等于参与运算的操作数的最大精度。

除法运算符/在 MySQL 中用于除法运算,且运算结果使用浮点数表示。

在算术运算中,NULL 是一个特殊的值,它参与的算术运算结果均为 NULL。

在 MySQL 中,运算符 DIV 与 / 都能实现除法运算,区别在于前者的除法运算结果会去掉小数部分,只返回整数部分。

MySQL 中的运算符 MOD 与%功能相同,都用于取模运算。

除法运算和求余运算中,x2 参数一定不能为 0。如果 x2 参数为 0,则除法运算和求余运算的结果都是 NULL。而且,x2 参数也不能是 NULL。如果 x2 参数为 NULL,则运算结果也会是 NULL。因此,在使用除法运算和求余运算时,一定要注意 x2 参数的值是否合法。

【例 4-5】 在 MySQL 中计算下面的表达式：8+3-1,9＊2+7,10/3,8 DIV 3,23％2，MOD(97,2)。

```
SELECT 8+3-1,9 * 2+7,10/3,8 DIV 3,23%2,MOD(97,2);
```

执行结果如图 4-1 所示。

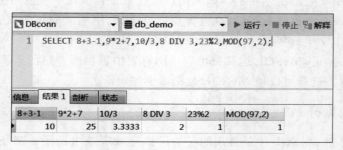

图 4-1　例 4-5 的执行结果

4.5.2　比较运算符

比较运算符包括大于、小于、等于、不等于和为空等比较运算符，如表 4-9 所示，主要用于数值的比较和字符串的匹配等方面。尤其值得注意的是，LIKE、IN、BETWEEN AND 和 IS NULL 等都是比较运算符。还有用于使用正则表达式的 REGEXP 也是比较运算符。

比较运算符是查询数据时最常用的一类运算符。SELECT 语句中的条件语句经常要使用比较运算符。通过这些比较运算符，可以判断表中的哪些记录是符合条件的。

表 4-9　MySQL 的比较运算符

符　号	描　述	符　号	描　述
=	等于	IN	在集合中
<>、!=	不等于	NOT IN	不在集合中
>	大于	LIKE	模糊匹配
<	小于	REGEXP 或 RLIKE	正则式匹配
<=	小于或等于	IS NULL	为空
>=	大于或等于	IS NOT NULL	不为空
BETWEEN AND	在两值(最小值和最大值)之间	NOT BETWEEN AND	不在两值之间
<=>	严格比较两个 NULL 值是否相等		

1."="运算符

"="可以用来判断数字、字符串和表达式等是否相等。如果相等，则结果返回 1；如果不相等，则结果返回 0。空值(NULL)不能使用"="来判断。

"="可以用来判断两个字符是否相同，如果相同就返回 1，否则返回 0。判断字符时，数据库系统都是根据字符的 ASC11 码进行判断的。如果 ASCII 码相等,则表示这两个字符相同;否则表示两个字符不同。

2. "<>"和"!="运算符

"<>"和"!="可以用来判断数字、字符串和表达式等是否不相等。如果不相等,结果返回 1;否则返回 0。这两个符号也不能用来判断空值(NULL)。

3. "<=>"运算符

"<=>"的作用与"="是一样的,也是用来判断操作数是否相等。不同的是,"<=>"可以用来判断 NULL。

"="只能用来判断数字是否相等或者字符是否相同,而不能用来判断是否为空值(NULL)。"<=>"则可以用来判断是否为空值(NULL)。如果判断"NULL<=>NULL",结果会返回 1。"<=>"可以实现"="的所有功能。但是通常情况一般很少使用"<=>"。

4. ">"运算符

">"用来判断左边的操作数是否大于右边的操作数。如果大于,则返回 1;否则返回 0。空值(NULL)不能使用">"来判断。

5. ">="运算符

">="用来判断左边的操作数是否大于或等于右边的操作数。如果大于或者等于,则返回 1;否则返回 0。空值(NULL)不能使用">="来判断。

6. "<"运算符

"<"用来判断左边的操作数是否小于右边的操作数。如果小于,则返回 1;否则返回 0。空值(NULL)不能使用"<"来判断。

7. "<="运算符

"<="用来判断左边的操作数是否小于或等于右边的操作数。如果小于或者等于,则返回 1;否则返回 0。空值(NULL)不能使用"<="来判断。

【例 4-6】 在 MySQL 中执行下面的表达式:35>18,27>=16,31<28,19<=16,17=17,16<>17,7<=>NULL,NULL<=>NULL。

```
SELECT 35>18,27>=16,31<28,19<=16,17=17,16<>17,7<=>NULL,NULL<=>NULL;
```

执行结果如图 4-2 所示。

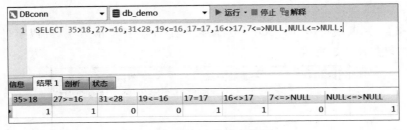

图 4-2　例 4-6 的执行结果

8. "IS NULL"运算符

"IS NULL"用来判断操作数是否为空值(NULL)。操作数为 NULL 时,结果返回 1;

否则返回 0。IS NOT NULL 刚好与 IS NULL 相反。

"="、"<>"、"!="、">"、">="、"<"和"<="等运算符都不能用来判断空值（NULL）。一旦使用,结果将返回 NULL。如果需要判断一个值是否为空值,可以使用"<>"、"IS NULL"和"IS NOT NULL"来判断。NULL 和'NULL'是不一样的,后者表示一个由 4 个字母组成的字符串。

9. "BETWEEN AND"运算符

"BETWEEN AND"可以判断操作数是否落在某个取值范围内。在表达式 xl BETWEEN m AND n 中,如果 xl 大于或等于 m,而且小于或等于 n,则结果将返回 1;否则将返回 0。

10. "IN"运算符

"IN"可以判断操作数是否落在某个集合中。表达式"xl IN(值 1,值 2,...,值 n)"中,如果 xl 等于值 1 到值 n 中的任何一个值,则结果返回 1;否则将返回 0。

【例 4-7】 判断 num 的值是否落在 25～35,并且判断 num 的值是否在(3,28,30,33)这个集合中。

```
SELECT num,num BETWEEN 25 AND 35,num IN(3,28,30,33)
```

11. "LIKE"运算符

"LIKE"用来匹配字符串。在表达式 xl LIKE sl 中,如果 xl 与字符串 sl 匹配,则结果返回 1;否则将返回 0。

LIKE 关键字经常和通配符"_"和"%"一起使用。"_"代表单个字符,"%"代表任意长度的字符。只配置字符串开头或者末尾的几个字符,可以使用"%"来替代字符串中不需要匹配的字符。这样就不用关心那些字符的个数,因为"%"可以匹配任意长度的字符。

12. "REGEXP"运算符

"REGEXP"也用来匹配字符串,但它是使用正则表达式进行匹配的。在表达式"xl REGEXP '匹配方式'"中,如果 xl 满足匹配方式,则结果返回 1;否则将返回 0。

使用 REGEXP 关键字可以匹配字符串,其使用方法非常灵活。REGEXP 关键字经常与"^"、"$"和"."一起使用。"^"用来匹配字符串的开始部分,如"^L"可以匹配任何以字母 L 开头的字符串;"$"用来匹配字符串的末尾部分;"."用来代表字符串中的一个字符。

【例 4-8】 判断字符串"MySQL"是否为空,是否以字母 m 开头,并以字母 l 结尾。执行结果如图 4-3 所示。

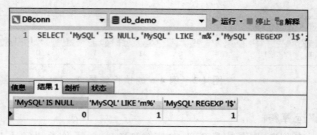

图 4-3 例 4-8 的执行结果

```
SELECT 'MySQL' IS NULL,'MySQL' LIKE 'm%','MySQL' REGEXP 'l$';
```

4.5.3　逻辑运算符

逻辑运算符用来判断表达式的真假,其返回结果只有 1 和 0。如果表达式为真,则结果返回 1;否则返回 0。逻辑运算符又称为布尔运算符。MySQL 中支持 4 种逻辑运算符,分别是与、或、非和异或。下面给出了 4 种逻辑运算符的符号和作用,如表 4-10 所示。

表 4-10　MySQL 的逻辑运算符

运算符号	作　　用	运算符号	作　　用
NOT 或 !	逻辑非	OR 或 ||	逻辑或
AND 或 &&	逻辑与	XOR	逻辑异或

1. "与"运算

"&&"或者 AND 表示"与"运算。当所有操作数不为 0 且不为空值(NULL)时,结果返回 1;当存在任何一个操作数为 0 时,结果返回 0;当存在一个操作数为 NULL 且没有操作数为 0 时,结果返回 NULL。"与"运算符"&&"可以有多个操作数同时进行"与"运算,其基本形式为"$x_1 \&\& x_2 \&\& \cdots \&\& x_n$"。

"与"运算符 AND 也可以有多个操作数同时进行"与"运算,其基本形式为"x_1 AND x_2 AND $\cdots$ AND x_n",但是操作数与 AND 之间要用空格隔开。

只要"与"运算中存在操作数为 0,则运算结果一定为 0。如"9&&−1&&Null&&0"中,尽管表达式中包含 NULL 和负数,但是结果由操作数 0 最终决定。如果操作数都是非 0 数,而且不包含 NULL,那么结果返回 1。如"−4&&−7&&−3&&0.13"中,尽管操作数包括负数和小数,结果依然是 1。因为进行"与"运算时,负数和大于 0 的数都等价于 1。

2. "或"运算

"||"或者 OR 表示"或"运算。当所有操作数中存在任何一个操作数为非 0 的数字时,结果返回 1。如果操作数中不包含非 0 的数字但包含 NULL,则结果返回 NULL;如果操作数中只有 0,则结果返回 0。"或"运算符 OR 可以有多个操作数同时进行或运算,其基本形式为"x_1 OR x_2 OR $\cdots$ OR x_n"。

3. "非"运算

"!"或者 NOT 表示"非"运算。通过"非"运算,将返回与操作数相反的结果。如果操作数是非 0 的数字,则结果返回 0;如果操作数是 0,则结果返回 1;如果操作数是 NULL,则结果返回 NULL。"非"运算符"!"只能有一个操作数进行"非"运算,其基本形式为"! x_1"。

"非"运算符 NOT 只能有一个操作数进行非运算,其基本形式为"NOT x_1"。

4. "异或"运算

XOR 表示"异或"运算。"异或"运算符 XOR 的基本形式为"x_1 XOR x_2"。只要其中任何一个操作数为 NULL,结果就返回 NULL;如果 x1 和 x2 都是非 0 的数字或者都是 0,则结果返回 0;如果 x_1 和 x_2 中一个是非 0 而另一个是 0,则结果返回 1。

【例 4-9】 在 MySQL 中执行下列逻辑运算:3&&0&&NULL,7.5&&2,3||NULL,NOT NULL,3 XOR 2,0 XOR NULL。

```
SELECT 3&&0&&NULL,7.5&&2,3||NULL,NOT NULL,3 XOR 2,0 XOR NULL;
```

执行结果如图 4-4 所示。

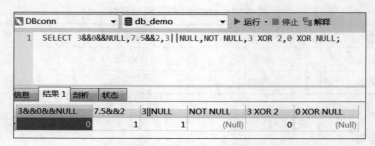

图 4-4   例 4-9 的执行结果

4.5.4 位运算

位运算符是在二进制数上进行计算的运算符。位运算会先将操作数变成二进制数,然后进行位运算,最后再将计算结果从二进制数变回十进制数。在 MySQL 中支持 6 种位运算符,分别是按位与、按位或、按位取反、按位异或、按位左移和按位右移,如表 4-11 所示。

表 4-11   MySQL 的位运算符

运算符号	作用	运算符号	作用
&	按位与	~	接位取反
|	按位或	<<	左移
^	按位异或	>>	右移

由于位运算都是在二进制数上进行的,而用户输入的操作数可能是十进制数,因此数据库系统在进行位运算之前会将其转换为二进制数。位运算完成后,再将这些数字转换回十进制数。而且,位运算都是在对应位上进行运算,如数 1 的第一位只与数 2 的第一位进行运算,数 1 的第二位只与数 2 的第二位进行运算。

【例 4-10】 在 MySQL 中执行下列位运算:3&5,3|5,3^5,~5,并将 12 左移两位,将 9 右移三位。

```
SELECT 3&5,3|5,3^5,~5,12<<2,9>>3;
```

执行结果如图 4-5 所示。

位运算符与逻辑运算符的区别如下。

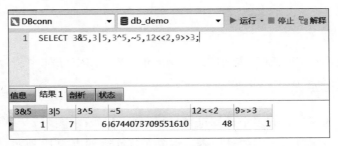

图 4-5　例 4-10 的执行结果

- 位运算符包括按位与、按位或、按位取反、按位异或、按位左移和按位右移等位运算。这些运算都必须先将数值变为二进制,然后在二进制数上进行运算。
- 逻辑运算符和位运算符都有与、或和异或等操作。但是,位运算必须先把数值变成二进制类型,然后再进行按位操作。运算完成后,再将这些二进制的值变回其原来的类型,返回给用户。逻辑运算直接进行运算,结果只返回真值(1 或 true)和假值(0 或 false)。

4.5.5　表达式

表达式就是常量、变量、列名、运算符和函数的组合。在后续数据库操作中,数据的 SELECT、UPDATE 和 DELETE 等操作都可以使用条件表达式,用于获取、更新或删除给定条件的数据。

一个表达式通常可以得到一个值。与常量和变量一样,表达式的值也具有某种数据类型,可能的数据类型有字符类型、数值类型和日期时间类型。这样,根据表达式的值类型,可将表达式分为字符型表达式、数值型表达式和日期表达式。

表达式还可以根据值的复杂性来分类,如下。

(1) 如果表达式的结果只是一个值,如一个数值、一个单词或一个日期,则这种表达式称为标量表达式。例如:

```
1+2, 'a'>'b'
```

(2) 如果表达式的结果是由不同类型数据组成的一行值,则这种表达式称为行表达式。例如:

```
'学号', 'TOM', '大数据',19
```

当学号列的值为 2020081101 时,这个行表达式的值就为:

```
'2020081101', 'TOM', '大数据',19
```

(3) 如果表达式的结果为 0 个、1 个或多个行表达式的集合,那么这个表达式就称为表表达式。

表达式按照形式还可分为单一表达式和复合表达式。单一表达式就是一个单一的值,如一个常量或列名。复合表达式是由运算符将多个单一表达式连接而成的表达式,例如：

```
1+2+3,a=b+3, '2020-03-20'+INTERVAL 2 MONTH
```

表达式一般用在 SELECT 及 SELECT 语句的 WHERE 子句中。

4.5.6 运算符优先级

当一个复杂的表达式有多个运算符时，运算符优先级决定执行运算的先后次序。执行的次序有时会影响所得到的运算结果。运算符优先级如表 4-12 所示。

表 4-12 运算符优先级

优先级顺序	运算符
1	—
2	‖、OR、XOR
3	&&、AND
4	NOT
5	BETWEEN、CASE、WHEN、THEN、ELSE
6	=、<=>、>=、>、<=、<、<>、!=、IS、LIKE、REGEXP、IN
7		
8	&
9	<<、>>
10	—、+
11	*、/、DIV、%、MOD
12	^
13	—（一元减号）、~（一元比特反转）
14	!

在一个表达式中按先高（优先级数字小）后低（优先级数字大）的顺序进行运算。当一个表达式中的两个运算符有相同的优先级时，根据它们在表达式中的位置进行运算。一般而言，一元运算符按从右向左的顺序运算，三元运算符对其从左到右进行运算。

表达式中可用括号改变运算符的优先性，先对括号内的表达式求值，然后对括号外的运算符进行运算时使用该值。若表达式中有嵌套的括号，则首先对嵌套最深的表达式求值。

4.6 本 章 小 结

本章介绍了 MySQL 支持的多种数据类型，主要包括数值类型、日期和时间类型以及字符串类型三种，从 MySQL 5.7 开始支持 JSON 类型。应重点掌握根据需求选择合适的数据类型。

4.7   思考与练习

1. MySQL 有哪些数据类型？有哪些运算符？

2. 如果想要数据库中存储的时间显示为用户所在时区的时间，应该选取哪种日期与时间类型？

3. 列举 CHAR 与 VARCHAR 类型的异同之处。

4. 请简述选择数据类型的原则。

5. 根据文字提示，完成针对如下要求的用户表设计，为表中的字段设置合理的数据类型、约束以及字符集。

在某电子商务网站中，提供了用户注册功能。当用户在注册表单中填写信息后，提交表单，就可以注册一个新用户。为了保存用户的数据，需要在数据库中创建一张用户表，该表需要保存的用户信息如下。

- 用户名：可以使用中文，不允许重复，长度在 20 个字符以内。
- 手机号码：长度为 11 个字符。
- 性别：有男、女、保密 3 种选择。
- 注册时间：注册时的日期和时间。
- 会员等级：表示会员等级的数字，最高为 100。

为合理保存上述数据，请选择合理的数据类型保存数据。

6. 使用 INT 类型保存数字 1 占用的字节数为（   ）。

    A. 1 　　　　　　 B. 2 　　　　　　 C. 3 　　　　　　 D. 4

7. MySQL 数据类型中存储整数数值并且占用字节数最小的是（   ）。

    A. TINYINT 　　 B. INT 　　　　 C. BIGINT 　　　 D. FLOAT

8. 下列选项中，适合存储文章内容或评论的数据类型是（   ）。

    A. CHAR 　　　　　　　　　　　　 B. VARCHAR

    C. TEXT 　　　　　　　　　　　　　 D. VARBINARY

9. 下面关于 DECIMAL(6,2) 的说法中，正确的是（   ）。

    A. 它不可以存储小数

    B. 6 表示数据总位数，2 表示小数点后的长度

    C. 6 表示最多的整数位数，2 表示小数点后的长度

    D. 总共允许最多存储 8 位数字

10. 下列不属于日期和时间类型的是（   ）。

    A. DATE 　　　　　　　　　　　　 B. YEAR

    C. NUMBERIC 　　　　　　　　　 D. TIMESTAMP

11. 下列（   ）类型不是 MySQL 中常用的数据类型。

    A. INT 　　　　　 B. VAR 　　　　 C. TIME 　　　　 D. CHAR

12. 当选择一个数值数据类型时,不属于应该考虑的因素是(　　)。

　　A. 数据类型数值的范围

　　B. 列值所需要的存储空间数量

　　C. 列的精度与标度(适用于浮点与定点数)

　　D. 设计者的习惯

13. 用一组数据"准考证号:202001001" "姓名:刘亮" "性别:男" "出生日期:2003-8-1"来描述某个考生信息,其中"出生日期"数据可设置为(　　)。

　　A. 日期/时间型　　　　B. 数字型　　　　　　C. 货币型　　　　　　D. 逻辑型

14. MySQL 支持的数据类型主要分成(　　)。

　　A. 1 类　　　　　　　B. 2 类　　　　　　　C. 3 类　　　　　　D. 4 类

15. 下列关于数据类型选择方法的描述中,错误的是(　　)。

　　A. 选择最小的可用类型,如果值永远不超过 127,则使用 TINYINT 比 INT 好

　　B. 对于完全都是数字的,可以选择整数类型

　　C. 浮点类型用于可能具有小数部分的数

　　D. 以上都不对

第 5 章

表的基本操作

表是数据库中存储数据的基本单位,由一个或多个字段组成,每个字段需要有对应的数据类型。MySQL 数据库中表的管理涉及表的作用、类型、构成、创建、删除和修改等。

本章先讲述了表的基本概念以及 MySQL 支持的数据类型和运算符等一些基础知识;接着讲述了表的基本操作,包括创建、查看、修改、复制和删除表;最后讲述了 MySQL 的约束控制,以及如何定义和修改字段的约束条件。

5.1 表的基本概念

数据库与表之间的关系:数据库是由各种数据表组成的;数据表是数据库中最重要的对象,是用来存储和操作数据的逻辑结构。表由列和行组成,列是表数据的描述,行是表数据的实例。一个表包含若干个字段或记录。表的操作包括创建新表、修改表和删除表等,这些操作都是数据库管理中最基本、最重要的操作。

5.1.1 建表原则

为减少数据输入错误,并能使数据库高效工作,设计表时应按照一定的原则对信息进行分类。同时为确保表结构设计的合理性,通常还要对表进行规范化设计,以消除表中存在的冗余。保证一个表只围绕一个主题,并使得表容易维护。

5.1.2 数据库表的信息存储分类原则

(1) 每个表应该只包含关于一个主题的信息。

当每个表只包含关于一个主题的信息时,就可以独立于其他主题来维护该主题的信息。例如,应将教师基本信息保存在"教师"表中。如果将这些基本信息保存在"授课"表中,则在删除某教师的授课信息时会将其基本信息一同删除。

(2) 表中不应包含重复信息。

表间也不应有重复信息,每条信息只保存在一个表中,需要时只在一处进行更新即可,这样效率更高。例如,每个学生的学号、姓名、性别等信息只保存在"学生"表中,而"成绩"中不再保存这些信息。

表(Table)是数据库中存储数据最常见和最简单的一种形式,数据库可以将复杂的数据结构用较为简单的二维表来表示。二维表是由行和列组成的,分别都包含着数据,如表5-1 所示。

表 5-1　学生信息表

学号	姓名	性别	年龄
2020081601	张一飞	女	20
2020081602	李忠诚	男	18
2020081603	王晴水	女	21
2020081604	赵洋办	男	19

　　每个表都是由若干行和列组成的,在数据库中表中的行称为记录,表中的列则称为这些记录的字段。

　　记录也被称为一行数据,是表中的一行。在关系型数据库的表中,一行数据是指一条完整的记录。

　　字段是表中的一列,用于保存每条记录的特定信息。如表 5-1 所示的学生信息表中的字段包括"学号""姓名""性别"和"年龄"。数据表的一列包含了某个特定字段的全部信息。

　　对于表的基本操作主要包括创建表、查看表、修改表以及删除表等,这些操作非常重要,它们是数据库操作的基础。

5.2　创建数据表

　　创建数据表指的是在已存在的数据库中建立新表。MySQL 既可以根据开发需求创建新表,也可以根据已有的表复制相同的表结构。其中依据已有的表创建相同结构的新表方式会在后面的章节中讲解,此处仅讲解如何根据需求创建一个简单的新表。

　　在创建表之前,首先要选择在哪个数据库中创建表。在 MySQL 自带的客户端软件中,可以使用如下 SQL 语句来选择数据库:

```
USE db_name;
```

　　其中"db_name"为选择的数据库名称。如果没有选择数据库而是直接创建表,则会提示"No database selected"错误。如果选择数据库成功,则会提示"Database changed",之后就可以在选择的数据库中创建新表了。操作数据表时,也可以不使用"USE 数据库"的方式选择数据库,而直接将表名的位置改为"数据库.表名"的形式,就可以在任何数据库下访问其他数据库中的表。

　　如果使用 Navicat 软件,操作可以大大简化,直接双击要选择的数据库即可切换数据库(如果是第一次选中该数据库,那么数据库图标会由灰色变为绿色,下次再选择该数据库时只需要单击即可)。

　　本节将分别讲解在 Navicat 中如何使用 SQL 语句创建表以及如何使用图形界面创建表。

5.2.1 使用 SQL 语句创建表

在 Navicat 中，要使用 SQL 语句创建表，必须在选中的数据库中打开一个 SQL 语句执行窗口（在此之前新建一个名为 jxgl 的数据库），具体操作如图 5-1 所示。

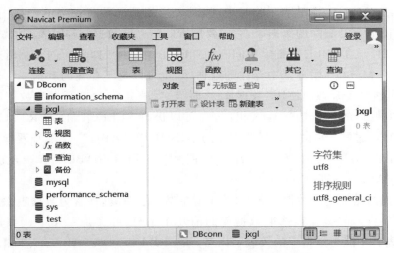

图 5-1 在 jxgl 数据库中创建 SQL 语句执行窗口

按照图 5-1 操作完成后，会看到如图 5-2 所示的界面，如果界面中数据库一栏中显示为 jxgl，则表示操作成功（此处单击下拉按钮"▼"，可以切换数据库）。

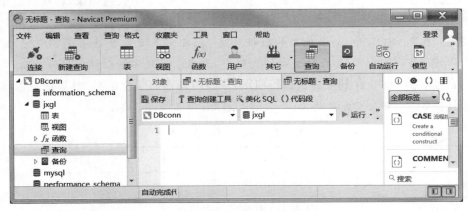

图 5-2 选择数据库成功界面

接下来就可以在 SQL 语句执行窗口中输入创建表的 SQL 语句，其语法格式如下。

CREATE [TEMPORARY] TABLE [IF NOT EXISTS] 表名
(
    字段名 1 数据类型[完整性约束条件]，
    字段名 2 数据类型[完整性约束条件]，
    …

　　　　字段名 n 数据类型[完整性约束条件]
　　)

　　注意：语法格式中的"[ ]"表示可选的。

　　在上述语法格式中，CREATE TABLE 为创建表的固定语法格式。

　　可选项 TEMPORARY 表示临时表，临时表指的是一种仅在当前会话中可见，并在当前会话关闭时自动删除的数据表，它主要用于临时存储数据。临时表的语法很简单，只需在 CREATE 与 TABLE 关键字中间添加 TEMPORARY 即可。创建临时表时指定的数据库可以是 MySQL 服务器中存在的数据库，也可以是不存在的数据库。若数据库不存在，则操作临时表时必须使用"数据库.临时表名"指定临时表所在的数据库。除此之外，临时表中数据的操作与普通表相同，都可以进行 SELECT、INSERT、UPDATE 和 DELETE 操作，这里不再演示。需要注意的是，SHOW TABLES 不能查看指定数据库下有哪些临时表，并且临时表的表名必须使用 ALTER TABLE 修改，而不能使用 RENAME TABLE…TO 修改。

　　"表名"指的是创建的数据表名称（为了避免数据表重复，通常为数据表添加前缀用于区分不同的项目。前缀一般选取数据库的前几个字母，并添加一个下画线，比如 jxgl_student）。表名不能与数据库的关键字同名，如 CREATE、DATABASE、TABLE 等。

　　"字段名"指的是数据表的列名，为二维表中每一列的列名。不同字段之间的定义使用"，"隔开，但最后一个字段没有"，"。

　　"数据类型"为该字段所存储的数据的数据类型。

　　"完整性约束条件"指的是字段的某些特殊约束条件，关于表的约束，将在后续章节进行详细讲解。

　　注意：在 MySQL 中，如果使用的数据库名、表名或字段名等与保留字冲突，需使用撇号（'）括起来。在 MySQL 自动生成的代码中，表名或字段名等全部使用撇号括起来。

　　以创建名为 student 的表为例进行演示，该表用来存储学生信息，具体信息及数据类型的选择如表 5-2 所示，创建 student 表的 SQL 语句如例 5-1 所示。

表 5-2　student 表相关信息

字段名	数据类型	描述
sno	VARCHAR(10)	学号，主键
sname	VARCHAR(20)	姓名，非空
ssex	ENUM	'男', '女'，默认为'男'
sbirth	DATE	出生日期
zno	CHAR(4)	专业号
sclass	VARCHAR(10)	所在班级

【例 5-1】 使用 SQL 语句创建 student 表。

```
CREATE TABLE student (
    sno VARCHAR(10) NOT NULL COMMENT '学号',
    sname VARCHAR(20) NOT NULL COMMENT '姓名',
    ssex ENUM('男', '女') NOT NULL DEFAULT '男' COMMENT '性别',
    sbirth DATE NOT NULL COMMENT '出生日期',
    zno VARCHAR(4) NULL COMMENT '专业号',
    sclass VARCHAR(10) NULL COMMENT '班级',
    PRIMARY KEY ('sno')
) ENGINE=InnoDB DEFAULT CHARSET=utf8 COLLATE=utf8_bin;
```

执行结果如图 5-3 所示。

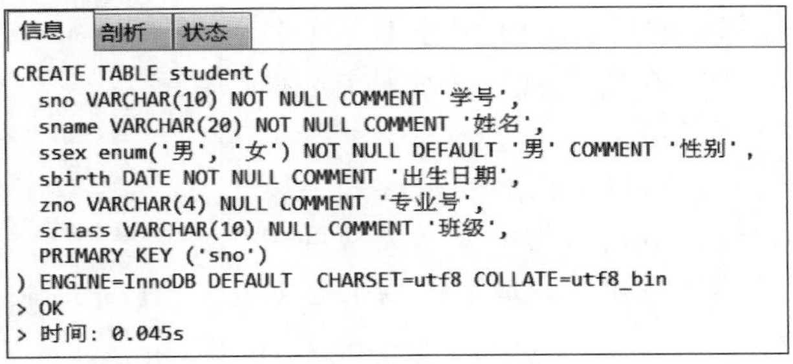

图 5-3 使用 SQL 语句创建 student 表

从图 5-3 中可以看到"OK"字样,说明表格已经创建成功。"时间:0.045s"表示执行该 SQL 语句所耗费的时间。

在操作数据表时,可以不使用"USE 数据库"的方式选择数据库,而是直接将表名的位置改为"数据库.表名"的形式,这样就可以在任何数据库下访问其他数据库中的表。创建数据库表时,还可以设置表的存储引擎、默认字符集以及压缩类型。

(1) 向 CREATE TABLE 语句末尾添加 ENGINE 选项,即设置该表的存储引擎。语法格式如下:

```
ENGINE=存储引擎类型
```

(2) 向 CREATE TABLE 语句末尾添加 DEFAULT CHARSET 选项,即设置该表的字符集。语法格式如下:

```
DEFAULT CHARSET=字符集类型
```

(3) 如果希望压缩索引中的关键字,使索引关键字占用更少的存储空间,可以通过设置 pack_keys 选项实现(注意,该选项仅对 MyISAM 存储引擎的表有效)。语法格式如下:

```
Pack_keys=压缩类型
```

注意:对于 InnoDB 存储引擎的表而言,MySQL 服务实例会在数据库目录

StudentInfo 中自动创建一个名为表名、后缀名为 frm 的表结构定义文件 Student.frm。
frm 文件记录了 Student 表的表结构定义。如果数据库表的存储引擎是 MyISAM，则
MySQL 服务实例除了会自动创建 frm 表结构定义文件外，还会自动创建一个文件名为
表名、后缀名为 MYD（即 MYData 的简写）的数据文件以及一个文件名为表名、后缀名为
MYI（即 MYIndex 的简写）的索引文件，其中，MYD 文件用于存放数据，MYI 文件用于存
放索引。

5.2.2　使用图形界面创建表

除了使用 SQL 语句创建表外，还可以在图形界面中创建表，这种操作对于初学者而
言更为简单。

同样以创建 student 表为例。

（1）展开 jxgl 数据库的目录结构，其中有一个名
为"表"的选项，右击"表"，在弹出的下拉列表中选择
"新建表"，如图 5-4 所示。

（2）在打开的创建表窗口中按照要求输入字段
名、数据类型和数据长度等信息，其中数据类型可在
下拉列表中根据需求选择。输入完成后的表信息如
图 5-5 所示。

从图 5-5 中能够看到位于窗口上方的工具栏，其
中"添加字段"工具提供增加字段功能，"插入字段"工
具提供插入字段功能（在选中字段的上方插入），"删

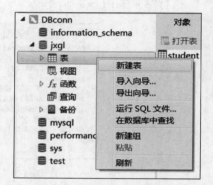

图 5-4　jxgl 数据库的目录结构

除字段"则用于删除选中的字段，"主键"能够将选中的字段设置为主键，"上移"和"下移"
可以上下移动选中的字段。

名	类型	长度	小数点	不是 null	虚拟	键	注释
sno	varchar	10	0	☑	☐	🔑1	学号
sname	varchar	20	0	☑	☐		姓名
ssex	enum			☑	☐		性别
sbirth	date	0	0	☑	☐		出生日期
zno	varchar	4	0	☐	☐		专业号
sclass	varchar	10	0	☐	☐		班级

工具栏：保存　添加字段　插入字段　删除字段　主键　↑上移　↓下移
选项卡：字段　索引　外键　触发器　选项　注释　SQL 预览

图 5-5　使用图形界面输入表信息

（3）表信息输入完成后，单击左上方的"保存"按钮进行保存，之后便会弹出要求输入
表名的对话框，在输入框中输入 student_1，单击"确定"按钮即完成创建表的操作，具体操
作如图 5-6 所示。

（4）右击以刷新"表"，则会在该节点下显示刚刚创建的 student_1 表。

图 5-6　保存创建的表

5.3　查看数据表

在表创建完成后,在很多情况下都会想要查看表的信息,如在插入数据之前查看数据的类型和长度,或者查看主键和外键的设置等。本节讲述如何使用 SQL 语句来查看表的基本结构和详细信息(利用图形界面查看表结构非常简单,读者可以自行研究一下)。

5.3.1　查看所有数据表名

MySQL 中提供了专门的 SQL 语句,用于查看某数据库中存在的所有数据表、指定模式的数据表或数据表的相关信息。

选择数据库后,可以使用 SHOW TABLES 语句来显示指定数据库中存放的所有表名。语法格式如下:

```
SHOW TABLES [LIKE 匹配模式];
```

其中,如果省略可选项,则表示查看当前数据库中的所有数据表。如果添加可选项,则按照"匹配模式"查看数据表。

匹配模式符"％"匹配一个或多个字符,代表任意长度的字符串;匹配模式符"_"则仅可以匹配一个字符。LIKE 后的匹配模式必须使用单引号或双引号括起来。

【例 5-2】　显示数据库 jxgl 中所有的表。

```
SHOW TABLES;
```

执行结果如图 5-7 所示。

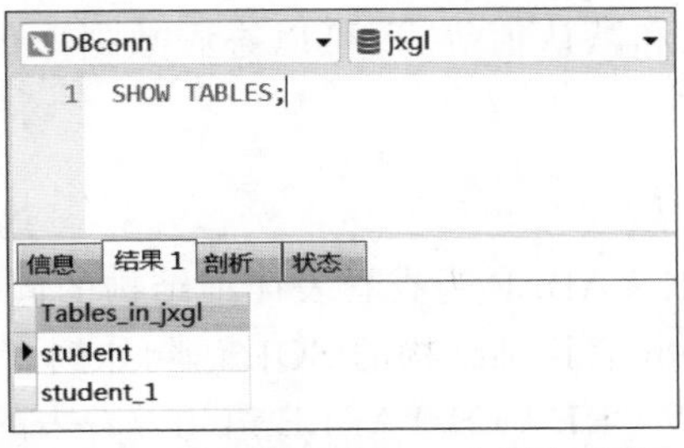

图 5-7　显示数据库 jxgl 中所有的表

5.3.2 查看数据表的基本结构

MySQL 提供的 DESCRIBE 语句可以查看数据表中所有字段或指定字段的信息,包括字段名和字段类型等。其中,DESCRIBE 命令可以简写成 DESC。

语法格式 1:查看所有字段的信息。

```
DESCRIBE | DESC 数据表名;
```

语法格式 2:查看指定字段的信息。

```
DESCRIBE | DESC 数据表名 字段名;
```

【例 5-3】 用 DESCRIBE 和 DESC 命令显示 jxgl 数据库中 student 表的结构。

```
DESCRIBE student;
```

或者:

```
DESC student;
```

执行结果如图 5-8 所示。

Field	Type	Null	Key	Default	Extra
sno	varchar(10)	NO	PRI	(Null)	
sname	varchar(20)	NO		(Null)	
ssex	enum('男','女')	NO		男	
sbirth	date	NO		(Null)	
zno	varchar(4)	YES		(Null)	
sclass	varchar(20)	YES		(Null)	

图 5-8　student 表结构图

通过 DESCRIBE 语句能够看到表的字段(Field)、数据类型及长度(Type)、是否允许空值(Null)、键的设置信息(Key)、默认值(Default)以及附加信息(Extra)。但是如果想查看关于表更详细的信息,这种方式就不可行了,需要使用一种新的 SQL 语句,如下:

```
SHOW CREATE TABLE;
```

5.3.3 查看数据表的详细结构

使用 SHOW CREATE TABLE 语句,不仅可以查看表的字段、数据类型及长度、是否允许空值、键的设置信息和默认值等,还可以查看数据库的存储引擎以及字符集等信息。其语法格式如下:

```
SHOW CREATE TABLE 表名;
```

其中 SHOW CREATE TABLE 为查看表详细结构的固定语法格式,"表名"为要查看的表的名称。查看 student 表详细结构的 SQL 语句如例 5-4 所示。

【例 5-4】 使用 SHOW CREATE TABLE 语句查看表的详细结构。

```
SHOW CREATE TABLE student;
```

执行结果如图 5-9 所示。

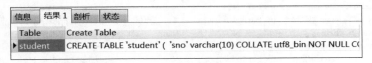

图 5-9 查看 student 表的详细结构

由于页面显示问题,图中 CREATE TABLE 中的表信息并不能完全展现出来,为了让大家能够清晰地看到表的详细结构,此处将信息复制并整理了一份,如下所示:

```
CREATE TABLE student (
  sno VARCHAR(10) COLLATE utf8_bin NOT NULL COMMENT '学号',
  sname VARCHAR(20) COLLATE utf8_bin NOT NULL COMMENT '姓名',
  ssex ENUM('男','女') COLLATE utf8_bin NOT NULL DEFAULT '男' COMMENT '性别',
  sbirth date NOT NULL COMMENT '出生日期',
  zno VARCHAR(4) COLLATE utf8_bin DEFAULT NULL COMMENT '专业号',
  sclass VARCHAR(20) CHARACTER SET utf8 COLLATE utf8_bin DEFAULT NULL COMMENT
  '班级',
  PRIMARY KEY (sno)
) ENGINE=InnoDB DEFAULT CHARSET=utf8 COLLATE=utf8_bin
```

5.3.4 查看数据表结构

MySQL 数据库中的 SHOW COLUMNS 语句也可以查看表结构,基本语法格式如下:

```
#语法格式 1
SHOW [FULL] COLUMNS  FROM 数据表名 [FROM 数据库名];
#语法格式 2
SHOW [FULL] COLUMNS  FROM 数据库名.数据表名;
```

在上述语法格式中,可选项 FULL 表示显示详细内容,在不添加的情况下查询结果与 DESC 的结果相同;在添加 FULL 选项时,此语句不仅可以查看到 DESC 语句查看的信息,还可以查看到字段的权限以及 COMMENT 字段的注释信息等。在 SQL 语句中可以通过“FROM 数据库名”或“数据库名.数据表名”的方式查看任意数据库下的数据表结构信息。

【例 5-5】 查看 studentinfo 数据表结构的详细信息。

```
SHOW FULL COLUMNS FROM studentinfo;
```

执行结果如图 5-10 所示。

从上述执行结果可以看出,SHOW FULL COLUMNS 语句除了查询出与 DESC 语句相同的字段外,还会查询出 Collation(校对集)、Privileges(权限)和 Comment(注释)字段。

Field	Type	Collation	Null	Key	Default	Extra	Privileges	Comment
sno	varchar(10)	utf8_bin	NO	PRI	(Null)		select,insert,update,	学号
sname	varchar(20)	utf8_bin	NO		(Null)		select,insert,update,	姓名
ssex	enum('男','女')	utf8_bin	NO		男		select,insert,update,	性别
sbirth	date	(Null)	NO		(Null)		select,insert,update,	出生日期
zno	varchar(4)	utf8_bin	YES		(Null)		select,insert,update,	专业号
sclass	varchar(20)	utf8_bin	YES		(Null)		select,insert,update,	班级

图 5-10　查看数据表结构

5.4　修改数据表

修改表是指修改数据库中已经存在的数据表的结构。表在创建完成后,可能会因为某些原因需要对表的名称、字段名称、字段的数据类型或者字段的排列位置等进行修改。有一种方法就是直接删除旧表,然后根据新的需求创建新表,但是如果旧表中已经存在大量数据,那会增加额外的工作量;另外一种方法则是使用 MySQL 中提供的 ALTER TABLE 语句来修改表的相关定义,即本节要讲解的内容。

常用的修改表的操作有:修改表名、修改字段数据类型或字段名、增加和删除字段、修改字段的排列位置、更改表的存储引擎以及删除表的外键约束等。在修改表结构时,可以使用 DESC 命令查看修改是否成功。

在使用 Navicat 软件修改表时,要注意以下两点。

(1) 如果要修改表名,只需要右击要修改的表格,然后在弹出的下拉列表中选择"重命名"选项即可。

(2) 如果要修改字段的相关定义,则需右击要修改的表格,然后在弹出的下拉列表中选择"设计表"选项,进入修改表格界面,修改完成后保存即可。

5.4.1　修改表名

表名是用来区分同一个数据库中不同表的依据,因此在同一个数据库表名具有唯一性。通过 SQL 语句 ALTER TABLE 可以修改表名,其语法格式如下:

格式一:

```
ALTER TABLE 旧表名 RENAME [TO|AS] 新表名;
```

格式二:

```
RENAME TABLE 旧表名 1 TO 新表名 1[,旧表名 2 TO 新表名 2]…;
```

其中用 ALTER TABLE 修改数据表名称时,可以直接使用 RENAME,或在其后添加 TO 或 AS。而 RENAME TABLE 则必须使用 TO,另外此语法可以同时修改多个数据表的名称。

【例 5-6】　使用 ALTER TABLE 语句修改表名。

```
ALTER TABLE student RENAME TO studentinfo;
```

或者：

```
RENAME TABLE student TO studentinfo;
```

执行结果如图 5-11 所示。

从图 5-11 中只能看到 SQL 语句确实执行成功了，但是表名到底有没有修改成功呢？可以通过 SQL 语句查看数据库 jxgl 中已有的表来验证一下，如下所示：

```
SHOW TABLES;
```

执行结果如图 5-12 所示。

图 5-11　修改表名

图 5-12　查看数据库 jxgl 中已有的表

通过图 5-12 中显示的结果可以确认，之前名为 student 的表已经不存在了，只有名为 studentinfo 的表。为了更好地说明表名修改成功，还可以查看 studentinfo 表的表结构，并与之前的 student 表对比看看是否完全相同，其 SQL 语句如下所示：

```
SHOW CREATE TABLE studentinfo;
```

执行后表的结构信息与之前的 student 表完全一致，如下所示：

```
CREATE TABLE studentinfo (
    sno CHAR(20) COLLATE utf8_bin NOT NULL COMMENT '学号',
    sname VARCHAR(20) COLLATE utf8_bin NOT NULL COMMENT '姓名',
    ssex ENUM('男', '女') NOT NULL DEFAULT '男' COMMENT '性别',
    sbirth date NOT NULL COMMENT '出生日期',
    zno CHAR(4) COLLATE utf8_bin NOT NULL COMMENT '专业号',
    sclass VARCHAR(10) COLLATE utf8_bin NOT NULL COMMENT '班级',
    PRIMARY KEY (sno),
    KEY zno (zno),
    CONSTRAINT zno FOREIGN KEY (zno) REFERENCES specialty (zno)
) ENGINE=InnoDB DEFAULT CHARSET=utf8 COLLATE=utf8_bin;
```

5.4.2　修改字段的数据类型

如果只需在 MySQL 中修改数据表中的字段类型，通常使用 MODIFY 实现。

1. 修改一个字段

修改字段的数据类型时，需要明确指出要修改的是哪张表的哪个字段，以及要修改成哪种数据类型。修改字段的 SQL 语句同样使用的是 ALTER TABLE，其语法格式如下：

```
ALTER TABLE 数据表名 MODIFY 字段名 新数据类型;
```

其中"数据表名"为要修改的表的名称，MODIFY 为修改字段数据类型用到的关键字，"字段名"为要修改的字段的名称，"新数据类型"为修改后的数据类型。

【例 5-7】　使用 ALTER TABLE 语句，把 studentinfo 表中名为 ssex 字段的数据类型由"CHAR(2)"修改为"ENUM('男','女')　DEFAULT '男'"。

```
ALTER TABLE studentinfo MODIFY ssex ENUM('男','女')  DEFAULT '男';
```

执行结果如图 5-13 所示。

```
信息   剖析   状态
ALTER TABLE studentinfo MODIFY ssex ENUM('男','女')  DEFAULT '男'
> OK
> 时间: 0.086s
```

图 5-13　修改表的一个字段

图中显示 SQL 语句执行成功。下面使用 DESC 语句查看表的基本结构，验证 ssex 字段的数据类型是否修改成功。查看表基本结构的 SQL 语句如下所示：

```
DESC studentinfo;
```

执行结果如图 5-4 所示。

从图 5-14 中可以清楚地看到，ssex 属性的数据类型已经修改为 ENUM('男','女')，DEFAULT '男'。

2. 同时修改多个字段

有时需要对表中的多个字段的数据类型进行修改，而使用上面的方法一个一个地修改太过繁琐，可以使用如下所示的 SQL 语句对多个字段的数据类型同时进行修改：

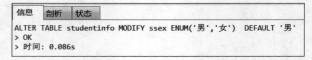

Field	Type	Null	Key	Default	Extra
sno	varchar(10)	NO	PRI	(Null)	
sname	varchar(20)	NO		(Null)	
ssex	enum('男','女')	YES		男	
sbirth	date	NO		(Null)	
zno	varchar(4)	YES		(Null)	
sclass	varchar(20)	YES		(Null)	

图 5-14　查看 studentinfo 表的基本结构

```
ALTER TABLE 数据表名 MODIFY 字段名 1 新数据类型, MODIFY 字段名 2 新数据类型 2,…,
MODIFY 字段名 n 新数据类型;
```

每个字段前边都需要 MODIFY 关键字，不同字段之间使用","隔开，最后一个字段没有","。

【例 5-8】　使用 ALTER TABLE 语句，把 studentinfo 表中的 sno 字段的数据类型修改为 INT(10)，同时把 sname 字段的数据类型修改为 VARCHAR(30)。

```
ALTER TABLE studentinfo MODIFY sno INT(20), MODIFY sname VARCHAR(30);
```

执行结果如图 5-15 所示。

```
信息   剖析   状态
ALTER TABLE studentinfo MODIFY sno INT(20), MODIFY sname VARCHAR(30)
> OK
> 时间: 0.114s
```

图 5-15　修改 studentinfo 表的两个字段

同时修改多个字段数据类型的 SQL 语句执行成功后,同样可以使用 DESC 语句查看 studentinfo 表的基本结构,执行结果如图 5-16 所示。

Field	Type	Null	Key	Default	Extra
sno	int	NO	PRI	(Null)	
sname	varchar(30)	YES		(Null)	
ssex	enum('男','女')	YES		男	
sbirth	date	NO		(Null)	
zno	varchar(4)	YES		(Null)	
sclass	varchar(20)	YES		(Null)	

图 5-16　查看修改 id 和 name 数据类型后的 studentinfo 表的基本结构

从图 5-16 中可以看出,已经成功修改了 sno 和 sname 字段的数据类型。

5.4.3　修改字段名

在修改字段时,不仅要指定新的字段名称,还要指定数据类型。因此通过修改字段名的 SQL 语句,既可以实现只修改字段名的功能,也可以实现同时修改字段名和数据类型的功能。

1. 只修改字段名

在一张表中,字段名是唯一标识某个属性的,因此字段名在同一张表中也具有唯一性。修改字段名称与修改表名类似,其语法结构如下所示:

ALTER TABLE 数据表名 CHANGE [COLUMN] 旧字段名 新字段名 字段类型 [字段属性];

其中,"旧字段名"指的是字段修改前的名称;"新字段名"指的是字段修改后的名称。"数据类型"表示新字段名的数据类型,不能为空,即使与旧字段的数据类型相同,也必须重新设置。

【例 5-9】　使用 ALTER TABLE 语句,把 studentinfo 表中 ssex 的字段名修改为 sgender。

ALTER TABLE studentinfo CHANGE ssex sgenderENUM('男','女') DEFAULT '男';

执行结果如图 5-17 所示。

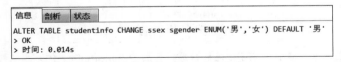

图 5-17　只修改字段名

SQL 语句执行成功后,使用 DESC 语句查看表的基本结构,以验证字段名是否修改成功,执行结果如图 5-18 所示。

从图 5-18 中可以看到,之前的 ssex 字段已经不存在了,取而代之的是名为 sgender 的字段,字段的数据类型仍为 ENUM。

Field	Type	Null	Key	Default	Extra
sno	varchar(10)	NO	PRI	(Null)	
sname	varchar(20)	NO		(Null)	
sgender	enum('男','女')	YES		男	
sbirth	date	NO		(Null)	
zno	varchar(4)	YES		(Null)	
sclass	varchar(20)	YES		(Null)	

图 5-18   查看修改字段名后的 studentinfo 表的基本结构

2. 同时修改字段名和数据类型

如果想要在修改字段名的同时修改数据类型,只需要将指定的数据类型修改为新的数据类型。其语法格式如下:

ALTER TABLE 表名 CHANGE 旧字段名 新字段名 新字段类型 [字段属性];

其中,"新字段类型"为修改后的数据类型。

【例 5-10】   使用 ALTER TABLE 语句,把 studentinfo 表中 sgender 的字段名修改为 ssex,并将数据类型修改为 CHAR(2)。

```
ALTER TABLE studentinfo CHANGE sgender ssex  CHAR(2);
```

执行结果如图 5-19 所示。

```
ALTER TABLE studentinfo CHANGE sgender ssex  CHAR(2)
> OK
> 时间: 0.061s
```

图 5-19   同时修改字段名和该字段的数据类型

执行 DESC 语句查看表的基本结构,执行结果如图 5-20 所示。

Field	Type	Null	Key	Default	Extra
sno	varchar(10)	NO	PRI	(Null)	
sname	varchar(20)	NO		(Null)	
ssex	char(2)	YES		(Null)	
sbirth	date	NO		(Null)	
zno	varchar(4)	YES		(Null)	
sclass	varchar(20)	YES		(Null)	

图 5-20   查看修改字段名和数据类型后的 studentinfo 表的基本结构

从图 5-20 中可以看到,不仅字段名由 sgender 修改为 ssex,而且数据类型由之前的 ENUM 也修改为 CHAR(2)。

5.4.4　增加字段

对于一个已经存在的表,有时会需要增加新的字段。从修改字段的 SQL 语句中不难发现,一个字段包括两个基础部分:字段名和字段的数据类型。增加字段不但需要指定字段名和字段的数据类型,而且还可以选择要添加字段的约束条件以及添加的位置。其语法格式如下:

ALTER TABLE 数据表名 ADD 字段名 1 数据类型 [完整性约束条件] [FIRST|AFTER 字段名 2];

其中,ALTER TABLE 为修改表的固定语法格式,"数据表名"为要修改的表的名称,ADD 为增加字段用到的关键字。"字段名 1"为要添加的字段的名称,"数据类型"为要添加字段的数据类型。在不指定位置的情况下,新增的字段默认添加到表的最后。另外,同时新增多个字段时不能指定字段的位置。

[完整性约束条件]为可选项;[FIRST|AFTER 字段名 2]也为可选项,该项的取值决定了字段添加的位置:如果没有该项,则默认添加表的最后;如果为"FIRST",则添加到表的第一个位置;如果为"AFTER 字段名 2",则添加到名为"字段名 2"的字段后边。

1. 在表的最后位置增加字段

【例 5-11】　使用 ALTER TABLE 语句,在 studentinfo 表的最后位置添加一个名为 descinfo、类型为 VARCHAR(50)的字段。

```
ALTER TABLE studentinfo ADD descinfo VARCHAR(50);
```

执行结果如图 5-21 所示。

信息	剖析	状态

```
ALTER TABLE studentinfo ADD descinfo VARCHAR(50)
> OK
> 时间: 0.022s
```

图 5-21　在 studentinfo 表的最后位置增加字段

图 5-21 中显示增加字段的 SQL 语句已经执行成功,为了更清楚地看到字段增加的位置等详情,这里还是使用 DESC 语句来查看表的基本结构,执行结果如图 5-22 所示。

Field	Type	Null	Key	Default	Extra
▶ sname	varchar(30)	YES		(Null)	
sno	varchar(30)	NO	PRI	(Null)	
ssex	enum('男','女')	YES		男	
sbirth	date	NO		(Null)	
sclass	varchar(20)	YES		(Null)	
zno	varchar(4)	YES		(Null)	
descinfo	varchar(50)	YES		(Null)	

图 5-22　查看在最后位置增加字段后的 studentinfo 表的基本结构

从图 5-22 中可以看到,表中确实在最后的位置增加了名为 descinfo 的字段,并且字段的数据类型为 VARCHAR。

2. 在表的第一个位置增加字段

如果想要在表的第一个位置增加字段,需要在例 5-11 中的 SQL 语句的基础上增加一个 FIRST 关键字来表明增加的位置。现在在第一个位置增加一个名为 id、数据类型为

INT 的字段,如例 5-12 所示。

【例 5-12】 使用 ALTER TABLE 语句在第一个位置增加字段。

```
ALTER TABLE studentinfo ADD id INT FIRST;
```

执行结果如图 5-23 所示。

图 5-23　在 studentinfo 表的第一个位置增加 id 字段

SQL 语句执行成功后,使用 DESC 语句查看表的基本结构,以观察新增字段的位置。执行结果如图 5-24 所示。

Field	Type	Null	Key	Default	Extra
id	int	YES		(Null)	
sname	varchar(30)	YES		(Null)	
sno	varchar(30)	NO	PRI	(Null)	
ssex	enum('男','女')	YES		男	
sbirth	date	NO		(Null)	
sclass	varchar(20)	YES		(Null)	
zno	varchar(4)	YES		(Null)	
descinfo	varchar(50)	YES		(Null)	

图 5-24　查看在表字段的第一个位置增加字段后的 studentinfo 表的基本结构

从图 5-24 中可以看出,新增的 id 字段已经成功添加到表的第一个字段的位置,数据类型为 INT。

3. 在表的指定位置增加字段

有些时候,只在表的第一个和最后的位置添加字段是不能满足需求的,那能不能在指定的位置增加字段呢?答案是肯定的,可以指定新增的字段要添加到已存在的某个字段的后边。

【例 5-13】 使用 ALTER TABLE 语句,在 sname 字段后边添加一个名为 nation 且数据类型为 VARCHAR(10) 的字段。

```
ALTER TABLE studentinfo ADD nation VARCHAR(10) AFTER sname;
```

执行结果如图 5-25 所示。

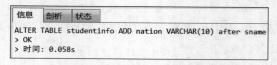

图 5-25　在指定位置增加字段

SQL 语句执行成功后,同样使用 DESC 语句来查看表的基本结构,以观察新增字段是否添加到了指定的位置。执行结果如图 5-26 所示。

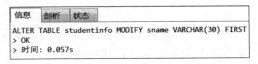

图 5-26　查看在指定位置增加字段后的 studentinfo 表的基本结构

从图 5-26 中可以看出,新增的名为 nation、数据类型为 VARCHAR(10) 的字段已经
成功添加到字段 sname 后边。

5.4.5　修改字段的排列位置

字段的排列位置虽然不会影响表中数据的存储,但是对于表的创建者而言是有一定
意义的。一旦表创建成功,字段的位置就确定了。要修改字段的位置,需要使用下面所示
格式的 SQL 语句:

ALTER TABLE 数据表名 MODIFY 字段名 1 数据类型 FIRST|AFTER 字段名 2;

其中,ALTER TABLE 为修改表的固定语法格式,"数据表名"为要修改的表的名称,
MODIFY 为修改字段用到的关键字。"字段名 1"为要移动的字段的名称,"数据类型"为
要移动字段的数据类型,"FIRST"表示将字段移到表的第一个位置,"AFTER 字段名 2"
则表示将字段移到名为字段名 2 的字段后边。

1. 将字段移到第一个位置

【例 5-14】　使用 ALTER TABLE 语句,将 studentinfo 表中的 sname 移到第一个
位置。

ALTER TABLE studentinfo MODIFY sname VARCHAR(30) FIRST;

执行结果如图 5-27 所示。

```
信息    剖析    状态
ALTER TABLE studentinfo MODIFY sname VARCHAR(30) FIRST
> OK
> 时间: 0.057s
```

图 5-27　移动调整表字段的排列顺序

移动字段的 SQL 语句执行成功后,继续使用 DESC 语句查看表的基本结构,以确定
现在 sname 字段所在的位置。执行结果如图 5-28 所示。

从图 5-27 中可以看到,sname 字段已经成为表中的第一个字段。

Field	Type	Null	Key	Default	Extra
sname	varchar(30)	YES		(Null)	
sno	varchar(30)	NO	PRI	(Null)	
ssex	enum('男','女')	YES		男	
sbirth	date	NO		(Null)	
sclass	varchar(20)	YES		(Null)	
zno	varchar(4)	YES		(Null)	

图 5-28 查看将字段移到第一个位置后的 **studentinfo** 表的基本结构

2. 将字段移到指定位置

还可以将字段移到任意位置。

【例 5-15】 使用 ALTER TABLE 语句,将 studentinfo 表中的 zno 移到 sclass 后。

```
ALTER TABLE studentinfo MODIFY zno VARCHAR(4) AFTER sclass;
```

执行结果如图 5-29 所示。

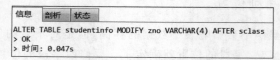

```
ALTER TABLE studentinfo MODIFY zno VARCHAR(4) AFTER sclass
> OK
> 时间: 0.047s
```

图 5-29 移动表字段位置

使用 DESC 语句查看表的基本结构,执行结果如图 5-30 所示。

Field	Type	Null	Key	Default	Extra
sno	int	NO	PRI	(Null)	
sname	varchar(30)	YES		(Null)	
ssex	enum('男','女')	YES		男	
sbirth	date	NO		(Null)	
sclass	varchar(20)	YES		(Null)	
zno	varchar(4)	YES		(Null)	

图 5-30 查看将字段移到指定位置后的 **studentinfo** 表的基本结构

从图 5-30 中可以看出,zno 字段的位置已经按照预期的那样移到 sclass 字段后边。

5.4.6 删除字段

对于表中的字段,不仅能够对其进行添加、修改和移动等操作,还可以将其删除。删除字段时,只需要指定表名及要删除的字段名,其语法格式如下:

```
ALTER TABLE 数据表名 DROP 字段名;
```

其中 ALTER TABLE 为修改表的固定语法格式,"数据表名"为要修改的表的名称,DROP 为删除字段用到的关键字,"字段名"为要删除的字段的名称。

【例 5-16】 使用 ALTER TABLE 语句,将 studentinfo 表中名为 descinfo 的字段

删除。

```
ALTER TABLE studentinfo DROP descinfo;
```

执行结果如图 5-31 所示。

使用 DESC 语句查看表的基本结构,以检查 descinfo 字段是否还在表中,执行结果如图 5-32 所示。

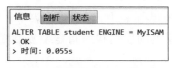

Field	Type	Null	Key	Default	Extra
id	int	YES		(Null)	
sname	varchar(30)	YES		(Null)	
nation	varchar(10)	YES		(Null)	
sno	varchar(30)	NO	PRI	(Null)	
ssex	enum('男','女')	YES		男	
sbirth	date	NO		(Null)	
sclass	varchar(20)	YES		(Null)	
zno	varchar(4)	YES		(Null)	

信息　剖析　状态
ALTER TABLE studentinfo DROP descinfo
> OK
> 时间: 0.043s

图 5-31　删除指定的字段　　　　图 5-32　查看删除字段后的 **studentinfo** 表的基本结构

在图 5-32 中,已经找不到名为 descinfo 的字段,说明已经成功将其删除。

对于表的修改,还可以使用 Navicat 软件的图形界面来操作,这种操作非常简单。只要选中要修改的表,右击它,在弹出的下拉列表中选择"设计表"选项,即可进入表的设计界面。在该界面中选择合适的工具(如"增加字段""删除字段"等),即可完成字段的修改。在此将不再赘述,读者可以自己尝试一下。

5.4.7　更改表的存储引擎

存储引擎是 MySQL 中的数据存储在文件或内存中时采用的不同技术实现。可以根据自己的需要选择不同的引擎,甚至可以为每一张表选择不同的存储引擎。MySQL 中的主要存储引擎有 MyISAM、InnoDB、MEMORY(HEAP)、BDB 和 FEDERATED 等。可以使用 SHOW ENGINES 命令查看系统支持的存储引擎。

更改表的存储引擎的语法格式如下:

```
ALTER TABLE 表名 ENGINE = 更改后的存储引擎名;
```

【**例 5-18**】　将数据表 student 的存储引擎修改为 MyISAM。

```
ALTER TABLE student ENGINE = MyISAM;
```

执行结果如图 5-33 所示。

信息　剖析　状态
ALTER TABLE student ENGINE = MyISAM
> OK
> 时间: 0.055s

图 5-33　修改数据表的存储引擎

使用 SHOW TABLE 可以再次查看表 student 的存储引擎。如果该表有外键,则由 InnoDB 变为 MyISAM 是不允许的,因为 MyISAM 不支持外键。

5.4.8　删除表的外键约束

对于数据库中定义的外键,如果不再需要,可以将其删除。一旦删除外键,就会解除主表和从表间的关联关系。MySQL 中删除外键的语法格式如下:

```
ALTER TABLE 表名 DROP FOREIGN KEY 外键约束名;
```

其中,"外键约束名"指在定义表时 CONSTRAINT 关键字后面的参数。

【例 5-19】　删除数据表 student 中的外键约束,代码如下所示。

```
ALTER TABLE student DROP FOREIGN KEY zno;
```

执行结果如图 5-34 所示。

代码运行情况如图 5-34 所示。执行完毕之后,将删除表 student 的外键约束。使用 SHOW TABLE 可再次查看表 student 的结构。

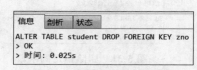

图 5-34　删除表的外键约束

5.5　复　制　表

在开发时,若需要创建一个与已有数据表相同结构的数据表,可以通过 CREATE TABLE 命令完成表结构的复制。基本语法格式如下:

```
CREATE [TEMPORARY] TABLE [IF NOT EXISTS]表名
[LIKE 原表名]
|[AS (SELECT 查询语句)];
```

在上述语法中,仅能从"原表名"中复制一份相同的表结构,但不会复制表中保存的数据。其中,"{}"表示语法在使用时可以任选其中一种,"|"表示或的意思。因此,在复制已有的表结构时,可以使用"LIKE 原表名"或"(SELECT * FROM 表名)"中的任意一种语法格式。比如:

```
CREATE TABLE t_a LIKE t_b;
```

此种方式在将表 t_b 复制到 t_a 时会将表 t_b 完整的字段结构和索引复制到表 t_a 中。而

```
CREATE TABLE t_a AS SELECT sn,sname,sage FROM t_b;
```

只会将表 t_b 的字段结构复制到表 t_a 中,而不会将表 t_b 中的索引复制到表 t_a 中。这种方式比较灵活,可以在复制原表的表结构时指定要复制哪些字段,并且复制表自身也可以根据需要增加字段结构。

这两种方式在复制表的时候均不会复制权限。比如,原本对表 B 做了权限设置,复制后,表 A 不具备类似于表 B 的权限。

【**例 5-20**】　复制 student 表到 stu_copy 表中。

```
CREATE TABLE stu_copy LIKE student;
```

执行结果如图 5-35 所示。

运用 DESC 查看 stu_copy 表,结果如图 5-36 所示。

图 5-35　复制表结构

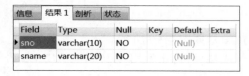

图 5-36　查看表结构

【**例 5-21**】　把 student 表中的学号(sno)、姓名(sname)复制到新表 SnoNameTable 中。

```
CREATE TABLE SnoNameTable
AS SELECT sno,sname
FROM student;
```

执行结果如图 5-37 所示。

运用 DESC 查看 SnoNameTable 表,执行结果如图 5-38 所示。

图 5-37　复制部分结构形成一个新表

图 5-38　查看 SnoNameTable 表的结构

从上述结果可知,只需一条语句,就可以依据已有的表创建出与其相同结构的表。

5.6　删除数据表

删除数据表操作指的是删除指定数据库中已经存在的表。另外,表的删除操作会将表中的数据一并删除,所以在进行删除操作时需要慎重。在删除表的时候,需要注意要删除的表是否与其他表存在关联,如果存在,那么被关联的表的删除操作就比较复杂,会在后续章节中讲解;如果不存在,也就是说要删除的是一张独立的表,那么操作比较简单。本节主要介绍如何删除一张独立的、没有被其他表关联的表。

5.6.1　使用 SQL 语句删除表

在删除表之前,先创建一张名为 tb_test 的表用于测试删除操作。创建表的 SQL 语句如下所示:

```
CREATE TABLE tb_test (
    id INT(2)
);
```

表创建成功后,使用 SHOW TABLES 语句查看数据库 jxgl 中所有的表,如例 5-22 所示。

【例 5-22】 使用 SHOW TABLES 语句查看数据库中所有的表。

```
SHOW TABLES;
```

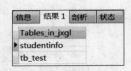

执行结果如图 5-39 所示。

从图 5-39 中可以看到,数据库 jxgl 中已经存在 tb_test 表,说明创建成功。之后执行删除表的 SQL 语句,其语法格式如下:

图 5-39　查看数据库中表的信息

```
DROP [TEMPORARY] TABLE [IF EXISTS] 数据表名 1[, 数据表
名 2]…;
```

其中,DROP TABLE 为删除表的固定语法格式,"数据表名"为要删除的表的名称。

删除数据表时,可同时删除多个数据表,多个数据表之间使用逗号分隔。可选项 IF EXISTS 用于在删除一个不存在的数据表时,防止产生错误。

下面,对刚刚创建的名为 tb_test 的表进行删除操作,具体的 SQL 语句如例 5-16 所示。

【例 5-23】 使用 DROP TABLE 语句删除表。

```
DROP TABLE tb_test;
```

执行结果如图 5-40 所示。

执行成功后,再次使用 SHOW TABLES 语句查看数据库 jxgl 中的所有表,执行结果如图 5-41 所示。

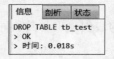

图 5-40　删除已经存在的表

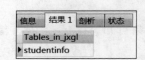

图 5-41　查看数据库 jxgl 中的所有表

由图 5-39 与图 5-41 对比可知,名为 tb_test 的表已经被删除成功了。

5.6.2　使用图形界面删除表

使用 Navicat 软件的图形界面删除表的操作非常简单,只需要选中要删除的表并右击它,在弹出的下拉列表中选择"删除表"选项,然后在弹出的确认对话框中选择"删除"按钮,即可将表成功删除。由于操作简单,此处不再演示。

在开发时应谨慎使用数据表删除操作,因为数据表一旦删除,表中的所有数据也都将被清除。

5.7　表 的 约 束

虽然现在已经学习了如何创建、修改和删除表的操作，但是仍然还有不足之处，如学生的编号（sno 字段）可以相同、姓名（sname 字段）可以为空等。导致这些问题的主要原因是数据库管理系统对存入的数据没有任何约束。那么，什么是约束呢？

为了防止不符合规范的数据存入数据库，在用户对数据进行插入、修改和删除等操作时，MySQL 数据库管理系统提供了一种机制来检查数据库中的数据是否满足规定的条件，以保证数据库中数据的准确性和一致性，这种机制就是约束。

5.7.1　完整性约束

MySQL 中主要支持 6 种完整性约束，如表 5-3 所示。

表 5-3　MySQL 支持的完整性约束一览表

约 束 条 件	约 束 描 述
PRIMARY KEY	主键约束，约束字段的值可以唯一地标识对应的记录
UNIQUE	唯一约束，约束字段的值是唯一的
NOT NULL	非空约束，约束字段的值不能为空
DEFAULT	默认值约束，约束字段的默认值
AUTO_INCREMENT	自动增加约束，约束字段的值自动递增
FOREIGN KEY	外键约束，约束表与表之间的关系

约束从作用上可以分为两类：

（1）表级约束：可以约束表中任意一个或多个字段。

（2）列级约束：只能约束其所在的某一个字段。

大家是否还记得，在创建表的 SQL 语句中有一个名为"完整性约束条件"的可选项，也就是说完整性约束可以在创建表的同时来设置，当然也可以在创建表后设置。在后续几个小节中将一一讲解具体的设置方法。

5.7.2　主键约束

主键（Primary Key，PK）约束是数据库中最重要的一种约束，其作用是约束表中的某个字段可以唯一标识一条记录。因此，使用主键约束可以快速查找表中的记录，如人的身份证、学生的学号等。设置为主键的字段取值不能重复（唯一），也不能为空（非空），否则无法唯一标识一条记录。

如果两列或多列组合起来唯一地标识表中的每一行，则该主键称为复合主键。有时候，在同一张表中有多个列可以用来当作主键，在选择哪个列作为主键的时候，需要考虑最少性和稳定性两个原则。

（1）最少性是指列数最少的键。如果可以从单个主键和复合主键中选择，应该选择单个主键,这是因为操作一列比操作多列要快。当然该规则也有例外,例如,两个整数类型的列的组合比一个很大的字符类型的列操作要快。

(2) 稳定性是指列中数据的特征。由于主键通常用来在两个表之间建立联系,所以主键的数据不能经常更新。理想情况下,应该永远不变。

下面主要讲解主键约束的添加和删除操作。

1. 创建表时添加主键约束

主键可以是单个字段,也可以是多个字段的组合。对于单字段主键的添加可以使用表级约束,也可以使用列级约束;而对于多字段主键的添加则只能使用表级约束。

(1) 为单个字段添加主键约束

在创建表的同时使用列级约束为单个字段添加约束,其语法格式如下:

```
CREATE TABLE 数据表名(
    字段名 1 数据类型 PRIMARY KEY,
    字段名 2 数据类型,
    ...
);
```

其中"数据表名"为新创建的表的名称,"字段名 1"为添加主键的字段名,"数据类型"为字段的数据类型,PRIMARY KEY 为设置主键所用的 SQL 语句。

创建一个名为 student1 的表,并将表中的 stu_id 字段设置为主键。具体的 SQL 语句如例 5-23 所示。

【例 5-23】 使用列级约束设置单字段主键约束。

```
CREATE TABLE student1 (
    stu_id INT(10) PRIMARY KEY,
    stu_name VARCHAR(3),
    stu_sex VARCHAR (1)
);
```

执行结果如图 5-42 所示。

表创建成功以后,通过 DESC 语句查看表的基本结构来验证一下主键的设置情况,执行结果如图 5-43 所示。

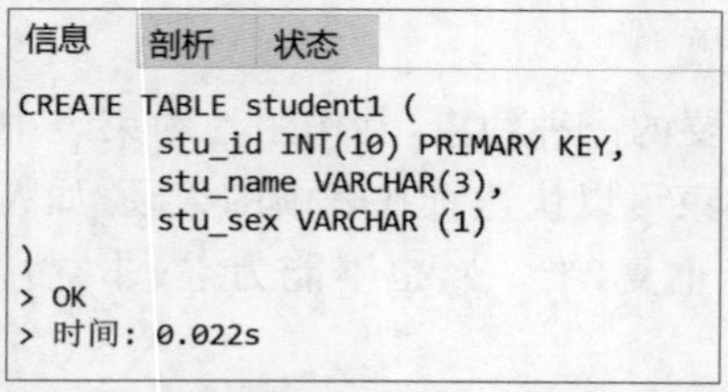

图 5-42　使用列级约束设置单字段主键约束

信息	结果 1	剖析	状态		
Field	Type	Null	Key	Default	Extra
stu_id	int	NO	PRI	(Null)	
stu_name	varcha	YES		(Null)	
stu_sex	varcha	YES		(Null)	

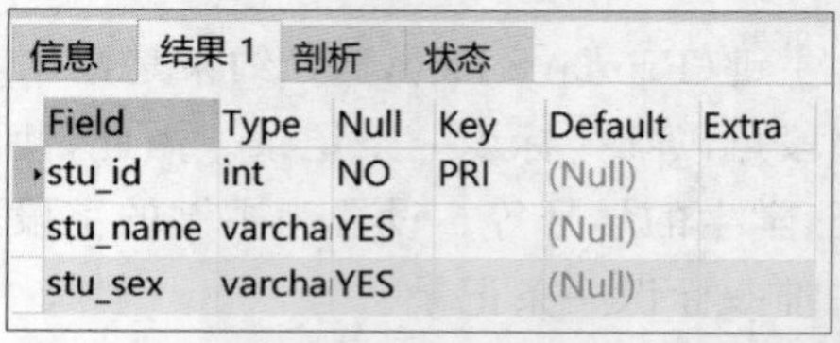

图 5-43　查看 student1 表的基本结构

从图 5-43 中可以看到,字段 stu_id 确实已经被设置为表的主键,并且在是否允许为空选项中显示为 NO,说明主键的值默认是不能为空的。

单字段主键的添加还可以使用表级约束,其 SQL 语句的语法格式如下所示:

```
CREATE TABLE 数据表名(
    字段名 1 数据类型,
    字段名 2 数据类型,
    ...
    [CONSTRAINT pk_name] PRIMARY KEY(字段名)
);
```

其中,CONSTRAINT pk_name 为可选项,CONSTRAINT 为设置主键约束标识符所用到的关键字,pk_name 为主键标识符;"字段名"为添加主键的字段名。

注意:pk_name 为主键标识符,也就是主键的别名,一般情况下使用"主键英文缩写_字段名"的格式,如 pk_stu_id。

创建一个名为 student2 的表,并将表中的 stu_id 字段使用表级约束设置为主键。具体的 SQL 语句如例 5-24 所示。

【例 5-24】 使用表级约束设置单字段主键约束。

```
CREATE TABLE student2 (
    stu_id INT(10),
    stu_name VARCHAR(3),
    stu_sex VARCHAR (1),
    CONSTRAINT pk_stu_id PRIMARY KEY(stu_id)
);
```

执行结果如图 5-44 所示。

由图 5-44 可见,使用表级约束可以设置单字段的主键约束。使用 DESC 语句查看表的基本结构,执行结果如图 5-45 所示。

信息	剖析	状态

```
CREATE TABLE student2 (
        stu_id INT(10),
        stu_name VARCHAR(3),
        stu_sex VARCHAR (1),
        CONSTRAINT pk_stu_id PRIMARY KEY(stu_id)
)
> OK
> 时间: 0.024s
```

图 5-44 创建表时设置单字段主键约束

信息	结果 1	剖析	状态		
Field	Type	Null	Key	Default	Extra
stu_id	int	NO	PRI	(Null)	
stu_name	varchar(3)	YES		(Null)	
stu_sex	varchar(1)	YES		(Null)	

图 5-45 查看 student2 表的基本结构

从图 5-45 中可以看到,字段 stu_id 已经成功添加了主键约束。表级约束除了可以为主键设置标识符外,与使用列级约束添加主键的效果基本相同。

(2)为多个字段添加主键约束

多字段主键的含义是,主键是由多个字段组合而成的。为多个字段添加主键约束只能使用表级约束,其 SQL 语句格式与使用表级约束为单个字段添加主键约束类似,具体如下所示:

```
CREATE TABLE 数据表名(
```

字段名 1 数据类型，

字段名 2 数据类型，

...

[CONSTRAINT pk_name] PRIMARY KEY(字段名 1，字段名 2，…)

);

将要设置为主键的多个字段使用"，"隔开，然后写入 PRIMARY KEY 语句后面的
"（）"内，这样便可设置多字段主键约束。

创建一个名为 student3 的表，并将其中的 stu_school 和 stu_id 字段设置为主键，其
SQL 语句如例 5-25 所示。

【例 5-25】 使用表级约束设置多字段主键约束。

```
CREATE TABLE student3 (
    stu_school VARCHAR(20),
    stu_id INT(10),
    stu_name VARCHAR (3),
    PRIMARY KEY(stu_school, stu_id)
);
```

执行结果如图 5-46 所示。

在多字段主键设置成功后，同样使用 DESC 语句查看表的基本结构，执行结果如
图 5-47 所示。

```
信息   剖析   状态
CREATE TABLE student3 (
    stu_school VARCHAR(20),
    stu_id INT(10),
    stu_name VARCHAR (3),
    PRIMARY KEY(stu_school, stu_id)
)
> OK
> 时间: 0.021s
```

图 5-46   创建表时设置表级约束

Field	Type	Null	Key	Default	Extra
stu_school	varchar(20)	NO	PRI	(Null)	
stu_id	int	NO	PRI	(Null)	
stu_name	varchar(3)	YES		(Null)	

信息   结果 1   剖析   状态

图 5-47   查看 student3 表的基本结构

从图 5-47 中可以看到，字段 stu_school 和 stu_id 已经被设置为主键约束，这就意味
着这两个字段的组合能够唯一标识一条记录。

2. 在已存在的表中添加主键约束

在开发中有时会遇到如下情况：表已经创建完成，并且存入了大量数据，但是表中缺
少主键约束。此时就可以使用在已存在的表中添加主键约束的 SQL 语句了，其语法格式
如下：

ALTER TABLE 数据表名 ADD [CONSTRAINT pk_name] PRIMARY KEY(字段名 1，字段名 2，…)；

其中，ALTER TABLE 为修改表格的固定语法格式，"数据表名"为要修改的表格，
ADD PRIMARY KEY 为添加主键时用到的 SQL 语法，CONSTRAINT pk_name 可选
项，表示可以为主键设置标识符，"字段名 1，字段名 2，..."为要设置为主键的字段名（可
以只设置一个字段，也可以设置多个字段）。

在创建的 student4 表中,为字段"id"和"name"添加主键约束,其 SQL 语句如例 5-26 所示。

```
CREATE TABLE student4 (
    id INT(10),
    name VARCHAR(3),
    sex VARCHAR (1)
);
```

【例 5-26】 使用 ALTER TABLE 语句在已存在的表中添加主键约束。

```
ALTER TABLE student4 ADD PRIMARY KEY(id, name);
```

执行结果如图 5-48 所示。

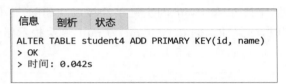

图 5-48 通过修改表增加主键

由图 5-48 可以看到,通过修改表的语句 ALTER TABLE 可以在已存在的表中添加主键约束,但需要注意的是在添加主键约束之前,表中不能存在主键,否则会提示"Multiple PRIMARY KEY defined"的错误。

接下来,就可以使用 DESC 语句查看表的基本结构,执行结果如图 5-49 所示。

Field	Type	Null	Key	Default	Extra
id	int	NO	PRI	(Null)	
name	varcha	NO	PRI	(Null)	
sex	varcha	YES		(Null)	

图 5-49 查看添加主键约束后的 **studentinfo** 表的基本结构

从图 5-49 中可以看到,字段 id 和 name 已经被成功添加为主键约束。

3. 删除主键约束

如果想要删除表中已经存在的主键约束,也要用到 ALTER TABLE 语句,其语法格式如下:

```
ALTER TABLE 数据表名 DROP PRIMARY KEY;
```

其中,DROP PRIMARY KEY 为删除主键时用到的 SQL 语法。此处要明白一点:一个表中的主键只能有一个(多字段情况下,是将多字段的组合作为主键的),因此不需要指定被设为主键的字段名。

下面演示如何删除在例 5-26 中设置的主键约束,其 SQL 语句如例 5-27 所示。

【例 5-27】 使用 ALTER TABLE 语句在已存在的表中删除主键约束。

```
ALTER TABLE student4 DROP PRIMARY KEY;
```

执行结果如图 5-50 所示。

信息	剖析	状态

```
ALTER TABLE student4 DROP PRIMARY KEY
> OK
> 时间: 0.064s
```

图 5-50　通过修改表删除主键约束

图 5-50 中显示删除主键成功,使用 DESC 语句查看表的基本结构,执行结果如图 5-51 所示。由图 5-51 可见,字段 id 和 name 的主键已经被成功删除,但是其仍然保留了非空的特性。再插入数据时,如果插入的 id 和 name 为 null,则会提示错误。如果不想保留非空设置,则需要自己手动删除,详见 5.5.4 节。

信息	结果 1	剖析	状态

Field	Type	Null	Key	Default	Extra
id	int	NO		(Null)	
name	varcha	NO		(Null)	
sex	varcha	YES		(Null)	

图 5-51　查看删除主键约束后的 student4 表的基本结构

5.7.3　唯一约束

唯一约束(UNIQUE,缩写 UK)比较简单,它规定了一张表中指定的某个字段的值不能重复,即这一字段的每个值都是唯一的。如果想要某个字段的值不重复,那么就可以为该字段添加唯一约束。

无论是添加单个字段还是多个字段的唯一约束,均可以使用列级约束和表级约束,但是表示的含义略有不同。本节将会讲述使用这两种方式添加和删除唯一约束。

1. 创建表时添加唯一约束

(1) 使用列级约束添加唯一约束

使用列级约束添加唯一约束时,可以使用 UNIQUE 关键字,同时为一个或多个字段添加唯一约束,其语法格式如下:

```
CREATE TABLE 数据表名(
    字段名 数据类型 UNIQUE,
    ...
);
```

其中"数据表名"为新创建的表的名称,"字段名"为添加唯一约束的字段名,"数据类型"为字段的数据类型,UNIQUE 为添加唯一约束所用的关键字。

创建名为 student5 的表,并为表中的 stu_id 和 stu_name 字段添加唯一约束,其 SQL 语句如例 5-28 所示。

【例 5-28】 使用列级约束添加唯一约束。

```
CREATE TABLE student5 (
    stu_id INT(10) UNIQUE,
    stu_name VARCHAR(3) UNIQUE,
    stu_sex VARCHAR (1)
);
```

执行结果如图 5-52 所示。

由图 5-52 可知,使用列级约束添加唯一约束的 SQL 语句执行成功,之后使用 DESC 语句查看表的基本结构,执行结果如图 5-53 所示。

信息	剖析	状态
```
CREATE TABLE student5 (
    stu_id INT(10) UNIQUE,
    stu_name VARCHAR(3) UNIQUE,
    stu_sex VARCHAR (1)
)
> OK
> 时间: 0.047s
```

图 5-52　添加唯一约束

信息	结果 1	剖析	状态

Field	Type	Null	Key	Default	Extra
stu_id	int	YES	UNI	(Null)	
stu_name	varcha	YES	UNI	(Null)	
stu_sex	varcha	YES		(Null)	

图 5-53　查看 student5 表的基本结构

从图 5-53 中可以看到,字段 stu_id 和 stu_name 均已经成功添加了唯一约束,即图中显示的 UNI 字样。

注意:在使用列级约束为多个字段添加唯一约束后,每个字段的值都不能重复。例如,在 student4 表中第一次成功插入的三个字段数据分别为(1, '小红', '女'),如果再次插入的数据为(1, '小明', '男')、(2, '小红', '女')或者(1, '小红', '男'),则均会提示错误,插入不成功。也就是说,被唯一约束的字段中(不管是哪个字段)只要有重复的值,就会插入失败。

(2) 使用表级约束添加唯一约束

使用表级约束添加唯一约束的语法格式与添加主键约束比较相似,如下所示:

```
CREATE TABLE 数据表名(
    字段名 1 数据类型,
    字段名 2 数据类型,
    ...
    [CONSTRAINT uk_name] UNIQUE(字段名 1, 字段名 2, …)
);
```

其中,CONSTRAINT uk_name 为可选项,CONSTRAINT 为添加唯一约束标识符所用到的关键字,uk_name 为唯一约束标识符(即约束别名);将要添加唯一约束的多个字段使用","隔开,然后写入"UNIQUE"语句后面的"()"内,这样便可以为多个字段的组合添加唯一约束。

创建名为 student6 的表,并使用表级约束为表中的 stu_id 和 stu_name 字段添加唯一约束,其 SQL 语句如例 5-29 所示。

【例 5-29】 使用表级约束添加唯一约束。

```
CREATE TABLE student6 (
    stu_id INT(10),
    stu_name VARCHAR(3),
    stu_sex VARCHAR (1),
    UNIQUE(stu_id, stu_name)
);
```

执行结果如图 5-54 所示。

使用表级约束添加唯一约束成功后,可以使用 DESC 语句查看表的基本结构,执行结果如图 5-55 所示。

信息	剖析	状态

```
CREATE TABLE student6 (
        stu_id INT(10),
        stu_name VARCHAR(3),
        stu_sex VARCHAR (1),
        UNIQUE(stu_id, stu_name)
)
> OK
> 时间: 0.022s
```

图 5-54　使用表级约束添加唯一约束

信息	结果 1	剖析	状态			
Field	Type	Null	Key	Default	Extra
stu_id	int	YES	MUL	(Null)	
stu_name	varchar(3)	YES		(Null)	
stu_sex	varchar(1)	YES		(Null)	

图 5-55　查看 student6 表的基本结构

从图 5-55 中可以看到,与图 5-51 中的内容有所不同,这是怎么回事呢?原来使用表级约束为多个字段添加唯一约束后,实际上是将被约束的多个字段看成了一个组合,只有当组合字段中的值全部重复时,才会提示插入数据失败。

例如在 student6 表中第一次成功插入的三个字段数据分别为(1, '小红', '女'),如果再次插入的数据为(1, '小明', '男')或者(2, '小红', '女')则数据会成功插入,如果再次插入的数据为(1, '小红', '男'),则会提示错误,插入不成功。也就是说,只有当被唯一约束的字段组合中的值都重复时,才会提示错误。

2. 在已存在的表中添加唯一约束

如果表已经创建完成,同样可以为表中的字段添加唯一约束,SQL 语句的语法格式如下所示:

ALTER TABLE 数据表名 ADD [CONSTRAINT uk_name] UNIQUE(字段名 1, 字段名 2, ...);

其中,ALTER TABLE 为修改表格的固定语法格式,"数据表名"为要修改的表格,ADD UNIQUE 为添加唯一约束时用到的 SQL 语法,CONSTRAINT uk_name 为可选项,表示可以为唯一约束设置标识符,"字段名 1, 字段名 2, ..."为要添加唯一约束的字段名(括号内可以只设置一个字段,也可以同时设置多个字段。但同时设置多个字段时,表示这些字段的组合为唯一约束)。

（1）使用多条 SQL 语句分别为单个字段添加唯一约束

先创建一个名为 student7 的表格，表中设置三个字段 stu_id、stu_name 和 stu_sex，并且字段没有约束，使用的 SQL 语句如下所示：

```
CREATE TABLE student7 (
    stu_id INT(10),
    stu_name VARCHAR(3),
    stu_sex VARCHAR (1)
);
```

创建成功后，分别使用两条 SQL 语句，为表中的 stu_id 和 stu_name 字段添加唯一约束，如例 5-30 所示。

【例 5-30】　使用 ALTER TABLE 语句为单个字段添加唯一约束。

```
ALTER TABLE student7 ADD UNIQUE(stu_id);
ALTER TABLE student7 ADD UNIQUE(stu_name);
```

执行结果如图 5-56 所示。

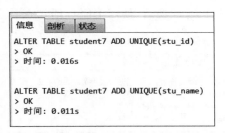

图 5-56　为单个字段添加唯一约束

两条添加唯一约束的 SQL 语句都执行成功后，使用 DESC 语句查看表的基本结构，执行结果如图 5-57 所示。

Field	Type	Null	Key	Default	Extra
stu_id	int(10)	YES	UNI	(Null)	
stu_name	varchar(3)	YES	UNI	(Null)	
stu_sex	varchar(1)	YES		(Null)	

图 5-57　查看 student7 表的基本结构

从图 5-57 中可以看到，字段 stu_id 和 stu_name 已经分别被成功添加为唯一约束，这与创建表时使用列级约束添加唯一约束效果相同。

（2）使用一条 SQL 语句为多个字段的组合添加唯一约束

首先需要再创建一个表，表名为 student8，表中字段同 student6，同样没有任何约束，SQL 语句如下所示。

```
CREATE TABLE student8 (
```

```
    stu_id INT(10),
    stu_name VARCHAR(3),
    stu_sex VARCHAR (1)
);
```

创建成功后,使用一条 SQL 语句为表中 stu_id 和 stu_name 的组合添加唯一约束,其 SQL 语句如例 5-31 所示。

【例 5-31】 使用 ALTER TABLE 语句为多个字段的组合添加唯一约束。

```
ALTER TABLE student8 ADD UNIQUE(stu_id, stu_name);
```

执行结果如图 5-58 所示。

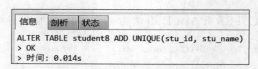

图 5-58　为多个字段组合添加唯一约束

例 5-31 中的 SQL 语句执行成功后,使用 DESC 语句查看表的基本结构,执行结果如图 5-59 所示。

Field	Type	Null	Key	Default	Extra
▶ stu_id	int(10)	YES	MUL	(Null)	
stu_name	varchar(3)	YES		(Null)	
stu_sex	varchar(1)	YES		(Null)	

图 5-59　查看添加唯一约束后的 student8 表的基本结构

从图 5-59 中,可以明显地观察到它具有与使用表级约束为多字段添加唯一约束相同的效果,即表的唯一约束为两个字段的组合。

3. 删除唯一约束

删除唯一约束是使用修改表的 SQL 语句 ALTER TABLE 来实现的,其语法格式如下:

```
ALTER TABLE 数据表名 DROP INDEX uk_name;
```

其中,DROP INDEX 为删除主键时用到的 SQL 语法,uk_name 为唯一约束的标识符(即唯一约束的名称)。

注意:

(1) 单字段为唯一约束时,如果没有指定 uk_name,那么默认 uk_name 是字段名。

(2) 多字段组合为唯一约束时,如果没有指定 uk_name,那么默认 uk_name 是组合中第一个字段的名称。

(3) 如果指定了 uk_name,那么删除时必须使用指定的 uk_name。

下面将把在例 5-31 中为 student8 表添加的唯一约束(stu_id 和 stu_name 的组合)删

除,其 SQL 语句如例 5-32 所示。

【**例 5-32**】 使用 ALTER TABLE 语句删除唯一约束。

```
ALTER TABLE student8 DROP INDEX stu_id;
```

执行结果如图 5-60 所示。

删除唯一约束的 SQL 语句执行成功,这是因为在添加唯一约束时并没有指定 uk_name,那么其默认为组合中的第一个字段,即 stu_id,所以在 SQL 语句中将 stu_id 作为 uk_name 对唯一约束进行删除即可成功。此处若是修改为 stu_name,则会提示"Can't drop 'stu_name'; check that column/key exists"错误。

信息	剖析	状态

ALTER TABLE student8 DROP INDEX stu_id
> OK
> 时间: 0.008s

图 5-60 删除唯一约束

为了验证唯一约束是否已经被成功删除,可以使用 DESC 语句查看表的基本结构,执行结果如图 5-61 所示。

信息	结果 1	剖析	状态

Field	Type	Null	Key	Default	Extra
▸ stu_id	int(10)	YES		(Null)	
stu_name	varchar(3)	YES		(Null)	
stu_sex	varchar(1)	YES		(Null)	

图 5-61 查看删除唯一约束后的 **student8** 表的基本结构

从图 5-61 中可以看出,唯一约束已经被成功删除。

5.7.4 非空约束

非空约束(NOT NULL)规定了一张表中指定的某个字段的值不能为空(NULL)。对于设置了非空约束的字段,在插入的数据为 NULL 时,数据库会提示错误,导致数据无法插入。

无论是单个字段还是多个字段,只能使用列级约束添加非空约束(非空约束无表级约束)。本节将会详细讲解非空约束的添加和删除操作。

注意:空字符串是" ",不是 NULL;0 也不是 NULL。

1. 创建表时添加非空约束

在创建表时,通过使用"NOT NULL"来为一个或多个字段添加非空约束,其语法格式如下:

```
CREATE TABLE 数据表名(
    字段名 数据类型 NOT NULL,
    ...
);
```

其中"数据表名"为新创建的表的名称,"字段名"为添加非空约束的字段名,"数据类型"为字段的数据类型,NOT NULL 为添加唯一约束所用的关键字。

创建名为 student9 的表,并为表中的 stu_id 和 stu_name 字段添加非空约束,其 SQL 语句如例 5-33 所示。

【例 5-33】 创建表时为字段添加非空约束。

```
CREATE TABLE student9 (
    stu_id INT(10) NOT NULL,
    stu_name VARCHAR(3) NOT NULL,
    stu_sex VARCHAR (1)
);
```

执行结果如图 5-62 所示。

由图 5-62 可知,创建表时添加非空约束的 SQL 语句执行成功,然后使用 DESC 语句查看表的基本结构,执行结果如图 5-63 所示。

图 5-62　添加非空约束

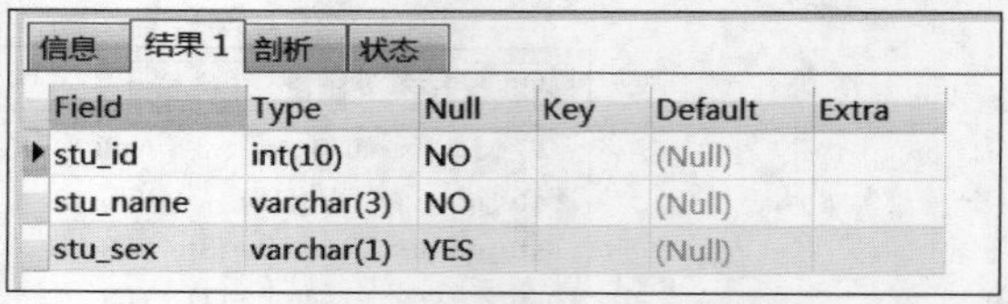

图 5-63　查看 student9 表的基本结构

从图 5-63 中可以看到,字段 stu_id 和 stu_name 在 Null 一栏中显示为 NO,说明添加非空约束成功。此时如果向表中的 stu_id 或者 stu_name 字段中插入的值为 NULL,则会提示"Column 'stu_id'/'stu_id' cannot be null"错误。

2. 在已存在的表中添加非空约束

如果想将已存在的表中的一个或多个字段的约束修改为非空约束,则可以通过修改表的 SQL 语句 ALTER TABLE 来实现,其语法格式如下:

```
ALTER TABLE 数据表名 MODIFY 字段名 数据类型 NOT NULL;
```

其中,ALTER TABLE 为修改表格的固定语法格式,"数据表名"为要修改的表格,MODIFY 为修改字段使用的关键字,"字段名"为要添加非空约束的字段名,"数据类型"为该字段的数据类型。

下面用刚刚学到的 SQL 语法为表 student9 中的 stu_sex 字段也添加非空约束,其使用的 SQL 语句如例 5-34 所示。

【例 5-34】 为已存在表中的字段添加非空约束。

```
ALTER TABLE student9 MODIFY stu_sex VARCHAR(1) NOT NULL;
```

执行结果如图 5-64 所示。

由图 5-64 可知,通过修改字段的语法来添加非空约束的 SQL 语句已经执行成功,下面继续使用 DESC 语句来查看表的基本结构,从而验证 stu_sex 字段的非空约束是否添加成功,执行结果如图 5-65 所示。

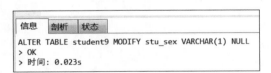

图 5-64　通过修改表来添加非空约束

信息	结果 1	剖析	状态			
Field	Type	Null	Key	Default	Extra
▶ stu_id	int(10)	NO		(Null)	
stu_name	varchar(3)	NO		(Null)	
stu_sex	varchar(1)	NO		(Null)	

图 5-65　查看修改字段约束后的 student9 表的基本结构

从图 5-65 中可以看到,已经成功地为字段 stu_sex 添加了非空约束。

3. 删除非空约束

删除非空约束的 SQL 语句也是使用 ALTER TABLE 来实现的,其语法格式如下:

ALTER TABLE 数据表名 MODIFY 字段名 数据类型〔NULL〕;

其中,NULL 为可选项,可写可不写。下面来删除 student9 表中字段 stu_sex 的非空约束,其 SQL 语句如例 5-35 所示。

【例 5-35】　使用 ALTER TABLE 语句删除非空约束。

ALTER TABLE student9 MODIFY stu_sex VARCHAR(1) NULL;

执行结果如图 5-66 所示。

信息	剖析	状态
ALTER TABLE student9 MODIFY stu_sex VARCHAR(1) NULL
> OK
> 时间: 0.023s

图 5-66　删除非空约束

删除非空约束的 SQL 语句执行成功后,为了验证非空约束是否已经被成功删除,可以使用 DESC 语句查看表的基本结构,执行结果如图 5-67 所示。

信息	结果 1	剖析	状态			
Field	Type	Null	Key	Default	Extra
▶ stu_id	int(10)	NO		(Null)	
stu_name	varchar(3)	NO		(Null)	
stu_sex	varchar(1)	YES		(Null)	

图 5-67　查看删除非空约束后的 student8 表的基本结构

对比图 5-67 和图 5-65 可知,表中 stu_sex 字段的 Null 一栏的值由原来的 NO 变为 YES,这说明该字段的非空约束已经删除成功。

5.7.5 默认值约束

默认值约束(DEFAULT)用来规定字段的默认值。如果某个被设置为 DEFAULT 约束的字段没有插入具体的值,那么该字段的值将会被默认值填充。

默认值约束的设置与非空约束一样,也只能使用列级约束。本节将详细讲述默认值约束的添加和删除操作。

注意:对于使用默认值约束的字段,如果插入的数据是 NULL,则不会使用默认值填充。只有不插入数据时,才会使用默认值填充。

1. 创建表时添加默认值约束

在创建表时,通过使用 DEFAULT 关键字来为一个或多个字段添加默认值约束,其语法格式如下:

```
CREATE TABLE 数据表名(
    字段名 数据类型 default value,
    ...
);
```

其中"数据表名"为新创建的表的名称,"字段名"为添加默认值约束的字段名,"数据类型"为字段的数据类型,default 为添加默认值约束所用的关键字,value 为该字段的默认值。

创建名为 student10 的表,并为表中的 stu_sex 字段添加默认值"男",其 SQL 语句如例 5-36 所示。

【例 5-36】 创建表时为字段添加默认值约束。

```
CREATE TABLE student10 (
    stu_id INT(10),
    stu_name VARCHAR(3),
    stu_sex VARCHAR (1) DEFAULT '男'
);
```

执行结果如图 5-68 所示。

由图 5-68 可知,创建表时添加默认值约束的 SQL 语句执行成功,然后使用 DESC 语句查看表的基本结构,执行结果如图 5-69 所示。

信息	剖析	状态

```
CREATE TABLE student10 (
    stu_id INT(10),
    stu_name VARCHAR(3),
    stu_sex VARCHAR (1) DEFAULT '男'
)
> OK
> 时间: 0.016s
```

图 5-68　创建新表时设置默认值约束

信息	结果 1	剖析	状态		
Field	Type	Null	Key	Default	Extra
▶ stu_id	int(10)	YES		(Null)	
stu_name	varchar(3)	YES		(Null)	
stu_sex	varchar(1)	YES		男	

图 5-69　查看 student10 表的基本结构

从图 5-69 中可以看到,字段 stu_sex 在 Default 一栏中显示为"男",这说明已经成功为该字段添加了默认值。此时如果插入一条数据，而数据中只有 stu_id 和 stu_name 两个字段对应的值，那么当查询表中数据时，会发现该条记录中 stu_sex 对应的值为"男"。

2. 在已存在的表中添加默认值约束

如果想要为一张已存在的表中的某个字段添加默认值约束，用到的仍然是 ALTER TABLE 语句，其 SQL 语句的语法格式如下所示：

```
ALTER TABLE 数据表名 MODIFY 字段名 数据类型 DEFAULT value;
```

其中，ALTER TABLE 为修改表的固定语法格式，"数据表名"为要修改的表，MODIFY 为修改字段使用的关键字，"字段名"为要添加默认值约束的字段名，"数据类型"为该字段的数据类型，DEFAULT 为添加默认值约束用到的关键字，value 为该字段的默认值。

下面为 student9 表中的 stu_name 属性添加默认值约束，默认值为"学生"，其 SQL 语句如例 5-37 所示。

【例 5-37】　为已存在表中的字段添加默认值约束。

```
ALTER TABLE student9 MODIFY stu_name VARCHAR(3) default '学生';
```

执行结果如图 5-70 所示。

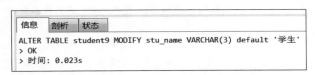

图 5-70　在已经存在的表的添加默认值约束

由图 5-70 可知，为已存在的表中的字段添加默认值约束的 SQL 语句执行成功，然后使用 DESC 语句查看表的基本结构，执行结果如图 5-71 所示。

Field	Type	Null	Key	Default	Extra
stu_id	int(10)	NO		(Null)	
stu_name	varchar(3)	YES		学生	
stu_sex	varchar(1)	YES		(Null)	

图 5-71　查看添加默认值约束后的 student9 表的基本结构

从图 5-71 中可以看到，表中的 stu_name 字段的默认值已经被设置为"学生"。

3. 删除默认值约束

删除默认值约束，与删除非空约束一样，也要通过修改字段的 SQL 语句来实现，语法格式如下所示：

```
ALTER TABLE 数据表名 MODIFY 字段名 数据类型;
```

下面使用上述 SQL 语法来删除 student9 表中字段 stu_name 的默认值约束，其 SQL 语句如例 5-38 所示。

【例 5-38】 使用 ALTER TABLE 语句删除默认值约束。

```
ALTER TABLE student9 MODIFY stu_name VARCHAR(3);
```

执行结果如图 5-72 所示。

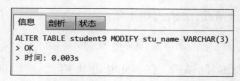

图 5-72　删除默认值约束

删除默认值约束的 SQL 语句执行成功后，为了验证默认值约束是否已经被成功删除，可以使用 DESC 语句查看表的基本结构，执行结果如图 5-73 所示。

Field	Type	Null	Key	Default	Extra
stu_id	int(10)	NO		(Null)	
stu_name	varchar(3)	YES		(Null)	
stu_sex	varchar(1)	YES		(Null)	

图 5-73　查看删除默认值约束后的 student9 表的基本结构

对比一下图 5-73 和图 5-71 可知，表中 stu_name 字段的 DEFAULT 一栏中原来的默认值"学生"已经不存在了，这说明该字段的默认值约束已经删除成功。

5.7.6　字段值自增约束

自增约束（AUTO_INCREMENT）可以使表中某个字段的值自动增加。一张表中只能有一个自增字段，并且该字段必须定义了约束（该约束可以是主键约束、唯一约束以及外键约束），如果自增字段没有定义约束，数据库则会提示"Incorrect table definition; there can be only one auto column and it must be defined as a key"错误。

由于自增约束会自动生成唯一的 ID，所以自增约束通常会配合主键使用，并且只适用于整数类型。一般情况下，设置为自增约束字段的值会从 1 开始，每增加一条记录，该字段的值加 1。下面讲解自增约束的添加和删除操作。

1. 创建表时添加自增约束

在创建表时，通过使用 AUTO_INCREMENT 关键字来为字段添加自增约束，其语法格式如下：

```
CREATE TABLE 数据表名(
    字段名 数据类型 AUTO_INCREMENT,
    ...
);
```

其中"数据表名"为新创建的表的名称，"字段名"为添加自增约束的字段名，"数据类型"为字段的数据类型，AUTO_INCREMENT 为添加自增约束所用的关键字。

下面,创建名为 student10 的表,并为表中的主键字段 stu_id 添加自增约束,其 SQL 语句如例 5-39 所示。

【例 5-39】　创建表时为字段添加自增约束。

```
CREATE TABLE student10 (
    stu_id INT(10) PRIMARY KEY AUTO_INCREMENT,
    stu_name VARCHAR(3),
    stu_sex VARCHAR (1)
);
```

执行结果如图 5-74 所示。

信息	剖析	状态

```
CREATE TABLE student10 (
        stu_id INT(10) PRIMARY KEY AUTO_INCREMENT,
        stu_name VARCHAR(3),
        stu_sex VARCHAR (1)
)
> OK
> 时间: 0.014s
```

图 5-74　创建表时设置自增约束

为主键字段添加自增约束的 SQL 语句执行成功后,可以使用 DESC 语句查看表的基本结构,执行结果如图 5-75 所示。

信息	结果 1	剖析	状态			
Field	Type	Null	Key	Default	Extra
stu_id	int(10)	NO	PRI	(Null)	auto_increment
stu_name	varchar(3)	YES		(Null)	
▶ stu_sex	varchar(1)	YES		(Null)	

图 5-75　查看 student10 表的基本结构

从图 5-75 中可以看到,表中的主键字段 stu_id 的 Extra 一栏中的内容为 AUTO_INCREMENT,说明自增约束已经添加成功。

2. 在已存在的表中添加自增约束

如果想要为一张已存在的表中的字段(该字段必须有主键约束、唯一约束或者外键约束)添加自增约束,需要用到 ALTER TABLE 语句来修改表的字段,其 SQL 语句的语法格式如下所示:

ALTER TABLE 数据表名 MODIFY 字段名 数据类型 AUTO_INCREMENT;

其中 ALTER TABLE 为修改表格的固定语法格式,“数据表名”为要修改的表格,MODIFY 为修改字段使用的关键字,“字段名”为要添加自增约束的字段名,“数据类型”为该字段的数据类型,AUTO_INCREMENT 为添加自增约束用到的关键字。

先创建一个名为 student11 的表,并将表中的 stu_id 设置为主键字段,使用上述 SQL 语法为该字段添加自增约束的 SQL 语句如例 5-34 所示。

【例 5-40】 为已存在的表中的字段添加自增约束。

```
--创建表 student11
CREATE TABLE student11 (
    stu_id INT(10) PRIMARY KEY,
    stu_name VARCHAR(3),
    stu_sex VARCHAR (1)
);
--为 student11 表中的主键字段添加自增约束
ALTER TABLE student11 MODIFY stu_id INT(10) AUTO_INCREMENT;
```

执行结果如图 5-76 所示。

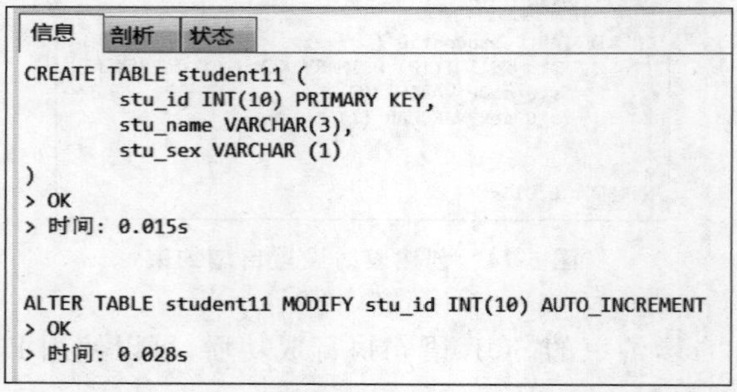

```
信息    剖析    状态

CREATE TABLE student11 (
        stu_id INT(10) PRIMARY KEY,
        stu_name VARCHAR(3),
        stu_sex VARCHAR (1)
)
> OK
> 时间: 0.015s


ALTER TABLE student11 MODIFY stu_id INT(10) AUTO_INCREMENT
> OK
> 时间: 0.028s
```

图 5-76　为主键字段添加自增约束

在创建表以及为字段添加自增约束的 SQL 语句执行成功后，可以使用 DESC 语句查看表的基本结构，执行结果如图 5-77 所示。

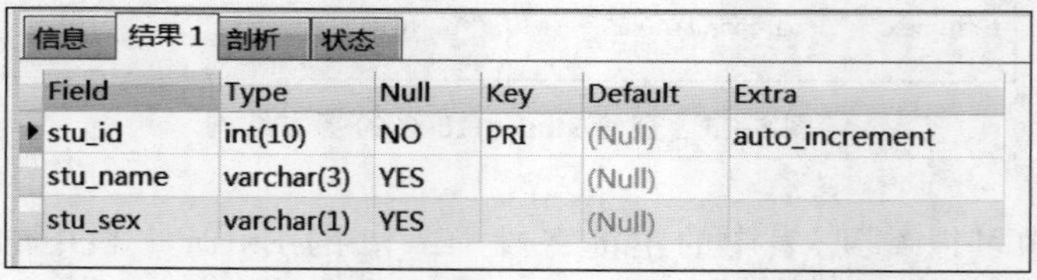

Field	Type	Null	Key	Default	Extra
stu_id	int(10)	NO	PRI	(Null)	auto_increment
stu_name	varchar(3)	YES		(Null)	
stu_sex	varchar(1)	YES		(Null)	

图 5-77　查看添加自增约束后的 student11 表的基本结构

从图 5-77 中可以看到，表中的主键字段 stu_id 已经添加了自增约束。

3. 删除自增约束

删除自增约束的 SQL 语句与删除默认值约束和非空约束一样，都是通过修改字段的属性来实现的，其语法格式如下：

```
ALTER TABLE 数据表名 MODIFY 字段名 数据类型;
```

下面使用上述 SQL 语法来删除 student11 表中主键字段 stu_id 的自增约束，其 SQL 语句如例 5-41 所示。

【例 5-41】 使用 ALTER TABLE 语句删除自增约束。

```
ALTER TABLE student11 MODIFY stu_id INT(10);
```

执行结果如图 5-78 所示。

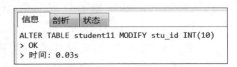

图 5-78　删除自增约束

删除自增约束的 SQL 语句执行成功后，为了验证自增约束是否已经被成功删除，可以使用 DESC 语句查看表的基本结构，执行结果如图 5-79 所示。

信息	结果 1	剖析	状态		
Field	Type	Null	Key	Default	Extra
stu_id	int(10)	NO	PRI	0	
stu_name	varchar(3)	YES		(Null)	
stu_sex	varchar(1)	YES		(Null)	

图 5-79　查看删除自增约束后的 **student11** 表的基本结构

对比一下图 5-79 和图 5-77 可知，表中主键字段 stu_id 的 Extra 一栏中的 AUTO_INCREMENT 已经消失，说明自增约束已经被成功删除。

5.7.7　外键约束

外键约束（Foreign key，FK）是用来实现数据库表的参照完整性的。外键约束可以使两张表紧密地结合起来，特别是针对修改或者删除的级联操作时，它可以保证数据的完整性。

外键是指表中某个字段的值依赖于另一张表中某个字段的值，而被依赖的字段必须具有主键约束或者唯一约束。被依赖的表通常称为父表或者主表，设置外键约束的表称为子表或者从表。

在数据库设计中，学生的信息和考试成绩是存放在不同的数据表中的。在成绩表中，可以存储学生的学号来表示是哪个学生的考试成绩，这又引发了一个问题：如果在成绩表中输入的学号根本不存在（如输入的时候把学号写错了），该怎么办？

这个时候，就应当建立一种"引用"的关系，确保"从表"中的某个数据项在"主表"中必须存在，以避免上述错误发生。外键就是用来达到这个目的的，它是相对于主键而言的。

举个例子：如果想要表示学生和班级的关系，首先要有学生表和班级表两张表，然后学生表中有个字段为 stu_class（该字段表示学生所在的班级），而该字段的取值范围由班级表中的主键字段 cla_no（该字段表示班级编号）的取值决定。那么班级表为主表，学生表为从表，且 stu_class 字段是学生表的外键。通过 stu_class 字段就建立了学生表和班级表的依赖关系。

下面将详细讲解如何在创建表时添加外键约束，如何在已存在的表中添加外键约束，如何删除外键约束以及如何删除主表。

1. 创建表时添加外键约束

虽然 MySQL 支持使用列级约束的语法来添加外键约束,但这种语法添加的外键约束不会生效,MySQL 提供这种列级约束语法仅仅是为了和标准 SQL 保持良好的兼容性。因此,如果需要 MySQL 中的外键约束生效,应使用表级约束语法。

在添加外键约束时,需要使用 FOREIGN KEY 来指定本表的外键字段,并使用 REFERENCES 关键字来指定该字段参照的是哪个表,以及参照主表的哪一个字段。其语法格式如下:

```
CREATE TABLE child_数据表名(
    字段名 1 数据类型,
    字段名 2 数据类型,
    ...
    [CONSTRAINT fk_name] FOREIGN KEY(child_字段名) REFERENCES parent_数据表名
(parent_字段名)
);
```

其中"child_数据表名"为新建表的名称(该表为从表);CONSTRAINT fk_name 为可选项,fk_name 为外键约束名,用来标识外键约束;FOREIGN KEY 用来指定表的外键字段;"child_字段名"为外键字段;REFERENCES 用于指定外键字段参照的表;"parent_数据表名"为被参照的主表名称;"parent_字段名"为主表中被参照的字段。

下面用一个示例来演示如何在创建表时添加外键约束。首先创建两张表:班级表 class(主表)和学生表 student12(从表)。其 SQL 语句如例 5-42 所示。

【例 5-42】 创建表时为字段添加外键约束。

```
CREATE TABLE class(
    cla_no INT(3) PRIMARY KEY,
    cla_name VARCHAR(20),
    cla_loc VARCHAR(30)
);
CREATE TABLE student12(
    stu_id INT(10) PRIMARY KEY,
    stu_name VARCHAR(3),
    stu_class INT(3),
    CONSTRAINT fk_stu_class FOREIGN KEY(stu_class) REFERENCES class(cla_no)
);
```

执行结果如图 5-80 所示。

添加外键约束的 SQL 语句执行成功后,使用 DESC 语句查看表的基本结构并不能满足需求,所以在此可以使用 SHOW CREATE TABLE 语句查看表的详细结构(由于版面不能完全显示,所以在此将表的详细结构复制了一份),执行结果如下所示。

```
CREATE TABLE student12 (
  stu_id INT(10) NOT NULL,
  stu_name VARCHAR(3) DEFAULT NULL,
```

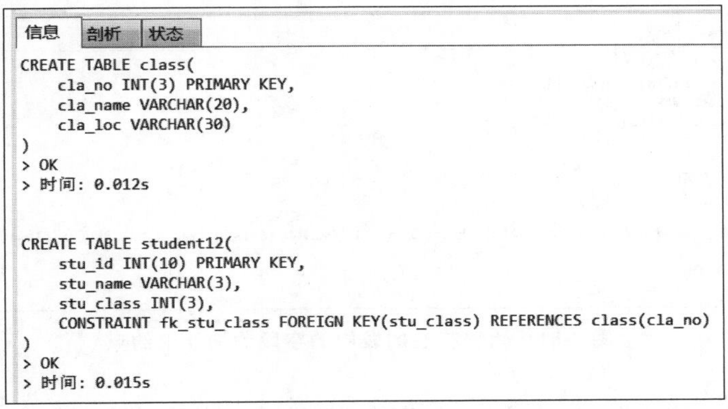

图 5-80　创建表时添加外键约束

```
    stu_class INT(3) DEFAULT NULL,
    PRIMARY KEY (stu_id),
    KEY fk_stu_class (stu_class),
    CONSTRAINT fk_stu_class FOREIGN KEY (stu_class) REFERENCES class (cla_no)
) ENGINE= InnoDB DEFAULT CHARSET=utf8
```

在表的详细结构中可以看到"CONSTRAINT fk_stu_class FOREIGN KEY（stu_class）REFERENCES class（cla_no）"，这说明 student12 表中的 stu_class 字段已经成功添加了外键约束，此时如果为该字段插入的值不在主表 class 的 cla_no 字段取值范围内，则会提示"Cannot add or update a child row：a foreign key constraint fails"错误。

2. 在已存在的表中添加外键约束

在已存在的表中为某字段添加外键约束时需要使用修改表的 ALTER TABLE 语句，其语法格式如下：

```
ALTER TABLE child_数据表名 ADD [CONSTRAINT fk_name] FOREIGN KEY(child_字段名)
REFERENCES parent_数据表名 (parent_字段名);
```

其中 ALTER TABLE 为修改表的固定语法格式，ADD 为添加约束使用的关键字。下面再创建一个没有外键约束的表 student13，然后使用上述 SQL 语法为表中的 stu_class 字段添加外键约束，其 SQL 语句如例 5-43 所示。

【例 5-43】 为已存在的表中的字段添加外键约束。

```
CREATE TABLE student13(
    stu_id INT(10) PRIMARY KEY,
    stu_name VARCHAR(3),
    stu_class INT(3)
);
ALTER TABLE student13 ADD CONSTRAINT fk_stu_class_1 FOREIGN KEY(stu_class)
REFERENCES class(cla_no);
```

执行结果如图 5-81 所示。

```
信息  剖析  状态
CREATE TABLE student13(
    stu_id INT(10) PRIMARY KEY,
    stu_name VARCHAR(3),
    stu_class INT(3)
)
> OK
> 时间: 0.014s


ALTER TABLE student13 ADD CONSTRAINT fk_stu_class_1 FOREIGN KEY(stu_class) REFERENCES class(cla_no)
> OK
> 时间: 0.036s
```

图 5-81　为已存在的表中的字段添加外键约束

在使用 ALTER TABLE 添加外键的 SQL 语句执行成功后,可以使用 SHOW CREATE TABLE 语句查看表的详细结构,执行结果如下所示。

```
CREATE TABLE student13 (
    stu_id INT(10) NOT NULL,
    stu_name VARCHAR(3) DEFAULT NULL,
    stu_class INT(3) DEFAULT NULL,
    PRIMARY KEY (stu_id),
    KEY fk_stu_class_1 (stu_class),
    CONSTRAINT fk_stu_class_1 FOREIGN KEY (stu_class) REFERENCES class (cla_no)
) ENGINE=InnoDB DEFAULT CHARSET=utf8
```

由 student13 表的详细结构可知,student13 表中的 stu_class 字段已经成功添加了外键约束,从而建立了表 student13 与表 class 之间的关系。

注意:

(1) 外键约束名不能重复。如果例 5-43 中的外键约束名与例 5-42 中的相同,均为 fk_stu_class,则会提示"Can't write; duplicate key in table..."错误。

(2) 如果创建外键约束时没有指定外键约束名,则 MySQL 会将该外键约束命名为数据表名_ibfk_n,其中数据表名是从表的表名,而 n 是从 1 开始的整数。

(3) 建议在创建外键约束时指定外键约束名。

3. 删除外键约束

删除外键约束同样是使用 ALTER TABLE 语句来实现的,删除时需要指定外键约束名,其 SQL 语句的语法格式如下所示:

```
ALTER TABLE child_数据表名 DROP FOREIGN KEY fk_name;
```

其中 ALTER TABLE 为修改表的固定语法格式,"child_数据表名"为要删除外键约束的从表名,DROP 为删除约束使用的关键字,fk_name 为外键约束名。

以删除表 student13 中的外键约束为例,其 SQL 语句如例 5-44 所示。

【例 5-44】 使用 ALTER TABLE 语句删除外键约束。

```
ALTER TABLE student13 DROP FOREIGN KEY fk_stu_class_1;
```

执行结果如图 5-82 所示。

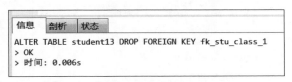

图 5-82　删除外键约束

上述 SQL 语句执行成功后,可以使用 SHOW CREATE TABLE 语句查看表的详细结构。与删除外键之前的详细结构对比可知,student13 表中的 stu_class 字段的外键约束已经被成功删除,这意味着两个表之间的关系已经解除。

4. 主表的删除

在 5.4 节中讲解过如何删除表,但该表指的是没有被其他表关联的单表。如果要删除的表被其他表关联着(即删除的是一张主表),就不能采用之前的方法,否则会提示错误。

下面以删除 class 表(class 表被 student12 表关联着,即 class 是主表)为例,直接使用删除表的 SQL 语句来删除 class 表。

```
DROP TABLE class;
```

执行结果如图 5-83 所示。

图 5-83　直接删除主表的运行效果图

执行结果显示由于外键依赖于该表,所以删除失败。如果想要成功删除该表,可以采用以下两种方式:

(1) 先删除从表 student12,再删除主表 class。

(2) 先删除从表 student12 的外键约束,然后删除主表 class。

前者会影响从表或者其他表中已经存储的数据,而后者则可以保证数据的安全性,所以这里选择后者进行讲解。

首先删除从表 student12 的外键约束(如果不记得外键约束名,可以使用 SHOW CREATE TABLE 语句查看表的详细结构,其中包含外键约束名),然后再删除主表 class。其 SQL 语句如例 5-45 所示。

【例 5-45】 删除主表。

```
ALTER TABLE student12 DROP FOREIGN KEY fk_stu_class;
DROP TABLE class;
```

执行结果如图 5-84 所示。

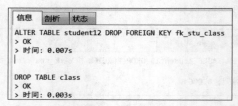

图 5-84　删除主表

从图 5-84 中可以看到 class 表已经被成功删除。

5.8　本 章 小 结

本章主要介绍了数据库表的创建、修改、复制与删除,还介绍了如何创建、修改和删除各种表约束,包括完整性约束、主键约束、唯一约束、非空约束、默认值约束、自增约束和外键约束等。

5.9　思 考 与 练 习

1. 按照要求,请写出相应的 SQL 语句。

(1) 建立一张用来存储学生信息的表 student,字段包括学号、姓名、性别、年龄、入学日期、班级和 E-mail。具体要求如下:

- 学号为主键,且从 1 开始自增。
- 姓名不能为空。
- 性别默认值为"男"。
- E-mail 唯一。

(2) 根据自己的喜好修改 student 表中字段的数据类型和排列位置,并删除"入学日期"字段。

(3) 建立一张用来存储班级信息的表 class,字段包括编号、名称和地址。具体要求如下:

- 编号为主键。
- student 表的"班级"字段依赖于 class 表的"编号"。
- 名称唯一。
- 地址不能为空。

(4) 删除 class 表。

2. 在数据库的 SQL 语言中,修改基本表的语句是(　　)。

　　A. CREATE TABLE　　　　　　　　B. DROP TABLE

　　C. UPDATE TABLE　　　　　　　　D. ALTER TABLE

3. 删除列的指令是(　　)。

　　A. ALTER TABLE … DELETE …

　　B. ALTER TABLE … DELETE COLUMN…

C. ALTER TABLE … DROP …

D. ALTER TABLE … DROP COLUMN…

4. 修改列的指令是（　　　）。

　　A. ALTER TABLE … MODIFY …

　　B. ALTER TABLE … MODIFY COLUMN…

　　C. ALTER TABLE … UPDATE …

　　D. ALTER TABLE … UPDATE COLUMN…

5. 关系数据库中，通过（　　　）来实现主键标识元组的作用。

　　A. 实体完整性规则　　　　　　　　　　B. 参照完整性规则

　　C. 用户自定义的完整性　　　　　　　　D. 属性的值域

6. 根据关系模式的完整性规则，一个关系中的主键（　　　）。

　　A. 不能有两个　　　　　　　　　　　　B. 不能成为另一个关系的外键

　　C. 不允许空值　　　　　　　　　　　　D. 可以取空值

7. 若规定工资表中的基本工资不得超过 5000 元，则这个规定属于（　　　）。

　　A. 关系完整性约束　　　　　　　　　　B. 实体完整性约束

　　C. 参照完整性约束　　　　　　　　　　D. 用户定义的完整性

8. 下列选项中，不属于 DDL 语句的是（　　　）。

　　A. CREATE 语句　　B. ALTER 语句　　C. DROP 语句　　D. SELECT 语句

9. 如果一个字段的数据必须来源另一个表的主键，那么要在这个字段上建立（　　　）。

　　A. PK(主键)　　　B. FK(外键)　　　C. UK(唯一键)　　　D. 复合主键

10. 在表中设置外键实现的是（　　　）一类的数据完整性。

　　A. 实体完整性

　　B. 参照完整性

　　C. 用户定义的完整性

　　D. 实体完整性、引用完整性和用户定义的完整性

11. 在 MySQL 中使用（　　　）关键字添加非空约束。

　　A. NOT NULL　　　　　　　　　　　　B. CREATE

　　C. PRIMARY KEY　　　　　　　　　　D. ALTER

12. 在 MySQL 中使用（　　　）关键字添加默认值约束。

　　A. DROP　　　　　B. ALTER　　　　　C. UNIQUE　　　D. DEFAULT

13. 引用完整性是对实体之间关系的描述，是定义（　　　）与主键之间的参照规则。

　　A. 唯一约束　　　B. 外键关键字　　　C. 默认值约束　　　D. 普通索引

14. 在 MySQL 中，非空约束可以通过（　　　）关键字定义。

　　A. NOT NULL　　B. DEFAULT　　　C. CHECK　　　　D. UNIQUE

15. 创建数据表时，使用（　　　）关键字表示创建临时表。

　　A. TEMPORARY　　　　　　　　　　　B. IF NOT EXISTS

　　C. NOT NULL　　　　　　　　　　　　D. DEFAULT

第 6 章

单表查询操作

查询数据指从数据库中获取所需要的数据,它是数据库操作中最常用、最重要的操作。用户可能根据自己对数据的需求,使用不同的查询方式,获得不同的数据。MySQL中是使用 SELECT 语句来实现数据查询。单表查询是指从一张表中查询所需的数据。

6.1   SELECT 基本语法

6.1.1   SELECT 基本语法格式

SELECT 语句是在所有数据库操作中使用频率最高的 SQL 语句。SELECT 语句执行过程是:首先数据库用户编写合适的 SELECT 语句,接着通过 MySQL 的客户端将SELECT 语句发送给 MySQL 服务实例,MySQL 服务器根据 SELECT 语句的要求进行解析和编译,然后选择合适的执行计划从表中查找满足特定条件的若干条记录,最后按照规定的格式整理成结果集返回给 MySQL 客户端。

SELECT 语句的语法格式如下:

```
SELECT 字段列
FROM <表名或视图名>
  [WHERE <条件表达式>]
  [GROUP BY <列名 1>]
  [HAVING <条件表达式 2>]
  [ORDER BY <列名 2>[ASC| DESC]]
  [LIMIT 子句]
```

其中[]内的内容是可选的。

SELECT 子句:指定要查询的列名称,列与列之间用逗号隔开,还可以为列指定新的别名,显示在输出的结果中。ALL 关键字表示显示所有的行,包括重复行,是系统默认的;DISTINCT 表示显示的结果要消除重复的行。

FROM 子句:指定要查询的表,可以指定两个以上的表,表与表之间用逗号隔开。

WHERE 子句:指定要查询的条件。如果有 WHERE 子句,就按照"条件表达式"指定的条件进行查询;如果没有 WHERE 子句,就查询所有记录。

GROUP BY 子句:用于对查询结构进行分组,即按照"列名 1"指定的字段进行分组。如果 GROUP BY 子句后带着 HAVING 关键字,那么只有满足"条件表达式 2"中指定的条件的才能够输出。GROUP BY 子句通常和 COUNT()、SUM()等聚合函数一起使用。

　　HAVING 子句：指定分组的条件，通常放在 GROUP BY 字句之后。

　　ORDER BY 子句：用于对查询结果进行排序。排序方式由 ASC 和 DESC 两个参数指定：ASC 参数表示按升序进行排序；DESC 参数表示按降序进行排序。升序表示值按从小到大的顺序排列，例如，{1,2,3}这个顺序就是升序。降序表示值按从大到小的顺序排列，例如，{3,2,1}这个顺序就是降序。对记录进行排序时，如果没有指定是 ASC 还是 DESC，默认采用 ASC。

　　LIMIT 子句：限制查询的输出结果的行数。

6.1.2　示例表结构

　　为了验证数据的查询操作，需要创建专业表(specialty)、学生表(student)、课程表(course)和选课表(sc)这 4 张表，其表结构如表 6-1～表 6-4 所示。

表 6-1　specialty 表结构

列名	数据类型	长度	是否主键	是否为空	是否外键	字段含义
zno	CHAR	4	是	否	否	专业编号
zname	VARCHAR	50	否	否	否	专业名称

表 6-2　student 表结构

列名	数据类型	长度	是否主键	是否为空	是否外键	字段含义
sno	CHAR	20	是	是	否	学号
sname	VARCHAR	20	否	是	否	姓名
ssex	ENUM	'男','女'	否	否	否	性别，默认：'男'
sbirth	DATE		否	否	否	出生日期
zno	CHAR	4	否	否	是	专业编号
sclass	VARCHAR	10	否	否	否	所在班级

表 6-3　course 表结构

列名	数据类型	长度	是否主键	是否为空	是否外键	字段含义
cno	CHAR	10	是	否	否	课程编号
cname	VARCHAR	50	否	否	否	课程名称
ccredit	INT		否	否	否	学分
cdept	VARCHAR	20	否	否	否	授课院系

表 6-4 sc 表结构

列名	数据类型	长度	是否主键	是否为空	是否外键	字段含义
sno	CHAR	10	是	否	是	学生编号
cno	CHAR	10	是	否	是	课程编号
grade	FLOAT	(4,1)	否	否	否	成绩

6.2 简单查询

6.2.1 查询所有字段

查询所有字段是指查询表中的所有字段的数据,有两种方式:一种是列出表中的所有字段,不同字段之间用逗号分隔,最后一列后面不需要加逗号;另一种是使用通配符 * 来查询。

【例 6-1】 查询学生的所有信息。

方式 1:

```
SELECT zno,sclass,sno,sname,ssex,sbirth FROM student;
```

返回的结果字段的顺序和 SELECT 语句中指定的顺序一致,如图 6-1 所示。

zno	sclass	sno	sname	ssex	sbirth
1102	大数据2001	202011070338	孙一凯	男	2000-10-11
1102	大数据2001	202011855228	唐晓	女	2002-11-05
1102	大数据2001	202011855321	蓝梅	女	2002-07-02
1102	大数据2001	202011855426	余小梅	女	2002-06-18
1214	区块链2001	202012040137	郑熙婷	女	2003-05-23
1214	区块链2001	202012855223	徐美利	女	2000-09-07
1407	健管2001	202014070116	欧阳贝贝	女	2002-01-08
1407	健管2001	202014320425	曹平	女	2002-12-14
1409	智能医学2001	202014855302	李壮	男	2003-01-17
1409	智能医学2001	202014855308	马琦	男	2003-06-14
1407	健管2001	202014855328	刘梅红	女	2000-06-12
1409	智能医学2001	202014855406	王松	男	2003-10-06
1601	供应链2001	202016855305	聂鹏飞	男	2002-08-25
1601	供应链2001	202016855313	郭爽	女	2001-02-14
1805	智能感知2001	202018855212	李冬旭	男	2003-06-08
1805	智能感知2001	202018855232	王琴雪	女	2002-07-20

图 6-1 查询时指定所有字段

方式 2:

```
SELECT * FROM student;
```

返回结果字段的顺序是固定的,和建立表时指定的顺序一致,如图 6-2 所示。

从上述结果中可以知道,通过使用通配符 * 可以查询表中所有字段的数据,这种方式比较简单,尤其是数据库表中的字段很多时,这种方式的优势更加明显。但是从显示结果

sno	sname	ssex	sbirth	zno	sclass
202011070338	孙一凯	男	2000-10-11	1102	大数据2001
202011855228	唐晓	女	2002-11-05	1102	大数据2001
202011855321	蓝梅	女	2002-07-02	1102	大数据2001
202011855426	余小梅	女	2002-06-18	1102	大数据2001
202012040137	郑熙婷	女	2003-05-23	1214	区块链2001
202012855223	徐美利	女	2000-09-07	1214	区块链2001
202014070116	欧阳贝贝	女	2002-01-08	1407	健管2001
202014320425	曹平	女	2002-12-14	1407	健管2001
202014855302	李壮	男	2003-01-17	1409	智能医学2001
202014855308	马琦	男	2003-06-14	1409	智能医学2001
202014855328	刘梅红	女	2000-06-12	1407	健管2001
202014855406	王松	男	2003-10-06	1409	智能医学2001
202016855305	聂鹏飞	男	2002-08-25	1601	供应链2001
202016855313	郭爽	女	2001-02-14	1601	供应链2001
202018855212	李冬旭	男	2003-06-08	1805	智能感知2001
202018855232	王琴雪	女	2002-07-20	1805	智能感知2001

图 6-2 通过通配符查询所有字段

顺序的角度来讲,使用通配符 * 不够灵活。要想改变显示字段的顺序,可以选择使用第一种方式。

6.2.2 指定字段查询

虽然通过 SELECT 语句可以查询所有字段,但有些时候,并不需要将表中的所有字段都显示出来,只需查询所需要的字段,这就需要在 SELECT 中指定想要查询的字段。当表中所有的字段都需要,可以采用 6.2.1 节介绍的第二种方式。

【例 6-2】 查询学生的学号和姓名,只需要在 SELECT 中指定"学号"和"姓名"两个字段即可。

```
SELECT sno,sname FROM student;
```

执行结果如图 6-3 所示。

sno	sname
202011070338	孙一凯
202011855228	唐晓
202011855321	蓝梅
202011855426	余小梅
202012040137	郑熙婷
202012855223	徐美利
202014070116	欧阳贝贝
202014320425	曹平
202014855302	李壮
202014855308	马琦
202014855328	刘梅红
202014855406	王松
202016855305	聂鹏飞
202016855313	郭爽
202018855212	李冬旭
202018855232	王琴雪

图 6-3 查询特定字段

6.2.3 避免重复数据查询

DISTINCT 关键字可以去除重复的查询记录。与 DISTINCT 相对的是 ALL 关键字,即显示所有的记录(包括重复的记录),而 ALL 关键字是系统默认的,可以省略不写。

【例 6-3】 查询 student 表中的班级。

```
SELECT sclass FROM student;
SELECT DISTINCT sclass FROM student;
```

如果使用 ALL 和 DISTINCT 两种关键字进行查询,可以看到执行结果如图 6-4 所示。

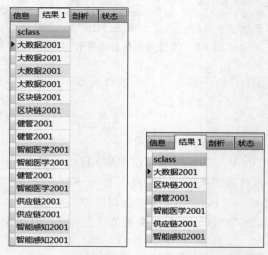

图 6-4 使用 DISTINCT 关键字的返回结果

从上面的结果可以看出,使用 DISTINCT 关键字后,结果中重复的记录只保留一条。正是想要的结果。

查询的字段必须包含在表中。如果查询的字段不在表中,系统会报错。例如,在 student 表中查询 weight 字段,系统会出现"ERROR 1054(42522):Unknown column 'weight' in 'field list'"这样的错误提示信息。

6.2.4 为表和字段取别名

当查询数据时,MySQL 会显示每个输出列的名称。默认的情况下,显示的列名是创建表时定义的列名。例如,student 表的列名分别是 sno、sname、ssex、sbirth、zno 和 sclass。当查询 student 表时,就会相应显示这几个列名。有时为了显示结果更容易理解,需要一个更加直观的名字来表示这些列,而不是用数据库中的列名。这时可以参照以下格式:

```
SELECT [ALL | DISTINCT] <目标列表达式> [AS][别名][, <目标列表达式> [AS][别名]]...
```

FROM <表名或视图名>　［别名］［，<表名或视图名>［别名]]...

【例 6-4】　查询学生的学号和成绩，并指定返回的结果中的列名为"学号"和"成绩"，而不是 sno 和 grade。

SELECT sno '学号',grade '成绩' FROM sc;

执行结果如图 6-5 所示。

在使用 SELECT 语句对列进行查询时，在结果集中可以输出对列值计算后的值。

【例 6-5】　查询 sc 表中学生的成绩，将其提高 5％，并将"成绩"列名显示为"修改后成绩"。

SELECT sno, grade,grade＊1.05 AS '修改后成绩' FROM sc;

执行结果如图 6-6 所示。

信息	结果 1	剖析	状态
学号			成绩
▶ 202014855328			85.0
202014855406			75.0
202012855223			60.0
202014070116			65.0
202014855302			90.0
202011855228			96.0
202018855232			87.0
202014855328			96.0
202014855406			86.0
202012855223			77.0
202014855406			84.0
202014070116			90.0
202011855321			69.0
202018855232			91.0

图 6-5　更改结果列名

信息	结果 1	剖析	状态
sno	grade	修改后成绩
▶ 202014855328	85.0	89.25
202014855406	75.0	78.75
202012855223	60.0	63.00
202014070116	65.0	68.25
202014855302	90.0	94.50
202011855228	96.0	100.80
202018855232	87.0	91.35
202014855328	96.0	100.80
202014855406	86.0	90.30
202012855223	77.0	80.85
202014855406	84.0	88.20
202014070116	90.0	94.50
202011855321	69.0	72.45
202018855232	91.0	95.55

图 6-6　对返回结果进行动态计算

6.3　条 件 查 询

条件查询主要使用关键字 WHERE 指定查询的条件，WHERE 子句常用的查询条件有很多种，如表 6-5 所示。

表 6-5　WHERE 子句的查询条件

查询条件	符号或关键字
比较	＝、<、<=、>、>=、!=、<>、!>、!<
匹配字符	LIKE、NOT LIKE
指定范围	BETWEEN AND、NOT BETWEEN AND
是否为空值	IS NULL、IS NOT NULL

表中,"<>"表示不等于,其作用等价于"!=";"!>"表示不大于,等价于"<=";"!<"表示不小于,等价于">=";BETWEEN AND 指定了某字段的取值范围;"IN"指定了某字段的取值集合;IS NULL 用来判断某字段的取值是否为空;AND 和 OR 用来连接多个查询条件。

条件表达式中设置的条件越多,查询出来的记录就会越少。因为设置的条件越多,查询语句的限制就更多,能够满足所有条件的记录就更少。为了使查询出来的记录正是自己想要查询的记录,可以在 WHERE 语句中将查询条件设置得更加具体。

6.3.1　带关系运算符和逻辑运算符的查询

MYSQL 中,可以通过关系运算符和逻辑运算符来编写"条件表达式"。MySQL 支持的比较运算符有>、<、!=、=(<>)、>=和<=;逻辑运算符有 AND(&&)、OR(||)、XOR 和 NOT(!)。

这些运算符的具体含义将在第 7 章详细讲解,这里不再说明。下面重点讲解怎么使用它们进行条件查询。

【例 6-6】　查询成绩大于 90 分的学生的学号和成绩。

```
SELECT sno,grade FROM sc WHERE grade>90;
```

执行结果如图 6-7 所示。

【例 6-7】　查询成绩在 70~80 分(包含 70 分和 80 分)的学生的学号和成绩。

```
SELECT sno,grade FROM sc WHERE grade>=70 AND grade<=80;
```

执行结果如图 6-8 所示。

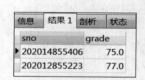

图 6-7　指定查询条件　　　　图 6-8　指定多个查询条件

6.3.2　带 IN 关键字的查询

IN 关键字可以判断某个字段的值是否在指定集合中。如果字段的值在集合中,则满足查询条件,该记录将被查询出来;如果不在集合中,则不满足查询条件。

语法格式:

```
[NOT] IN (元素 1,元素 2, 元素 3, ...)
```

其中,NOT 是可选参数,加上 NOT 表示不在集合内满足条件;字符型元素要加上单引号。

【例 6-8】　查询成绩在集合(65,75,85,95)中的学生的学号和成绩。

SELECT sno,grade FROM sc WHERE grade IN(65,75,85,95);

执行结果如图 6-9 所示。

信息	结果 1	剖析	状态
sno		grade	
▶ 202014855328		85.0	
202014855406		75.0	
202014070116		65.0	

图 6-9　IN 查询条件

6.3.3　带 BETWEEN AND 关键字的查询

BETWEEN AND 关键字可以判断读某个字段的值是否在指定的范围内,如果是,则满足条件,否则不满足。

语法规则如下:

[NOT]BETWEEN 取值 1 AND 取值 2

其中,NOT 是可选参数,加上 NOT 表示不在指定范围内满足条件;"取值 1"表示范围的起始值;"取值 2"表示范围的终止值。

【例 6-9】　查询成绩为 70～80 分(包含 70 分和 80 分)学生的学号和成绩。

SELECT sno,grade FROM sc WHERE grade BETWEEN 75 AND 80;

执行结果如图 6-10 所示。

从结果中可以知道,BETWEEN 75 AND 80 的返回值为 75～80,包含两段的值。其实条件语句等价于:

grade>=75 AND grade<=80;

【例 6-10】　使用 BETWEEN AND 关键字进行查询,查询条件是 sno 字段的取值为202015855240～202018855242。

SELECT * FROM student WHERE sno BETWEEN '202015855240' AND '202018855242';

执行结果如图 6-11 所示。

信息	结果 1	剖析	状态
sno		grade	
▶ 202014855406		75.0	
202012855223		77.0	

图 6-10　BETWEEN 查询条件

信息	结果 1	剖析	状态		
sno	sname	ssex	sbirth	zno	sclass
▶ 202016855305	聂鹏飞	男	2002-08-25	1601	供应链2001
202016855313	郭爽	女	2001-02-14	1601	供应链2001
202018855212	李冬旭	男	2003-06-08	1805	智能感知2001
202018855232	王琴雪	女	2002-07-20	1805	智能感知2001

图 6-11　BETWEEN 查询条件

NOT BETWEEN AND 的取值范围是小于"取值 1",而大于"取值 2"。

【例 6-11】 使用 NOT BETWEEN AND 关键字查询 student 表。查询条件是 sno 字段的取值不在 202015855240～202018855242 的学生信息。

SELECT * FROM student WHERE sno BETWEEN '202015855240' AND '202018855242';

执行结果如图 6-12 所示。

sno	sname	ssex	sbirth	zno	sclass
▶ 202011070338	孙一凯	男	2000-10-11	1102	大数据2001
202011855228	唐晓	女	2002-11-05	1102	大数据2001
202011855321	蓝梅	女	2002-07-02	1102	大数据2001
202011855426	余小梅	女	2002-06-18	1102	大数据2001
202012040137	郑熙婷	女	2003-05-23	1214	区块链2001
202012855223	徐美利	女	2000-09-07	1214	区块链2001
202014070116	欧阳贝贝	女	2002-01-08	1407	健管2001
202014320425	曹平	女	2002-12-14	1407	健管2001
202014855302	李壮	男	2003-01-17	1409	智能医学2001
202014855308	马琦	男	2003-06-14	1409	智能医学2001
202014855328	刘梅红	女	2000-06-12	1407	健管2001
202014855406	王松	男	2003-10-06	1409	智能医学2001

图 6-12　NOT BETWEEN AND 查询条件

技巧：BETWEEN AND 和 NOT BETWEEN AND 关键字在查询指定范围的记录时很有用。例如,查询学生成绩表的年龄段和分数段等,在查询员工的工资水平时也可以使用这两个关键字。

6.3.4　带 IS NULL 关键字的空值查询

IS NULL 关键字可以用来判断字段的值是否为空值(NULL),如果字段值为空值,则满足查询条件,否则不满足。

语法规则如下:

IS [NOT] NULL

【例 6-12】 查询还没有分专业的学生的学号和姓名。
查询条件:没分专业说明专业号为空,即 zno IS NULL。

SELECT sno, sname, zno FROM student WHERE zno IS NULL;

执行结果如图 6-13 所示。

IS NULL 是一个整体,不能将 IS 换成"="。如果将 IS 换成"=",将查询不到想要的结果,如图 6-14 所示。

zno=NULL 表示要查询的 zno 的值是字符串"NULL",而不是空值。当然 IS NOT NULL 中的 IS NOT 也不可以换成!=或者<>。

信息	结果1	剖析	状态
sno	sname	zno	
▸ 202018855237 李萍		(Null)	
202018855242 金凯		(Null)	

图 6-13　NULL 查询条件

信息	结果1	剖析	状态
sno	sname	zno	
▸ (N/A)	(N/A)	(N/A)	

图 6-14　错误的 NULL 查询条件

6.3.5　带 LIKE 关键字的查询

　　LIKE 关键字可用于判断字符串是否匹配。如果字段的值与指定的字符串相匹配，则满足条件，否则不满足。语法规则如下：

[NOT] LIKE "字符串";

　　其中，NOT 是可选参数，加上 NOT 表示与指定的字符串不匹配时满足条件；"字符串"表示指定用来匹配的字符串，该字符串必须加单引号或者双引号。"字符串"参数的值可以是一个完整的字符串，也可以是包含百分号(%)或者下画线(_)的通配字符。但是%和_有很大的差别：

　　(1)"%"可以代表任意长度的字符串，长度可以为 0。例如，b%k 表示以字母 b 开头并以字母 k 结尾的任意长度的字符串。该字符串可以代表 bk、buk、book、break、bedrock等字符串。

　　(2)"_"只能表示单个字符。例如，b_k 表示以字母 b 开头并以字母 k 结尾的 3 个字符。中间的"_"可以代表任意一个字符。字符串可以代表 bok、bak 和 buk 等字符串。

　　(3)正则表达式是用某种模式去匹配一类字符串的一种方式，其查询能力要远在通配字符之上，而且相对更加灵活。在 MySQL 中使用 REGEXP 关键字来匹配查询正则表达式，基本形式如下：

属性名 REGEXP'匹配方式'

　　注意：LIKE 和 REGEXP 的区别是，LIKE 匹配整个列。如果被匹配的文本仅在列值中出现，LIKE 并不会找到它，也不会返回相应的行。而 REGEXP 在列值内进行匹配，如果被匹配的文本在列值中出现，REGEXP 将会找到它，并且会返回相应的行。

　　【例 6-13】　使用 LIKE 关键字来匹配一个完整的字符串，如'蓝梅'。

SELECT * FROM student WHERE sname LIKE '蓝梅';

　　执行结果如图 6-15 所示。

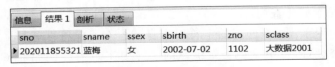

信息	结果1	剖析	状态			
sno	sname	ssex	sbirth	zno	sclass	
▸ 202011855321 蓝梅		女	2002-07-02	1102	大数据2001	

图 6-15　字符串 LIKE 查询条件

　　此处的 LIKE 与等于号(=)是等价的，可以直接换成"="，查询结果是一样的。

SELECT * FROM student WHERE sname='马小梅';

使用 LIKE 关键字和使用"="的效果是一样的。但是,这只对匹配一个完整的字符串这种情况有效。如果字符串中包含了通配符,就不能这样进行替换了。

【例 6-14】 使用 LIKE 关键字来匹配带有通配符"％"的字符串"李％"。

SELECT * FROM student WHERE sname LIKE '李%';

执行结果如图 6-16 所示。

信息	结果 1	剖析	状态			
sno	sname	ssex	sbirth	zno	sclass
202014855302	李壮	男	2003-01-17	1409	智能医学2001
202018855212	李冬旭	男	2003-06-08	1805	智能感知2001
202018855237	李萍	男	(Null)	(Null)	(Null)

图 6-16　字符串模糊匹配条件

【例 6-15】 使用 LIKE 关键字来匹配带有通配符'_'的字符串。

SELECT * FROM student WHERE sname LIKE '李__';

执行结果如图 6-17 所示。

信息	结果 1	剖析	状态			
sno	sname	ssex	sbirth	zno	sclass
202018855212	李冬旭	男	2003-06-08	1805	智能感知2001

图 6-17　字符串模糊匹配条件

对于要匹配的字符串需要加引号,可以是单引号,也可以是双引号。如果要匹配姓"张"且名字只有两个字的人的记录,"张"字后面必须有两个"_"符号。因为一个汉字是两个字符,而一个"_"符号只能代表一个字符。因此,匹配的字符串应该为"张__",注意必须是两个"_"符号。

NOT LIKE 表示字符串不匹配的情况下满足条件。

【例 6-16】 使用 NOT LIKE 关键字来查询不是姓李的所有人的记录。

SELECT * FROM student WHERE sname NOT LIKE '李%';

执行结果如图 6-18 所示。

使用 LIKE 和 NOT LIKE 关键字可以很好地匹配字符串。而且,可以使用"％"和"_"这两个通配符来简化查询。

假若 LIKE '字符串'中要匹配的字符串本身就含有通配符百分号％或者下画线"_",那么可以使用 ESCAPE<转化码>短语,对通配符进行转移。例如 ESCAPE '\'表示'\'为转码字符。这样匹配串中紧跟在'\'后面的字符"_"不再具有通配符的含义,而转义为普通的"_"字符。

如果要查询以"DB_"开头且倒数第三个字符为 i 的课程的详细情况,可使用如下

图 6-18　字符串 NOT LIKE 查询条件

语句：

```
SELECT * FROM course WHERE cname LIKE 'DB\_%i__'ESCAPE '\';
```

6.4　排序与限量

6.4.1　对查询结果排序

从表中查询出来的数据可能是无序的，或者其排列顺序不是用户所期望的。为了使查询结果的顺序满足用户的要求，可以使用 ORDER BY 关键字对记录进行排序。

语法格式如下：

```
ORDER BY 字段名 [ASC|DESC]
```

其中，"字段名"参数表示按照该字段进行排序；ASC 参数表示按升序进行排序；DESC 参数表示按降序进行排序。默认的情况下，按照 ASC 方式进行排序。

【例 6-17】　查询 student 表中的所有记录，并按照 zno 字段进行排序。

```
SELECT * FROM student ORDER BY zno;
```

执行结果如图 6-19 所示。

注意：如果存在一条记录的 zno 字段的值为空值（NULL）时，这条记录将显示为第一条记录。因为，按升序排序时，含空值的记录将最先显示。可以理解为空值是该字段的最小值。而按降序排列时，zno 字段为空值的记录将最后显示。

MySQL 中，可以指定按多个字段进行排序。例如，可以使 student 表按照 zno 字段和 sno 字段进行排序。排序过程中，先按照 zno 字段进行排序。遇到 zno 字段的值相等时，再把 zno 值相等的记录按照 sno 字段进行排序。

图 6-19   结果集排序

【例 6-18】   查询 student 表中所有记录，并按照 zno 字段的升序方式和 sno 字段的降序方式进行排序。SELECT 语句如下：

```
SELECT * FROM student ORDER BY zno ASC,sno DESC;
```

执行结果如图 6-20 所示。

sno	sname	ssex	sbirth	zno	sclass
202018855242	金凯	男	(Null)	(Null)	(Null)
202018855237	李萍	男	(Null)	(Null)	(Null)
202011855426	余小梅	女	2002-06-18	1102	大数据2001
202011855321	蓝梅	女	2002-07-02	1102	大数据2001
202011855228	唐晓	女	2002-11-05	1102	大数据2001
202011070338	孙一凯	男	2000-10-11	1102	大数据2001
202012855223	徐美利	女	2000-09-07	1214	区块链2001
202012040137	郑熙婷	女	2003-05-23	1214	区块链2001
202014855328	刘梅红	女	2000-06-12	1407	健管2001
202014320425	曹平	女	2002-12-14	1407	健管2001
202014070116	欧阳贝贝	女	2002-01-08	1407	健管2001
202014855406	王松	男	2003-10-06	1409	智能医学2001
202014855308	马琦	男	2003-06-14	1409	智能医学2001
202014855302	李壮	男	2003-01-17	1409	智能医学2001
202016855313	郭爽	女	2001-02-14	1601	供应链2001
202016855305	聂鹏飞	男	2002-08-25	1601	供应链2001
202018855232	王琴雪	女	2002-07-20	1805	智能感知2001
202018855212	李冬旭	男	2003-06-08	1805	智能感知2001

图 6-20   结果集多条件排序

6.4.2　限制查询结果数量

当使用 SELECT 语句返回的结果集中行数很多时,为了便于用户对结果数据的浏览和操作,可以使用 LIMIT 子句来限制被 SELECT 语句返回的行数。

语法格式如下:

```
LIMIT {[offset,] row_COUNT  | row_COUNT  OFFSET offset}
```

其中,offset 为可选项,默认为数字 0,用于指定返回数据的第一行在 SELECT 语句结果集中的偏移量,其必须是非负的整数常量。注意,SELECT 语句结果集中第一行(初始行)的偏移量为 0 而不是 1。row_COUNT 用于指定返回数据的行数,其也必须是非负的整数常量。若这个指定行数大于实际能返回的行数时,MySQL 将只返回它能返回的数据行。row_COUNT OFFSET offset 是 MySQL 5.0 开始支持的另外一种语法,即从第 offset+1 行开始,取 row_COUNT 行。

【例 6-19】　在 student 表中查找从第 3 名同学开始的 3 位学生的信息。

```
SELECT * FROM student ORDER BY sno LIMIT 2,3;
```

执行结果如图 6-21 所示。

sno	sname	ssex	sbirth	zno	sclass
202011855321	蓝梅	女	2002-07-02	1102	大数据2001
202011855426	余小梅	女	2002-06-18	1102	大数据2001
202012040137	郑熙婷	女	2003-05-23	1214	区块链2001

图 6-21　利用 LIMIT 返回结果集

6.5　聚合函数与分组查询

6.5.1　聚合函数

集合函数包括 COUNT()、SUM()、AVG()、MAX()和 MIN()。其中:

- COUNT()用来统计记录的条数。
- SUM()用来计算字段值的总和。
- AVG()用来计算字段值的平均值。
- MAX()用来查询字段的最大值。
- MIN()用来查询字段的最小值。

当需要对表中的记录进行求和、求平均值、查询最大值和查询最小值等操作时,可以使用集合函数。例如,如果需要计算学生成绩表中的平均成绩,可以使用 AVG()函数。GROUP BY 关键字通常需要与集合函数一起使用。

SUM()、AVG()、MAX()和 MIN()都适用以下规则:

(1) 如果某个给定行中的一列仅包含 NULL 值,则函数的值等于 NULL 值。

（2）如果一列中的某些值为 NULL 值，则函数的值等于所有非 NULL 值的平均值除以非 NULL 值的数量（不是除以所有值）。

（3）对于必须计算的 SUM() 和 AVG() 函数，如果中间结果为空，则函数的值等于 NULL 值。

1. COUNT() 函数

COUNT() 用于统计组中满足条件的行数或总行数，格式如下：

```
COUNT({[ ALL I DISTINCT]<表达式>}I*)
```

ALL 和 DISTINCT 的含义及默认值与 SUM()/AVG() 函数相同，选择 * 时将统计总行数。COUNT() 用于计算列中非 NULL 值的数量。如果要统计 student 表中有多少条记录，可以使用 COUNT () 函数。

【例 6-20】 使用 COUNT() 函数统计 student 表的记录数。

```
SELECT COUNT (*) AS '学生总人数' FROM student;
```

执行结果如图 6-22 所示。

【例 6-21】 使用 COUNT() 函数统计 student 表中不同 zno 值的记录数。COUNT() 函数与 GROUP BY 关键字一起使用。

```
SELECT zno,COUNT(*) AS '专业人数'
FROM student
GROUP BY zno;
```

执行结果如图 6-23 所示。

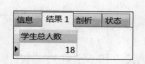

信息	结果 1	剖析	状态
学生总人数			
▶ 18			

图 6-22　COUNT 统计函数

信息	结果 1	剖析	状态
zno	专业人数
▶ (Null)	2
1102	4
1214	2
1407	3
1409	3
1601	2
1805	2

图 6-23　COUNT() 统计函数结合 GROUP BY

2. SUM() 函数

SUM() 函数是求和函数，使用 SUM() 函数可以求表中某个字段取值的总和。例如，可以用 SUM() 函数来求学生的总成绩。

【例 6-22】 使用 SUM() 函数统计 sc 表中学号为 202014855328 的同学的总成绩。

```
SELECT sno,SUM(grade)
FROM sc
WHERE sno='202014855328';
```

执行结果如图 6-24 所示。

SUM()函数通常和 GROUP BY 关键字一起使用,这样可以计算出不同分组中某个字段取值的总和。

【例 6-23】　将 sc 表按照 sno 字段进行分组。然后,使用 SUM()函数统计各分组的总成绩。

```
SELECT sno,SUM(grade)
FROM sc
GROUP BY sno;
```

执行结果如图 6-25 所示。

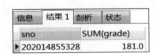

图 6-24　SUM()统计函数　　　　图 6-25　SUM()统计函数结合 GROUP BY

注意:SUM()函数只能计算数值类型的字段。包括 INT 类型、FLOAT 类型、DOUBLE 类型和 DECIMAL 类型等。字符类型的字段不能使用 SUM()函数进行计算,使用 SUM()函数计算字符类型字段时,计算结果都为 0。

3. AVG()函数

AVG()函数是求平均值的函数,使用 AVG()函数可以求出表中某个字段取值的平均值。例如,可以用 AVG()函数来求平均年龄,也可以求学生的平均成绩。

【例 6-24】　使用 AVG()函数计算 sc 表中的平均成绩。

```
SELECT AVG(grade)
FROM sc;
```

执行结果如图 6-26 所示。

【例 6-25】　使用 AVG()函数计算 sc 表中不同科目的平均成绩。

```
SELECT cno,AVG(grade)
FROM sc
GROUP BY cno;
```

执行结果如图 6-27 所示。

使用 GROUP BY 关键字将 sc 表的记录按照 cno 字段进行分组,然后计算出每组的平均成绩。从本例中可以看出,AVG()函数与 GROUP BY 关键字结合后可以灵活地计算平均值。通过这种方式可以计算各个科目的平均分数,还可以计算每个人的平均分数。

如果按照班级和科目两个字段进行分组，还可以计算出每个班级不同科目的平均分数。

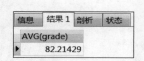

图 6-26　AVG()统计函数

cno	AVG(grade)
11110140	90.00000
11110470	77.50000
11110930	65.00000
18110140	81.00000
18130320	82.00000
18132220	90.00000
58130540	84.33333

图 6-27　AVG()统计函数结合 GROUP BY

4. MAX()函数

MAX()函数是求最大值的函数，使用 MAX()函数可以求出表中某个字段取值的最大值。例如，可以用 MAX()函数来查询最大年龄，或者求各科的最高成绩。

【例 6-26】　使用 MAX()函数查询 sc 表中不同科目的最高成绩。

```
SELECT sno,cno,MAX(grade)
FROM sc
GROUP BY cno;
```

执行结果如图 6-28 所示。

先将 sc 表的记录按照 cno 字段进行分组，然后查询出每组的最高成绩。从本例中可以看出，MAX()函数与 GROUP BY 关键字结合后可以查询出不同分组的最大值，通过这种方式可以计算各个科目的最高分。如果按照班级和科目两个字段进行分组，还可以计算出每个班级不同科目的最高分。

MAX()不仅仅适用于数值类型，也适用于字符类型。

【例 6-27】　使用 MAX()函数查询 student 表中 sname 字段的最大值。

```
SELECT MAX(sname)
FROM student;
```

执行结果如图 6-29 所示。

sno	cno	MAX(grade)
202014855302	11110140	90.0
202014855406	11110470	86.0
202014070116	11110930	65.0
202014855406	18110140	87.0
202012855223	18130320	96.0
202011855228	18132220	96.0
202014855328	58130540	91.0

图 6-28　MAX()统计函数结合 GROUP BY

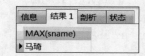

图 6-29　MAX()统计函数作用于字符类型

MAX()函数是使用字符对应的 ASCII 码进行计算的。

注意：在 MySQL 表中，字母 a 最小，字母 z 最大，因为 a 的 ASCII 码值最小。在使用

MAX()函数进行比较时,先比较第一个字母。如果第一个字母相等,再继续比较下一个字母。例如,对于 hhc 和 hhz,只有比较到第 3 个字母时才能判断大小。

5. MIN()函数

MIN()函数是求最小值的函数,使用 MIN()函数可以求出表中某个字段取值的最小值。例如,可以用 MIN()函数来查询最小年龄,或者求各科的最低成绩。

【例 6-28】　使用 MIN()函数查询 sc 表中不同科目的最低成绩。

```
SELECT cno,MIN(grade)
FROM sc
GROUP BY cno;
```

执行结果如图 6-30 所示。

信息	结果 1	剖析	状态

cno	AVG(grade)
▶ 11110140	90.00000
11110470	77.50000
11110930	65.00000
18110140	81.00000
18130320	82.00000
18132220	90.00000
58130540	84.33333

图 6-30　min()统计函数结合 GROUP BY

先将 sc 表的记录按照 cno 字段进行分组,然后查询出每组的最低成绩。MIN()函数也可以用来查询字符类型的数据,其基本方法与 MAX()函数相似。

6.5.2　分组查询

GROUP BY 关键字可以将查询结果按某个字段或多个字段进行分组,字段中值相等的为一组。语法格式如下:

GROUP BY 字段名 [HAVING 条件表达式][WITH ROLLUP]

其中,"字段名"是指按照该字段的值进行分组;"HAVING 条件表达式"用来限制分组后的显示,即显示满足条件表达式的结果;WITH ROLLUP 关键字将会在所有记录的最后加上一条记录,该记录是上面所有记录的总和。

如果单独使用 GROUP BY 关键字,查询结果将只显示一个分组的一条记录。

【例 6-29】　按 student 表的 ssex 字段进行分组查询。

SELECT * FROM student GROUP BY ssex;

执行结果如图 6-31 所示。

GROUP BY 关键字加上"HAVING 条件表达式",可以限制输出的结果,只有满足条件表达式的结果才会显示。

【例 6-30】　按 student 表的 ssex 字段进行分组查询。然后显示记录数大于或等于 10 的分组(COUNT()用来统计记录的条数)。

信息	结果 1	剖析	状态			
sno		sname	ssex	sbirth	zno	sclass
▶ 202011070338		孙一凯	男	2000-10-11	1102	大数据2001
202011855228		唐晓	女	2002-11-05	1102	大数据2001

图 6-31　分组查询条件

```
SELECT ssex COUNT(ssex)
FROM student
GROUP BY ssex
HAVING COUNT(ssex)>=10;
```

执行结果如图 6-32 所示。

注意："HAVING 条件表达式"与"WHERE 条件表达式"都是用来限制显示的。但是,两者起作用的地方不一样。"WHERE 条件表达式"作用于表或者视图,是表和视图的查询条件。"HAVING 条件表达式"作用于分组后的记录,用于选择满足条件的组。

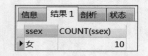

图 6-32　HAVING 过滤条件

6.5.3　合并查询结果

MySQL 中使用 UNION 关键字,可以将多个 SELECT 结果集合并为单个结果集,但要求参与合并的结果集对应的列数和数据类型必须相同。在第一个 SELECT 语句中使用的列名将用作结果的列名。语法格式如下:

```
SELECT ...
UNION [ALL | DISTINCT]
SELECT ...
[UNION [ALL | DISTINCT]
SELECT...
```

如果语法中不使用关键字 ALL,则所有返回的行都是唯一的,就好像对整个结果集使用了 DISTINGT 一样。如果指定了 ALL,SELECT 语句中得到所有匹配的行都会出现。DISTINCT 关键字是可选的,不起任何作用,但是根据 SQL 标准的要求,在语法中允许采用。

【例 6-31】　查询女生的信息或在"2002-01-08"以后出生的学生信息。

```
SELECT *
FROM student
WHERE ssex='女'
UNION
SELECT *
FROM student
WHERE sbirth>'2002-01-08';
```

执行结果如图 6-33 所示。

信息	结果 1	剖析	状态			
sno	sname	ssex	sbirth	zno	sclass	
▶ 202011855228	唐晓	女	2002-11-05	1102	大数据2001	
202011855321	蓝梅	女	2002-07-02	1102	大数据2001	
202011855426	余小梅	女	2002-06-18	1102	大数据2001	
202012040137	郑熙婷	女	2003-05-23	1214	区块链2001	
202012855223	徐美利	女	2000-09-07	1214	区块链2001	
202014070116	欧阳贝贝	女	2002-01-08	1407	健管2001	
202014320425	曹平	女	2002-12-14	1407	健管2001	
202014855328	刘梅红	女	2000-06-12	1407	健管2001	
202016855313	郭爽	女	2001-02-14	1601	供应链2001	
202018855232	王琴雪	女	2002-07-20	1805	智能感知2001	
202014855302	李壮	男	2003-01-17	1409	智能医学2001	
202014855308	马琦	男	2003-06-14	1409	智能医学2001	
202014855406	王松	男	2003-10-06	1409	智能医学2001	
202016855305	聂鹏飞	男	2002-08-25	1601	供应链2001	
202018855212	李冬旭	男	2003-06-08	1805	智能感知2001	

图 6-33　合并查询结果

6.6　本 章 小 结

本章首先介绍了基础查询,即能够满足最基本条件的查询。接着介绍了带条件的查询,根据需求按不同条件过滤查询数据。最后介绍了复杂的高级查询,通过高级查询可以对查询出的数据进行排序或分组后再显示。

6.7　思 考 与 练 习

1. 在 MySQL 中可以使用(　　　)判断某个字段是否在指定集合中,如果不满足条件,则数据会被过滤掉。

　　A. AND　　　　　B. OR　　　　　　C. IN　　　　　　D. LIKE

2. 在 MySQL 中可以使用(　　　)判断某个字段的值是否在指定范围内,若不在指定范围内,则会被过滤掉。

　　A. AND　　　　　　　　　　　　　　B. BETWEEN…AND

　　C. IN　　　　　　　　　　　　　　　D. LIKE

3. 在 MySQL 中可以使用(　　　)关键字进行模糊查询。

　　A. AND　　　　　B. OR　　　　　　C. IN　　　　　　D. LIKE

4. 在 MySQL 中可以使用(　　　)去除重复数据。

　　A. DISTINCT　　B. OR　　　　　　C. IN　　　　　　D. LIKE

5. 以下关于 SELECT 语句的描述中,哪一个是错误的(　　　　)。

　　A. SELECT 语句用于查询一个表或多个表的数据

　　B. SELECT 语句属于数据操作语言(DML)

C. SELECT 语句的列必须是基于表的列的

D. SELECT 语句表示数据库中一组特定的数据记录

6. 在语句 SELECT * FROM student WHERE s_name like '％晓％';中,WHERE 关键字表示的含义是:(　　　)

    A. 条件　　　　　　B. 在哪里　　　　　C. 模糊查询　　　　D. 逻辑运算

7. 用于查询 tb_book 表中 userno 字段的记录并去除重复值的语法格式是(　　　)。

    A. SELECT DISTINCT userno FROM tb_book;

    B. SELECT userno DISTINCT FROM tb_book;

    C. SELECT distinct(userno) FROM tb_book;

    D. SELECT userno FROM DISTINCT tb_book;

8. 用于查询 tb001 数据表中的前 5 条记录并按升序排列的语法格式是(　　　)。

    A. SELECT * FROM tb001 WHERE ORDER BY id ASC LIMIT 0,5;

    B. SELECT * FROM tb001 WHERE ORDER BY id DESC LIMIT 0,5;

    C. SELECT * FROM tb001 WHERE ORDER BY id GROUP BY LIMIT 0,5;

    D. SELECT * FROM tb001 WHERE ORDER BY id order LIMIT 0,5;

9. 在 SQL 语言中,条件"BETWEEN 20 AND 30"表示年龄在 20 到 30 之间,且(　　　)。

    A. 包括 20 岁和 30 岁　　　　　　　　B. 不包括 20 岁和 30 岁

    C. 包括 20 岁,不包括 30 岁　　　　　D. 不包括 20 岁,包括 30 岁

10. 下面正确表示 Employees 表中有多少非 NULL 的 Region 列的 SQL 语句是(　　　)。

    A. SELECT COUNT(*)FROM Employees;

    B. SELECT COUNT(ALL Region)FROM Employees;

    C. SELECT COUNT(DISTINCT Region)FROM Employees;

    D. SELECT SUM(ALL Region)FROM Employees;

11. 下面可以通过聚合函数的结果来过滤查询结果集的 SQL 子句是(　　　)。

    A. WHERE 子句　　　　　　　　　　B. GROUP BY 子句

    C. HAVING 子句　　　　　　　　　　D. ORDER BY 子句

12. 若要求查找 S 表中姓名的第一个字为"王"的学生学号和姓名。下面列出的 SQL 语句中,正确的是(　　　)。

    A. SELECT sno, sname FROM S WHERE sname＝'王％'

    B. SELECT sno, sname FROM S WHERE sname LIKE '王％'

    C. SELECT sno, sname FROM S WHERE sname LIKE '王_'

    D. 以上全部正确

13. 若要求查询选修了 3 门以上课程的学生的学号,正确的 SQL 语句是(　　　)。

    A. SELECT sno FROM SC GROUP BY sno WHERE COUNT(*)>3;

    B. SELECT sno FROM SC GROUP BY sno HAVING (COUNT(*)>3);

    C. SELECT sno FROM SC ORDER BY sno WHERE COUNT(*)>3;

    D. SELECT sno FROM SC ORDER BY sno HAVING COUNT(*)>=3;

14. 对下面查询语句的描述正确的是(　　　)。

```
SELECT StudentID,Name,
   (SELECT COUNT (*) FROM StudentExam
WHERE StudentExam.StudentID=Student.StudentID) AS ExamsTaken
FROM Student
ORDER BY ExamsTaken DESC;
```

A. 从 Student 表中查找 StudentID 和 Name,并按照升序排列

B. 从 Student 表中查找 StudentID 和 Name,并按照降序排列

C. 从 Student 表中查找 StudentID、Name 和考试次数

D. 从 Student 表中查找 StudentID 和 Name,并从 StudentExam 表中查找与 StudentID 一致的学生考试次数,然后按照降序排列

15. 在学生选课表(SC)中,查询选修 20 号课程(课程号 CH)的学生的学号(XH)及其成绩(GD)。查询结果按分数的降序排列。实现该功能的正确的 SQL 语句是(　　)。

A. SELECT XH,GD FROM SC WHERE CH='20' ORDER BY GD DESC;

B. SELECT XH,GD FROM SC WHERE CH='20' ORDER BY GD ASC;

C. SELECT XH,GD FROM SC WHERE CH='20' GROUP BY GD DESC;

D. SELECT XH,GD FROM SC WHERE CH='20' GROUP BY GD ASC;

16. 现要从学生选课表(SC)中查找缺少学习成绩(G)的学生学号和课程号,相应的 SQL 语句如下,将其补充完整:

SELECT S#,C# FROM SC WHERE(　　);

A. G=0 　　　　　 B. G<=0 　　　　　 C. G= NULL 　　　　 D. G IS NULL

17. SELECT * FROM city LIMIT 5,10;这条语句的作用是(　　)。

A. 获取第 6 条到第 10 条记录 　　　　　 B. 获取第 5 条到第 10 条记录

C. 获取第 6 条到第 15 条记录 　　　　　 D. 获取第 5 条到第 15 条记录

18. 在 SQL 语句中,SELECT 语句的执行结果是(　　)。

A. 属性 　　　　　 B. 表 　　　　　 C. 元组 　　　　　 D. 数据库

19. 某销售公司数据库的零件 P(零件号,零件名称,供应商,供应商所在地,单价,库存量)关系如表 1 所示,其中同一种零件可由不同的供应商供应,一个供应商可以供应多种零件。零件关系的主键为(1),该关系存在冗余以及插入异常和删除异常等问题。为了解决这一问题需要将零件关系分解为(2)。

零件号	零件名称	供应商	供应商所在地	单价(元)	库存量
010023	P2	S1	北京市海淀区 58 号	22.8	380
010024	P3	S1	北京市海淀区 58 号	280	1.35
010022	P1	S2	河北省保定市雄安新区 1 号	65.6	160
010023	P2	S2	河北省保定市雄安新区 1 号	28	1280
010024	P3	S2	河北省保定市雄安新区 1 号	260	3900
010022	P1	S3	天津市塘沽区 65 号	66.8	2860
...	...	...	...	...	...

(1)

    A. 零件号,零件名称   B. 零件号,供应商

    C. 零件号,供应商所在地   D. 供应商,供应商所在地

(2)

    A. P1(零件号,零件名称,单价)、P2(供应商,供应商所在地,库存量)

    B. P1(零件号,零件名称)、P2(供应商,供应商所在地,单价,库存量)

    C. P1(零件号,零件名称)、P2(零件号,供应商,单价,库存量)、P3(供应商,供应商所在地)

    D. P1(零件号,零件名称)、P2(零件号,单价,库存量)、P3(供应商,供应商所在地)、P4(供应商所在地,库存量)

对零件关系 P,查询各种零件的平均单价、最高单价与最低单价之间差价的 SQL 语句为:

```
SELECT 零件号, (3) FROM P(4);
```

(3)

    A. 零件名称,AVG(单价),MAX(单价)—MIN(单价)

    B. 供应商,AVG(单价),MAX(单价)—MIN(单价)

    C. 零件名称,AVG 单价,MAX 单价— MIN 单价

    D. 供应商,AVG 单价,MAX 单价— MIN 单价

(4)

    A. ORDER BY 供应商   B. ORDER BY 零件号

    C. GROUP BY 供应商   D. GROUP BY 零件号

对零件关系 P,查询库存量大于或等于 100 但小于或等于 500 的零件"P1"的供应商及库存量,要求供应商地址包含"雄安"。实现该查询的 SQL 语句为:

```
SELECT 零件名称,供应商名,库存量 FROM P WHERE(5) AND(6);
```

(5)

    A. 零件名称＝ 'P1' AND 库存量 BETWEEN 100 AND 500

    B. 零件名称＝ 'P1' AND 库存量 BETWEEN 100 TO 500

    C. 零件名称＝ 'P1' OR 库存量 BETWEEN 100 AND 500

    D. 零件名称＝ 'P1' OR 库存量 BETWEEN 100 TO 500

(6)

    A. 供应商所在地 IN '％雄安％'

    B. 供应商所在地 LIKE '__雄安％'

    C. 供应商所在地 LIKE '％雄安％'

    D. 供应商所在地 LIKE '雄安％'

20. MySQL 提供了(   )关键字用于合并结果集。

    A. UNION ALL   B. UNION   C. ALL   D. DISTINCT

第7章

插入、更新与删除数据

通过前面章节的学习，相信大家对于数据库以及数据表的基本操作都已经掌握了。其中数据库用来存储数据库对象（如数据表、索引、视图等），而数据表则是用来存储数据的。如果想要操作表中存储的数据，如插入、更新以及删除数据，就需要使用数据操作语言 DML：INSERT（插入数据）、UPDATE（更新数据）和 DELETE（删除数据）。本章将针对数据操作语言 DML 进行详细的讲解。

7.1 插 入 数 据

想要操作数据表中的数据，首先应该确保表中存在数据。插入数据之前的表只是一张空表，需要用户使用 INSERT 语句向表中插入新的数据记录。插入数据有四种不同的方式：为所有字段插入数据、为指定字段插入数据、同时插入多条数据以及插入查询结果。下面将针对这四种插入方式分别进行讲解。

7.1.1 为所有字段插入数据

在 MySQL 中，为所有字段插入记录时，可以省略字段名称，严格按照数据表结构（字段的位置）插入对应的值，基本语法格式如下：

```
INSERT [INTO]表名 [(字段名 1, 字段名 2, …)] VALUES|VALUE (值 1, 值 2, …);
```

其中，INSERT 为插入数据用到的关键字；INTO 为可选项，与 INSERT 搭配使用；"表名"表示要插入数据的表名；"字段名 1"和"字段名 2"表示表中的字段名，表中的字段可写可不写；VALUES 或者 VALUE 二选其一，后边跟要插入的字段的值；"值 1"和"值 2"则表示对应字段的值。

注意：为所有字段插入数据有两种方式：

（1）在 SQL 语句中列出表中所有的字段，插入的数据必须与表中字段的位置、数据类型和个数保持一致。

（2）在 SQL 语句中省略表中的字段，插入的数据顺序可以调整，只需要与所写 SQL 语句中字段的位置一致即可，但数据类型和个数还是要保持一致。

先创建一个新的数据库 jxgl，并在数据库中创建一张名为 student 的表（表中使用第 5 章学到的约束），创建表的 SQL 语句如下所示：

```
CREATE TABLE student (
```

```
sno VARCHAR(10) NOT NULL COMMENT '学号',
sname VARCHAR(20) NOT NULL COMMENT '姓名',
ssex ENUM('男', '女') NOT NULL DEFAULT '男' COMMENT '性别',
sbirth DATE NOT NULL COMMENT '出生日期',
zno VARCHAR(4) NULL COMMENT '专业号',
sclass VARCHAR(10) NULL COMMENT '班级',
PRIMARY KEY ('sno')
) ENGINE=InnoDB DEFAULT  CHARSET=utf8 COLLATE=utf8_bin;
```

表创建成功后,就可以使用为所有字段插入数据的 SQL 语法为其添加数据了(对于字符串类型的数据要用单引号括起来),SQL 语句如例 7-1 所示。

【例 7-1】 为所有字段插入"'202002001', '李福', '男', '2000-03-08', '1101','大数据 1 班'"数据。

```
INSERT INTO student VALUES('202002001', '李福', '男', '2000-03-08','1101','大数据 1 班');
```

或者:

```
INSERT INTO student(sno,sname,ssex,sbirth,zno,sclass) VALUES('202002001', '李福', '男', '2000-03-08','1101','大数据 1 班');
```

执行结果如图 7-1 所示。

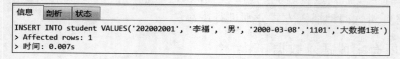

图 7-1 为所有字段插入数据

图 7-1 中显示的"Affected row 1"表示执行的该 SQL 语句已经成功,并且影响了表中的一条记录。

插入数据的 SQL 语句执行成功后,为了验证数据是否已经插入成功,可以使用"SELECT * FROM"语句查询表中所有存在的记录,其 SQL 语句如例 7-2 所示。

【例 7-2】 为所有字段插入数据后查询表中所有的记录。

```
SELECT * FROM student;
```

执行结果如图 7-2 所示。

sno	sname	ssex	sbirth	zno	sclass
202002001	李福	男	2000-03-08	1101	大数据1班

图 7-2 查询为所有字段插入数据后 student 表中的所有记录

由图 7-2 可以看到,在 student 表中已经将数据"'202002001', '李福', '男', '2000-03-08', '1101','大数据 1 班'"插入成功。

7.1.2 为指定字段插入数据

在实际开发中,有时设置了自增约束的字段和设置了默认值的字段不需要插入值,因为 MySQL 会为其插入自增后的数值或者建表时规定的默认值,所以在插入数据时没有必要为所有字段插入数据,只需为指定的部分字段插入数据即可。

为指定字段插入新的数据记录时必须指定字段名,其 SQL 语句的语法格式如下所示:

INSERT [INTO]表名 (字段名 1, 字段名 2, …) VALUES|VALUE (值 1, 值 2, …);

其中,"字段名 1"和"字段名 2"指定添加数据的字段名;"值 1"和"值 2"分别表示"字段名 1"和"字段名 2"这两个字段的值。在此要注意的是,value 值要同指定字段的顺序和数据类型一一对应,即值 1 对应字段字段名 1,值 2 对应字段字段名 2。

下面为 student 表插入一条新的数据记录,该记录中包含字段 sno、sname 和 sbirth 三个字段对应的值。其 SQL 语句如例 7-3 所示。

【例 7-3】 为指定字段插入数据示例。

INSERT INTO student(sno,sname,sbirth) VALUES('202002002', '张兰娟','2021-08-09');

执行结果如图 7-3 所示。

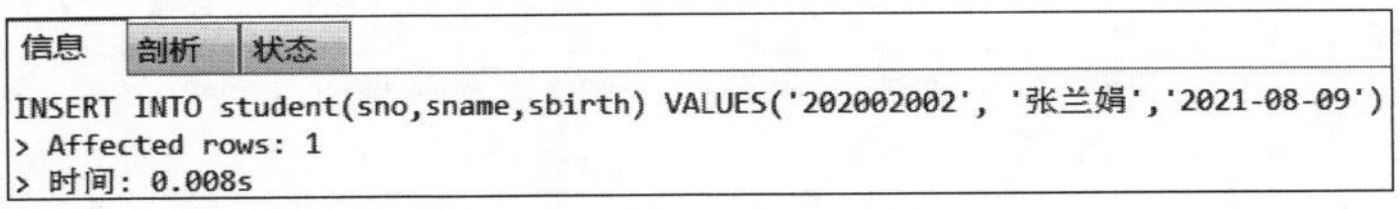

图 7-3 为指定字段插入数据

插入部分数据的 SQL 语句执行成功后,可以使用"SELECT * FROM student"语句查询表中所有存在的记录,执行结果如图 7-4 所示。

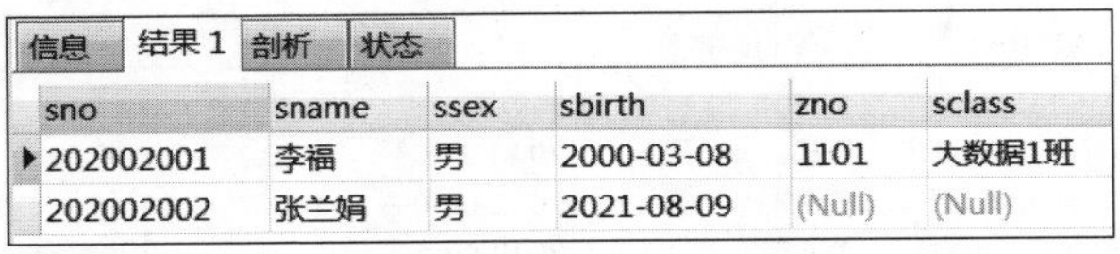

图 7-4 查询为部分字段插入数据后 student 表中的所有记录

由图 7-4 可以看到,student 表中目前有两条记录,其中第二条记录就是刚刚插入的新记录,而 ssex 字段有默认值约束,所以该字段插入的值为默认值"男"。其他字段 zno 和 sclass 未插入值,字段值为 NULL。也就是说,如果用户没有为字段指定默认值约束,那么系统会将该字段的默认值设置为 NULL。

如果某个字段设置了非空约束(字段的值不允许空值),但没有设置默认值约束,那么在插入数据时就必须为该字段插入一个非空值,否则系统会提示"Field 'sbirth' doesn't have a default value"这样的错误。

7.1.3 使用 SET 方式为字段插入数据

使用 INSERT 语句为所有或者指定字段插入数据的 SQL 语法还有另外一种形式，具体语法格式如下所示：

INSERT［INTO］表名 SET 字段名 1=值 1[，字段名 2=值 2，…]；

其中，"字段名 1"和"字段名 2"指定添加数据的字段名；"值 1"和"值 2"分别表示"字段名 1"和"字段名 2"这两个字段的值。在"SET"关键字后边使用"列名 = value"这种类似键值对的方式指定字段的值，每对之间使用逗号"，"隔开。如果要为所有字段插入数据，需要列举出所有字段；如果为指定字段插入数据，则只需要列举出部分字段即可。

1. 使用 SET 方式为所有字段插入数据

下面使用 SET 方式为 student 表中的所有字段插入一条新的数据记录，其 SQL 语句如例 7-4 所示。

【例 7-4】 使用 SET 方式为所有字段插入数据。

INSERT INTO student SET sno='202002003', sname='赵文艺', sbirth='2002-09-10', ssex='女', sclass='人工智能 2 班';

执行结果如图 7-5 所示。

信息	剖析	状态				
INSERT INTO student SET sno = '202002003', sname = '赵文艺', sbirth = '2002-09-10', ssex = '女', sclass='人工智能2班'						
> Affected rows: 1						
> 时间: 0.004s						

图 7-5 使用 SET 方式为所有字段插入数据

使用 SET 方式为所有字段插入数据的 SQL 语句执行成功后，可以使用"SELECT * FROM student"语句查询表中所有存在的记录，执行结果如图 7-6 所示。

信息	结果 1	剖析	状态		
sno	sname	ssex	sbirth	zno	sclass
▶ 202002001	李福	男	2000-03-08	1101	大数据1班
202002002	张兰娟	男	2021-08-09	(Null)	(Null)
202002003	赵文艺	女	2002-09-10	(Null)	人工智能2班

图 7-6 在利用 SET 方式为所有字段插入数据后查询 student 表中的所有记录

由图 7-6 可以看到，student 表中目前有 3 条记录，其中最后一条记录就是刚刚插入的新记录。

2. 使用 SET 方式为指定字段插入数据

下面使用 SET 方式为 student 表插入一条新的数据记录，该记录中包含 sno、sname 和 sbirth 三个字段对应的值。其 SQL 语句如例 7-5 所示。

【例 7-5】 使用 SET 方式为指定字段插入数据。

INSERT INTO student SET sno='202002004', sname='毛毛', sbirth='2002-09-10';

执行结果如图 7-7 所示。

信息　剖析　状态

```
INSERT INTO student SET sno = '202002004', sname = '毛毛', sbirth = '2002-09-10'
> Affected rows: 1
> 时间: 0.004s
```

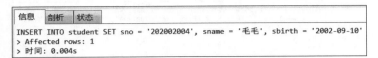

图 7-7　使用 SET 方式为指定字段插入数据

使用 SET 方式插入部分数据的 SQL 语句执行成功后，可以使用“SELECT * FROM student”语句查询表中所有存在的记录，执行结果如图 7-8 所示。

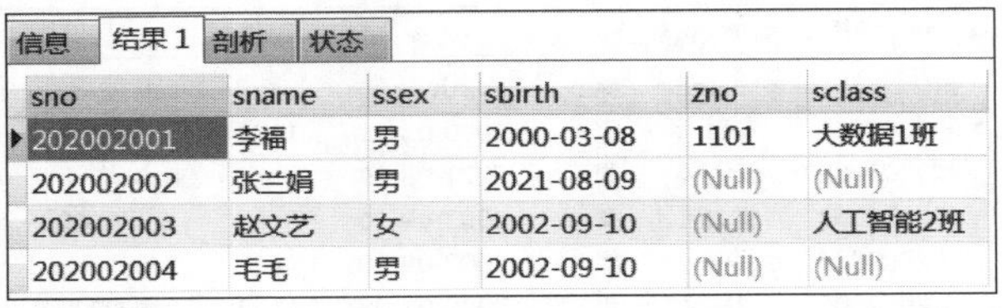

信息　结果 1　剖析　状态

sno	sname	ssex	sbirth	zno	sclass
202002001	李福	男	2000-03-08	1101	大数据1班
202002002	张兰娟	男	2021-08-09	(Null)	(Null)
202002003	赵文艺	女	2002-09-10	(Null)	人工智能2班
202002004	毛毛	男	2002-09-10	(Null)	(Null)

图 7-8　在利用 SET 方式为指定字段插入数据后查询 student 表中的所有记录

由图 7-8 可以看到，student 表中目前已经存在 4 条记录，其中最后一条记录就是刚刚插入的新记录。而 ssex 字段有默认值约束，所以该字段插入的值为默认值‘男’。

需要注意的是，最后一个字段赋值后面不需要添加逗号。

7.1.4　同时插入多条数据

如果数据表中需要插入大量数据，那么选择一条一条地插入记录会相当麻烦，因此 MySQL 中提供了同时插入多条数据的 SQL 语句，它可以实现为所有字段或者指定字段同时插入多条数据。

1. 为所有字段同时插入多条数据

为所有字段同时插入多条数据的 SQL 语句的语法格式如下所示：

```
INSERT [INTO]表名 [(字段名 1, 字段名 2, ...)]
VALUES|VALUE (值 1, 值 1,…),
(值 2, 值 2, ...), ..;
```

与为所有字段插入单条数据的语法相比，该 SQL 语法只是 VALUES|VALUE 后面所跟记录的数目不同，不同的记录之间需要使用逗号“,”隔开。

【例 7-6】　为 student 表的所有字段同时插入两条新的数据记录。

```
INSERT INTO student(sno,sname,ssex,sbirth,zno,sclass) VALUES('202002005', '李光军', '男', '2000-03-08','1102','大数据 1 班'),('202002008', '陈怡', '女', '2003-03-08','1101','大数据 2 班');
```

执行结果如图 7-9 所示。

图 7-9 中显示“Affected rows: 2”，说明该 SQL 语句执行成功后对表中的两条记录产生了影响，即增加了两条记录。

信息 | 剖析 | 状态

```
INSERT INTO student(sno,sname,ssex,sbirth,zno,sclass) VALUES('202002005', '李光
军', '男', '2000-03-08','1102','大数据1班'),('202002008', '陈怡', '女', '2003-
03-08','1101','大数据2班')
> Affected rows: 2
> 时间: 0.005s
```

图 7-9   为所有字段插入多条数据

为全部字段插入多条数据的 SQL 语句执行成功后,可以使用"SELECT * FROM student"语句查询表中所有存在的记录,执行结果如图 7-10 所示。

信息 | 结果 1 | 剖析 | 状态

sno	sname	ssex	sbirth	zno	sclass
▶ 202002001	李福	男	2000-03-08	1101	大数据1班
202002002	张兰娟	男	2021-08-09	(Null)	(Null)
202002003	赵文艺	女	2002-09-10	(Null)	人工智能2班
202002004	毛毛	男	2002-09-10	(Null)	(Null)
202002005	李光军	男	2000-03-08	1102	大数据1班
202002008	陈怡	女	2003-03-08	1101	大数据2班

图 7-10   在为所有字段插入多条数据后查询 student 表中的所有记录

由图 7-10 可以看到,student 表中目前已经存在 6 条记录,其中最后两条记录就是刚刚插入的新记录。

2. 为指定字段同时插入多条数据

为指定字段同时插入多条数据的 SQL 语句的语法格式如下所示:

```
INSERT [INTO] 表名 (字段名 1, 字段名 2,…)
VALUES|VALUE (值 11, 值 21, …),
(值 12, 值 22,…),
…;
```

与为指定字段插入单条数据的语法相比,该 SQL 语法只是"VALUES|VALUE"后边所跟记录的数目不同,不同的记录之间需要使用逗号","隔开。

【例 7-7】   为 student 表中的 sno、sname 和 sbirth 三个字段同时插入两条新的数据记录。

```
INSERT INTO student(sno,sname,sbirth) VALUES('202002006', '李一柱', '2002-04-
08'),('202002007', '周光亮', '2000-03-08');
```

执行结果如图 7-11 所示。

信息 | 剖析 | 状态

```
INSERT INTO student(sno,sname,sbirth) VALUES('202002006', '李一柱', '2002-04-
08'),('202002007', '周光亮', '2000-03-08')
> Affected rows: 2
> 时间: 0.004s
```

图 7-11   为部分字段插入多条数据

为指定字段插入多条数据的 SQL 语句执行成功后,可以使用"SELECT * FROM student"语句查询表中所有存在的记录,执行结果如图 7-12 所示。

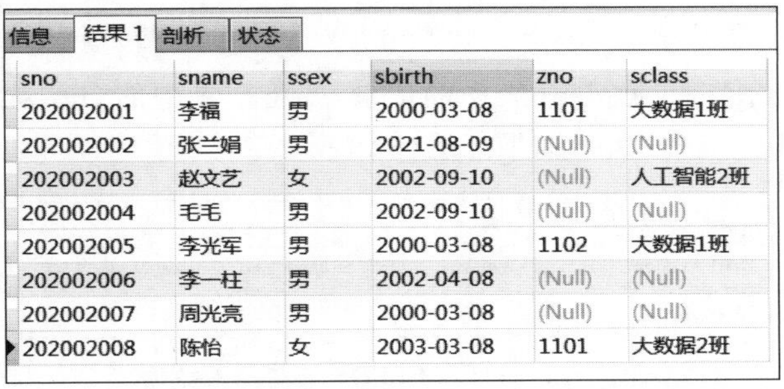

信息	结果 1	剖析	状态				
sno	sname	ssex	sbirth	zno	sclass	
202002001	李福	男	2000-03-08	1101	大数据1班	
202002002	张兰娟	男	2021-08-09	(Null)	(Null)	
202002003	赵文艺	女	2002-09-10	(Null)	人工智能2班	
202002004	毛毛	男	2002-09-10	(Null)	(Null)	
202002005	李光军	男	2000-03-08	1102	大数据1班	
202002006	李一柱	男	2002-04-08	(Null)	(Null)	
202002007	周光亮	男	2000-03-08	(Null)	(Null)	
202002008	陈怡	女	2003-03-08	1101	大数据2班	

图 7-12　在为指定字段插入多条数据后查询 student 表中的所有记录

由图 7-12 可以看到,student 表中目前已经存在 8 条记录,其中两条记录刚刚插入的新记录。ssex 字段有默认值约束,所以该字段插入的值为默认值'男'。

在插入多条数据时,若一条数据插入失败,则整个插入语句都会失败。

7.1.5　插入 SELECT 语句查询结果

插入 SELECT 语句查询结果时会进行数据复制(也可称为蠕虫复制),这是新增数据的一种方式。它是从已有的数据中获取数据,并且将获取到的数据插入到对应的数据表中,实现成倍地增加。需要注意的是,以此种方式获取的数据与插入数据的表结构要相同,否则可能会遇到插入不成功的情况。基本语法格式如下:

INSERT [INTO]表名 1(字段名 1)
SELECT 字段名 2 FROM 表名 2 WHERE 条件语句;

其中,"表名 1"为插入新数据记录的表名;"字段名 1"为字段列表,表示要为哪些字段插入值;"SELECT"为查询语句用到的关键字;"字段名 2"也是字段列表,表示要从表中查询哪些字段的值;"表名 2"为要查询的表,即要插入数据的来源;"WHERE 条件语句"为 WHERE 子句,用来指定查询条件。"字段名 1"与"字段名 2"两个字段列表中的字段的数据类型和个数必须保持一致,否则系统会提示错误。

若数据表中含有主键,而主键又具有唯一性,那么在数据复制时还要考虑主键冲突的问题。

假设需要将 student 表中的某些学生信息(学号、姓名和性别)提取出来存储到另外一张名为 student_list 的表中,此时就可以使用上述的 SQL 语法来实现这个功能。

首先,创建一张名为 student_list 的表,其 SQL 语句如下所示:

```
CREATE TABLE student_list(
sno VARCHAR(10) NOT NULL COMMENT '学号',
sname VARCHAR(20) NOT NULL COMMENT '姓名',
ssex ENUM('男', '女') NOT NULL DEFAULT '男' COMMENT '性别'
);
```

【例 7-8】　将 student 表中的 sno、sname 和 ssex 三个字段同时插入 student_list 表中。

```
INSERT INTO student_list(sno, sname, ssex) SELECT sno, sname, ssex FROM student;
```

该 SQL 语句表示查询 student 表中的记录,并将记录中的 sno、sname 和 ssex 字段的值插入到 student_list 表中,执行结果如图 7-13 所示。

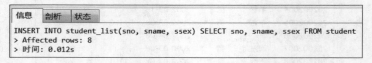

图 7-13　利用 SELECT 语句插入数据

插入查询结果的 SQL 语句执行成功后,可以使用"SELECT * FROM student_list"语句查询 student_list 表中所有存在的记录,执行结果如图 7-14 所示。

sno	sname	ssex
202002001	李福	男
202002002	张兰娟	男
202002003	赵文艺	女
202002004	毛毛	男
202002005	李光军	男
202002006	李一柱	男
202002007	周光亮	男
202002008	陈怡	女

图 7-14　在插入查询结果后查询 student_list 表中的所有记录

由图 7-14 中可以看到,student 表中的三个字段记录已经插入到了 student_list 表中。

7.1.6　主键冲突解决方法

在对数据表插入数据时,若表中的主键含有实际的意义,那么在插入数据时若不能确定对应的主键是否存在,往往就会出现主键冲突的情况。例如,插入时出现如图 7-15 所示的错误。

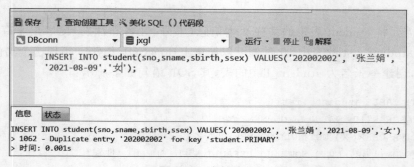

图 7-15　主键冲突

系统提示插入数据的主键发生冲突。为了解决这类问题，MySQL 中提供了两种方式，分别为主键冲突更新和主键冲突替换。

1. 主键冲突更新

主键冲突更新操作指的是，如果在插入数据的过程中发生主键冲突，则插入数据操作将利用更新的方式来实现。基本语法格式如下：

INSERT［INTO］数据表名［(字段列表)］{VALUES | VALUE} (字段列表)
ON DUPLICATE KEY UPDATE 字段名 1=新值 1［,字段名 2=新值 2］…;

从上述语法可知，在 INSERT 语句后添加 ON DUPLICATE KEY UPDATE，可在发生主键冲突时，更新此条记录中通过"字段名 1＝新值 1［,字段名 2＝新值 2］…"设置字段名对应的新值。

【例 7-9】 解决插入时主键冲突，如图 7-16 所示。

图 7-16　解决插入时主键冲突

以上执行结果中，当插入的记录与数据表中已存在的记录之间发生主键冲突时，返回的结果为"Affected rows：2"。

2. 主键冲突替换

主键冲突替换操作指的是，如果在插入数据的过程若发生主键冲突，则删除此条记录，并重新插入。使用 REPLACE 语句也可以将一条或多条记录插入表中，或将一个表中的结果集插入到目标表中。其语法格式如下：

REPLACE［INTO］表名 VALUES|VALUE(值列表);

使用 REPLACE 语句添加记录时，如果新记录的主键值或具有唯一性约束的字段值与现有记录相同，则将现有记录删除后再添加新记录。

【例 7-10】 应用 REPLACE 语句向 student 表中插入一条学生记录，即学号：202002006，姓名：柱哥，性别：男，出生日期：2001-05-08，专业号：1202，班级：新媒体1 班。

REPLACE INTO student VALUE('202002006','柱哥','男','2001-05-08','1201','新媒体
1 班');

执行结果如图 7-17 所示。

为指定字段插入数据的 SQL 语句执行成功后，可以使用"SELECT * FROM

信息 | 剖析 | 状态

```
REPLACE INTO student VALUE('202002006','杜哥','男','2001-05-08','1201','新媒体1班')
> Affected rows: 2
> 时间: 0.004s
```

图 7-17 利用主键插入数据解决冲突问题

student”语句查询表中所有存在的记录，执行结果如图 7-18 所示。

信息 | 结果 1 | 剖析 | 状态

sno	sname	ssex	sbirth	zno	sclass
202002001	李福	男	2000-03-08	1101	大数据1班
202002002	张兰娟	男	2021-08-09	(Null)	(Null)
202002003	赵文艺	女	2002-09-10	(Null)	人工智能2班
202002004	毛毛	男	2002-09-10	(Null)	(Null)
202002005	李光军	男	2000-03-08	1102	大数据1班
202002006	杜哥	男	2001-05-08	1201	新媒体1班
202002007	周光亮	男	2000-03-08	(Null)	(Null)
202002008	陈怡	女	2003-03-08	1101	大数据2班

图 7-18 为表插入数据后查询 student 表中的所有记录

由图 7-18 中可以看到，成功将数据插入到 student 表，因为 202002006 已经存在，并且该列是主键，所以也对其他字段进行了修改。

REPLACE 语句与 INSERT 语句的用法类似，区别在于前者每执行一次就会发生两个操作(删除记录和插入记录)。REPLACE 替换与 ON DUPLICATE KEY UPDATE 更新都能解决插入数据时主键冲突的问题，但 REPLACE 更适合插入数据字段特别多的情况。

7.2 更新数据

更新数据可用于更新表中已存在的数据，即对已存在的数据进行修改。比如 student 表中某个学生改名或者改邮箱了，此时就需要对表中相应的记录进行更新操作。更新数据需要使用关键字 UPDATE，更新数据时可以选择更新指定的记录，也可以更新全部记录。

7.2.1 更新指定记录

更新指定记录的前提是根据条件找到指定的记录，所以此 SQL 语句需要结合使用 UPDATE 和 WHERE 语句，其语法格式如下所示：

```
UPDATE 表名 SET 字段名 1=值 1[, 字段名 2=值 2,…] WHERE 条件语句;
```

其中，UPDATE 为更新数据所使用的关键字；“表名”为要更新数据的表名；“字段名 1”和“字段名 2”为要更新的字段；“值 1”和“值 2”分别为“字段名 1”和“字段名 2”这两个字段要更新的数据；“WHERE 条件语句”为 WHERE 子句，用来指定更新数据需要满足的条件。

【例 7-11】　使用 UPDATE 更新 student 表中学号为"202002006"的学生,并将其姓名改为"张一柱"。

```
UPDATE student SET sname='张一柱' WHERE sno='202002006';
```

执行结果如图 7-19 所示。

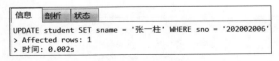

图 7-19　数据更新

在更新指定记录的 SQL 语句执行成功后,可以使用"SELECT * FROM student"语句查询 student 表中所有存在的记录,执行结果如图 7-20 所示。

sno	sname	ssex	sbirth	zno	sclass
202002001	李福	男	2000-03-08	1101	大数据1班
202002002	张兰娟	男	2021-08-09	(Null)	区块链1班
202002003	赵文艺	女	2002-09-10	(Null)	区块链1班
202002004	毛毛	男	2002-09-10	(Null)	区块链1班
202002005	李光军	男	2000-03-08	1102	大数据1班
202002006	张一柱	男	2001-05-08	1201	新媒体1班
202002007	周光亮	男	2000-03-08	(Null)	区块链1班
202002008	陈怡	女	2003-03-08	1101	大数据2班

图 7-20　在更新指定字段后查询 student 表中的所有记录

由图 7-20 中可以看到,student 表中原来名为"柱哥"的记录的 sname 字段值已经被更新为"张一柱"。

7.2.2　更新全部记录

修改数据是数据库中常见的操作,通常用于对表中的部分记录进行修改。例如,商品在做活动时,需要在原价的基础上打折,此时就需要对商品价格的打折数据进行修改。MySQL 提供 UPDATE 语句用于修改数据。基本语法格式如下。

```
UPDATE 表名 SET 字段名 1=值 1[,字段名 2=值 2,…][WHERE 条件表达式];
```

上述语法中,若实际使用时没有添加 WHERE 条件,那么表中所有对应的字段都会被修改成统一的值。因此在修改数据时,请谨慎操作。

【例 7-12】　使用 UPDATE 将 zno 为空的同学班级(sclass)统一设置为区块链 1 班。

```
UPDATE student  SET sclass='区块链 1 班' WHERE zno IS NULL
```

执行结果如图 7-21 所示。

在更新全部记录的 SQL 语句执行成功后,可以使用"SELECT * FROM student"语句查询 student 表中所有存在的记录,执行结果如图 7-22 所示。

由图 7-22 中可以看到,student 表中专业号(zno)为空的记录的 sclass 字段的值均为

```
信息  剖析  状态
UPDATE student  SET sclass = '区块链1班' WHERE zno IS NULL
> Affected rows: 4
> 时间: 0.003s
```

图 7-21   更新多条数据

sno	sname	ssex	sbirth	zno	sclass
▶ 202002001	李福	男	2000-03-08	1101	大数据1班
202002002	张兰娟	男	2021-08-09	(Null)	区块链1班
202002003	赵文艺	女	2002-09-10	(Null)	区块链1班
202002004	毛毛	男	2002-09-10	(Null)	区块链1班
202002005	李光军	男	2000-03-08	1102	大数据1班
202002006	柱哥	男	2001-05-08	1201	新媒体1班
202002007	周光亮	男	2000-03-08	(Null)	区块链1班
202002008	陈怡	女	2003-03-08	1101	大数据2班

图 7-22   更新全部字段后查询 student 表中的所有记录

"区块链 1 班",说明更新全部记录的操作已经成功。

7.3   删 除 数 据

删除数据可以实现对表中已存在数据的删除。比如 student 表中某个学生毕业或者转学了,此时就需要对表中相应的记录进行删除操作。删除数据需要使用关键字 DELETE,删除数据时可以选择删除指定的记录,也可以删除全部记录。

7.3.1   删除指定记录

删除指定记录的前提是根据条件找到指定的记录,所以此 SQL 语句需要结合使用 DELETE 和 WHERE 语句,其语法格式如下所示:

```
DELETE FROM 表名 WHERE 条件语句;
```

其中,DELETE 为删除数据所使用的关键字;"表名"为要删除数据的表名;WHERE 条件为可选参数,用于设置删除的条件,只有满足条件的记录才会被删除。

【例 7-13】   使用 DELETE 将专业号(zno)为 1101 的记录删除。

```
DELETE FROM student WHERE zno='1101';
```

执行结果如图 7-23 所示。

图 7-23 中显示"Affected rows:2",说明该 SQL 语句执行成功后对表中的 2 条记录产生了影响,即删除了表中的 2 条记录。

在删除指定记录的 SQL 语句执行成功后,可以使用 "SELECT * FROM student"语句查询 student 表中所有存在的记录,执行结果如图 7-24 所示。

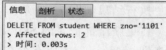

```
信息  剖析  状态
DELETE FROM student WHERE zno='1101'
> Affected rows: 2
> 时间: 0.003s
```

图 7-23   删除指定条件的数据

sno	sname	ssex	sbirth	zno	sclass
▶ 202002002	张兰娟	男	2021-08-09	(Null)	区块链1班
202002003	赵文艺	女	2002-09-10	(Null)	区块链1班
202002004	毛毛	男	2002-09-10	(Null)	区块链1班
202002005	李光军	男	2000-03-08	1102	大数据1班
202002006	张一柱	男	2001-05-08	1201	新媒体1班
202002007	周光亮	男	2000-03-08	(Null)	区块链1班

图 7-24　删除指定记录后查询 student 表中的所有记录

由图 7-24 和图 7-22 对比可知，student 表中专业号为 1101 的记录已经被成功删除了。

7.3.2　删除全部记录

想要删除表中的全部记录，只需要在上述删除指定记录的 SQL 语句基础上去掉 WHERE 子句即可，其 SQL 语句的语法格式如下所示：

```
DELETE FROM 表名；
```

【例 7-14】　使用 DELETE 删除全部记录。

```
DELETE FROM student;
```

执行结果如图 7-25 所示。

图 7-25 中显示"Affected rows：6"，说明该 SQL 语句执行成功后对表中的 6 条记录产生了影响，即删除了表中仅有的 6 条记录。

在删除全部记录的 SQL 语句执行成功后，可以使用 "SELECT ＊ FROM student"语句查询 student 表中所有存在的记录，执行结果如图 7-26 所示。

信息　剖析　状态

DELETE FROM student
> Affected rows: 6
> 时间: 0.003s

图 7-25　删除全部数据

sno	sname	ssex	sbirth	zno	sclass
▶ (N/A)	(N/A)	(N/A)	(N/A)	(N/A)	(N/A)

图 7-26　删除全部记录后查询 student 表中的所有记录

由图 7-26 和图 7-24 对比可知，student 表中的 6 条记录已经全部删除成功。

在删除数据时若未指定 WHERE 条件，系统就会自动删除该表中所有的记录，因此在删除数据时需要慎重。

7.3.3　使用 TRUNCATE 清空数据

MySQL 中还提供了一种删除全部记录的方式，该方式使用的关键字为 TRUNCATE，其语法格式如下所示：

```
TRUNCATE [TABLE] 表名；
```

其中,TRUNCATE 为删除全部记录所用到的关键字;TABLE 为可选项;"表名"为要删除全部记录的表名。

【例 7-15】 使用 TRUNCATE 删除全部记录。

```
TRUNCATE student_list;
```

执行结果如图 7-27 所示。

在使用 TRUNCATE 删除全部记录的 SQL 语句执行成功后,可以使用"SELECT *FROM"语句查询 student_list 表中所有存在的记录,执行结果如图 7-28 所示。

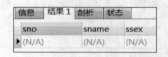

图 7-27　利用 TRUNCATE　　　　图 7-28　删除全部记录后查询 student_list
　　　　清空数据　　　　　　　　　　　　表中的所有记录

由图 7-28 可知,student_list 表中的记录已经全部删除成功。

从最终的结果来看,虽然使用 TRUNCATE 操作和使用 DELETE 操作都可以删除表中的全部记录,但是两者还是有很多区别的,主要体现在以下几个方面:

(1)实现方式不同。TRUNCATE 本质上先执行删除(DROP)数据表的操作,然后再根据有效的表结构文件(.frm)重新创建数据表的方式来实现数据清空操作;而 DELETE 语句则是逐条地删除数据表中保存的记录。

(2)执行效率不同。在针对大型数据表(如千万级的数据记录)时,TRUNCATE 清空数据的实现方式决定了它比 DELETE 语句删除数据的方式执行效率更高。

(3)对 AUTO_INCREMENT 的字段影响不同。TRUNCATE 清空数据后,再次向表中添加数据,自增字段会从默认的初始值重新开始;而使用 DELETE 语句删除表中的记录时不会影响自增值。

(4)删除数据的范围不同。TRUNCATE 语句只能用于清空表中的所有记录;而 DELETE 语句可通过 WHERE 指定删除满足条件的部分记录。

(5)返回值含义不同。TRUNCATE 操作的返回值一般是无意义的;而 DELETE 语句则会返回符合条件从而被删除的记录数。

(6)属于 SQL 语言的不同组成部分。DELETE 语句属于 DML 数据操作语句;而 TRUNCATE 通常被认为是 DDL 数据定义语句。

(7)DELETE 操作可以回滚;TRUNCATE 操作会导致隐式提交,因此不能回滚(在后续章节中会讲解事务的提交和回滚)。

需要注意的是,当删除的数据量很小时,DELETE 的执行效率要比 TRUNCATE 高;只有删除的数据量很大时,才能看出 TRUNCATE 的执行效率比 DELETE 高。因此,在实际应用时具体使用哪种方式执行删除操作,需要根据实际需求进行合理的选择。

7.4　使用图形界面操作数据

使用图形界面来操作数据对于初学者而言非常简单,本节将会详细讲述如何使用 Navicat 软件来插入、更新和删除数据。

下面以表 student 为例进行讲解,该表中目前只有两条记录,如图 7-29 所示。

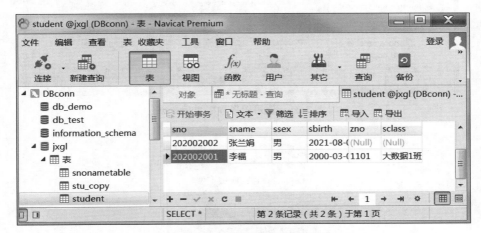

图 7-29　student 表数据编辑界面

(1) 首先,在图形界面的左侧列表中双击 student 这个表,之后会看到如图 7-29 所示的界面,该界面即为数据编辑界面。

(2) 插入新的记录。如图 7-30 所示,在界面的左下角有两个按钮"＋"和"－",其中"＋"按钮表示插入记录,"－"按钮表示删除记录。

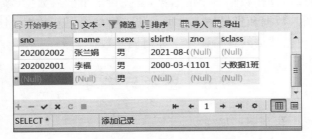

图 7-30　使用图形界面插入数据

单击"＋"按钮后,会新增一条空的记录,直接单击编辑框即可对每个字段的值进行编辑(ssex 字段设置了默认值,所以这个字段的值可以不编辑)。编辑完成后单击左下角的"√"按钮即可保存所编辑的内容,如图 7-30 所示。

(3) 更新记录。如果想要更新某条记录,只需直接单击该记录对应字段的编辑框即可进行编辑。编辑完成后,单击左下角的"√"按钮进行保存即可,如图 7-31 所示。

(4) 删除记录。删除某条记录时,首先要选中该记录,然后单击左下角的"－"按钮,之后在弹出的"确认删除"对话框中单击"删除一条记录"按钮即可,如图 7-32 所示。

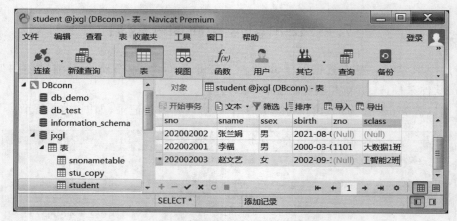

图 7-31   使用图形界面更新数据

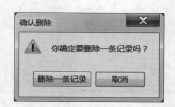

图 7-32   使用图形界面删除数据

7.5   本 章 小 结

本章主要介绍如何操作数据表中的数据,首先讲解了插入数据(涉及为所有字段插入数据、为指定字段插入数据和批量插入数据),接着讲解了更新数据(涉及为所有字段更新数据和为指定字段更新数据),最后讲解了如何删除数据。

7.6   思 考 与 练 习

1. DML 是什么? 包括哪些操作?

2. TRUNCATE 操作与 DELETE 操作的区别有哪些?

3. 根据要求,写出操作的 SQL 语句。

建立一张用来存储学生信息的表 student,字段包括:学号、姓名、性别、年龄、班级和 E-mail。具体要求如下:

(1)学号为主键,且从 1 开始自增。

(2)姓名不能为空。

(3)性别默认值为"男"。

(4)E-mail 唯一。

数据表创建成功后,进行以下操作:

(1) 为该表插入表 7-1 中的数据记录;

表 7-1　需要插入 student 表的记录

学号	姓名	性别	年龄	班　级	邮　箱
1	张三	男	20	大数据 201	zhangsan@163.com
2	李四	女	18	大数据 201	lisi@163.com
3	王五	男	21	大数据 202	wangwu@163.com
4	赵六	女	19	大数据 202	zhaoliu@163.com
5	孙七	男	20	大数据 203	sunqi@163.com

(2) 将"孙七"的班级修改为"大数据 202";

(3) 将性别为"女"的学生的班级都改为"大数据 201";

(4) 将性别为"男"的学生的班级都改为"大数据 202";

(5) 删除所有年龄大于 19 的学生记录。

4. SQL 语言中,下面用于删除 EMP 表中全部数据的命令中正确的是(　　)。

　　A. DELETE ＊ FROM emp;　　　　　B. DROP TABLE emp;

　　C. TRUNCATE TABLE emp;　　　　D. 没有正确答案

5. 若用如下的 SQL 语句创建一个表 S:

```
CREATE TABLE S( S#CHAR( 16) NOT NULL,
Sname CHAR(8)  NOT NULL,sex CHAR(2) , age INT);
```

可向表 S 中插入的是(　　)。

　　A. ('20201001 ','李明芳',女,17 ')

　　B. ('20200746 ','张民',NULL，NULL)

　　C. (NULL,'陈道明','男',20)

　　D. ('20202345 ',NULL,'女',18)

6. 若要删除 tb001 数据表中 id＝2 的记录,语法格式是(　　)。

　　A. DELETE FROM tb001 VALUE id＝ '2 ';

　　B. DELETE INTO tb001 WHERE id＝ '2 ';

　　C. DELETE FROM tb001 WHERE id＝ '2 ',

　　D. UPDATE FROM tb001 WHERE id＝ '2';

7. "UPDATE student SET s_name ＝ '别怡情' WHERE s_id ＝1;",该代码执行的操作是(　　)。

　　A. 添加姓名为"别怡情"的记录

　　B. 删除姓名为"别怡情"的记录

　　C. 返回姓名为"别怡情"的记录

　　D. 更新 s_id 为 1 且姓名为"别怡情"的记录

8. 修改操作的语句"UPDATE student SET s_name ='甄帅气';",该代码执行后的结果是(　　)

　　A. 只把姓名叫"甄帅气"的记录进行更新

　　B. 只把字段名 s_name 改成'甄帅气'

　　C. 把表中所有人的姓名都更新为"甄帅气"

　　D. 更新语句不完整,不能执行

9. 以下哪一条指令无法增加记录(　　)。

　　A. INSERT INTO … VALUES …　　　　B. INSERT INTO … SELECT…

　　C. INSERT INTO … SET …　　　　　　D. INSERT INTO … UPDATE…

10. 下面对于 REPLACE 语句描述中错误的是(　　)。

　　A. REPLACE 语句返回一个数字以表示受影响的行,包含删除行和插入行的总和

　　B. 通过返回值可以判断是增加了新行还是替换了原有行

　　C. 因主键重复而导致插入失败时直接更新原有行

　　D. 因主键重复而导致插入失败时先删除原有行再插入新行

11. 下面关于 DELETE 和 TRUNCATE TABLE 的区别的描述中,错误的是(　　)。

　　A. DELETE 可以删除特定范围的数据

　　B. 两者执行效率一样

　　C. DELETE 返回被删除的记录行数

　　D. TRUNCATE TABLE 的返回值为 0

12. 在使用 SQL 语句删除数据时,如果 DELETE 语句后面没有指定 WHERE 条件,那么将删除指定数据表中的(　　)数据。

　　A. 部分　　　　　　　　　　　　　B. 全部

　　C. 指定的一条数据　　　　　　　　D. 以上皆可

13. 在 MySQL 中,可以使用 INSERT 或(　　)语句实现向数据表中插入记录。

　　A. INTO　　　　　　B. REPLACE　　　　　C. UPDATE　　　　　B. SAVE

14. 在 UPDATE 语句中,使用 WHERE 子句的作用是(　　)。

　　A. 指定修改后的值　　　　　　　　B. 指定要修改哪些字段

　　C. 指定是否修改　　　　　　　　　D. 指定可以被修改的前提条件

15. 下列命令中(　　)可以实现从数据表 tb_book 中查询 publishid 和 typeid 字段的值,并插入到数据表 tb_book2 中。

　　A. INSERT INTO tb_book2(publishid,typeid) SELECT publishid,typeid FROM tb_book;

　　B. INSERT FROM tb_book2(publishid,typeid) SELECT publishid,typeid FROM tb_book;

　　C. INSERT INTO FROM tb_book2(publishid,typeid) SELECT publishid,typeid FROM tb_book;

　　D. INSERT INTO tb_book(publishid,typeid) SELECT publishid,typeid FROM tb_book2;

第 8 章

多表查询操作

第 6 章曾讲述了单表查询操作,但是在实际开发中往往需要针对两张甚至更多张数据表进行操作,而这多张表之间需要使用主键和外键关联在一起,然后使用连接查询来查询多张表中满足要求的数据记录。

当相互关联的多张表中存在意义相同的字段时,便可以利用这些相同字段对多张表进行连接查询。连接查询主要分为交叉连接查询、自然连接查询、内连接查询和外连接查询四种。

MySQL4.1 以后,还提供了另外一种多表查询的方式,即子查询。当进行查询的条件是另外一个 SELECT 语句查询的结果时,就会用到子查询。

本章将详细讲解交叉连接查询、自然连接查询、内连接查询、外连接查询以及子查询。为了方便大家理解,本章将使用两张表进行多表查询操作,这两张表分别为员工表 employee 和部门表 dept。

首先创建一个新的数据库 yggl,并创建员工表 employee 和部门表 dept。

在该数据库中创建一张名为 employee 的员工表,表中字段包括:empno(员工编号)、ename(员工姓名)、jobrank(员工职级)、mgrno(员工领导编号)、hiredate(员工入职日期)、salary(员工月薪)、allowance(员工津贴)和 deptno(员工部门编号)。

创建 employee 表的 SQL 语句如下:

```
CREATE TABLE employee(
    empno INT(4) PRIMARY KEY,
    ename VARCHAR(10),
    jobrank  VARCHAR (9),
    mgrno INT(4),
    hiredate DATE,
    salary DECIMAL(7,2),
    allowance DECIMAL (7,2),
    deptno INT(2)
);
```

执行结果如图 8-1 所示。

接着创建一张名为 dept 的部门表,表中字段包括:deptno(部门编号)、dname(部门名称)和 location(部门所在地),并为字段 deptno 设置主键约束。创建 dept 表的 SQL 语句如下:

empno	ename	jobrank	mgrno	hiredate	salary	allowance	deptno
7369	石一丹	职员	7902	2020-12-17	800.00	(Null)	20
7499	艾冷	副科长	7698	2010-02-20	1600.00	300.00	30
7521	李静	副科长	7698	2008-02-22	1250.00	500.00	30
7566	陈建	副处长	7839	2005-04-02	2975.00	(Null)	20
7654	马丁	副科长	7698	2010-09-28	1250.00	1400.00	30
7698	徐依婷	副处长	7839	2009-05-01	2850.00	(Null)	30
7782	杜峰	副处长	7839	2000-06-09	2450.00	(Null)	10
7788	王美美	科长	7566	2007-04-19	3000.00	(Null)	20
7839	孙一鸣	处长	(Null)	2000-11-17	5000.00	(Null)	10
7844	天才瑞	副科长	7698	2000-09-08	1500.00	0.00	30
7876	张明媚	职员	7788	1999-05-23	1100.00	(Null)	20
7900	李长江	职员	7698	2000-12-03	950.00	(Null)	30
7902	方立人	科长	7566	2001-12-03	3000.00	(Null)	20
7934	王鸣苗	职员	7782	2002-01-23	1300.00	(Null)	10

图 8-1   employee 表的数据示例表

```
CREATE TABLE dept(
    deptno INT(2) PRIMARY KEY,
    dname VARCHAR (14),
    location VARCHAR (13)
);
```

执行结果如图 8-2 所示。

deptno	dname	location
10	财务处	文章楼
20	研究院	科研楼
30	教务处	静思楼
40	人事处	思贤楼

图 8-2   dept 表的数据示例表

8.1   连 接 查 询

在实际应用中,可以根据多表之间存在的关联关系,将多张数据表连到一起。MySQL 中常用的连接查询有交叉连接、内连接、左外连接和右外连接。接下来将针对不同的连接查询进行详细讲解。

8.1.1   交叉连接查询

交叉连接(CROSS JOIN)是对两个或者多个表中的所有数据行进行笛卡儿积操作。

笛卡儿积是关系代数里的一个概念,表示两个表中的每一行数据任意组合的结果。比如:有两个表,左表有 m 条数据记录和 x 个字段,右表有 n 条数据记录和 y 个字段,则执行交叉连接后将返回 m * n 条数据记录以及 x+y 个字段。笛卡儿积示意图如图 8-3 所示。

交叉连接查询使用的是 CROSS JOIN 关键字,其语法格式如下所示:

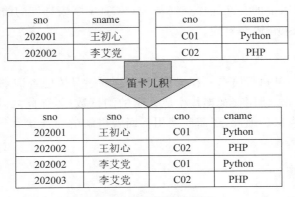

图 8-3 笛卡儿积示意图

```
SELECT * FROM 表1 CROSS JOIN 表2；
```

其中，CROSS JOIN 用于连接要查询的两张表；"表 1"和"表 2"即为要连接查询的两张表的名称。

下面使用上述 SQL 语法，对 dept 表和 employee 表进行交叉连接查询，其 SQL 语句如例 8-1 所示。

【例 8-1】 交叉连接查询（笛卡儿积）的应用。

```
SELECT * FROM dept CROSS JOIN employee；
```

执行结果如图 8-4 所示。

deptno	dname	location	empno	ename	jobran	mgrno	hiredate	salary	allowance	deptno(1)
10	财务处	文章楼	7369	石一丹	职员	7902	2020-12-17	800.00	(Null)	20
20	研究院	科研楼	7369	石一丹	职员	7902	2020-12-17	800.00	(Null)	20
30	教务处	静思楼	7369	石一丹	职员	7902	2020-12-17	800.00	(Null)	20
40	人事处	思贤楼	7369	石一丹	职员	7902	2020-12-17	800.00	(Null)	20
10	财务处	文章楼	7499	艾冷	副科长	7698	2010-02-20	1600.00	300.00	30
20	研究院	科研楼	7499	艾冷	副科长	7698	2010-02-20	1600.00	300.00	30
30	教务处	静思楼	7499	艾冷	副科长	7698	2010-02-20	1600.00	300.00	30
40	人事处	思贤楼	7499	艾冷	副科长	7698	2010-02-20	1600.00	300.00	30
10	财务处	文章楼	7521	李静	副科长	7698	2008-02-22	1250.00	500.00	30
20	研究院	科研楼	7521	李静	副科长	7698	2008-02-22	1250.00	500.00	30
30	教务处	静思楼	7521	李静	副科长	7698	2008-02-22	1250.00	500.00	30
40	人事处	思贤楼	7521	李静	副科长	7698	2008-02-22	1250.00	500.00	30
10	财务处	文章楼	7566	陈建	副处长	7839	2005-04-02	2975.00	(Null)	20
20	研究院	科研楼	7566	陈建	副处长	7839	2005-04-02	2975.00	(Null)	20

SELECT * FROM dept CROSS JOIN employee   只读   查询时间: 0.032s   第 1 条记录（共 56 条）

图 8-4 交叉连接查询

从执行结果中可以看到，显示结果中的记录总条数为 56，字段有 11 个。这是因为 dept 表中的记录有 4 条且字段有 3 个，employee 表中的记录有 14 条且字段有 8 个，所以显示结果中的记录条数为 4*14=56，字段数为 3+8=11。其中前 3 个字段属于 dept 表，后 8 个字段属于 employee 表。

值得一提的是,以上的交叉连接查询与 MySQL 中多表查询的语法等价。例如,上述示例可以使用以下 SQL 语句实现。

```
SELECT * FROM dept,employee;
```

由于交叉连接只是执行笛卡儿积操作,并不会通过具体的查询条件对记录进行过滤,所以在实际开发中可以使用交叉连接生成大量的测试数据,除此之外交叉连接查询的结果并无多大的实际意义。因此,还需要使用下面要讲解的内连接和外连接查询操作对满足条件的记录进行筛选。

8.1.2　自然连接查询

自然连接(NATURAL JOIN)是一种特殊的连接查询,该操作会在关系表生成的笛卡儿积记录中,根据关系表中相同名称的字段进行记录的自动匹配(如果关系表中该字段的值相同则保留该记录,否则舍弃该记录),然后去除重复字段。

自然连接是通过 NATURAL JOIN 关键字来实现连接查询的,其 SQL 语法如下所示:

```
SELECT 字段名 1, 字段名 2, … FROM 表 1  NATURAL JOIN 表 2;
```

其中,NATURAL JOIN 是自然连接所用到的关键字;"字段名 1"和"字段名 2"为要查询字段的名称。

下面使用上述 SQL 语法,对 dept 表和 employee 表进行自然连接查询,其 SQL 语句如例 8-2 所示。

【例 8-2】 自然连接查询。

```
SELECT * FROM dept NATURAL JOIN employee;
```

执行结果如图 8-5 所示。

deptno	dname	location	empno	ename	jobran	mgrno	hiredate	salary	allowance
20	研究院	科研楼	7369	石一丹	职员	7902	2020-12-17	800.00	(Null)
30	教务处	静思楼	7499	艾冷	副科长	7698	2010-02-20	1600.00	300.00
30	教务处	静思楼	7521	李静	副科长	7698	2008-02-22	1250.00	500.00
20	研究院	科研楼	7566	陈建	副处长	7839	2005-04-02	2975.00	(Null)
30	教务处	静思楼	7654	马丁	副科长	7698	2010-09-28	1250.00	1400.00
30	教务处	静思楼	7698	徐依婷	副处长	7839	2009-05-01	2850.00	(Null)
10	财务处	文章楼	7782	杜峰	副处长	7839	2000-06-09	2450.00	(Null)
20	研究院	科研楼	7788	王美美	科长	7566	2007-04-19	3000.00	(Null)
10	财务处	文章楼	7839	孙一鸣	处长	(Null)	2000-11-17	5000.00	(Null)
30	教务处	静思楼	7844	天才瑞	副科长	7698	2000-09-08	1500.00	0.00
20	研究院	科研楼	7876	张明媚	职员	7788	1999-05-23	1100.00	(Null)
30	教务处	静思楼	7900	李长江	职员	7698	2000-12-03	950.00	(Null)
20	研究院	科研楼	7902	方立人	科长	7566	2001-12-03	3000.00	(Null)
10	财务处	文章楼	7934	王鸣苗	职员	7782	2002-01-23	1300.00	(Null)

图 8-5　自然连接

从执行结果可以看到,显示结果中只有一个 deptno 字段,因为该字段是 dept 表和 employee 表的相同字段,因此会去掉一个重复字段;而记录总数只有 14 条,这是因为自然连接会在两张表生成的笛卡儿积结果中过滤掉那些不满足"dept.deptno ＝ employee.deptno"这个连接条件的记录。

在使用自然连接时需要注意以下 3 点：

（1）自然连接是根据两张表中的相同字段（字段名和字段类型必须相同）自动进行匹配的，因此用户无权指定进行匹配的字段。

（2）自然连接查询的结果中只会保留一个进行匹配的字段。

（3）在进行自然连接操作时，可以配合 WHERE 子句进行条件查询。

8.1.3 内连接查询

内连接（INNER JOIN）是使用频率最高的连接查询操作。所谓内连接是指在两张或多张表生成的笛卡儿积记录中筛选出与连接条件相匹配的数据记录，并过滤掉不匹配的记录。也就是说使用内连接的查询结果中只存在满足条件的记录。

内连接是通过 INNER JOIN 关键字来实现连接查询的，其 SQL 语法如下所示：

```
SELECT 字段名 1, 字段名 2, …
  FROM 表 1[[AS] t1][INNER] JOIN 表 2[[AS] t2]
  ON 连接条件
[WHERE 条件语句];
```

其中，INNER JOIN 是内连接所用到的关键字，其中"INNER"可以省略；"t1"和"t2"分别为表 1 和表 2 的别名；"连接条件"为两个表的连接条件，该条件需要写在关键字 ON 的后边；"字段名 1"和"字段名 2"为要查询字段的名称。

如果两个表中有同名字段，则必须使用表名或者表别名区分，如表 1.name 表示表 1 中的 name 字段，而表 2.name 则表示表 2 中的 name 字段。对于两张表中的不同字段，虽然可以不使用"表名."前缀，但是为了提高查询效率，推荐在所有字段前加上"表名."前缀。这样在查询时就会去指定的表中查找该字段，而不需要在两张表中都进行查找。

内连接查询是一种典型的连接运算，在连接条件中使用像＝、<>、>、<之类的比较运算符来实现记录的筛选。内连接根据连接条件的不同可以分为等值连接和非等值连接。

1. 等值连接

等值连接是在 ON 子句的"连接条件"中使用"＝"比较运算符指定两张表中要进行匹配的字段，从而在两张表生成的笛卡儿积记录中筛选出满足条件的记录。自然连接与等值连接的区别如下：

（1）自然连接中不能使用 ON 子句任意指定匹配的连接条件，而等值连接可以。

（2）自然连接会去掉重复的字段，而等值连接不会。

下面使用等值连接实现如下功能：查询每位员工的编号、姓名、职级、月薪、部门编号、部门名称和部门所在地。

在实现该功能之前，先来分析一下需求。

（1）要查询的员工信息分别位于 employee 表和 dept 表中，因此需要使用连接查询。

（2）要查询的员工编号（empno）、姓名（ename）、职级（jobrank）和月薪（salary）位于

employee 表中;部门名称(dname)和部门所在地(location)位于 dept 表中;部门编号(deptno)为两个表中的关联字段,因此连接条件应该为"employee. deptno = dept. deptno"。

在确定了要查询的表以及连接条件后,就可以书写 SQL 语句了,如例 8-3 所示。

【例 8-3】 内连接查询——等值连接。

```
SELECT  e.empno, e.ename, e.jobrank , e.salary, d.deptno, d.dname, d.location
FROM employee e INNER JOIN dept d
ON  e.deptno=d.deptno;
```

执行结果如图 8-6 所示。

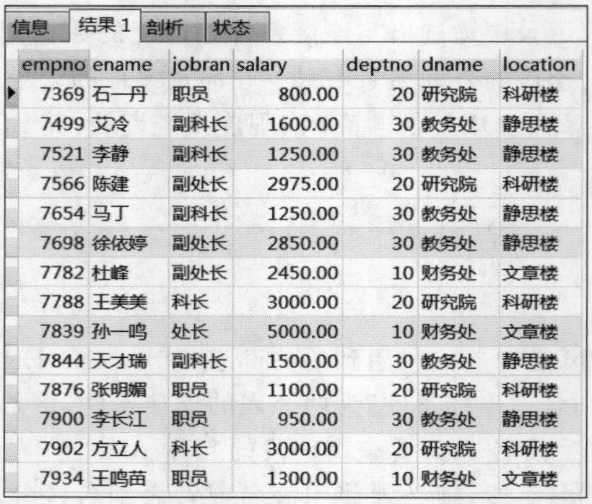

empno	ename	jobran	salary	deptno	dname	location
7369	石一丹	职员	800.00	20	研究院	科研楼
7499	艾冷	副科长	1600.00	30	教务处	静思楼
7521	李静	副科长	1250.00	30	教务处	静思楼
7566	陈建	副处长	2975.00	20	研究院	科研楼
7654	马丁	副科长	1250.00	30	教务处	静思楼
7698	徐依婷	副处长	2850.00	30	教务处	静思楼
7782	杜峰	副处长	2450.00	10	财务处	文章楼
7788	王美美	科长	3000.00	20	研究院	科研楼
7839	孙一鸣	处长	5000.00	10	财务处	文章楼
7844	天才瑞	副科长	1500.00	30	教务处	静思楼
7876	张明媚	职员	1100.00	20	研究院	科研楼
7900	李长江	职员	950.00	30	教务处	静思楼
7902	方立人	科长	3000.00	20	研究院	科研楼
7934	王鸣苗	职员	1300.00	10	财务处	文章楼

图 8-6 等值连接

从图 8-6 中可以看到,显示结果中的记录共有 14 条,这是因为笛卡儿积中不满足"dept.deptno = employee.deptno"这个连接条件的记录已经被过滤掉了,并且成功地显示了指定的员工信息。

上述 SQL 语法是 SQL99 标准中制定的表连接方式,这种方式需要使用"JOIN…ON…"语句来实现连接查询。而在 SQL99 标准之前还有一个 SQL92 标准,在 SQL92 标准中可以使用另外一种方式来实现相同的功能,这种方式中表与表之间不需要使用 JION 关键字连接,而是使用","隔开;连接条件也不需要写在 ON 子句中,而是直接写在 WHERE 子句中。其 SQL 语句如例 8-4 所示。

【例 8-4】 内连接查询——等值连接(SQL92)。

```
SELECT e.empno, e.ename, e.jobrank , e.salary, d.deptno, d.dname, d.location
FROM employee e, dept d
WHERE e.deptno=d.deptno;
```

执行结果如图 8-7 所示。

由图 8-7 与图 8-6 对比可知,两种 SQL 语句的执行结果相同。但是推荐使用 SQL99 中的语法结构。这是因为在 SQL92 中,连接条件和查询条件均是放在 WHERE 子句中,

图 8-7　等值连接（SQL92）

如果连接条件和查询条件数量较多时，会产生混淆；而 SQL99 中专门使用 ON 子句来指定连接条件，而使用 WHERE 子句指定查询条件，不会产生混淆，可读性更高。

2. 非等值连接

非等值连接是在 ON 子句的连接条件中使用"＞""＞＝""＜""＜＝""＜＞"或"！＝"这些表示不等关系的比较运算符，指定两张表中要进行匹配的不等条件，从而在两张表生成的笛卡儿积记录中筛选出满足条件的记录。

下面使用非等值连接实现如下功能：查询员工编号大于其领导编号的所有员工的编号、姓名、职级、领导编号、领导姓名和领导职级。

在实现该功能之前，这里还是先来分析一下需求。

（1）要查询的员工的编号、姓名和职级在员工表（employee 表）中；员工领导的编号、姓名和职级在领导表（employee 表）中（由于 employee 表综合了员工和领导的信息，所以 employee 表既是员工表也是领导表）。

（2）需要连接的两张表为员工表（employee 表）和领导表（employee 表）（这是种特殊的连接，称为自连接，即表与自身进行连接）。

（3）两张表的连接条件为：

员工表的领导编号（employee.mgrno）＝领导表的领导编号（employee.empno）；
员工表的员工编号（employee.empno）＞领导表的领导编号（employee.empno）；

在确定了要查询的表以及连接条件后，就可以书写 SQL 语句了。在 ON 子句中指定的多个连接条件可以使用 AND 或者 OR 连接起来（同时满足则使用 AND，满足其中之一即可则使用 OR），如例 8-5 所示。

【例 8-5】 内连接查询——非等值连接。

```
SELECT e1.empno , e1.ename, e1.jobrank ejobrank , e2.empno lno, e2.ename lname,
e2.jobrank ljobrank
FROM employee e1 INNER JOIN employee e2
```

```
ON e1.mgrno=e2.empno AND e1.empno>e2.empno;
```

执行结果如图 8-8 所示。

从图 8-8 中可以看到,显示结果中的记录共有 6 条,这是因为在 ON 子句中首先设置了"e1.mgrno=e2.empno"这个连接条件,所以在 employee 表与 employee 表产生的笛卡儿积记录(共 14×14 条记录)中筛选出了满足条件的 14 条记录。然后再使用"e1.empno>e2.empno"这个连接条件,在剩余的 14 条记录中做筛选。

同样,可以使用 SQL92 中的语法结构来实现该功能,其 SQL 语句如例 8-6 所示。

【例 8-6】 内连接查询——非等值连接(SQL92)。

```
SELECT e1.empno , e1.ename, e1.jobrank ejobrank , e2.empno lno, e2.ename lname,
e2.jobrank ljobrank
FROM employee e1, employee e2
WHERE e1.mgrno=e2.empno AND e1.empno>e2.empno;
```

执行结果如图 8-9 所示。

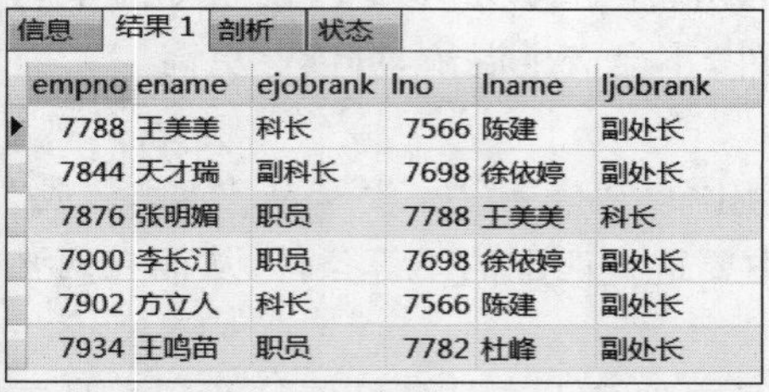

信息	结果 1	剖析	状态

empno	ename	ejobrank	lno	lname	ljobrank
7788	王美美	科长	7566	陈建	副处长
7844	天才瑞	副科长	7698	徐依婷	副处长
7876	张明媚	职员	7788	王美美	科长
7900	李长江	职员	7698	徐依婷	副处长
7902	方立人	科长	7566	陈建	副处长
7934	王鸣苗	职员	7782	杜峰	副处长

图 8-8 非等值连接

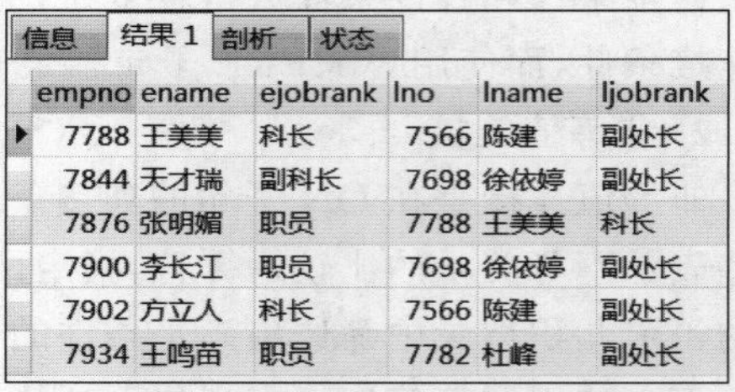

信息	结果 1	剖析	状态

empno	ename	ejobrank	lno	lname	ljobrank
7788	王美美	科长	7566	陈建	副处长
7844	天才瑞	副科长	7698	徐依婷	副处长
7876	张明媚	职员	7788	王美美	科长
7900	李长江	职员	7698	徐依婷	副处长
7902	方立人	科长	7566	陈建	副处长
7934	王鸣苗	职员	7782	杜峰	副处长

图 8-9 非等值连接(SQL92)

由图 8-9 与图 8-8 对比可知,两种 SQL 语句的执行结果相同。

除此之外,自连接查询是内连接中的一种特殊查询。它是指相互连接的表在物理上为同一个表,但逻辑上分为两个表。比如,要求在 employee 表中查询所有员工的姓名及其直接上级的姓名,就可以通过如下 SQL 语句实现。

```
SELECT e1.ename 员工姓名,e2.ename 直接上级姓名 FROM employee e1 JOIN employee e2
ON e1.mgrno=e2.empno
```

上述 SQL 语句中,别名为 el 和 e2 的表在物理上是同一个数据表 employee。然后在 ON 的匹配条件中,以 e1.mgrno 为主,从 7902 开始匹配 e2.empno 里相同的值(即找到 7902 这个 empno),就是进行类似笛卡儿积运算,相合并成一行。第一个 7902 完成匹配后,再利用下一行的 mgrno 即 7698 匹配等号右边的 e2.empno,匹配成功。再进行下一行匹配,直至完成所有匹配。

在标准的 SQL 中,交叉连接(CROSS JOIN)与内连接(INNER JOIN)表示的含义不同,前者一般只连接表的笛卡儿积,而后者则是获取符合 ON 筛选条件的连接数据。但是在 MySQL 中,CROSS JOIN 与 INNER JOIN(或 JOIN)语法的功能相同,都可以使用 ON 设置连接的筛选条件,可以互换使用,但是此处不推荐大家将交叉连接与内连接混用。

8.1.4　外连接查询

外连接(OUTER JOIN)不仅能在两张或多张表生成的笛卡儿积记录中筛选出与连接条件相匹配的数据记录,还能根据用户指定而保留部分不匹配的记录。按照不匹配记录来源的不同,可以将外连接分为左外连接和右外连接。

外连接是通过 OUTER JOIN 关键字来实现连接查询的,其 SQL 语法如下所示:

```
SELECT 字段名1, 字段名2,…
FROM 表1[[AS]t1] LEFT|RIGHT [OUTER] JOIN 表2  [[AS]t2]
ON 连接条件
[WHERE 条件语句];
```

其中,OUTER JOIN 是外连接所用到的关键字,其中"OUTER"可以省略;"LEFT|RIGHT"分别表示左外连接和右外连接;"表1"和"表2"为要连接查询的两张表的名称,其中"表1"称为左表,也称为主表,"表2"称为右表,也称为从表。

下面将针对这两种外连接进行详细介绍。

1. 左外连接

左外连接查询的结果中包含左表中所有的记录(包括与连接条件不匹配的记录)以及右表中与连接条件匹配的记录。它用于返回连接关键字(LEFT JOIN)左表中所有的记录,以及右表中符合连接条件的记录。当左表的某行记录在右表中没有匹配的记录时,右表中相关的记录将设为 NULL。

下面使用左外连接来查询每位员工的姓名、职级及其领导姓名和领导职级,同时要显示姓名为"孙一鸣"的员工的上述信息。

在实现该功能之前,这里还是先来分析一下需求。

(1) 要查询的员工的姓名和职级在员工表(employee 表)中;员工领导的姓名和职级在领导表(employee 表)中。

(2) 需要连接的两张表为员工表(employee 表)和领导表(employee 表),即自连接。

(3) 两张表的连接条件为:

员工表的领导编号(employee.mgrno)＝领导表的领导编号(employee.empno);

(4) 由于"孙一鸣"员工没有领导(孙一鸣是单位的最高领导人),所以匹配记录中并不包含该员工的信息,所以可以使用左外连接显示 employee 表中不匹配的记录,即"孙一鸣"员工的相关信息记录。

在确定了要查询的表、连接条件以及外连接方式后,即可书写实现该功能的 SQL 语句,如例 8-7 所示。

【例 8-7】 外连接查询——左外连接。

```
SELECT e1.ename, e1.jobrank ejobrank , e2.ename lname, e2.jobrank ljobrank
FROM employee e1 LEFT OUTER JOIN employee e2
ON e1.mgrno=e2.empno;
```

执行结果如图 8-10 所示。

从图 8-10 中可以看到,显示结果中的记录共有 14 条,其中包含了一条左表(员工表 employee)中不匹配的记录,即姓名为"孙一鸣"的员工信息。如果使用相同的连接条件,但连接方式改为内连接的话,查询结果中将会只有 13 条记录,因为内连接只包含匹配的记录。

2. 右外连接

右外连接查询的结果中包含右表中所有的记录(包括与连接条件不匹配的记录)以及左表中与连接条件匹配的记录。它用于返回连接关键字(RIGHT JOIN)右表(主表)中所有的记录,以及左表(从表)中符合连接条件的记录。当右表的某行记录在左表中没有匹配的记录时,左表中相关的记录将设为 NULL。

下面使用右外连接来查询所有部门的详细信息及每个部门的平均月薪,包含没有员工的部门,并按照平均月薪由高到低排序。

信息	结果 1	剖析	状态	
ename	ejobrank	lname	ljobrank
▶ 石一丹	职员	方立人	科长
艾冷	副科长	徐依婷	副处长
李静	副科长	徐依婷	副处长
陈建	副处长	孙一鸣	处长
马丁	副科长	徐依婷	副处长
徐依婷	副处长	孙一鸣	处长
杜峰	副处长	孙一鸣	处长
王美美	科长	陈建	副处长
孙一鸣	处长	(Null)	(Null)
天才瑞	副科长	徐依婷	副处长
张明媚	职员	王美美	科长
李长江	职员	徐依婷	副处长
方立人	科长	陈建	副处长
王鸣苗	职员	杜峰	副处长

图 8-10　左外连接

在实现该功能之前,这里还是先来分析一下需求。

(1) 要查询的部门详细信息:部门编号、部门名称和部门所在地在部门表(dept 表)中;而每个部门的平均月薪需要通过员工表(employee 表)获取。

(2) 需要连接的两张表为员工表(employee 表)和部门表(dept 表)。

(3) 两张表的连接条件为:

员工表的部门编号(employee.deptno)=部门表的部门编号(dept.deptno);

(4) 由于部门表中存在部门编号为 40 的部门,而员工表中没有员工属于该部门,所以该部门为 dept 表中不匹配的记录,可以使用右外连接的方式显示其信息。

(5) 要查询每个部门的平均月薪,需要使用 GROUP BY 子句按照部门编号分组查询,并使用 ORDER BY 子句对查询结果进行降序排序。

在确定了要查询的表、连接条件以及外连接方式后,即可书写实现该功能的 SQL 语句,如例 8-8 所示。

【例 8-8】 外连接查询——右外连接。

```
SELECT d.*, avg(e.salary)平均薪资
FROM employee e RIGHT OUTER JOIN dept d
ON e.deptno=d.deptno
GROUP BY deptno
ORDER BY 平均薪资;
```

执行结果如图 8-11 所示。

从图 8-11 中可以看到,显示结果中的记录共有 4 条,其中包含了一条右表(dept 表)中不匹配的记录,即部门标号为 40 的部门信息,并且记录按照平均月薪降序排序。在例 8-8 中,使用了分组查询,在此要注意 GROUP BY 子句应该放到 WHERE 子句之后,但

信息　结果 1　剖析　状态

deptno	dname	location	平均薪资
40	人事处	思贤楼	(Null)
30	教务处	静思楼	1566.666667
20	研究院	科研楼	2175.000000
10	财务处	文章楼	2916.666667

图 8-11　右外连接

是此 SQL 语句没有 WHERE 子句，所以直接放到 ON 子句的后边即可。

总之，外连接是最常用的一种查询数据的方式，分为左外连接（LEFT JOIN）和右外连接（RIGHT JOIN）。它与内连接的区别是，内连接只能获取符合连接条件的记录，而外连接不仅可以获取符合连接条件的记录，还可以保留主表与从表不能匹配的记录。

另外，右连接查询正好与左连接相反。因此，在应用外连接时只需调整关键字（LEFT 或 RIGHT JOIN）和主从表的位置，即可实现左连接和右连接的互换使用。左外连接和右外连接是可以相互转化的，如例 8-8 中的右外连接可以使用如下 SQL 语句转化为左外连接，而执行后的结果完全相同。

```
SELECT d.*, avg(e.salary)平均薪资
FROM dept d LEFT OUTER JOIN employee e
ON e.deptno=d.deptno
GROUP BY deptno
ORDER BY 平均薪资;
```

在进行连接查询时，若数据表连接的字段同名，则连接时的匹配条件可以使用 USING 代替 ON。其基本语法格式如下。

```
SELECT 查询字段 FROM 表 1 [CROSS|INNER|RIGHT] JOIN 表 2 USING(同名的连接字段列表);
```

上述语法中，多个同名的连接字段之间使用逗号分隔。比如例 8-7 可以改写为：

```
SELECT e.empno, e.ename, e.jobrank , e.salary, d.deptno, d.dname, d.location
FROM employee e JOIN dept d USING(deptno);
```

需要注意的是，USING 关键字在实际开发中并不常使用，原因在于设计表的时候不能确定使用相同的字段名称保存对应的数据。

8.2　子　查　询

子查询是 MySQL 4.1 提供的新功能，在此之前需要使用表的连接查询来实现子查询的功能。在多数情况下，表的连接查询可以优化子查询效率较低的问题。

子查询可以理解为，在一个 SQL 语句 A（SELECT、INSERT、UPDATE 等）中嵌入一个查询语句 B，作为执行的条件或查询的数据源（代替 FROM 后的数据表），那么 B 就是子查询语句。它是一条完整的 SELECT 语句，能够独立地执行。

在含有子查询的语句中,子查询必须书写在圆括号内。SQL 语句首先会执行子查询中的语句,然后再将返回的结果作为外层 SQL 语句的过滤条件。当遇到同一个 SQL 语句中含有多层子查询时,它们执行的顺序是从最里层的子查询开始执行。内层查询语句的结果为外层查询语句提供查询条件,内层查询要先于外层循环执行。

那到底什么时候使用子查询呢? 当进行查询的条件是另外一个 SELECT 语句查询的结果时,就可以使用子查询。比如,查询比员工"徐依婷"月薪高的所有员工的信息,或者查询月薪高于平均月薪的所有员工的名字和月薪等。

子查询(内层查询)语句一般存在于 WHERE 子句和 FROM 子句中。子查询的划分方式有多种,最常见的是以功能和位置进行划分。根据子查询返回的记录结果(功能)可以将子查询分为标量子查询、行子查询、列子查询和表子查询。按子查询出现的位置可以分为 WHERE 子查询和 FROM 子查询。其中,标量子查询、列子查询和行子查询都属于 WHERE 子查询,而表子查询属于 FROM 子查询。下面针对这四种子查询进行详细讲解。

8.2.1　标量子查询

标量子查询指的是子查询(内层查询)返回的结果是一个单一值的标量,如一个数字或者一个字符串,这种方式是子查询中最简单的返回形式。基本语法格式如下。

```
WHERE 条件判断{=|<>等}
(SELECT 字段名 FROM 数据源 [WHERE] [GROUP BY][HAVING][ORDER BY][LIMIT]);
```

从上述语法可知,标量子查询利用比较运算符"="或"<>",判断子查询语句返回的数据是否与指定的条件相等或不等,然后根据比较结果完成相关需求的操作。其中,数据源表示一个符合二维表结构的数据,如数据表。

在标量子查询中可以使用">"">=""<""<=""=""<>"或"!="这些比较运算符对子查询的标量结果进行比较,通常子查询的位置在比较式的右侧。

下面来完成如下需求:查询 employee 表中月薪比员工"徐依婷"高的员工信息。想要完成这个功能,就要先查询到员工"徐依婷"的月薪,然后在 WHERE 子句中使用">"运算符比较每位员工与"徐依婷"的月薪。其 SQL 语句如例 8-9 所示。

【例 8-9】　标量子查询。

```
SELECT * FROM employee
WHERE salary>(SELECT salary FROM employee WHERE ename='徐依婷');
```

执行结果如图 8-12 所示。

信息	结果 1	剖析	状态					
empno	ename	jobran	mgrno	hiredate	salary	allowance	deptno
7566	陈建	副处长	7839	2005-04-02	2975.00	(Null)	20
7788	王美美	科长	7566	2007-04-19	3000.00	(Null)	20
7839	孙一鸣	处长	(Null)	2000-11-17	5000.00	(Null)	10
7902	方立人	科长	7566	2001-12-03	3000.00	(Null)	20

图 8-12　标量子查询

从图 8-12 中可以看到,显示结果中的记录共有 4 条,且每条记录的 salary 字段值均大于员工"徐依婷"的月薪 2850。例 8-9 的 SQL 语句首先会先执行子查询语句"SELECT salary FROM employee WHERE ename='徐依婷'",得到的结果为 2850。然后再执行外层查询语句"SELECT ＊ FROM employee WHERE salary＞2850",最终得到图 8-12 中的 4 条记录。

8.2.2　行子查询

行子查询指的是子查询(内层查询)返回的结果集是一行 N(N＞=1) 列(一行多列),该结果集通常来自于对表中某条记录的查询。基本语法格式如下。

WHERE(指定字段名 1,指定字段名 2,…)=(SELECT 字段名 1,字段名 2,… FROM 数据源［WHERE］［GROUP BY］［HAVING］［ORDER BY］［LIMIT］);

在上述语法中,行子查询返回的一条记录与指定的条件进行比较,比较的运算符通常使用"＝",表示子查询的结果必须全部与指定的字段相等才能满足 WHERE 指定的条件。除此之外,在行子查询中也可以使用"＞""＞＝""＜""＜＝""＝""＜＞"或"!＝"这些比较运算符对子查询的结果进行比较,通常子查询的位置在比较式的右侧。

下面来完成如下需求:查询 employee 表中职级和部门与员工"艾冷"相同的员工信息。想要完成这个功能,就要先查询到员工"艾冷"的职级与部门,然后在 WHERE 子句中使用"＝"运算符比较每位员工与"艾冷"的职级与部门。其 SQL 语句如例 8-10 所示。

【例 8-10】　行子查询。

```
SELECT * FROM employee
WHERE (jobrank , deptno)=(SELECT jobrank , deptno FROM employee WHERE ename=
'艾冷');
```

执行结果如图 8-13 所示。

信息	结果1	剖析	状态					
empno	ename	jobran	mgrno	hiredate	salary	allowance	deptno
7499	艾冷	副科长	7698	2010-02-20	1600.00	300.00	30
7521	李静	副科长	7698	2008-02-22	1250.00	500.00	30
7654	马丁	副科长	7698	2010-09-28	1250.00	1400.00	30
7844	天才瑞	副科长	7698	2000-09-08	1500.00	0.00	30

图 8-13　行子查询

从图 8-13 中可以看到,显示结果中的记录共有 4 条,且每条记录的 jobrank 字段值和 deptno 字段值均分别为副科长和 30,从而与员工"艾冷"的 jobrank 和 deptno 相同。

8.2.3　列子查询

列子查询指的是子查询(内层查询)返回的结果集是 N(N＞=1) 行一列,该结果集通常来自于对表中某个字段的查询。

基本语法格式如下。

```
WHERE 条件判断{IN| NOT IN}
(SELECT 字段名 FROM 数据源 [WHERE] [GROUP BY][HAVING][ORDER BY][LIMIT]);
```

从上述语法可知,列子查询利用比较运算函数 IN()或 NOT IN(),判断指定的条件是否在子查询语句返回的结果集中,然后根据比较结果完成相关需求的操作。

在列子查询中可以使用 IN、ANY、SOME、ALL 和 EXISTS 运算符,不能直接使用">"">="""<""<="""="""<>"或"!="这些比较标量结果的比较运算符。

1. 使用 IN 的列子查询

在开发中经常遇到使用 IN 的列子查询。IN 的意思就是判定某个值是否在一个集合中,如果是就返回 TRUE,否则返回 FALSE,而该集合就是列子查询的结果集。也可以使用 NOT IN 来实现外部查询条件不在子查询结果集中的操作。

下面来完成如下需求:查询 employee 表中工作地点在"文章楼"或者"科研楼"的员工信息。想要完成这个功能,就要先在 dept 表中查询到"文章楼"和"科研楼"所对应的部门编号 deptno,然后在 WHERE 子句中使用"IN"运算符判断员工的部门编号是否在子查询的结果集中。其 SQL 语句如例 8-11 所示。

【例 8-11】 列子查询——使用 IN 关键字。

```
SELECT * FROM employee
WHERE deptno IN
(SELECT  deptno FROM dept WHERE location IN('文章楼', '科研楼'));
```

执行结果如图 8-14 所示。

empno	ename	jobran	mgrno	hiredate	salary	allowance	deptno
7369	石一丹	职员	7902	2020-12-17	800.00	(Null)	20
7566	陈建	副处长	7839	2005-04-02	2975.00	(Null)	20
7782	杜峰	副处长	7839	2000-06-09	2450.00	(Null)	10
7788	王美美	科长	7566	2007-04-19	3000.00	(Null)	20
7839	孙一鸣	处长	(Null)	2000-11-17	5000.00	(Null)	10
7876	张明媚	职员	7788	1999-05-23	1100.00	(Null)	20
7902	方立人	科长	7566	2001-12-03	3000.00	(Null)	20
7934	王鸣苗	职员	7782	2002-01-23	1300.00	(Null)	10

图 8-14　通过 IN 关键字实现子查询

从图 8-14 中可以看到,显示结果中的记录共有 8 条,且每条记录的 deptno 字段值为 10 或者 20。这是因为"文章楼"和"科研楼"所对应的部门编号分别为"10"和"20",所以子查询语句"SELECT deptno FROM dept WHERE location IN ('文章楼', '科研楼')"返回的结果集为(10,20),因此外层查询语句相当于"SELECT * FROM employee WHERE deptno IN (10,20)"。

2. 使用 ANY 或 SOME 的列子查询

ANY 关键字的意思是:对于子查询返回的结果集中的任何一个数据,如果比较结果为 TRUE,就返回 TRUE;如果比较结果全部为 FALSE,才会返回 FALSE。比如"10＞ANY(12,23,5,37)",由于 10＞5,所以该比较式的结果为 TRUE,即只要 10 与集合中的任意一个数值的比较结果为 TRUE,那么整个比较式就会返回 TRUE。

SOME 是 ANY 的别名,很少使用。

ANY 通常与比较运算符"＞""＞＝""＜""＜＝""＝""＜＞"或"!＝"联合使用,其中:

- ＝ANY:功能与 IN 相同。
- ＞ANY:大于子查询结果集中任意一个数据时返回 TRUE,否则返回 FALSE;也就是说,只要大于结果集中最小的数据即返回 TRUE。
- ＞＝ANY:大于或等于子查询结果集中任意一个数据时返回 TRUE,否则返回 FALSE;也就是说,只要大于或等于结果集中最小的数据即返回 TRUE。
- ＜ANY:小于子查询结果集中任意一个数据时返回 TRUE,否则返回 FALSE;也就是说,只要小于结果集中最大的数据即返回 TRUE。
- ＜＝ANY:小于或等于子查询结果集中任意一个数据时返回 TRUE,否则返回 FALSE;也就是说,只要小于或等于结果集中最大的数据即可返回 TRUE。
- ＜＞ANY:不等于子查询结果中任意一个数据时返回 TRUE,否则返回 FALSE。

NOT IN 表示与子查询结果集中所有数据都不匹配时才能返回 TRUE,而＜＞ANY 表示与子查询结果集中的任意一个数据不匹配时即可返回 TRUE。所以 NOT IN 相当于＜＞ALL(后边会讲解 ALL 的用法),而与＜＞ANY 不同。

下面来完成如下需求:查询 employee 表中月薪低于任何一个"职员"的月薪的员工信息。想要完成这个功能,就要先在 employee 表中查询到职级为"职员"的所有员工的月薪,然后在 WHERE 子句中使用"＜ANY"运算符判断员工的月薪是否小于子查询结果集中的最大值。其 SQL 语句如例 8-12 所示。

【例 8-12】　列子查询——使用 ANY 关键字。

```
SELECT * FROM employee
WHERE salary<ANY
(SELECT salary FROM employee WHERE jobrank='职员');
```

执行结果如图 8-15 所示。

empno	ename	jobran	mgrno	hiredate	salary	allowance	deptno
7369	石一丹	职员	7902	2020-12-17	800.00	(Null)	20
7521	李静	副科长	7698	2008-02-22	1250.00	500.00	30
7654	马丁	副科长	7698	2010-09-28	1250.00	1400.00	30
7876	张明媚	职员	7788	1999-05-23	1100.00	(Null)	20
7900	李长江	职员	7698	2000-12-03	950.00	(Null)	30

图 8-15　使用 ANY 关键字实现列子查询

从图 8-15 中可以看到,显示结果中的记录共有 5 条,且每条记录的 salary 字段值均小于 1300。这是因为子查询语句"SELECT salary FROM employee WHERE jobrank＝

'职员'"返回的结果集为(800，1100，950，1300)，因此外层查询语句相当于"SELECT *
FROM employee WHERE salary＜any(800,1100,950,1300)"，这样只要员工的月薪小
于 1300 便可满足条件。

3. 使用 ALL 的列子查询

ALL 关键字的意思是：对于子查询返回的结果集中的所有数据，如果比较结果都为
TRUE，才会返回 TRUE；如果比较结果中有一个为 FALSE，则返回 FALSE。比如"10＞
ALL(1,2,3,4)"，由于 10 大于集合中的所有数据，所以该比较式的结果为 TRUE，即只
要 10 大于集合中的最大值，则返回 TRUE，否则返回 FALSE。

ALL 通常与比较运算符"＞""＞＝""＜""＜＝""＜＞"或"!＝"联合使用，其中：

- ＞ALL：大于子查询结果集中所有数据时返回 TRUE，否则返回 FALSE；也就是
  说，只要大于结果集中最大的数据即可返回 TRUE。
- ＞＝ALL：大于或等于子查询结果集中所有数据时返回 TRUE，否则返回
  FALSE；也就是说，只要大于等于结果集中最大的数据即可返回 TRUE。
- ＜ALL：小于子查询结果集中所有数据时返回 TRUE，否则返回 FALSE；也就是
  说，只要小于结果集中最小的数据即可返回 TRUE。
- ＜＝ALL：小于或等于子查询结果集中所有数据时返回 TRUE，否则返回
  FALSE；也就是说，只要小于或等于结果集中最小的数据即可返回 TRUE。
- ＜＞ALL：相当于 NOT IN。

下面来完成如下需求：查询 employee 表中月薪高于所有"职员"的月薪的员工信息。
想要完成这个功能，就要先在 employee 表中查询到职级为"职员"的所有员工的月薪，然
后在 WHERE 子句中使用"＞ALL"运算符判断员工的月薪是否大于子查询结果集中的
最大值。其 SQL 语句如例 8-13 所示。

【例 8-13】 列子查询——使用 ALL 关键字。

```
SELECT * FROM employee
WHERE salary>ALL
(SELECT salary FROM employee WHERE jobrank='职员');
```

执行结果如图 8-16 所示。

empno	ename	jobran	mgrno	hiredate	salary	allowance	deptno
7499	艾冷	副科长	7698	2010-02-20	1600.00	300.00	30
7566	陈建	副处长	7839	2005-04-02	2975.00	(Null)	20
7698	徐依婷	副处长	7839	2009-05-01	2850.00	(Null)	30
7782	杜峰	副处长	7839	2000-06-09	2450.00	(Null)	10
7788	王美美	科长	7566	2007-04-19	3000.00	(Null)	20
7839	孙一鸣	处长	(Null)	2000-11-17	5000.00	(Null)	10
7844	天才瑞	副科长	7698	2000-09-08	1500.00	0.00	30
7902	方立人	科长	7566	2001-12-03	3000.00	(Null)	20

图 8-16 使用 ALL 关键字实现列子查询

　　从图 8-16 中可以看到,显示结果中的记录共有 8 条,且每条记录的 salary 字段值均大于 1300。这是因为子查询语句"SELECT salary FROM employee WHERE jobrank ＝'职员'"返回的结果集为(800,1100,950,1300),因此外层查询语句相当于"SELECT ＊ FROM employee WHERE salary＞ALL(800,1100,950,1300)",这样只要员工的月薪大于 1300 便可满足条件。

4. 使用 EXISTS 的列子查询

　　EXISTS 关键字表示存在的意思。使用 EXISTS 关键字时,子查询语句返回的并不是查询记录的结果集,而是返回一个布尔值。如果子查询语句查询到满足条件的记录(至少返回一条记录),则 EXISTS 语句就返回 TRUE,否则返回 FALSE。当子查询返回的结果为 TRUE 时,外层查询语句将进行查询,否则不进行查询。NOT EXISTS 刚好与之相反。

　　下面来完成如下需求:查询 dept 表中有员工存在的部门的信息。想要完成这个功能,就要先在 employee 表中查询每个部门的员工信息,然后在 WHERE 子句中使用"EXISTS"运算符判断子查询中是否包含满足条件的记录。其 SQL 语句如例 8-14 所示。

　　【例 8-14】　列子查询——使用 EXISTS 关键字。

```
SELECT * FROM dept
WHERE EXISTS
(SELECT ename FROM employee WHERE deptno=dept.deptno);
```

　　执行结果如图 8-17 所示。

　　从图 8-17 中可以看到,显示结果中的记录共有 3 条,其中不包含部门编号为 40 的部门信息。这是因为当子查询语句"SELECT ename FROM employee WHERE deptno＝dept.deptno"中的 dept.deptno 为 40 时,在 employee 表中并没有与之匹配的记录,从而导致子查询的结果中并没有任何记录,因此 EXISTS 语句返回 FALSE,此时外层查询并不会执行。

信息	结果 1	剖析	状态

deptno	dname	location
10	财务处	文章楼
20	研究院	科研楼
30	教务处	静思楼

图 8-17　使用 EXISTS 关键字实现列子查询

8.2.4　表子查询

　　表子查询指的是子查询的返回结果用于 FROM 数据源,它是一个符合二维表结构的数据,可以是一行一列、一列多行、一行多列或多行多列。基本语法格式如下。

```
SELECT 字段列表 FROM (SELECT 语句) [AS] 别名[WHERE][GROUP BY][HAVING][ORDER BY]
[LIMIT]);
```

　　在上述语法中,FROM 后的数据源都是表名。因此,当数据源是子查询时必须为其设置别名,同时也是为了在将查询结果作为一个表使用时,可以进行条件判断、分组、排序以及限量等操作。

　　下面来完成如下需求:查询 employee 表中平均月薪最高的部门的编号和平均月薪。为了方便大家理解,下面分步来实现该功能。

（1）查询 employee 表中所有部门的编号和平均月薪，其 SQL 语句如下所示：

SELECT deptno, AVG(salary) 平均薪资 FROM employee GROUP BY deptno;

执行结果如图 8-18 所示。

图 8-18　查询 **employee** 表中的部门编号和平均月薪

从图 8-18 中可以看到，每个部门的编号以及平均月薪均已查询成功。

（2）将步骤（1）中的查询结果当作一张名为 salary_level 的新表，然后在这张表中查找出最高的平均月薪，其 SQL 语句如下所示：

SELECT MAX(avg_salary) FROM
(SELECT deptno, AVG(salary) avg_salary FROM employee GROUP BY deptno) salary_
level;

执行结果如图 8-19 所示。

从图 8-19 中可以看到，最高的部门平均月薪为 2916.666667，接下来就可以使用在 8.2.1 节中所学的知识进行查询了。

（3）在 employee 表中查询部门平均月薪等于 2916.666667 的部门。其 SQL 语句如例 8-15 所示。

【例 8-15】　表子查询。

SELECT deptno, AVG(avg_salary) avg_salary FROM employee
GROUP BY deptno
HAVINGAVG(salary) LIKE (
SELECT MAX(avg_salary) FROM
(SELECT deptno, AVG(salary) avg_salary FROM employee GROUP BY deptno) salary_
level);

执行结果如图 8-20 所示。

图 8-19　查询 **salary_level** 表中
的最高平均月薪

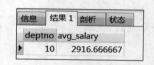

图 8-20　查询平均月薪最高
的部门编号

从图 8-20 中可以看到，已经成功查询到平均月薪最高的部门编号为 10，该部门的平均薪资为 2916.666667。

大家可能注意到了如下一点:在例 8-15 中,使用的是 LIKE 进行的数值比较。这是因为平均值函数 AVG(salary)得到的结果为 FLOAT 类型的数据,由于该类型数据的精度有可能会在最后一位或多位丢失,因此不能使用"="运算符进行比较,所以该类型的数据在进行等值比较时可以使用 LIKE 关键字。

8.2.5 使用子查询的注意事项

在使用子查询时,需要注意以下事项:

(1) 基于未知值时的查询可以考虑使用子查询。

(2) 子查询必须包含在括号内。

(3) 建议将子查询放在比较运算符的右侧,以增强可读性。

(4) 如果子查询返回单行结果(标量子查询和行子查询),则可以在外层查询中对其使用相应的单行记录比较运算符,如">"">=""<""<="""=""<>"或"!="。

(5) 如果子查询返回多行结果(列子查询和表子查询),则此时不允许对其直接使用单行记录比较运算符,但可以使用 IN、ANY、SOME、ALL 和 EXISTS 运算符。

8.3 常 用 函 数

单行函数是指对每一条记录输入值进行计算,并得到相应的计算结果,然后返回给用户。也就是说,每条记录作为一个输入参数,经过函数计算得到每条记录的计算结果。

常用的单行函数主要包括字符串函数、数值函数、日期与时间函数、流程函数以及其他函数。

8.3.1 字符串函数

字符串函数是使用频率比较高的一种用来处理字符串的函数,MySQL 提供了丰富的字符串函数,其中常用的字符串函数如表 8-1 所示。

表 8-1 MySQL 中常用的字符串函数一览表

函 数	描 述
CONCAT(str_1, str_2, $\cdots$, str_n)	将 str_1、str_2、$\cdots$、str_n 拼接成一个新的字符串
INSERT(str, index, n, newstr)	将字符串 str 从第 index 位置开始的 n 个字符替换成字符串 newstr
LENGTH(str)	获取字符串 str 的长度
LOWER(str)	将字符串 str 中的每个字符转换为小写形式
UPPER(str)	将字符串 str 中的每个字符转换为大写形式
LEFT(str, n)	获取字符串 str 最左边的 n 个字符
RIGHT(str, n)	获取字符串 str 最右边的 n 个字符
LPAD(str, n, pad)	使用字符串 pad 在 str 的最左边进行填充,直到长度为 n 个字符为止

函　　数	描　　述
RPAD(str, n, pad)	使用字符串 pad 在 str 的最右边进行填充,直到长度为 n 个字符为止
LTRIM(str)	去除字符串 str 左侧的空格
RTRIM(str)	去除字符串 str 右侧的空格
TRIM(str)	去除字符串 str 左右两侧的空格
REPLACE(str, oldstr, newstr)	用字符串 newstr 替换字符串 str 中所有的子字符串 oldstr
REVERSE(str)	将字符串 str 中的字符逆序排列
STRCMP(str1, str2)	比较字符串 str1 和 str2 的大小
SUBSTRING(str, index, n)	获取字符串 str 从第 index 位置开始的 n 个字符

下面通过几个示例来演示一下 CONCAT()函数、LENGTH()函数、LOWER()函数、UPPER()函数、REPLACE()函数以及 SUBSTRING()函数。

1. CONCAT()函数的使用

查询 employee 表中部门编号 deptno 为 10 的所有员工,并使用 CONCAT()函数,将查询结果中数据的显示格式设置为"姓名:xxx,部门: xxx,员工职级: xxx,年薪: xxx"。其 SQL 语句如例 8-16 所示。

【例 8-16】 使用 CONCAT()函数的查询。

```
SELECT CONCAT ('姓名: ',ename, ',部门: ', deptno, ',员工职级: ', jobrank, ',年薪: ',
salary * 12) info FROM employee WHERE deptno=10;
```

执行结果如图 8-21 所示。

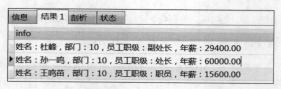

图 8-21　使用 CONCAT()函数的查询

从图 8-21 中可以看到,查询结果中数据记录的显示格式与之前设定的格式一致。CONCAT()函数的参数类型可以为字符串类型或者非字符串类型,对于非字符串类型的参数,MySQL 将尝试将其转化为字符串类型,然后进行字符串的拼接。

2. LENGTH()函数的使用

如果要根据字符串的长度来指定查询条件的话,就会用到 LENGTH()函数。比如:查询 employee 表中员工姓名 ename 长度为 6 的所有员工信息,其 SQL 语句如例 8-17 所示。

【例 8-17】 使用 LENGTH()函数的查询。

```
SELECT * FROM employee WHERE LENGTH(ename)=6;
```

执行结果如图 8-22 所示。

信息	结果 1	剖析	状态					
empno	ename	jobrank	mgrno	hiredate	salary	allowance	deptno	
7499	艾冷	副科长	7698	2010-02-20	1600.00	300.00	30	
7521	李静	副科长	7698	2008-02-22	1250.00	500.00	30	
7566	陈建	副处长	7839	2005-04-02	2975.00	(Null)	20	
7654	马丁	副科长	7698	2010-09-28	1250.00	1400.00	30	
7782	杜峰	副处长	7839	2000-06-09	2450.00	(Null)	10	

图 8-22　使用 LENGTH() 函数的查询

从图 8-22 中可以看到,查询结果中记录的 ename 字段值的长度均为 6。

3. LOWER() 和 UPPER() 函数的使用

LOWER() 和 UPPER() 函数可以将字符串类型的数据显示格式设置为全部小写或者全部大写。

【例 8-18】 使用 LOWER() 和 UPPER() 函数的查询。

```
SELECT 'lihui',LOWER('LIHUI'),UPPER('lihui') FROM DUAL
```

执行结果如图 8-23 所示。

从图 8-23 中可以看到,ename 字段的值原本是只有第一个字符大写,在使用了 LOWER() 和 UPPER() 函数后,该字段的值中所有的字符均转换成了小写或者大写形式。

4. REPLACE() 函数的使用

使用 REPLACE() 函数可以将查询结果中字符串类型的数据用新的字符串代替。比如,查询 employee 表中员工职级 jobrank 为"副科长"的员工的姓名 ename 及员工职级 jobrank,并将 jobrank 字段的值用"副科长_正科级"替换(为了增强对比性,在查询结果中保留原有的 jobrank 字段的值,新增 newjobrank 字段,其值为"副科长_正科级")。其 SQL 语句如例 8-19 所示。

【例 8-19】 使用 REPLACE() 函数的查询。

```
SELECT ename, jobrank,REPLACE (jobrank, '副科长', '副科长_正科级') newjobrank
FROM employee WHERE jobrank='副科长';
```

执行结果如图 8-24 所示。

信息	结果1	概况	状态
lihui	LOWER('LIHUI')		UPPER('lihui')
lihui	lihui		LIHUI

图 8-23　使用 LOWER() 和 UPPER() 函数的查询

信息	结果 1	剖析	状态
ename	jobrank		newjobrank
艾冷	副科长		副科长_正科级
李静	副科长		副科长_正科级
马丁	副科长		副科长_正科级
天才瑞	副科长		副科长_正科级

图 8-24　使用 REPLACE() 函数的查询

从图 8-24 中可以看到,使用 REPLACE() 函数后,成功地将字符串"副科长"替换为"副科长_正科级"。

5. SUBSTRING()函数的使用

使用 SUBSTRING()函数可以获取查询结果中字符串类型数据的子字符串。比如,查询 employee 表中员工职级 jobrank 为"职员"的员工的姓名 ename 及员工职级 jobrank,并在查询结果中增加 subname 字段,用来显示员工姓名的后两个字符。其 SQL 语句如例 8-20 所示。

【例 8-20】 使用 SUBSTRING()函数的查询。

```
SELECT ename,SUBSTRING(ename, 2, 2) subname, jobrank FROM employee WHERE
jobrank='职员';
```

执行结果如图 8-25 所示。

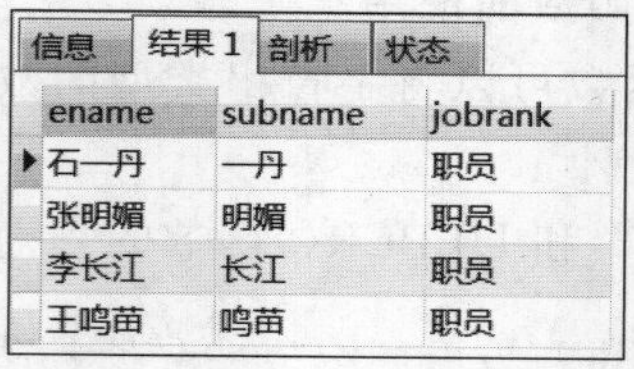

信息	结果 1	剖析	状态

ename	subname	jobrank
石一丹	一丹	职员
张明媚	明媚	职员
李长江	长江	职员
王鸣苗	鸣苗	职员

图 8-25   使用 SUBSTRING()函数的查询

从图 8-25 中可以看到,使用 SUBSTRING()函数后,成功地获取了原有字符串的后两个字符。在此要注意一点:字符串第一个字符的索引为 1,而不是 0,大家不要将其与其他高级语言混淆了。

8.3.2   数值函数

数值函数是用来处理数值运算的函数,常用的数值函数如表 8-2 所示。

表 8-2   MySQL 中常用的数值函数一览表

函　　数	描　　述
ABS(num)	返回 num 的绝对值
CEIL(num)	返回大于 num 的最小整数(向上取整)
FLOOR(num)	返回小于 num 的最大整数(向下取整)
MOD(num1, num2)	返回 num1/num2 的余数(取模)
PI()	返回圆周率的值
POW(num,n)或 POWER(num, n)	返回 num 的 n 次方
RAND(num)	返回 0～1 的随机数
ROUND(num, n)	返回 num 四舍五入后的值,该值保留到小数点后 n 位
TRUNCATE(num, n)	返回 num 被舍去至小数点后 n 位的值

数值函数的应用将在 MySQL 提供的一张虚拟表中进行演示,该表名为 DUAL,是 MySQL 为了满足用户的"SELECT … FROM…"习惯而增设的一张虚拟表。在使用

DUAL 表时,如果没有 WHERE 子句,则可以省略"FROM DUAL"。

下面通过几个示例来演示一下表 8-2 中的几种数值函数。

1. ABS()、CEIL()、FLOOR()、MOD()、PI()和 POW()函数的使用

下面在一个 SQL 语句中将 ABS()、CEIL()、FLOOR()、MOD()、PI()和 POW()这六种函数的作用演示一下,如例 8-21 所示。

【例 8-21】 使用 ABS()、CEIL()、FLOOR()、MOD()、PI()和 POW()函数的查询。

```
SELECT ABS(-1), CEIL(3.2), FLOOR(3.7), MOD(3, 2), PI( ), POW(2, 3) FROM dual;
```

或者:

```
SELECT ABS(-1), CEIL(3.2), FLOOR(3.7), MOD(3, 2), PI( ), POW(2, 3);
```

执行结果如图 8-26 所示。

信息	结果 1	剖析	状态		
ABS(-1)	CEIL(3.2)	FLOOR(3.7)	MOD(3, 2)	PI( )	POW(2, 3)
1	4	3	1	3.141593	8

图 8-26 使用 **ABS()、CEIL()、FLOOR()、MOD()、PI()和 POW()**函数的查询

从图 8-26 中可以看到,ABS()函数的作用是取绝对值;CEIL()的作用是向上取整;FLOOR()的作用是向下取整;MOD()的作用是取模;PI()的作用是获取圆周率的值 3.141593;POW()的作用是求一个数的 n 次方。

2. RAND()函数的使用

RAND()函数返回的是一个浮点类型的随机数,该随机数的范围为 0～1.0,包括 0 但不包括 1.0。RAND()函数的使用如例 8-22 所示。

【例 8-22】 使用 RAND()函数的查询(产生 0～1 的随机浮点数)。

```
SELECT RAND(), RAND(), RAND(), RAND();
```

执行结果如图 8-27 所示。

信息	结果 1	剖析	状态	
RAND( )	RAND( )(1)	RAND( )(2)	RAND( )(3)
0.5563881374489406	0.9571014223220772	0.11634272999720902	0.7104094137534587

图 8-27 使用 **RAND()**函数的查询

从图 8-27 中可以看到,RAND()函数产生的随机数确实在 0～1.0 内。还可以利用 RAND()和 FLOOR()函数的组合"FLOOR(i+RAND() * (j-i))"来生成 i～j 的整数,包括 i 但不包括 j。如例 8-23 所示。

【例 8-23】 使用 RAND()函数的查询(产生 5～12 的随机整数)。

```
SELECT FLOOR(5+RAND() * (12-5)) 随机数 1, FLOOR(5+RAND() * (12-5)) 随机数 2, FLOOR
(5+RAND() * (12-5)) 随机数 3, FLOOR(5+RAND() * (12-5)) 随机数 4, FLOOR(5+RAND() *
(12-5)) 随机数 5, FLOOR(5+RAND() * (12-5)) 随机数 6;
```

执行结果如图 8-28 所示。

图 8-28　使用 RAND() 函数的查询（产生 5～12 的随机整数）

从图 8-28 中可以看到，随机产生的 6 个整数范围均在 5～12 内。

注意：RAND() 与 RAND(N) 的区别是，前者是随机指定随机种子，所以每次产生的随机数基本不相同；后者是指定随机种子（如 RAND(1)），则每次产生的随机数是固定的。

3. ROUND() 函数的使用

ROUND() 函数有两种用法：ROUND(num) 和 ROUND(num，n)，前者没有写参数 n，则默认 n 的值为 0，也就是返回 num 四舍五入后的整数值；后者则表示可以保留 n 位小数。如例 8-24 所示。

【例 8-24】　使用 ROUND() 函数的查询。

```
SELECT ROUND(3.236), ROUND(3.236, 1), ROUND(3.236, 2);
```

执行结果如图 8-29 所示。

信息	结果1	剖析	状态
ROUND(3.236)		ROUND(3.236, 1)	ROUND(3.236, 2)
3		3.2	3.24

图 8-29　使用 ROUND() 函数的查询

从图 8-29 中可以看到，ROUND(3.236) 的结果就是 3.236 四舍五入后的整数值，而 ROUND(3.236，1) 和 ROUND(3.236，2) 则分别保留了 1 位和 2 位小数。

4. TRUNCATE() 函数的使用

TRUNCATE() 函数与 ROUND() 函数的区别在于前者是直接截断，而不是四舍五入，其用法如例 8-25 所示。

【例 8-25】　使用 TRUNCATE() 函数的查询。

```
SELECT TRUNCATE(3.236, 0), TRUNCATE(3.236, 1), TRUNCATE(3.236, 2);
```

执行结果如图 8-30 所示。

信息	结果1	剖析	状态
TRUNCATE(3.236, 0)	TRUNCATE(3.236, 1)	TRUNCATE(3.236, 2)
3	3.2	3.23

图 8-30　使用 TRUNCATE() 函数的查询

从图 8-30 中可以看到，TRUNCATE(3.236，0)、TRUNCATE(3.236，1) 和 TRUNCATE(3.236，2) 的结果分别是将 3.236 截断至只包含 0 位、1 位和 2 位小数。

8.3.3　日期与时间函数

日期与时间函数在开发中也会经常用到,如获取系统当前时间,获取 2017 年 10 月 1 号是星期几,以及从今天开始再增加 35 天是几月几号等,而这些功能的实现就需要用到日期与时间函数。MySQL 提供了丰富的日期与时间函数,其中常用的日期与时间函数如表 8-3 所示。

表 8-3　MySQL 中常用的日期与时间函数一览表

函　　数	描　　述
CURDATE()	返回当前日期
CURTIME()	返回当前时间
NOW()	返回当前日期和时间
SYSDATE()	返回该函数执行时的日期和时间
DAYOFYEAR(date)	返回日期 date 为一年中的第几天
WEEK(date) 或 WEEKOFYEAR(date)	返回日期 date 为一年中的第几周
DATE_FORMAT(date, format)	返回按字符串 format 格式化后的日期 date
DATE_ADD(date, INTERVAL expr unit) 或 ADDDATE(date, INTERVAL expr unit)	返回 date 加上一个时间间隔后的新时间值
DATE_SUB(date, INTERVAL expr unit) 或 SUBDATE(date, INTERVAL expr unit)	返回 date 减去一个时间间隔后的新时间值
DATEDIFF(date1, date2)	返回起始日期 date1 与结束日期 date2 之间的间隔天数

下面通过几个示例来演示一下表 8-3 中列出的几种函数。

1. CURDATE()、CURTIME()和 NOW()函数的使用

CURDATE()返回当前日期,只包含年月日;CURTIME()返回当前时间,只包含时分秒;NOW()返回当前日期和时间,包含年月日时分秒。如例 8-26 所示。

【例 8-26】 使用 CURDATE()、CURTIME()和 NOW()函数的查询。

```
SELECT CURDATE(), CURTIME(), NOW();
```

执行结果如图 8-31 所示。

图 8-31　使用 **CURDATE()、CURTIME()和 NOW()**函数的查询

2. SYSDATE()函数的使用

SYSDATE()返回的是该函数执行时的日期和时间,包括年、月、日、时、分、秒,其与

NOW()函数的区别在于：NOW()函数返回的是其所在 SQL 语句开始执行的日期和时间。两者的具体区别如例 8-27 所示。

【例 8-27】 使用 SYSDATE()和 NOW()函数的查询。

```
SELECT NOW(), SYSDATE(), SLEEP(2), SYSDATE(), NOW();
```

执行结果如图 8-32 所示。

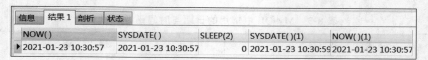

图 8-32 使用 SYSDATE()和 NOW()函数的查询

从图 8-32 中可以看到，在使用休眠函数 SLEEP()休眠 2 秒后，先后两次使用 SYSDATE()函数获取的时间相差 2 秒，而先后两次使用 NOW()函数则没有区别，即第二次获取的时间与第一次相同。

3. DAYOFYEAR()和 WEEK()函数的使用

DAYOFYEAR()、WEEK()函数可以分别获取某个日期是所在年份的第几天、第几周，如例 8-28 所示。

【例 8-28】 使用 DAYOFYEAR()和 WEEK()函数的查询。

```
SELECT DAYOFYEAR('2020-8-24'), WEEK('2020-8-24');
```

执行结果如图 8-33 所示。

信息	结果 1	剖析	状态
DAYOFYEAR('2020-8-24')		WEEK('2020-8-24')	
237		34	

图 8-33 使用 DAYOFYEAR()和 WEEK()函数的查询

从图 8-33 中可以看到，2020 年 8 月 24 日是 2020 年的第 237 天和第 34 周。

4. DATE_ADD()和 DATE_SUB()函数的使用

DATE_ADD()和 DATE_SUB()函数用来实现日期的加减运算。这两个函数需要指定三个参数：以 DATE_SUB(date, INTERVAL expr unit)为例，其中 date 为原始日期，INTERVAL 是表示间隔类型的关键字，unit 表示间隔类型，expr 表示与间隔类型对应的表达式。MySQL 中提供了多种间隔类型，如表 8-4 所示。

表 8-4 MySQL 中支持的间隔类型一览表

间 隔 类 型	描　　述
MICROSECOND	微秒
SECOND	秒
MINUTE	分

续表

间 隔 类 型	描　　述
HOUR	小时
DAY	日
WEEK	周
MONTH	月
QUARTER	季度
YEAR	年
SECOND_MICROSECOND	秒和微秒,'SECONDS.MICROSECONDS'
MINUTE_MICROSECOND	分和微秒,'MINUTES:SECONDS.MICROSECONDS'
MINUTE_SECOND	分和秒,'MINUTES:SECONDS'
HOUR_MICROSECOND	小时和微秒,'HOURS:MINUTES:SECONDS.MICROSECONDS'
HOUR_SECOND	小时和秒,'HOURS:MINUTES:SECONDS'
HOUR_MINUTE	小时和分,'HOURS:MINUTES'
DAY_MICROSECOND	日和微秒,'DAYS HOURS:MINUTES:SECONDS.MICROSECONDS'
DAY_SECOND	日和秒,'DAYS HOURS:MINUTES:SECONDS'
DAY_MINUTE	日和分,'DAYS HOURS:MINUTES'
DAY_HOUR	日和小时,'DAYS HOURS'
YEAR_MONTH	年和月,'YEARS-MONTHS'

下面来演示一下 DATE_ADD() 函数的使用,如例 8-29 所示。

【例 8-29】 使用 DATE_ADD() 函数的查询。

```
SELECT NOW() 'now time', DATE_ADD(NOW(), interval '1_2' year_month) 'after 1
year 2 month', DATE_ADD(NOW(), interval 30 day) 'after 30 day';
```

执行结果如图 8-34 所示。

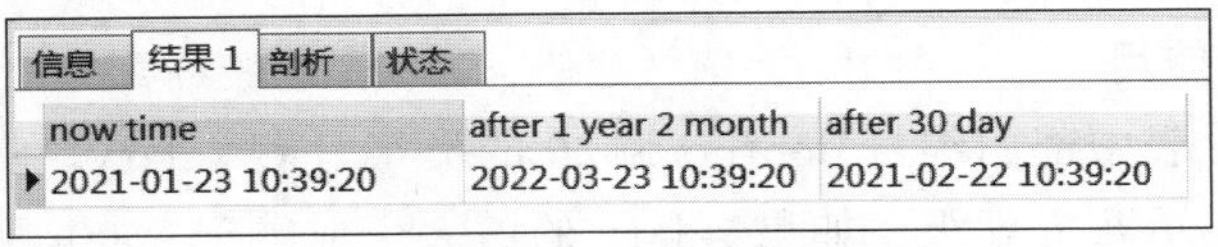

图 8-34　使用 DATE_ADD() 函数的查询

从图 8-34 中可以看到,当前日期是 2021-01-23,加上 1 年 2 个月后的日期是 2022-03-23,而加上 30 天后的日期是 2021-02-22。

5. DATEDIFF() 函数的使用

DATEDIFF() 函数可以计算两个日期之间的时间间隔,比如计算一下距离 2020 年 10 月 1 日还有多长时间,如例 8-30 所示。

【例 8-30】 使用 DATEDIFF( )函数的查询。

```
SELECT NOW() '当前日期',DATEDIFF ('2022-02-04', NOW()) '距离冬奥会的天数';
```

执行结果如图 8-35 所示。

图 8-35 DATEDIFF( )函数的查询

从图 8-35 中可以看到,当前日期(2021 年 1 月 23 日)距离 2022 年 2 月 4 日还有 377 天的时间。

8.3.4 流程函数

流程函数可以用来实现在 SQL 语句中的条件选择,MySQL 提供了 5 种流程函数, 如表 8-5 所示。

表 8-5 MySQL 中的流程函数一览表

间 隔 类 型	描 述
IF(condition,t,f)	如果条件 condition 为真,则返回 t,否则返回 f
IFNULL(value1,value2)	如果 value1 不为 null,则返回 value1,否则返回 value2
NULLIF(value1,value2)	如果 value1 等于 value2,则返回 null,否则返回 value1
CASE value WHEN [value1] THEN result1 [WHEN [value2] THEN result2 …] [ELSE result] END	如果 value 等于 value1,则返回 result1,…,否则返回 result
CASE WHEN [condition1] THEN result1 [WHEN [condition2] THEN result2 …] [ELSE result] END	如果条件 condition1 为真,则返回 result1,…,否则返回 result

下面来分别演示一下表 8-5 中所列出的 5 种函数的使用。

1. IF( )函数的使用

查询 employee 表中部门编号 deptno 为 20 的员工月薪 salary,在查询结果中使用字段 salary_level 来表示薪资等级。如果 salary 的值大于或等于 3000,则用 high 表示高薪, 否则用 low 表示低薪。其 SQL 语句如例 8-31 所示。

【例 8-31】 使用 IF( )函数的查询。

```
SELECT ename, deptno, salary,IF(salary>=3000, 'high', 'low') salary_level FROM
employee WHERE deptno=20;
```

执行结果如图 8-36 所示。

从图 8-36 中可以看到,deptno 为 20 的 5 位员工中 salary 字段的值小于 3000 的薪资

图 8-36　使用 IF() 函数的查询

水平为 low，而大于或等于 3000 的为 high。

2. IFNULL() 函数的使用

在使用 IFNULL() 函数之前，先来查询一下 employee 表中部门编号 deptno 为 20 的员工的年总收入（年薪＋津贴），其 SQL 语句如下所示。

【**例 8-32**】　查询一下 employee 表中部门编号 deptno 为 30 的员工的年总收入（年薪＋津贴）。

```
SELECT ename, deptno, jobrank, salary * 12+allowance year_income FROM employee
WHERE deptno=30;
```

执行结果如图 8-37 所示。

从图 8-37 中可以看到，6 位员工中的 2 位年总收入居然为 null，这是因为这两位员工的津贴 allowance 字段的值为 NULL，因此导致"salary * 12＋allowance"的最终结果为 NULL。但实际情况应该是 allowance 字段的值为 NULL 时，"salary * 12＋allowance"表达式应该为"salary * 12＋0"，而不是"salary * 12＋null"，遇到这种情况可以使用 IFNULL() 函数来解决，其 SQL 语句如例 8-33 所示。

【**例 8-33**】　使用 IFNULL() 函数的查询。

```
SELECT ename, deptno, jobrank, salary * 12+ IFNULL(allowance, 0) year_income
FROM employee WHERE deptno=30;
```

执行结果如图 8-38 所示。

图 8-37　查询员工年总收入运行效果图

图 8-38　使用 IFNULL() 函数的查询

由图 8-38 与图 8-37 对比可知，使用 IFNULL() 函数后，已经完美地解决了之前两位员工年总收入为 NULL 的问题。

3. NULLIF() 函数的使用

NULLIF(value1，value2) 函数可以判断 value1 是否等于 value2，如果相等则返回

NULL,否则返回 value1。下面使用虚拟表 DUAL 来演示一下 NULLIF()函数的作用,如例 8-34 所示。

【例 8-34】 使用 NULLIF()函数的查询。

```
SELECT NULLIF(1,1), NULLIF(1,2) FROM dual;
```

执行结果如图 8-39 所示。

从图 8-39 中可以看到,NULLIF(1,1) 的结果为 NULL,这是因为 1=1;而 NULLIF(1,2) 的结果为 1,因为 1<>2,所以返回函数第一个参数的值即 1。

4. CASE⋯WHEN⋯THEN⋯函数的使用

在例 8-31 中,使用 IF()函数实现了薪资水平高低分类的需求,其实这个需求也可以使用 CASE⋯WHEN⋯THEN⋯函数来实现,如例 8-35 所示。

【例 8-35】 使用 CASE⋯WHEN⋯THEN⋯函数的查询。

```
SELECT ename, deptno, salary,CASE salary>=3000 WHEN true then 'high' ELSE 'low'
END salary_level FROM employee WHERE deptno=20;
```

或者:

```
SELECT ename, deptno, salary,CASE WHEN salary>=3000 TEHN 'high' ELSE 'low' END
salary_level FROM employee WHERE deptno=20;
```

执行结果如图 8-40 所示。

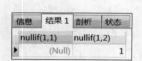

信息	结果 1	剖析	状态
nullif(1,1)	nullif(1,2)		
(Null)	1		

信息	结果 1	剖析	状态
ename	deptno	salary	salary_level
▶ 石一丹	20	800.00	low
陈建	20	2975.00	low
王美美	20	3000.00	high
张明媚	20	1100.00	low
方立人	20	3000.00	high

图 8-39 使用 NULLIF()函数的查询   图 8-40 使用 CASE⋯WHEN⋯THEN⋯函数的查询

从图 8-40 中可以看到,使用 CASE⋯WHEN⋯THEN⋯函数也可以实现薪资水平高低分类的需求。

8.3.5 JSON 类型数据操作函数

JSON 是一种轻量级的数据交换格式,采用了独立于语言的文本格式。它类似于 XML,但是比 XML 简单,易读并且易编写。对机器来说易于解析和生成,并且会减少网络带宽的传输。

JSON 的格式非常简单:即名称/键值。之前 MySQL 版本里面要实现这样的存储,要么用 VARCHAR,要么用 TEXT 大文本。MySQL 5.7 发布后,专门设计了 JSON 数据类型,以及关于这种类型的检索及其他函数解析。

在 MySQL 5.7 中,还新增了对 JSON 数据进行操作的 JSON 函数。其中常用的

JSON 函数和其他函数分别如表 8-6 所示。

表 8-6 MySQL 中常用的 JSON 函数一览表

函　　数	描　　述
JSON_APPEND()	在 JSON 文档中追加数据
JSON_INSERT()	在 JSON 文档中插入数据
JSON_REPLACE()	替换 JSON 文档中的数据
JSON_REMOVE()	从 JSON 文档的指定位置移除数据
JSON_CONTAINS()	判断 JSON 文档中是否包含某个数据
JSON_SEARCH()	查找 JSON 文档中给定字符串的路径

为了讲解 JSON 数据类型的操作，先创建 book 表。

```
CREATE TABLE book (
id MEDIUMINT(8) UNSIGNED NOT NULL AUTO_INCREMENT,
title VARCHAR(200) NOT NULL,
tags JSON DEFAULT NULL,
PRIMARY KEY ('id')
) ENGINE=InnoDB;
```

通过 INSERT 语句向表中插入数据。

```
INSERT INTO book ('title', 'tags')
VALUES ('MySQL 数据库技术与应用','["MySQL", "数据库"]'),('PHP 网站设计与开发',
'["PHP","程序设计"]'),('Python 语言程序设计','["Python","程序设计"]');
```

【例 8-36】　利用 JSON_CONTAINS 查找带有标签"程序设计"的所有书目。

```
SELECT * FROM book
WHERE JSON_CONTAINS(tags, '["程序设计"]');
```

执行结果如图 8-41 所示。

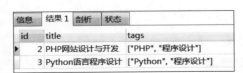

图 8-41　查找带有标签"程序设计"的所有书目

【例 8-37】　利用 JSON_SEARCH 查找标签中以"数据"开头的书目。

```
SELECT * FROM book
WHERE JSON_SEARCH(tags, 'one', '数据%') IS NOT NULL;
```

执行结果如图 8-42 所示。

上述例子中，SON_SEARCH 函数中 3 个参数的含义如下：

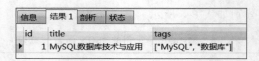

图 8-42　查找标签中以"数据"开头的书目

（1）要查找的文档。

（2）查找的范围。有两个选项：one 指示查找第一个符合条件的记录，all 则指示查找所有符合条件的记录。

（3）查找的条件。

8.3.6　系统函数

MySQL 除了提供前面讲解到的字符串函数、数值函数、日期与时间函数以及流程函数外，还提供了一些用于实现特殊功能的其他函数，比如系统函数，如表 8-7 所示。

表 8-7　MySQL 中常用的其他函数一览表

函　　数	描　　述
DATABASE()	返回当前数据库名
VERSION()	返回当前 MySQL 的版本号
USER()	返回当前登录的用户名
INET_ATON(IP)	返回 IP 地址的数字表示
INET_NTOA	返回数字代表的 IP 地址
PASSWORD(str)	实现对字符串 str 的加密操作
FORMAT(num, n)	实现对数字 num 的格式化操作，保留 n 位小数
CONVERT(data, type)	实现将数据 data 转换成 type 类型的操作

【例 8-38】　获取 MySQL 版本号、连接数、数据库名和当前用户。

```
SELECT VERSION(),CONNECTION_ID(),DATABASE(),CURRENT_USER();
```

执行结果如图 8-43 所示。

信息	结果 1	剖析	状态

VERSION()	CONNECTION_ID()	DATABASE()	CURRENT_USER()
8.0.19	8	yggl	root@localhost

图 8-43　系统函数

8.4　本章小结

本章主要介绍了交叉连接查询、自然连接查询、内连接查询、外连接查询以及子查询，还介绍了在查询中常用的字符串函数、数值函数、日期与时间函数、流程函数以及 JSON

函数和系统函数等的使用。

8.5　思考与练习

1. 简述连接操作的分类以及每种操作的特点。

2. 简述子查询在使用过程中的注意事项。

3. 简述左外连接和右外连接的区别。

4. 简述如何使用自然连接。

5. 建立两张表,表中数据与本章使用的 employee 表和 dept 表中的数据相同。然后使用执行多表查询的 SQL 语句完成如下需求。

（1）查询从事同一种职级但不属于同一部门的员工信息。

（2）查询各个部门的详细信息以及部门人数和部门平均月薪。

（3）查询 10 号部门的员工以及领导信息。

（4）查询月薪为某个部门平均月薪的员工信息。

（5）查询月薪高于本部门平均月薪的员工信息。

（6）查询月薪高于本部门平均月薪的员工信息及其部门的平均月薪。

（7）查询所有员工月薪都大于 1000 元的部门信息。

（8）查询所有员工月薪都大于 1000 元的部门信息及其员工信息。

（9）查询所有员工月薪都在 900～3000 元的部门信息。

（10）查询月薪为 900～3000 元的所有员工所在部门的员工信息。

（11）查询每个员工的领导所在部门的信息。

（12）查询 30 号部门中月薪排序前 3 名的员工信息。

6. 下列不属于 WHERE 子查询的是（　　）。

    A. 标量子查询　　　　B. 列子查询　　　　C. 行子查询　　　　D. 表子查询

7. 以下连接查询中,（　　）仅会保留符合条件的记录。

    A. 左外连接　　　　B. 右外连接　　　　C. 内连接　　　　D. 自连接

8. 下列选项中数据来自子查询的是（　　）。

    A. EXISTS 子查询　　　　　　　　　　B. 表子查询

    C. 行子查询　　　　　　　　　　　　　D. 以上答案都不正确

9. 在 SELECT 语句中,可以使用（　　）子句,将结果集中的数据行根据选择列的值进行逻辑分组,以便能汇总表内容的子集,即实现对每个组的聚集计算。

    A. ORDER BY　　　　B. GROUP BY　　　　C. WHERE　　　　D. IN

10. 在子查询中,（　　）关键字表示满足其中任意一个条件。

    A. IN　　　　　　B. ANY　　　　　　C. ALL　　　　　　D. EXISTS

第 9 章

视　　图

MySQL 从 5.0.1 版本开始支持视图。视图是一个虚拟表,其内容来自查询语句的结果集。视图可以增强数据库系统的安全性,因为使用视图的用户只能访问被允许查看的数据,而不是数据库中基础表的全部数据。下面将会详细讲解视图的概念和作用及与视图相关的创建、查看、修改和删除操作。

9.1　视　图　简　介

9.1.1　视图的概念

视图是一个从单张或多张基础数据表或其他视图中构建出来的虚拟表。同基础表一样,视图中也包含了一系列带有名称的列和行数据,但是数据库中只是存放视图的定义,也就是动态检索数据的查询语句,而并不存放视图中的数据,这些数据依旧存放于构建视图的基础表中。只有当用户使用视图时才去数据库中请求相对应的数据,即视图中的数据是在引用视图时动态生成的。因此视图中的数据依赖于构建视图的基础表,如果基础表中的数据发生了变化,视图中相应的数据也会跟着改变。

9.1.2　使用视图的原因

既然视图来源于基础数据表,那为什么还要定义视图呢? 这是因为合理地使用视图能够带来如下许多好处。

1. 视图能简化用户操作

视图可以使用户将注意力集中在所关心地数据上,而不需要关心数据表的结构、与其他表的关联条件以及查询条件等。

对数据库中数据的查询有时会非常复杂,如多表查询中的连接查询和子查询等。如果这样的查询需要多次使用时,都需要编写相同的 SQL 语句,这不仅会增加用户的工作量,而且不一定能够保证每次编写的正确性,所以视图的优势就体现出来了。可以将经常使用的复杂查询定义为一个视图,然后每次只需要在此视图上进行一些简单查询即可,从而大大简化了用户的操作难度。例如,那些定义了若干张表连接的视图就可以将表与表之间的连接操作对用户隐藏起来,换句话说,用户所做的只是对一个虚拟表的简单查询。至于这个虚拟表是如何得到的,使用视图的用户则无需了解。

2. 视图能够对机密数据提供安全保护

有了视图,就可以在设计数据库应用系统时,对不同的用户定义不同的视图,避免机密数据(如敏感字段 salary)出现在不应该看到这些数据的用户视图上。这样视图就自动提供了对机密数据的安全保护功能。例如,Student 表涉及全校 15 个院系的学生数据,因此可以根据 Student 表定义 15 个视图,每个视图只包含一个院系的学生数据,并且只允许每个院系的主任查询和修改本院系的学生视图。

也就是说通过视图,用户只能访问被允许访问的数据。这种对于表中的某些行或者某些列数据的限制是不能通过对表的权限管理(数据库对用户的权限管理)来实现的,但使用视图却可以轻松实现。

3. 视图提供了一定程度上的数据逻辑独立性

数据的逻辑独立性是指当数据库中的表结构发生变化时,如增加新的关系或对原有的关系增加新的字段,用户的应用程序不会受影响。而一旦视图的结构确定后,就可以屏蔽基础表的结构变化对用户的影响:基础表增加字段对视图没有任何影响。当然,视图只能在一定程度上提供数据的逻辑独立性:基础表修改字段时,仍然需要通过修改视图来解决,但不会给用户造成很大的麻烦。

9.2　创 建 视 图

视图是一个从单张或多张基础数据表或其他视图中构建出来的虚拟表,所以视图的作用类似于对数据表进行筛选。因此除了使用创建视图的关键字 CREATE VIEW 外,还必须使用 SQL 语句中的 SELECT 语句来实现视图的创建。创建视图的 SQL 语法如下所示:

```
CREATE [OR REPLACE] [ALGORITHM={UNDEFINDE | MERGE | TEMPTABLE}]
VIEW view_name [(column_list)]
AS select_statement
[WITH [CASCADED | LOCAL] CHECK OPTION];
```

其中:

CREATE VIEW:为创建视图所使用的关键字。

OR REPLACE:可选项,若给定了 OR REPLACE,则表示新视图将会覆盖掉数据库中同名的原有视图。

ALGORITHM:可选项,表示视图选择的执行算法。

UNDEFINDE:表示 MySQL 会自动选择视图的执行算法。当用户创建视图时,MySQL 默认使用一种 UNDEFINDE 的处理算法,即在 MERGE 和 TEMPTABLE 两种算法中自动选择其中的一种。

MERGE:视图的执行算法之一,这种算法会将引用视图的语句与视图定义合并起来,使得视图定义的某一部分取代语句的对应部分。

TEMPTABLE:视图的执行算法之一,这种算法会将视图的结果置于临时表中,然后使用该临时表执行语句。

view_name:表示将要创建的视图名称。

column_list:可选项,表示视图中的字段列表。如果不指定字段列表,也就是默认情况下,该字段列表与 SELECT 子句中指定的字段列表相同。

　　AS:用于指定视图要执行的操作。

　　select_statement:表示一条完整的查询语句,通过该查询语句可从若干张表或其他的视图中查询到满足条件的记录,这些记录就是视图中的数据。

　　WITH CHECK OPTION:可选项,用来限制插入或更新到视图中的记录。

　　CASCADED:表示更新视图时需要满足与该视图相关的所有视图和表的条件。没有指明时,该参数为默认值。

　　LOCAL:表示更新视图时只要满足该视图本身定义的条件即可。

　　在创建视图时,用户不仅需要有 CREATE VIEW 权限,还需要有查询所涉及数据的 SELECT 权限。如果要查看视图,还需要有 SHOW VIEW 权限。如果使用 CREATE OR REPLACE,则还需要 DROP 权限;如果使用 ALTER VIEW,则需要 SUPER 权限。

　　在创建视图之前先来做以下准备工作:

　　(1)查看用户权限。首先创建一个新的数据库 yggl,目前该数据库系统中的用户有两个(root 和 mysql.sys),这里使用的是 root 用户。然后使用 SELECT 语句查看该数据库下的 root 用户权限,其 SQL 语句如例 9-1 所示。

【例 9-1】　查看 root 用户的权限。

```
SELECT select_priv, create_view_priv, show_view_priv, drop_priv, super_priv
FROM mysql.user WHERE user='root';
```

执行结果如图 9-1 所示。

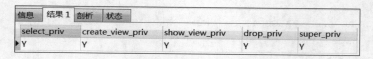

信息	结果1	剖析	状态	
select_priv	create_view_priv	show_view_priv	drop_priv	super_priv
▶ Y	Y	Y	Y	Y

图 9-1　查看 root 用户权限

　　例 9-1 中 select_priv、create_view_priv、show_view_priv、drop_priv 和 super_priv 分别表示 SELECT 权限、CREATE VIEW 权限、SHOW VIEW 权限、DROP 权限以及 SUPER 权限;mysql.user 表示 MySQL 数据库下面的 user 表。从图 9-1 中可以看到,所使用的 root 用户具有以上 5 种权限(Y 表示用户具有该权限,N 表示用户没有该权限)。

　　(2)创建测试表:创建一张名为 dept 的部门表和名为 employee 的员工表,两张表的结构及插入的数据与第 8 章中的两张同名表相同(具体参照第 8 章的内容,在此不再赘述)。

　　下面就可以使用 root 用户根据单表或多表创建视图了。

9.2.1　在单表上创建视图

　　通俗地讲,视图就是一条 SELECT 语句执行后返回的结果集。所以在创建视图的时候,主要工作就落在了如何创建这条 SQL 查询语句上。

　　下面使用视图实现隐藏 employee 表中的月薪 salary 和津贴 allowance 字段的功能,

其 SQL 语句如例 9-2 所示。

【例 9-2】 在单表上创建 view1_emp 视图。

```
CREATE VIEW view1_emp
AS SELECT empno, ename,jobrank, mgrno, hiredate, deptno FROM employee;
```

执行结果如图 9-2 所示。

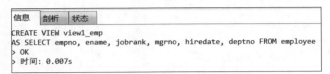

图 9-2 在单张表上创建视图

在例 9-2 中创建了名为 view1_emp 的视图,该视图是在 employee 表的基础上构建出来的,视图中包含的字段与 SELECT 语句中的字段相同。视图创建成功后,便可以将该视图当作数据表一样使用。下面查询一下该视图中的数据,其 SQL 语句如例 9-3 所示。

【例 9-3】 查询 view1_emp 视图中的数据。

```
SELECT * FROM view1_emp;
```

执行结果如图 9-3 所示。

empno	ename	jobrank	mgrno	hiredate	deptno
7369	石一丹	职员	7902	2020-12-17	20
7499	艾冷	副科长	7698	2010-02-20	30
7521	李静	副科长	7698	2008-02-22	30
7566	陈建	副处长	7839	2005-04-02	20
7654	马丁	副科长	7698	2010-09-28	30
7698	徐依婷	副处长	7839	2009-05-01	30
7782	杜峰	副处长	7839	2000-06-09	10
7788	王美美	科长	7566	2007-04-19	20
7839	孙一鸣	处长	(Null)	2000-11-17	10
7844	天才瑞	副科长	7698	2000-09-08	30
7876	张明媚	职员	7788	1999-05-23	20
7900	李长江	职员	7698	2000-12-03	30
7902	方立人	科长	7566	2001-12-03	20
7934	王鸣苗	职员	7782	2002-01-23	10

图 9-3 查询视图中的数据

从图 9-3 中可以看到,视图与表非常相似,但是视图可以隐藏信息,如 employee 表中的敏感字段 salary 和 allowance 已经通过视图隐藏成功。

通过这个案例可以加深对视图的理解:视图就是一条 SELECT 语句执行后返回的结果集,只不过是使用视图将这条 SELECT 语句进行了封装。下次再需要进行相同的查询操作时,便可以直接使用该视图,而不需要再次编写相同的 SQL 语句,从而方便重用。

9.2.2 在多表上创建视图

视图还可以通过两张或更多的表来构建。下面在 employee 和 dept 这两张表的基础上来创建视图,该视图用来显示员工的编号、姓名、职位、部门编号、部门名称以及部门所在地信息。其 SQL 语句如例 9-4 所示。

【**例 9-4**】 在多表上创建 view2_emp 视图。

```
CREATE VIEW view2_emp
AS SELECT e.empno, e.ename, e.jobrank, d.deptno, d.dname, d.location
FROM employee e INNER JOIN dept d
ON e.deptno=d.deptno;
```

执行结果如图 9-4 所示。

```
信息    剖析    状态
CREATE VIEW view2_emp
AS SELECT e.empno, e.ename, e.jobrank, d.deptno, d.dname, d.location
FROM employee e INNER JOIN dept d
ON e.deptno=d.deptno
> OK
> 时间: 0.014s
```

图 9-4　在多表上创建视图

在例 9-4 中创建了名为 view2_emp 的视图,该视图是在 employee 和 dept 这两张表的基础上构建出来的(使用了内连接)。视图创建成功后,查询一下该视图中的数据,其 SQL 语句如例 9-5 所示。

【**例 9-5**】 查询 view2_emp 视图中的数据。

```
SELECT * FROM view2_emp;
```

执行结果如图 9-5 所示。

empno	ename	jobrank	deptno	dname	location
7369	石一丹	职员	20	研究院	科研楼
7499	艾冷	副科长	30	教务处	静思楼
7521	李静	副科长	30	教务处	静思楼
7566	陈建	副处长	20	研究院	科研楼
7654	马丁	副科长	30	教务处	静思楼
7698	徐依婷	副处长	30	教务处	静思楼
7782	杜峰	副处长	10	财务处	文章楼
7788	王美美	科长	20	研究院	科研楼
7839	孙一鸣	处长	10	财务处	文章楼
7844	天才瑞	副科长	30	教务处	静思楼
7876	张明媚	职员	20	研究院	科研楼
7900	李长江	职员	30	教务处	静思楼
7902	方立人	科长	20	研究院	科研楼
7934	王鸣苗	职员	10	财务处	文章楼

图 9-5　查询视图中的数据

从图 9-5 中可以看到，该视图成功显示了每位员工的部分信息及其所在部门的信息。下次如果需要再次查询这些内容或者在此基础上做一些其他操作时，便可直接使用该视图。

9.2.3　在其他视图上创建视图

除了在一张或者多张表的基础上创建视图之外，还可以根据其他视图来创建视图。下面在 view2_emp 的基础上创建一张名为 view3_emp 的新视图，该视图用来显示在科研楼工作的员工编号、姓名、员工职级、部门编号及部门名称信息，其 SQL 语句如例 9-6 所示。

【例 9-6】　在其他视图上创建 view3_emp 视图。

```
CREATE VIEW view3_emp
AS SELECT empno, ename, jobrank, deptno, dname FROM view2_emp
WHERE location='科研楼';
```

执行结果如图 9-6 所示。

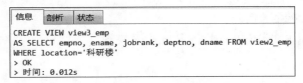

图 9-6　在视图上创建新视图

从图 9-6 中可以看到，通过 view2_emp 视图创建 view3_emp 视图的 SQL 语句已经执行成功。下面使用 SELECT 语句查看 view3_emp 视图中的数据，其 SQL 语句如例 9-7 所示。

【例 9-7】　查询 view3_emp 视图中的数据。

```
SELECT * FROM view3_emp;
```

执行结果如图 9-7 所示。

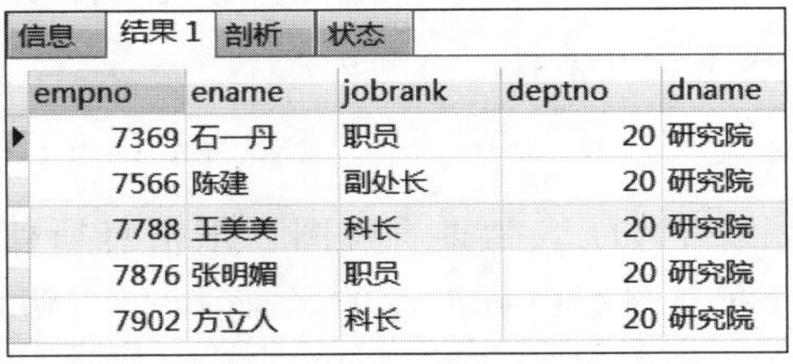

empno	ename	jobrank	deptno	dname
7369	石一丹	职员	20	研究院
7566	陈建	副处长	20	研究院
7788	王美美	科长	20	研究院
7876	张明媚	职员	20	研究院
7902	方立人	科长	20	研究院

图 9-7　查询视图中的数据

从图 9-7 中可以看到，在"科研楼"工作的员工指定信息已经显示在视图 view3_emp 中。

在创建视图时需要注意以下限制：

（1）在 MySQL 5.7.7 之前，select_statement 中的 FROM 子句不能包含子查询。

（2）创建视图所引用的表不能是临时表。

（3）在 select_statement 中不能引用系统变量或者用户自定义变量。

9.3 查 看 视 图

视图在创建完成后，可能会需要查看视图的相关信息。在 MySQL 中有多种方式可以查看视图信息，如 SHOW TABLES 语句、SHOW TABLE STATUS 语句、DESCRIBE 语句和 SHOW CREATE VIEW 语句以及在 views 表中查看视图信息。在查看视图之前，首先要确保用户具有 SHOW VIEW 权限。由于在例 9-1 中已经查询过 root 用户拥有该权限，所以下面直接使用 root 用户来演示各种查看 view1_emp 视图的方式。

9.3.1 使用 SHOW TABLES 语句查看视图

使用 SHOW TABLES 不仅能显示当前数据库中有哪些表，还能显示有哪些视图（因为视图本质上也是一张表，不过是一张虚拟表而已）。查看数据库 yggl 中存在的表以及视图的 SQL 语句如例 9-8 所示。

【例 9-8】 使用 SHOW TABLES 语句查看视图。

```
SHOW TABLES;
```

执行结果如图 9-8 所示。

从图 9-8 中可以看到，通过使用 SHOW TABLES 语句这种方式，只能观察到数据库 yggl 中存在的所有表和视图的名称。但是如果想查看关于视图更详细的信息，这种方式就不可行了，需要使用一种新的 SQL 语句，即 SHOW TABLE STATUS。

图 9-8 查看视图及表

9.3.2 使用 SHOW TABLE STATUS 语句查看视图

使用 SHOW TABLE STATUS 语句不仅能查看表的详细信息，还能查看视图的详细信息，其具体的语法格式如下所示：

```
SHOW TABLE STATUS [{FROM | IN} db_name][LIKE 'pattern'];
```

其中，SHOW TABLE STATUS 为查看视图详细信息所使用的固定语法格式；db_name 为可选项，表示要查询视图所在数据库的名称，如果省略该项，则表示在当前数据库中查找视图；LIKE 是进行视图名称匹配时所用的关键字；pattern 在此可以理解为要查询的视图名称，该名称要用单引号括起来；LIKE 'pattern'为可选项，如果省略该项，则会查询指定或默认数据库中所有的表和视图。

下面使用上述语法查看 view1_emp 视图的详细信息，其 SQL 语句如例 9-9 所示。

【例 9-9】 使用 SHOW TABLE STATUS 语句查看视图。

```
SHOW TABLE STATUS LIKE 'view1_emp';
```

执行结果如图 9-9 所示。

Name	Engine	Version	Row_format	Rows	Avg_row_length	Data_length	Max_data_length	Index_length
▶ view1_emp	(Null)	(Null)	(Null)	(Null)	(Null)	(Null)	(Null)	(Null)

图 9-9　查看视图的详细信息

由于页面显示问题,图 9-9 中只显示了视图的一小部分信息。为了让大家能够完全看到视图的详细信息,此处将信息整理了一份,并在其后标注了每个字段表示的含义,以方便大家理解,如下所示。

```
Name: view1_emp              #表示视图名称
Engine: NULL                 #表示存储引擎
Version: NULL                #表示.frm文件的版本号
Row_format: NULL             #表示行的存储格式
Rows: NULL                   #表示行的数目
Avg_row_length: NULL         #表示平均行长度
Data_length: NULL            #表示数据文件的长度
Max_data_length: NULL        #表示数据文件的最大长度
Index_length: NULL           #表示索引文件的长度
Data_free: NULL              #表示未使用的字节数目
Auto_increment: NULL         #表示下一个自增的值
Create_time: NULL            #表示创建时间
Update_time: NULL            #表示最后一次更新时间
Check_time: NULL             #表示最后一次检查时间
Collation: NULL              #表示字符集
Checksum: NULL               #表示活性校验
Create_options: NULL         #表示额外选项
Comment: VIEW                #表示注解
```

9.3.3　使用 DESCRIBE 语句查看视图

使用 DESCRIBE 或者 DESC 不仅能够查看表的设计信息,还能查看视图的设计信息,其具体的语法格式如下所示:

```
DESCRIBE view_name;
```

或者可以使用简写的方式,如下所示:

```
DESC view_name;
```

其中,DESCRIBE 为查看视图设计信息的固定语法格式,可以简写为 DESC;view_name 为要查看的视图的名称。

下面使用上述 SQL 语法来查看 view1_emp 视图的设计信息,其 SQL 语句如例 9-10

所示。

【例 9-10】 使用 DESCRIBE 语句查看视图。

```
DESCRIBE view1_emp;
```

或者：

```
DESC view1_emp;
```

执行结果如图 9-10 所示。

Field	Type	Null	Key	Default	Extra
empno	int	NO		(Null)	
ename	varchar(1	YES		(Null)	
jobrank	varchar(9	YES		(Null)	
mgrno	int	YES		(Null)	
hiredate	date	YES		(Null)	
deptno	int	YES		(Null)	

图 9-10 查看视图结构

从图 9-10 中可以看到，通过 DESCRIBE 语句能够看到视图中的字段（Field）、数据类型及长度（Type）、是否允许空值（Null）、键的设置信息（Key）、默认值（Default）以及附加信息（Extra）。

9.3.4 使用 SHOW CREATE VIEW 语句查看视图

如果想要查看某个视图的定义信息，需要使用 SHOW CREATE VIEW 语句，其具体的语法格式如下所示：

```
SHOW CREATE VIEW view_name;
```

其中，SHOW CREATE VIEW 为查看视图定义信息所使用的固定语法结构；view_name 为要查看的视图名称。

下面使用上述语法结构查看 view1_emp 视图的定义信息，其 SQL 语句如例 9-11 所示。

【例 9-11】 使用 SHOW CREATE VIEW 语句查看视图。

```
SHOW CREATE VIEW view1_emp;
```

执行结果如图 9-11 所示。

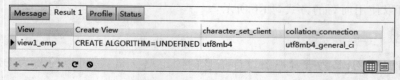

View	Create View	character_set_client	collation_connection
view1_emp	CREATE ALGORITHM=UNDEFINED	utf8mb4	utf8mb4_general_ci

图 9-11 查看视图信息

从图 9-11 中可以看到,通过 SHOW CREATE VIEW 语句能够看到视图名称(View)、视图的创建信息(Create View)、字符集(character_set_client)以及排序规则(collation_connection)。

由于页面显示问题,图 9-11 中所示的 Create View 中的视图创建信息并不能完全展现出来,为了让大家能够清晰地看到该信息,此处将信息复制并整理了一份,如下所示:

```
CREATE ALGORITHM= UNDEFINED DEFINER='root'@ 'localhost' SQL SECURITY DEFINER
VIEW 'view1_emp' AS SELECT 'employee'.'empno' AS 'empno','employee'.'ename' AS
'ename','employee'.'jobrank' AS 'jobrank','employee'.'mgrno' AS 'mgrno',
'employee'.'hiredate' AS 'hiredate','employee'.'deptno' AS 'deptno' FROM
'employee'
```

9.3.5 在 views 表中查看视图

在前面提到过 information_schema 是 MySQL 自带的数据库之一。在这个数据库中有一张名为 views 的表,其中存储了视图的相关信息,所以可以通过该表来查看指定视图的信息。通过 views 表查看 view1_emp 视图信息的 SQL 语句如例 9-12 所示。

【例 9-12】 在 views 表中查看视图。

```
SELECT * FROM information_schema.views WHERE table_name='view1_emp';
```

执行结果如图 9-12 所示。

TABLE_CATALOG	TABLE_SCHEMA	TABLE_NAME	VIEW_DEFINITION	CHECK_OPTION	IS_UPDATABLE	DEFINER	SECURITY_TYP	CHARACTER	COLLATION_CONNE
def	yggl	view1_emp	select `yggl`.`employ	NONE	YES	root@local	DEFINER	utf8mb4	utf8mb4_0900_ai_ci

图 9-12 在 views 表中查看视图

由于页面显示问题,图 9-12 中只显示了视图的一小部分信息,为了让大家能够完全看到视图的详细信息,此处将信息整理了一份,如下所示:

```
TABLE_CATALOG: def
TABLE_SCHEMA: yggl
TABLE_NAME: view1_emp
VIEW_DEFINITION:SELECT 'yggl'.'employee'.'empno' AS 'empno','yggl'.'employee'.
'ename' AS 'ename','yggl'.'employee'.'jobrank' AS 'jobrank','yggl'.'employee'.
'mgrno' AS 'mgrno','yggl'.'employee'.'hiredate' AS 'hiredate','yggl'.'employee'.
'deptno' AS 'deptno' FROM 'yggl'.'employee'
CHECK_OPTION: NONE
IS_UPDATABLE: YES
DEFINER: root@ localhost
SECURITY_TYPE: DEFINER
CHARACTER_SET_CLIENT: utf8
COLLATION_CONNECTION: utf8_general_ci
```

9.4　修　改　视　图

视图创建成功后,有时可能需要对其进行修改操作。MySQL 中提供了两种修改视图的方式: CREATE OR REPLACE 语句以及 ALTER VIEW 语句。下面将详细讲解这两种修改视图的方式。

9.4.1　使用 CREATE OR REPLACE 语句修改视图

在使用 CREATE OR REPLACE 语句修改视图时,用户不仅需要有 CREATE VIEW 权限,还需要有查询所涉及数据的 SELECT 权限和 DROP 权限,这些权限 root 用户已经具备,所以可以使用 root 用户演示 CREATE OR REPLACE 语句的使用。

下面使用 CREATE OR REPLACE 语句来修改 view1_emp 视图,将视图中的 empno 字段也隐藏掉,其 SQL 语句如例 9-13 所示。

【例 9-13】　使用 CREATE OR REPLACE 语句修改视图。

```
CREATE OR REPLACE VIEW view1_emp
AS SELECT ename, jobrank, mgrno, hiredate, deptno FROM employee;
```

执行结果如图 9-13 所示。

```
信息   剖析   状态
CREATE OR REPLACE VIEW view1_emp
AS SELECT ename, jobrank, mgrno, hiredate, deptno FROM employee
> Affected rows: 0
> 时间: 0.007s
```

图 9-13　修改视图

从图 9-13 中可以看到,使用 CREATE OR REPLACE 修改视图的 SQL 语句已经执行成功。下面使用 DESC 语句来查看目前 view1_emp 视图中存在的字段,其 SQL 语句如例 9-14 所示。

【例 9-14】　使用 DESC 查看 view1_emp 视图中的字段。

```
DESC view1_emp;
```

执行结果如图 9-14 所示。

信息	结果 1	剖析	状态			
Field	Type	Null	Key	Default	Extra
ename	varchar(1	YES		(Null)	
jobrank	varchar(9	YES		(Null)	
mgrno	int	YES		(Null)	
hiredate	date	YES		(Null)	
deptno	int	YES		(Null)	

图 9-14　查看视图结构

由图 9-14 与图 9-10 对比可知,view1_emp 视图中的 empno 字段已经被成功隐藏,也就是说使用 CREATE OR REPLACE 语句实现了视图的修改操作。

9.4.2 使用 ALTER VIEW 语句修改视图

ALTER 语句不仅能修改表,还能修改视图。在使用 ALTER VIEW 语句修改视图时,需要用户具有 SUPER 权限。使用 ALTER 语句修改视图的 SQL 语法如下所示:

```
ALTER [ALGORITHM={UNDEFINED | MERGE | TEMPTABLE}]
VIEW view_name [(column_list)]
AS select_statement
[WITH [CASCADED | LOCAL] CHECK OPTION];
```

下面使用上述语法将 view1_emp 视图中的 hiredate 字段隐藏掉,其 SQL 语句如例 9-15 所示。

【例 9-15】 使用 ALTER VIEW 语句修改视图。

```
ALTER VIEW view1_emp
AS SELECT ename, jobrank, mgrno, deptno FROM employee;
```

执行结果如图 9-15 所示。

信息	剖析	状态

```
ALTER VIEW view1_emp
AS SELECT ename, jobrank, mgrno, deptno FROM employee
> OK
> 时间: 0.008s
```

图 9-15　利用 ALTER VIEW 语句修改视图

从图 9-15 中可以看到,使用 ALTER VIEW 修改视图的 SQL 语句已经执行成功。下面使用 DESC 语句来查看目前 view1_emp 视图中存在的字段,其 SQL 语句如例 9-16 所示。

【例 9-16】 使用 DESC 查看 view1_emp 视图中的字段。

```
DESC view1_emp;
```

执行结果如图 9-16 所示。

信息	结果 1	剖析	状态

Field	Type	Null	Key	Default	Extra
▶ ename	varchar(1	YES		(Null)	
jobrank	varchar(9	YES		(Null)	
mgrno	int	YES		(Null)	
deptno	int	YES		(Null)	

图 9-16　查看视图结构

由图 9-16 与图 9-14 对比可知,view1_emp 视图中的 hiredate 字段已经被成功隐藏,也就是说使用 ALTER VIEW 语句实现了视图的修改操作。

9.5 删 除 视 图

如果视图已经不需要再使用,就可以将其进行删除。删除视图使用的是 DROP VIEW 语句,该语句可以删除一个或者多个视图,但是首先要保证用户具有该视图的 DROP 权限。

使用 DROP VIEW 语句删除视图的 SQL 语法如下所示:

```
DROP VIEW [IF EXISTS]
view_name1 [, view_name2] …
```

其中,DROP VIEW 为删除视图所使用的固定语法。IF EXISTS 是可选项,如果给定该项,可以保证即使指定要删除的视图中有的不存在,系统也不会提示错误,而是只删除存在的视图;如果省略该项,那么如果指定要删除的视图中有的不存在,系统就会提示错误,但是仍然会删除存在的视图。view_name1 和 view_name2 表示要删除的视图名称,可以添加多个视图名称,各个名称之间使用逗号隔开。

目前 yggl 数据库中存在三个视图(详见图 9-8):view1_emp、view2_emp 以及 view3_emp。下面使用上述语法一次性删除 view2_emp 和 view3_emp 两个视图,其 SQL 语句如例 9-17 所示。

【例 9-17】 使用 DROP VIEW 语句删除视图。

```
DROP VIEW view2_emp, view3_emp;
```

执行结果如图 9-17 所示。

从图 9-17 中可以看到,使用 DROP VIEW 删除视图的 SQL 语句已经执行成功。下面使用 SHOW TABLES 语句来查看目前 yggl 数据库中存在的视图,其 SQL 语句如例 9-18 所示。

【例 9-18】 使用 SHOW TABLES 语句查看视图是否删除成功。

```
SHOW TABLES;
```

执行结果如图 9-18 所示。

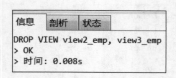

图 9-17 删除视图

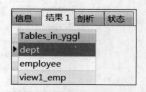

图 9-18 查看表与视图

由图 9-18 与图 9-8 对比可知,数据库中已经不存在 view2_emp 和 view3_emp 两个视图,说明它们已经被成功删除。

9.6 通过视图更新基本表数据

在前边的内容中，使用视图进行了查询操作。其实视图还可以进行更新操作，包括增加(INSERT)、删除(DELETE)和更新(UPDATE)数据。但视图是一张虚拟表，保存的只是视图的定义，并不保存数据，所以更新视图的操作实际上是对基本表进行的增加、删除和更新操作。下面将针对视图的三种更新操作以及更新视图时的限制条件进行详细讲解。

9.6.1 使用 INSERT 语句通过视图添加数据

删除现有的 view1_emp 视图，然后使用例 9-2 中的 SQL 语句重新创建 view1_emp 视图。通过 view1_emp 视图向 employee 表中添加一条新的数据记录，其中 empno、ename、jobrank、mgrno、hiredate 和 deptno 字段的值分别为 8000、别怡情、职员、7564、2020-05-20 和 20。由于例 9-15 对 view1_emp 做了修改，因此需要注意字段与数据对应问题。其 SQL 语句如例 9-19 所示。

【例 9-19】 使用 INSERT 语句添加数据。

```
INSERT INTO view1_emp VALUES (8000, '别怡情', '职员', 7564, '2020-05-20', 20);
```

执行结果如图 9-19 所示。

```
信息 | 剖析 | 状态
INSERT INTO view1_emp VALUES (8000, '别怡情', '职员', 7564, '2020-05-20', 20)
> Affected rows: 1
> 时间: 0.005s
```

图 9-19 通过视图添加数据

从图 9-19 中可以看到，使用 INSERT 语句向视图中插入新的数据记录的 SQL 语句已经执行成功。下面使用 SELECT 语句查询 view1_emp 视图中部门编号 deptno 为 20 的员工记录，查看是否添加成功。其 SQL 语句如例 9-20 所示。

【例 9-20】 使用 SELECT 语句查看 view1_emp 视图中是否存在添加的数据。

```
SELECT * FROM view1_emp WHERE deptno=20;
```

执行结果如图 9-20 所示。

信息 | 结果 1 | 剖析 | 状态

empno	ename	jobrank	mgrno	hiredate	deptno
7369	石一丹	职员	7902	2020-12-17	20
7566	陈建	副处长	7839	2005-04-02	20
7788	王美美	科长	7566	2007-04-19	20
7876	张明媚	职员	7788	1999-05-23	20
7902	方立人	科长	7566	2001-12-03	20
8000	别怡情	职员	7564	2020-05-20	20

图 9-20 查看视图数据

从图 9-20 中可以看到，在查询结果中多了一条在例 9-19 中插入的新数据记录。接下来查询 employee 表中部门编号 deptno 为 20 的员工记录，查看 employee 表中是否添加了新记录。其 SQL 语句如例 9-21 所示。

【例 9-21】　使用 SELECT 语句查看 employee 表中是否存在添加的数据。

```
SELECT * FROM employee WHERE deptno=20;
```

执行结果如图 9-21 所示。

empno	ename	jobrank	mgrno	hiredate	salary	allowance	deptno
7369	石一丹	职员	7902	2020-12-17	800.00	(Null)	20
7566	陈建	副处长	7839	2005-04-02	2975.00	(Null)	20
7788	王美美	科长	7566	2007-04-19	3000.00	(Null)	20
7876	张明媚	职员	7788	1999-05-23	1100.00	(Null)	20
7902	方立人	科长	7566	2001-12-03	3000.00	(Null)	20
8000	别怡情	职员	7564	2020-05-20	(Null)	(Null)	20

图 9-21　查看基本表数据

从图 9-21 中可以看到，在 employee 表的查询结果中也多了一条在例 9-19 中插入的新数据记录（注意，没有插入数据的字段要允许 NULL 值），说明使用 INSERT 语句更新视图的操作实际上影响的是用于创建视图的基本表。

9.6.2　使用 DELETE 语句通过视图删除数据

通过 view1_emp 视图删除 employee 表中 ename 为"别怡情"的员工信息。其 SQL 语句如例 9-22 所示。

【例 9-22】　使用 DELETE 语句通过视图删除数据。

```
DELETE FROM view1_emp WHERE ename='别怡情';
```

执行结果如图 9-22 所示。

```
信息  剖析  状态
DELETE FROM view1_emp WHERE ename='别怡情'
> Affected rows: 1
> 时间: 0.004s
```

图 9-22　通过视图删除数据

从图 9-22 中可以看到，使用 DELETE 语句从视图中删除数据记录的 SQL 语句已经执行成功。下面使用 SELECT 语句查询 view1_emp 视图中部门编号 deptno 为 20 的员工记录，查看是否删除成功。其 SQL 语句如例 9-23 所示。

【例 9-23】　使用 SELECT 语句查看 view1_emp 视图中是否已经删除数据。

```
SELECT * FROM view1_emp WHERE deptno=20;
```

执行结果如图 9-23 所示。

图 9-23 查看视图数据

由图 9-23 与图 9-20 对比可知,在 view1_emp 视图的查询结果中少了一条 ename 为"别怡情"的数据记录,说明视图中的该数据已经删除成功。接下来查询 employee 表中部门编号 deptno 为 20 的员工记录,查看 employee 表中是否删除了该记录。其 SQL 语句如例 9-24 所示。

【例 9-24】 使用 SELECT 语句查看 employee 表中是否已经删除数据。

```
SELECT * FROM employee WHERE deptno=20;
```

执行结果如图 9-24 所示。

图 9-24 查看基本表数据

由图 9-24 与图 9-20 对比可知,在 employee 表的查询结果中也少了 ename 为"别怡情"的数据记录,说明使用 DELETE 语句更新视图的操作实际上影响的也是用于创建视图的基本表。

9.6.3 使用 UPDATE 语句更新视图

通过 view1_emp 视图将 employee 表中 ename 为"王美美"的员工职级修改为"副处长"(王美美原职位为科长)。其 SQL 语句如例 9-25 所示。

【例 9-25】 使用 UPDATE 语句更新视图。

```
UPDATE view1_emp SET jobrank='副处长' WHERE ename='王美美';
```

执行结果如图 9-25 所示。

图 9-25 使用 UPDATE 语句更新视图

从图 9-25 中可以看到，使用 UPDATE 语句修改视图中数据记录的 SQL 语句已经执行成功。下面使用 SELECT 语句查询 view1_emp 视图中员工姓名 ename 为"王美美"的员工记录，查看是否修改成功。其 SQL 语句如例 9-26 所示。

【例 9-26】 使用 SELECT 语句查看 view1_emp 视图中是否已经修改数据。

```
SELECT * FROM view1_emp WHERE ename='王美美';
```

执行结果如图 9-26 所示。

信息	结果 1	剖析	状态			
empno	ename	jobrank	mgrno	hiredate	deptno
7788	王美美	副处长	7566	2007-04-19	20

图 9-26   查看视图数据

从图 9-26 中可以看到，在 view1_emp 视图中 ename 为"王美美"的员工的职位级别 jobrank 已经被修改为"副处长"，说明视图中的该数据已经修改成功。接下来查询 employee 表中员工姓名 ename 为"王美美"的员工记录，查看 employee 表中是否对该记录进行了修改。其 SQL 语句如例 9-27 所示。

【例 9-27】 使用 SELECT 语句查看 employee 表中是否已经修改数据。

```
SELECT * FROM employee WHERE ename='王美美';
```

执行结果如图 9-27 所示。

信息	结果 1	剖析	状态				
empno	ename	jobrank	mgrno	hiredate	salary	allowance	deptno
7788	王美美	副处长	7566	2007-04-19	3000.00	(Null)	20

图 9-27   查看基本表数据

从图 9-27 中可以看到，在 employee 表中 ename 为"王美美"的员工的职位级别 jobrank 已经被修改为"副处长"，说明使用 UPDATE 语句更新视图的操作实际上影响的也是用于创建视图的基本表。

9.6.4   更新视图时的限制条件

虽然使用 INSERT、DELETE 以及 UPDATE 语句可以实现视图的更新操作，但并不是所有的视图都可以执行更新操作，因为这些操作具有很多限制条件。当视图中包含如下所示的一种或者多种情况时，视图是不可以更新的。

1. 视图中包含多行函数，如 SUM()、MIN()、MAX()和 COUNT()等

下面根据 employee 表创建一个名为 view4_emp 的视图，在该视图中使用 COUNT() 函数，如例 9-28 所示。

【例 9-28】 创建视图：使用 COUNT()函数。

```
CREATE VIEW view4_emp(total_num) AS SELECT COUNT(*) FROM employee;
```

执行结果如图 9-28 所示。

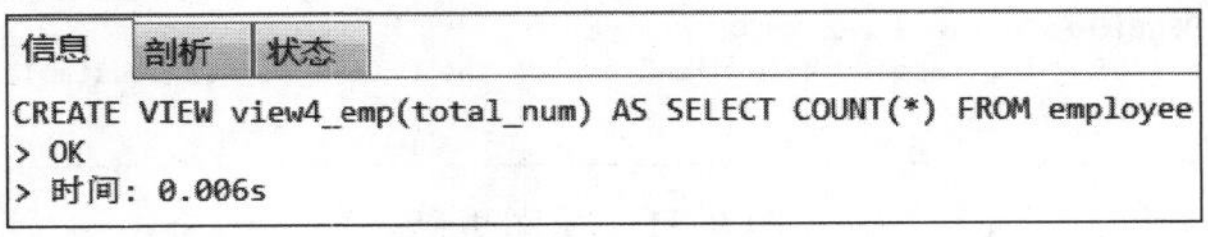

图 9-28　创建视图

从图 9-28 中可以看到,创建视图的 SQL 语句已经执行成功。接下来使用 UPDATE 语句将 total_num 字段的值修改为 10,其 SQL 语句如例 9-29 所示。

【例 9-29】　验证 view4_emp 视图是否能被更新。

```
UPDATE view4_emp SET total_num=10 WHERE total_num=14;
```

执行结果如图 9-29 所示。

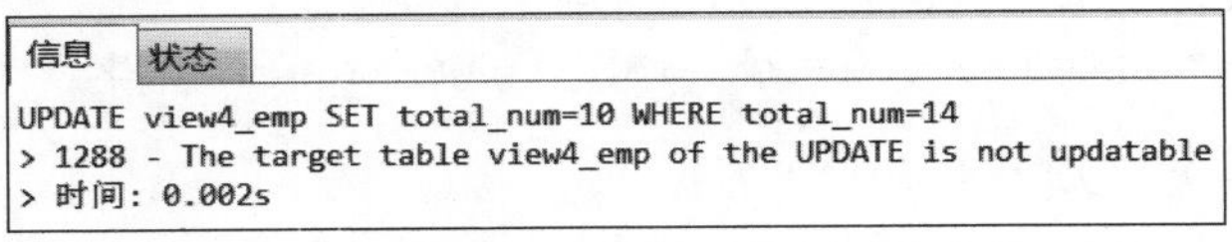

图 9-29　视图更新

从图 9-29 中可以看到,例 9-29 中的 SQL 语句执行失败,错误原因是 view4_emp 视图是不可更新的,因为该视图中使用了多行函数 COUNT()。

2. 视图中包含 DISTINCT、GROUP BY、HAVING、UNION 或者 UNION ALL 关键字

下面根据 employee 表创建一个名为 view5_emp 的视图,在该视图中使用 GROUP BY 关键字,如例 9-30 所示。

【例 9-30】　创建视图:使用 GROUP BY 关键字。

```
CREATE VIEW view5_emp AS SELECT deptno FROM employee GROUP BY deptno;
```

执行结果如图 9-30 所示。

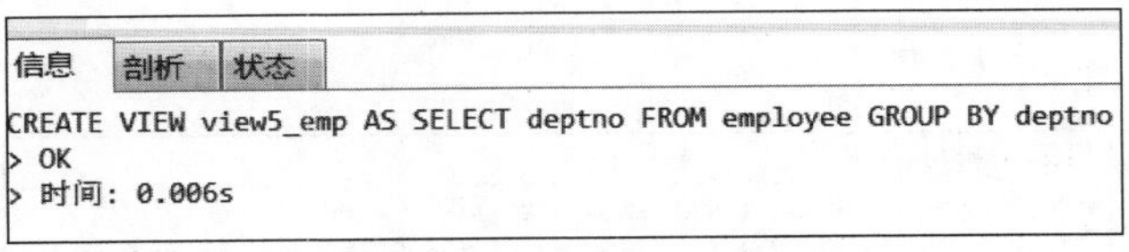

图 9-30　创建视图

从图 9-30 中可以看到,创建视图的 SQL 语句已经执行成功。接下来使用 DELETE 语句删除视图中部门编号 deptno 为 10 的记录,其 SQL 语句如例 9-31 所示。

【例 9-31】　验证 view5_emp 视图是否能被更新。

```
DELETE FROM view5_emp WHERE deptno=10;
```

执行结果如图 9-31 所示。

从图 9-31 中可以看到,例 9-30 中的 SQL 语句执行失败,错误原因是 view5_emp 视

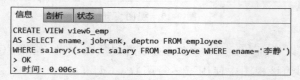

图 9-31　视图更新

图是不可更新的,因为该视图中使用了 GROUP BY 关键字。

3. 视图中的 SELECT 语句包含子查询

下面根据 employee 表创建一个名为 view6_emp 的视图,在该视图中的 SELECT 语句中使用子查询,如例 9-32 所示。

【例 9-32】　创建视图:在 SELECT 语句中使用子查询。

```
CREATE VIEW view6_emp
AS SELECT ename, jobrank, deptno FROM employee
WHERE salary>(SELECT salary FROM employee WHERE ename='李静');
```

执行结果如图 9-32 所示。

信息　剖析　状态

```
CREATE VIEW view6_emp
AS SELECT ename, jobrank, deptno FROM employee
WHERE salary>(select salary FROM employee WHERE ename='李静')
> OK
> 时间: 0.006s
```

图 9-32　视图创建

从图 9-32 中可以看到,创建视图的 SQL 语句已经执行成功,该视图能够显示 employee 表中月薪比"李静"高的员工姓名、职位及部门。接下来使用 DELETE 语句删除视图中的一条数据记录,其 SQL 语句如例 9-33 所示。

【例 9-33】　验证 view6_emp 视图是否能被更新。

```
DELETE FROM view6_emp WHERE ename='李静';
```

执行结果如图 9-33 所示。

信息　状态

```
DELETE FROM view6_emp WHERE ename='李静'
> 1288 - The target table view6_emp of the DELETE is not updatable
> 时间: 0.001s
```

图 9-33　视图更新

从图 9-33 中可以看到,例 9-33 中的 SQL 语句执行失败,错误原因是 view6_emp 视图是不可更新的,因为该视图中的 SELECT 语句中使用了子查询。

4. 视图引用的只是文字值(也称为常量视图,这种情况下,根本没有要更新的基础表)

下面创建一个名为 view7_emp 的视图,在该视图中字段的值为一个常量,如例 9-34 所示。

【**例 9-34**】 创建视图：常量视图。

```
CREATE VIEW view7_emp AS SELECT pi() pi;
```

执行结果如图 9-34 所示。

从图 9-34 中可以看到，创建视图的 SQL 语句已经执行成功，该视图中只有一个字段 pi，并且该字段的值为常量。接下来使用 DELETE 语句删除该视图中的数据记录，其 SQL 语句如例 9-35 所示。

图 9-34 创建视图

【**例 9-35**】 验证 view7_emp 视图是否能被更新。

```
DELETE FROM view7_emp WHERE pi like 3.141593;
```

执行结果如图 9-35 所示。

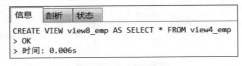

图 9-35 视图更新

从图 9-35 中可以看到，例 9-35 中的 SQL 语句执行失败，错误原因是 view7_emp 视图是不可更新的，因为该视图是常量视图。

5. 视图是根据不可更新视图构建的

下面根据 view4_emp 视图构建一个名为 view8_emp 的新视图，如例 9-36 所示。

【**例 9-36**】 创建视图：使用不可更新视图构建新视图。

```
CREATE VIEW view8_emp AS SELECT * FROM view4_emp;
```

执行结果如图 9-36 所示。

图 9-36 视图创建

从图 9-36 中可以看到，创建视图的 SQL 语句已经执行成功。接下来使用 UPDATE 语句将 view8_emp 视图中 total_num 字段的值修改为 10，其 SQL 语句如例 9-37 所示。

【**例 9-37**】 验证 view8_emp 视图是否能被更新。

```
UPDATE view8_emp SET total_num=10 WHERE total_num=14;
```

执行结果如图 9-37 所示。

从图 9-37 中可以看到，例 9-37 中的 SQL 语句执行失败，错误原因是 view8_emp 视图是根据不可更新视图 view4_emp 构建的，因此 view8_emp 视图也是不可更新的。

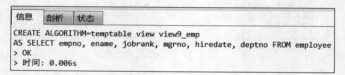

图 9-37　视图更新

6. 创建视图时指定了 ALGORITHM = Temptable

下面根据 employee 表创建一个名为 view9_emp 的视图，并指定该视图的 ALGORITHM 参数值为 Temptable，如例 9-38 所示。

【例 9-38】　创建视图：ALGORITHM = Temptable。

```
CREATE ALGORITHM=temptable VIEW view9_emp
AS SELECT empno, ename, jobrank, mgrno, hiredate, deptno FROM employee;
```

执行结果如图 9-38 所示。

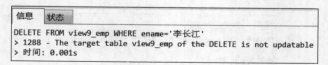

图 9-38　创建视图

从图 9-38 中可以看到，创建视图的 SQL 语句已经执行成功。接下来使用 DELETE 语句删除视图中的一条数据记录，其 SQL 语句如例 9-39 所示。

【例 9-39】　验证 view9_emp 视图是否能被更新。

```
DELETE FROM view9_emp WHERE ename='李长江';
```

执行结果如图 9-39 所示。

图 9-39　视图更新

从图 9-39 中可以看到，例 9-39 中的 SQL 语句执行失败，错误原因是 view9_emp 视图是不可更新的，因为该视图中的 ALGORITHM 参数值为 Temptable。

7. 如果视图是连接视图（在创建视图时使用了 JOIN），那么在更新视图时需要谨慎处理

下面使用一个案例来详细说明（该案例中有些地方使用的是伪代码，以方便理解）。

（1）首先创建测试表和视图，其 SQL 语句如下所示。

```
CREATE TABLE t1 (x int);
CREATE TABLE t2 (c int);
CREATE VIEW vmat AS SELECT sum(x) AS s FROM t1;
CREATE VIEW vup AS SELECT * FROM t2;
```

```
CREATE VIEW vjoin AS SELECT * FROM vmat join vup ON vmat.s=vup.c;
```

其中,vmat 视图为不可更新视图(使用了多行函数 SUM()),vup 视图为可更新视图,vjoin 视图为 vmat 和 vup 两张视图组成的连接视图。

(2) 使用 INSERT 更新视图的注意事项:如果要更新的视图是连接视图,那么必须保证组成该视图的所有组件都是可更新的。

对于如下所示的 SQL 语句,系统会提示错误,因为组成 vjoin 视图的两个视图中的 vmat 视图是不可更新视图。

```
INSERT INTO vjoin (c) VALUES (1);
```

使用 UPDATE 更新视图的注意事项:如果要更新的视图是连接视图,那么至少要保证组成该视图的一个组件必须是可更新的(这与 INSERT 不同)。

如下所示的 SQL 语句是正确的,因为字段 c 来自于连接视图中的可更新视图。

```
UPDATE vjoin SET c=c+1;
```

但是下面的 SQL 语句系统会提示错误,因为字段 x 来自于连接视图中的不可更新视图。

```
UPDATE vjoin SET x=x+1;
```

使用 DELETE 更新视图的注意事项:如果要更新的视图是连接视图,那么不允许进行删除操作(这与 INSERT 和 UPDATE 不同)。

对于如下所示的 SQL 语句(伪代码),系统会提示错误,因为 vjoin 是连接视图。
DELETE vjoin WHERE ...;

9.7　本 章 小 结

本章介绍了 MySQL 数据库中视图的含义和作用,并且讲解了创建、修改和删除视图的方法,其中创建和修改视图是本章的重点。读者应该根据本章介绍的基本原则,结合表的实际情况,重点掌握创建视图的方法。尤其是在创建和修改视图后,一定要查看视图的结构,以确保创建和修改操作正确执行。

9.8　思 考 与 练 习

1. 简述视图的概念及其优点。
2. 简述视图更新时有哪些限制条件。
3. 下列(　　)语句可以实现创建视图操作。
　　A. SHOW VIEW　　　　　　　　　　B. CREATE VIEW
　　C. DROP VIEW　　　　　　　　　　 D. DISPLAY VIEW
4. 在视图上不能完成的操作是(　　　)。
　　A. 查询　　　　　　　　　　　　　 B. 在视图上定义新的视图

　　　C. 在视图上定义新的表　　　　　　　　　　D. 更新视图

5. 下列关于视图和表的说法正确的是(　　　)。

　　A. 每个视图对应一个表

　　B. 视图是表的一个镜像备份

　　C. 对所有视图都可以像表一样执行 UPDATE 操作

　　D. 视图的数据全都在表中

6. 下列关于视图的描述错误的是(　　　)。

　　A. 视图是由 SELECT 子查询语句定义的一个逻辑表

　　B. 视图中保存有数据

　　C. 通过视图操作的数据仍然保存在表中

　　D. 可以通过视图操作数据库中的数据

7. (　　　)命令可以查看视图创建语句。

　　A. SHOW VIEW　　　　　　　　　　　　B. SHOW CREATE VIEW

　　C. SELECT VIEW　　　　　　　　　　　　D. DISPLAY VIEW

8. 下列代码为创建图书视图的代码,请选择所缺少的部分代码。

　　(　　　)

　　v_book (barcode,bookname,author,price,booktype)

　　(　　　) barcode,bookname,author,price,typename

　　FROM tb_bookinfo AS b ,tb_booktype AS t WHERE b.typeid=t.id;

　　A. CREATE VIEW、AS SELECT　　　　B. CREATE VIEW、SELECT

　　C. CREATE TABLE、AS SELECT　　　　D. CREATE TABLE、SELECT

9. 下列创建视图时需要注意的事项中,错误的是(　　　)。

　　A. SELECT 语句不能包含 FROM 子句中的子查询

　　B. 在存储子程序内,定义不能引用子程序参数或局部变量

　　C. 在视图定义中命名的表必须已存在

　　D. 在视图定义中不允许使用 ORDER BY

10. 在 MySQL 中,删除视图使用(　　　)命令。

　　　A. DELETE　　　　　B. REMOVE　　　　　C. DROP　　　　　D. CLEAR

第 10 章

索 引

索引是一种将数据库中单列或者多列的值进行排序的结构。在 MySQL 中,索引由数据表中的一列或多列组合而成,创建索引的目的是为了优化数据库的查询速度。本章中会详细介绍索引的相关理论知识以及索引的相关操作,如创建和删除索引等。

10.1 索 引 简 介

10.1.1 索引的概念

在介绍索引的概念之前,先思考下面两个问题:如何在字典中查找指定偏旁的汉字以及如何在一本书中查找某内容?

对于这两个问题大家都不陌生。在字典中查找指定偏旁的汉字时,首先查询目录中指定的偏旁位置,再查询指定笔画的汉字,最后根据目录中提供的页码找到这个汉字。在书中查询某内容时,首先在目录中查询该内容所属的知识点,然后根据该知识点所对应的页码快速找到要查询的内容。

在数据库中也可以建立类似于目录的数据库对象,实现数据的快速查询,这就是索引。索引是将表中的一个或者多个字段的值按照特定的结构进行排序,然后存储起来。通过索引查询数据不但可以提高查询速度,也可以降低服务器的负载。创建索引后,用户查询数据时,系统将不必遍历数据表中的所有记录,而只查询索引列即可。

10.1.2 使用索引的原因

使用索引到底有什么好处呢?如果没有索引,在查找某条记录时,MySQL 必须从表的第一条记录开始,然后通读整个表,直到找到相关的记录。表越大,查找记录所耗费的时间就越多。如果有索引,MySQL 就可以快速定位目标记录所在的位置,而不必去浏览表中的每一条记录,从而获得远远超过没有索引时的搜索效率。

索引有自己专门的存储空间,与表独立存放。MySQL 中的索引主要支持以下三种存储方式。

(1) B 树存储结构,使用最多的一种存储结构。使用 B 树存储结构的索引的所有结点都按照平衡树的数据结构来存储,索引数据结点都在叶结点上。B 树的基本思想是:所有值(被索引的字段)都是排过序的,每个叶结点到根结点距离相等。所以 B 树适合用来查找某一范围内的数据,而且可以直接支持数据排序(ORDER BY)。但是当索引为多字段时,字段的顺序特别重要。图 10-1 所示为 B 树的存储结构示意图。

(2) R 树存储结构。R 树存储结构主要用于空间索引(设置为空间索引字段的数据类型必须是空间数据类型,如 GEOMETRY、POINT、LINESTRING 和 POLYGON)。

(3) 散列存储结构。它是基于散列表的一种存储结构,所以这种存储结构的索引只支持精确查找,不支持范围查找,也不支持排序。这意味着范围查找或 ORDER BY 都要依赖服务器层的额外工作。

不同的存储引擎支持的存储结构也不同,如下:

(1) InnoDB 存储引擎(MySQL 5.5 版本之后的默认存储引擎)支持 B 树和 R 树(MySQL 5.7 新增功能),但默认使用的是 B 树。

(2) MyISAM 存储引擎(MySQL 5.5 版本之前的默认存储引擎)支持 B 树和 R 树,但默认使用的是 B 树。

(3) MEMORY 存储引擎支持 B 树和散列,但默认使用的是散列。

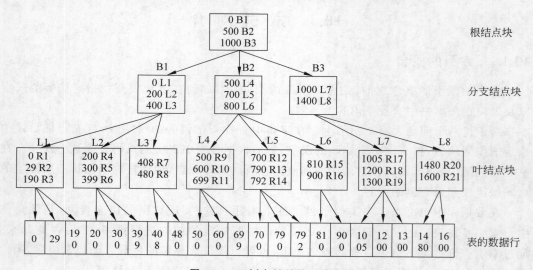

图 10-1　B 树存储结构示意图

虽然索引可以提升数据的查询效率,但在使用索引时要注意以下几点:

(1) 索引数据会占用大量的存储空间。

(2) 索引可以改善检索操作的性能,但会降低数据插入、修改和删除的性能。在执行这些操作时,DBMS 必须动态地更新索引。

(3) 要限制表中索引的数目。索引越多,在修改表时对索引做出修改的工作量越大。

(4) 并非所有数据都适合于索引,唯一性不好的数据从索引得到的好处并不多。

(5) 索引用于数据过滤和数据排序。如果经常以某种特定的顺序排序数据,则该数据可能是索引的备选。

(6) 可以在索引中定义多个字段(如省+城市),这样的索引只在以"省+城市"的顺序排序时有用。如果只想按城市排序,则这种索引没有用处。

凡事都有双面性,使用索引可以提高检索数据的速度,对于依赖关系的子表和父表之间的联合查询,使用索引可以提高查询速度,并且可以提高整体的系统性能。但是,创建和维护索引需要耗费时间,并且该耗费时间与数据量的大小成正比;另外,索引需要占用物理空间,给数据的维护造成很多麻烦。

总体来说,索引可以提高查询的速度,但是会影响用户操作数据库的插入操作。因为向存在索引的表中插入记录时,数据库系统会按照索引进行排序,所以用户可以将索引删除后再插入数据。当数据插入操作完成后,用户可以重新创建索引。

10.1.3　索引的分类

从逻辑角度分析,可以将索引分为普通索引、唯一索引、主键索引、全文索引、空间索引和复合索引 6 种,本节中将会详细讲述这几种索引的特点。

1. 普通索引

普通索引是最基本的索引,它没有任何限制。创建索引的字段可以是任意数据类型,字段的值可以为空,也可以重复。比如说,创建索引的字段为员工的姓名,但是姓名有重名的可能,所以同一个姓名在同一个"员工个人资料"数据表里可能出现两次或更多次。

2. 唯一索引

如果能确定某个字段的值唯一,那么在为这个字段创建索引的时候就可以使用关键字 UNIQUE 把它定义为唯一索引。创建唯一索引的好处是:简化了 MySQL 对索引的管理工作,唯一索引也因此而变得更有效率;MySQL 会在有新记录插入数据表时,自动检查新记录中该字段的值是否已经在某个记录的该字段中出现过了,如果已经出现,MySQL 将拒绝插入这条新记录。也就是说,唯一索引可以保证数据记录的唯一性。

事实上,在许多场合,人们创建唯一索引的目的往往不是为了提高访问速度,而只是为了避免数据出现重复。

3. 主键索引

主键索引是为主键字段设置的索引,它是一种特殊的唯一索引。主键索引与唯一索引的区别在于:前者在定义时使用的关键字是 PRIMARY KEY,而后者使用的是 UNIQUE;前者定义索引的字段值不允许有空值,而后者允许。

4. 全文索引

全文索引适用于在一大串文本中进行查找,并且创建该类型索引的字段的数据类型必须是 CHAR、VARCHAR 或者 TEXT。在 MySQL 5.7 之前,全文索引只支持英文检索,因为它是使用空格来作为单词的分隔符;对于中文而言,使用空格是不合适的。从 MySQL 5.7 开始,内置了支持中文词语的 ngram 全文检索插件,并且 InnoDB 和 MyISAM 存储引擎均支持全文检索。

5. 空间索引

设置为空间索引字段的数据类型必须是空间数据类型,如 GEOMETRY、POINT、LINESTRING 和 POLYGON,并且该字段必须设置为 NOT NULL。目前 InnoDB 和 MyISAM 存储引擎均支持空间检索。

6. 复合索引

复合索引指在多个字段上创建的索引。只有在查询条件中使用了创建索引时用到的第一个字段时，该索引才会被触发，这是因为使用复合索引时遵循"最左前缀"的规则。例如：当索引字段为(id，name)时，只有查询条件中使用了 id 字段时，才会使用该索引。如果查询条件中只有 name 字段时，将不会使用该索引。

10.2　创 建 索 引

创建索引分为如下两种情况。

（1）自动创建索引。当在表中定义一个 PRIMARY KEY 或者 UNIQUE 约束条件时，MySQL 数据库会自动创建一个对应的主键索引或者唯一索引。

（2）手动创建索引。用户可以在创建表时创建索引，也可以为已存在的表添加索引。

10.2.1　自动创建索引

下面展示一下 MySQL 自动创建的索引。首先创建一个数据库 db_student_temp，然后在该数据库中创建一张名为 student1 的表，并将表中的 stu_id 字段设置为主键约束，用时将 stu_name 字段设置为唯一约束。其 SQL 语句如例 10-1 所示。

【例 10-1】　创建带主键约束和唯一约束的表。

```
CREATE TABLE student1(
    stu_id INT(10) PRIMARY KEY,
    stu_name VARCHAR(3)  UNIQUE,
    stu_sex VARCHAR(1)
);
```

执行结果如图 10-2 所示。

表 student1 创建成功后，可以使用 SHOW INDEX FROM 语句查看表的索引，如例 10-2 所示。

【例 10-2】　查看 student1 表的索引。

```
SHOW INDEX FROM student1;
```

执行结果如图 10-3 所示。

```
信息  剖析  状态
CREATE TABLE student1(
        stu_id INT(10) PRIMARY KEY,
        stu_name VARCHAR(3)  UNIQUE,
        stu_sex VARCHAR(1)
)
> OK
> 时间: 0.038s
```

图 10-2　创建带主键约束
和唯一约束的表

Table	Non_unique	Key_name	Seq_in_index	Column_name	Collation	Cardinality	Sub_part	Packed	Null	Index_type
student1	0	PRIMARY	1	stu_id	A	0	(Null)	(Null)		BTREE
student1	0	stu_name	1	stu_name	A	0	(Null)	(Null)	YES	BTREE

图 10-3　查看表的索引

由图 10-3 可知，表 student1 中包含两个索引，索引名（Key_name）分别为 PRIMARY 和 stu_name，前者为主键索引（唯一且非空），后者为唯一索引（唯一但允许空值）；被设置为索引的列分别为 stu_id 和 stu_name。

10.2.2　手动创建索引

手动创建索引是指在创建表的时候可以使用 CREATE TABLE 语句为指定表中的指定字段创建索引，也可以使用 CREATE INDEX 或者 ALTER TABLE 语句为已存在的表创建索引。在接下来的两节中将详细讲解这两种创建索引的方式。

10.2.3　在创建表时创建索引

在创建表时可以直接手动创建不同类型的索引，下面将详细讲解手动创建普通索引、唯一索引、主键索引、全文索引、空间索引和复合索引。

1. 创建普通索引

创建普通索引最为简单，使用的 SQL 语法格式如下所示：

```
CREATE TABLE table_name(
    column_name1 date_type,
    column_name2 date_type,
    ...
    INDEX|KEY [index_name][index_type] (column_name [(LENGTH)][ASC|DESC])
);
```

其中，table_name 为新创建的表的名称；INDEX 或 KEY 为创建索引所用到的关键字；index_name 可选项，表示创建索引的名称；index_type 可选项，表示索引的类型，其取值为：USING BTREE|HASH；column_name 为添加索引的字段名；（LENGTH）为可选项，表示索引的长度；ASC 或者 DESC 为可选项，分别表示升序和降序排列。

接下来创建一个名为 student2 的表，并为表中的 stu_id 字段建立普通索引，如例 10-3 所示。

【例 10-3】 在创建表时创建普通索引。

```
CREATE TABLE student2(
    stu_id INT(10),
    stu_name VARCHAR(3),
    INDEX(stu_id)
);
```

执行结果如图 10-4 所示。

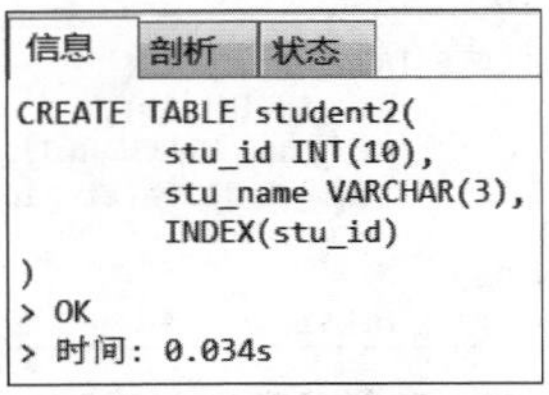

```
信息    剖析    状态
CREATE TABLE student2(
        stu_id INT(10),
        stu_name VARCHAR(3),
        INDEX(stu_id)
)
> OK
> 时间: 0.034s
```

图 10-4　在创建表时创建普通索引

在创建表时创建普通索引的 SQL 语句执行成功后,使用 SHOW INDEX FROM student2 语句查看表的索引,执行结果如图 10-5 所示。

信息	结果 1	剖析	状态									
Table	Non_unique	Key_name	Seq_in_index	Column_name	Collation	Cardinality	Sub_part	Packed	Null	Index_type	
▶ student2	1	stu_id	1	stu_id	A	0	(Null)	(Null)	YES	BTREE	

图 10-5　查看 student2 表中的索引

从图 10-5 中可以看到表 student2 中已经创建了索引名为 stu_id 的普通索引,且默认的索引类型为 BTREE(表的默认引擎为 InnoDB,该引擎下的索引的默认存储结构为 B-Tree)。

2. 创建唯一索引

创建唯一索引需要使用关键字 UNIQUE,其 SQL 语句的语法格式如下所示:

```
CREATE TABLE table_name(
    column_name1 date_type,
    column_name2 date_type,
    ...
    UNIQUE[INDEX|KEY][index_name][index_type](column_name[(LENGTH)][ASC|DESC])
);
```

其中,UNIQUE 为创建唯一索引所用的关键字;INDEX|KEY 为可选项;其他语法与创建普通索引相同。

接下来创建一个名为 student3 的数据表,并为表中的 stu_id 字段建立唯一索引,如例 10-4 所示。

【例 10-4】 在创建表时创建唯一索引。

```
CREATE TABLE student3(
    stu_id INT(10),
    stu_name VARCHAR(3),
    UNIQUE INDEX(stu_id)
);
```

执行结果如图 10-6 所示。

```
信息    剖析    状态
CREATE TABLE student3(
        stu_id INT(10),
        stu_name VARCHAR(3),
        UNIQUE INDEX(stu_id)
)
> OK
> 时间: 0.031s
```

图 10-6　在创建表时创建唯一索引

创建唯一索引的 SQL 语句已经执行成功,下面使用 SHOW INDEX FROM student3

语句查看表中的索引,执行结果如图 10-7 所示。

Table	Non_unique	Key_name	Seq_in_index	Column_name	Collation	Cardinality	Sub_part	Packed	Null	Index_type
▶ student3	0	stu_id	1	stu_id	A	0	(Null)	(Null)	YES	BTREE

图 10-7　查看 student3 表中的索引

从图 10-7 中可以看到,表 student3 中已经创建了索引名为 stu_id 的唯一索引(Non_unique 一列的值为 0 则表示唯一;值为 1 则表示可以不唯一)。

3. 创建主键索引

创建主键索引需要使用关键字 PRIMARY KEY,其 SQL 语句的语法格式如下所示:

```
CREATE TABLE table_name(
    column_name1 date_type,
    column_name2 date_type,
    ...
    PRIMARY KEY [INDEX|KEY] [index_name] [index_type] (column_name [(LENGTH)]
[ASC|DESC])
);
```

其中,PRIMARY KEY 为创建主键索引所用的关键字;其他语法与创建唯一索引相同。

接下来创建一个名为 student4 的数据表,并为表中的 stu_id 字段建立主键索引。为了与创建主键约束的 SQL 语句有所区分,这里选择使用 HASH 索引,并进行降序排列。如例 10-5 所示。

【例 10-5】 在创建表时创建主键索引。

```
CREATE TABLE student4(
    stu_id INT(10),
    stu_name VARCHAR(3),
    PRIMARY KEY using hash(stu_id)
);
```

执行结果如图 10-8 所示。

图 10-8　在创建表时创建主键索引

创建主键索引的 SQL 语句已经执行成功,下面使用 SHOW INDEX FROM student 语句查看表中的索引,执行结果如图 10-9 所示。

Table	Non_unique	Key_name	Seq_in_index	Column_name	Collation	Cardinality	Sub_part	Packed	Null	Index_type
▶ student4		0 PRIMARY	1	stu_id	A	0	(Null)	(Null)		BTREE

图 10-9　查看 student4 表中的索引

从图 10-9 中可以看到,表 student4 中已经创建了索引名为 PERMARY 的主键索引,索引的字段为 stu_id,该字段非空且唯一。

4. 创建全文索引

创建全文索引时需要注意,索引字段的数据类型必须是 CHAR、VARCHAR 或者 TEXT,否则会提示错误。创建全文索引需要使用关键字 FULLTEXT,其 SQL 语句的语法格式如下所示:

```
CREATE TABLE table_name(
    column_name1 date_type,
    column_name2 date_type,
    ...
    FULLTEXT [INDEX|KEY] [index_name] [index_type] (column_name [(LENGTH)] [ASC
|DESC])
);
```

其中,FULLTEXT 为创建全文索引所用的关键字;其他语法与创建唯一索引相同。

接下来创建一个名为 studen5 的数据表,并为表中的 stu_info 字段建立全文索引,如例 10-6 所示。

【例 10-6】　在创建表时创建全文索引。

```
CREATE TABLE student5(
    stu_id INT(10),
    stu_info VARCHAR(100),
    FULLTEXT INDEX(stu_info)
);
```

执行结果如图 10-10 所示。

创建全文索引的 SQL 语句已经执行成功,下面使用 SHOW INDEX FROM student5 语句查看表中的索引,执行结果如图 10-11 所示。

从图 10-11 中可以看到,表 student5 中已经创建了索引名为 stu_info 的全文索引(Index_type 一列的值为 FULLTEXT)。

图 10-10　在创建表时创建全文索引

Table	Non_unique	Key_name	Seq_in_index	Column_name	Collation	Cardinality	Sub_part	Packed	Null	Index_type
▶ student5		1 stu_info	1	stu_info	(Null)	0	(Null)	(Null)	YES	FULLTEXT

图 10-11　查看 student5 表中的索引

5. 创建空间索引

创建空间索引时需要注意，索引字段的数据类型必须是空间数据类型，如 GEOMETRY、POINT、LINESTRING 或 POLYGON，并且该字段必须设置为 NOT NULL，否则会提示"All parts of a spatial index must be NOT NULL"错误。创建空间索引需要使用关键字 SPATIAL，其 SQL 语句的语法格式如下所示：

```
CREATE TABLE table_name(
    column_name1 date_type,
    column_name2 date_type,
    ...
    SPATIAL [INDEX|KEY] [index_name] [index_type] (column_name [(LENGTH)] [ASC|DESC])
);
```

其中，SPATIAL 为创建空间索引所用的关键字；其他语法与创建唯一索引相同。

接下来创建一个名为 studen6 的数据表，并为表中的 stu_loc 字段建立空间索引，如例 10-7 所示。

【例 10-7】　在创建表时创建空间索引。

```
CREATE TABLE student6(
    stu_id INT(10),
    stu_loc point not null,
    SPATIAL INDEX(stu_loc)
);
```

执行结果如图 10-12 所示。

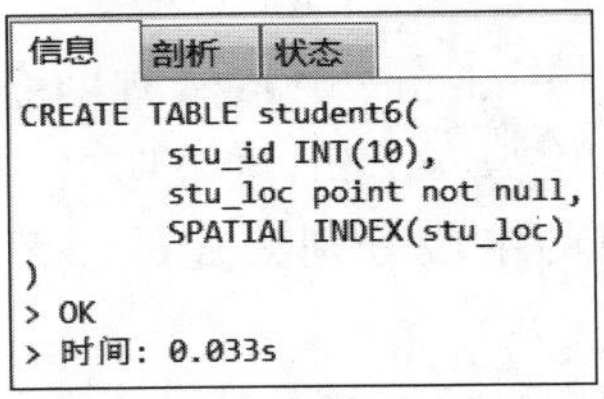

图 10-12　在创建表时创建空间索引

创建空间索引的 SQL 语句已经执行成功，下面使用 SHOW INDEX FROM student6 语句查看表中的索引，执行结果如图 10-13 所示。

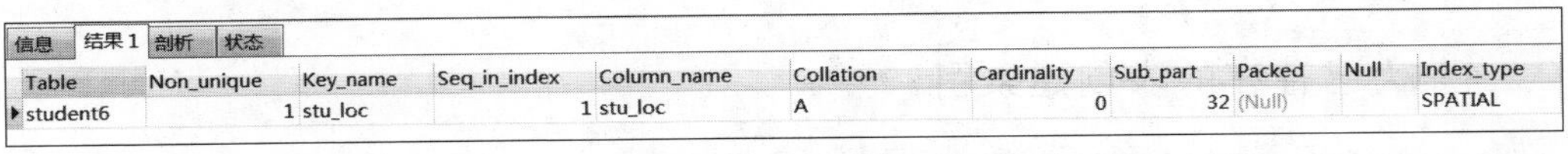

Table	Non_unique	Key_name	Seq_in_index	Column_name	Collation	Cardinality	Sub_part	Packed	Null	Index_type
student6	1	stu_loc	1	stu_loc	A	0	32	(Null)		SPATIAL

图 10-13　查看 student6 表中的索引

从图 10-13 中可以看到，表 student6 中已经创建了索引名为 stu_loc 的空间索引（Index_type 一列的值为 SPATIAL），并且索引字段非空。

6. 创建复合索引

创建复合索引需要指定多个字段,这多个字段的组合是一个索引。这种复合索引可以是普通索引、唯一索引、主键索引、全文索引或者空间索引。下面以普通索引为例进行讲解,其 SQL 语句的语法格式如下所示:

```
CREATE TABLE table_name(
    column_name1 date_type,
    column_name2 date_type,
    ...
    INDEX|KEY[index_name][index_type] (column_name1 [(LENGTH)][ASC|DESC],
column_name2 [(LENGTH)][ASC|DESC], …)
);
```

接下来创建一个名为 studen7 的数据表,并为表中的 stu_id 和 stu_name 字段建立复合索引,如例 10-8 所示。

【例 10-8】 在创建表时创建复合索引。

```
CREATE TABLE student7(
    stu_id INT(10),
    stu_name VARCHAR(3),
    INDEX(stu_id, stu_name)
);
```

执行结果如图 10-14 所示。

创建复合索引的 SQL 语句已经执行成功,下面使用 SHOW INDEX FROM student 语句查看表中的索引,执行结果如图 10-15 所示。

从图 10-15 中可以看到,表 student7 中虽然有两条记录,但是这两条记录的索引名均为 stu_id,这说明名为 stu_id 的索引为复合索引,索引的字段分别为 stu_id 和 stu_name。

```
信息    剖析    状态
CREATE TABLE student7(
        stu_id INT(10),
        stu_name VARCHAR(3),
        INDEX(stu_id, stu_name)
)
> OK
> 时间: 0.032s
```

图 10-14   在创建表时创建复合索引

Table	Non_unique	Key_name	Seq_in_index	Column_name	Collation	Cardinality	Sub_part	Packed	Null	Index_type
student7	1	stu_id	1	stu_id	A	0	(Null)	(Null)	YES	BTREE
student7	1	stu_id	2	stu_name	A	0	(Null)	(Null)	YES	BTREE

图 10-15   查看 student7 表中的索引

10.2.4   为已存在的表创建索引

在为已存在的表创建索引时,可以选择使用 CREATE INDEX 或者 ALTER TABLE 语句,本节将会详细讲述如何使用这两种方式创建各类索引。

1. 使用 CREATE INDEX 创建索引

使用 CREATE INDEX 语句为已存在的表创建索引的 SQL 语句的语法格式如下所示：

```
CREATE [UNIQUE(|FULLTEXT|SPATIAL] INDEX index_name [index_type] ON table_name
(column_name1 [(LENGTH)][ASC|DESC], column_name2 [(LENGTH)][ASC|DESC], ...);
```

其中，CREATE INDEX 为创建索引用到的关键字；UNIQUE | FULLTEXT | SPATIAL 为可选项，表示创建的是唯一索引、全文索引还是空间索引；index_name 为创建索引的名称；index_type 为可选项，表示索引的类型，其取值为 using btree | hash；ON table_name 表示在名为 table_name 的表上创建索引；column_name1 和 column_name2 为添加索引的字段名；(LENGTH) 为可选项，表示索引的长度；ASC 或 DESC 为可选项，分别表示升序和降序排列。

注意：在 MySQL 的官方文档中指出：主键索引不能使用 CREATE INDEX 语句创建，但可以使用 ALTER TABLE 语句创建（详见本节的后续内容）。

下面使用该 SQL 语法，分别为已存在的表创建普通索引、唯一索引、全文索引、空间索引和复合索引。

（1）创建普通索引

首先创建一个名为 studen8 的数据表（创建表时没有创建索引），然后使用 CREATE INDEX 语句为表中的 stu_id 字段建立普通索引，如例 10-9 所示。

【例 10-9】 使用 CREATE INDEX 为已存在的表创建普通索引。

```
CREATE TABLE student8(
    stu_id INT(10),
    stu_name VARCHAR(3)
);
CREATE INDEX index_id ON student8(stu_id);
```

执行结果如图 10-16 所示。

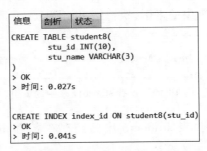

图 10-16　使用 CREATE INDEX 为已存在的表创建普通索引

为已存在的表创建普通索引的 SQL 语句已经执行成功，下面使用 SHOW INDEX FROM student8 语句查看表中的索引，执行结果如图 10-17 所示。

从图 10-17 中可以看到，表 student8 中已经存在名为 index_id 的普通索引。

Table	Non_unique	Key_name	Seq_in_index	Column_name	Collation	Cardinality	Sub_part	Packed	Null	Index_type
student8	1	index_id	1	stu_id	A	0	(Null)	(Null)	YES	BTREE

图 10-17　查看 student8 表中的索引

（2）创建唯一索引

创建一个名为 studen9 的数据表，此时表中无索引。然后使用 CREATE INDEX 语句为表中的 stu_id 字段建立唯一索引，如例 10-10 所示（创建表的 SQL 语句与例 10-9 中基本相同，所以此处省略）。

【例 10-10】　使用 CREATE INDEX 为已存在的表创建唯一索引。

```
CREATE TABLE student9(
    stu_id INT(10),
    stu_name VARCHAR(3)
);
CREATE UNIQUE INDEX index_id ON student9(stu_id);
```

执行结果如图 10-18 所示。

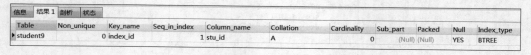

图 10-18　使用 CREATE INDEX 为已存在的表创建唯一索引

为已存在的表创建唯一索引的 SQL 语句已经执行成功，下面使用 SHOW INDEX FROM student9 语句查看表中的索引，执行结果如图 10-19 所示。

Table	Non_unique	Key_name	Seq_in_index	Column_name	Collation	Cardinality	Sub_part	Packed	Null	Index_type
student9	0	index_id	1	stu_id	A	0	(Null)	(Null)	YES	BTREE

图 10-19　查看 student9 表中的索引

从图 10-19 中可以看到，表 student9 中已经存在名为 index_id 的唯一索引（Non_unique 列中的值为 0）。

（3）创建全文索引

创建一个名为 studen10 的数据表，此时表中无索引。然后使用 CREATE INDEX 语句为表中的 stu_info 字段建立全文索引，如例 10-11 所示。

【例 10-11】　使用 CREATE INDEX 为已存在的表创建全文索引。

```
CREATE TABLE student10(
    stu_id INT(10),
    stu_info VARCHAR(100)
);
CREATE FULLTEXT INDEX index_info ON student10(stu_info);
```

执行结果如图 10-20 所示。

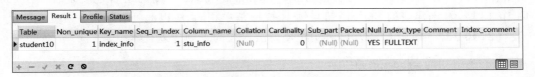

图 10-20　使用 CREATE INDEX 为已存在的表创建全文索引

为已存在的表创建全文索引的 SQL 语句已经执行成功,下面使用 SHOW INDEX FROM student10 语句查看表中的索引,执行结果如图 10-21 所示。

Table	Non_unique	Key_name	Seq_in_index	Column_name	Collation	Cardinality	Sub_part	Packed	Null	Index_type	Comment	Index_comment
▶ student10	1	index_info	1	stu_info	(Null)	0	(Null)	(Null)	YES	FULLTEXT		

图 10-21　查看 student10 表中的索引

从图 10-21 中可以看到,表 student10 中已经存在名为 index_info 的全文索引(Index _type 列中的值为 FULLTEXT)。

(4) 创建空间索引

创建一个名为 studen11 的数据表,此时表中无索引。然后使用 CREATE INDEX 语句为表中的 stu_loc 字段建立空间索引,如例 10-12 所示。

【例 10-12】 使用 CREATE INDEX 为已存在的表创建空间索引。

```
CREATE TABLE student11(
    stu_id INT(10),
    stu_loc point not null
);
CREATE SPATIAL INDEX index_loc ON student11(stu_loc);
```

执行结果如图 10-22 所示。

为已存在的表创建空间索引的 SQL 语句已经执行成功,下面使用 SHOW INDEX FROM student11 语句查看表中的索引,执行结果如图 10-23 所示。

从图 10-23 中可以看到,表 student11 中已经存在了名为 index_loc 的空间索引

238

```
信息    剖析    状态
CREATE TABLE student11(
        stu_id INT(10),
        stu_loc point not null
)
> OK
> 时间: 0.028s


CREATE SPATIAL INDEX index_loc ON student11(stu_loc)
> OK
> 时间: 0.021s
```

图 10-22　使用 CREATE INDEX 为已存在的表创建空间索引

信息	结果1	剖析	状态								
Table	Non_unique	Key_name	Seq_in_index	Column_name	Collation	Cardinality	Sub_part	Packed	Null	Index_type
student11	1	index_loc	1	stu_loc	A	0	32	(Null)		SPATIAL

图 10-23　查看 student11 表中的索引

（Index_type 列中的值为 SPATIAL，并且 Non_unique 列中的值为 1）。

（5）创建复合索引

以创建普通的复合索引为例，创建一个名为 studen12 的数据表，表中无索引。然后使用 CREATE INDEX 语句为表中的 stu_id 和 stu_name 字段的组合建立复合索引，如例 10-13 所示（创建表的 SQL 语句与例 10-9 中基本相同，所以此处省略）。

【例 10-13】　使用 CREATE INDEX 为已存在的表创建复合索引。

```
CREATE TABLE student12(
    stu_id INT(10),
    stu_name VARCHAR(3)
);
CREATE INDEX index_id ON student12(stu_id, stu_name);
```

执行结果如图 10-24 所示。

```
信息    剖析    状态
CREATE TABLE student12(
        stu_id INT(10),
        stu_name VARCHAR(3)
)
> OK
> 时间: 0.029s


CREATE INDEX index_id ON student12(stu_id, stu_name)
> OK
> 时间: 0.025s
```

图 10-24　使用 CREATE INDEX 为已存在的表创建复合索引

为已存在的表创建复合索引的 SQL 语句已经执行成功，下面使用 SHOW INDEX FROM student12 语句查看表中的索引，执行结果如图 10-25 所示。

Table	Non_unique	Key_name	Seq_in_index	Column_name	Collation	Cardinality	Sub_part	Packed	Null	Index_type
▶ student12	1	index_id	1	stu_id	A	0	(Null)	(Null)	YES	BTREE
student12	1	index_id	2	stu_name	A	0	(Null)	(Null)	YES	BTREE

图 10-25 查看 student12 表中的索引

从图 10-25 中可以看到，表 student12 中已经存在名为 index_id 的复合索引，该索引的字段为 stu_id 和 stu_name。

2. 使用 ALTER TABLE 创建索引

使用 ALTER TABLE 语句为已存在的表创建索引的 SQL 语句的语法格式如下所示：

```
ALTER TABLE table_name
ADD INDEX|KEY [index_name] [index_type] (column_name1 [(LENGTH)] [ASC|DESC],
column_name2 [(LENGTH)] [ASC|DESC], …);
| ADD UNIQUE [INDEX|KEY] [index_name] [index_type] (column_name1 [(LENGTH)] [ASC
|DESC],
column_name2 [(LENGTH)] [ASC|DESC], …);
| ADD PRIMARY KEY [index_type] (column_name1 [(LENGTH)] [ASC|DESC],
column_name2 [(LENGTH)] [ASC|DESC], …);
| ADD [FULLTEXT|SPATIAL] [INDEX|KEY] [index_name] (column_name1 [(LENGTH)] [ASC|
DESC],
column_name2 [(LENGTH)] [ASC|DESC], …);
```

以上列举了创建各种索引的 SQL 语法格式，在使用 ALTER TABLE 语句创建不同的索引类型时，细节上略有不同。大家可以仔细观察上述语法，在此就不再赘述各种差别了。

接下来，按照上述的 SQL 语法，分别为已存在的表创建普通索引、唯一索引、主键索引、全文索引、空间索引和复合索引。

（1）创建普通索引

首先创建一个名为 studen13 的数据表，此时表中无索引。然后使用 ALTER TABLE 语句为表中的 stu_id 字段建立普通索引，如例 10-14 所示。

【例 10-14】 使用 CREATE INDEX 为已存在的表创建普通索引。

```
CREATE TABLE student13(
    stu_id INT(10),
    stu_name VARCHAR(3)
);
ALTER TABLE student13 ADD INDEX index_id(stu_id);
```

执行结果如图 10-26 所示。

为已存在的表创建普通索引的 SQL 语句已经执行成功，下面使用 SHOW INDEX FROM student13 语句查看表中的索引，执行结果如图 10-27 所示。

从图 10-27 中可以看到，表 student13 中已经存在名为 index_id 的普通索引。

信息　剖析　状态

```
CREATE TABLE student13(
        stu_id INT(10),
        stu_name VARCHAR(3)
)
> OK
> 时间: 0.034s


ALTER TABLE student13 ADD INDEX index_id(stu_id)
> OK
> 时间: 0.033s
```

图 10-26　使用 CREATE INDEX 为已存在的表创建普通索引

信息　结果 1　剖析　状态

Table	Non_unique	Key_name	Seq_in_index	Column_name	Collation	Cardinality	Sub_part	Packed	Null	Index_type
student13	1	index_id	1	stu_id	A	0	(Null)	(Null)	YES	BTREE

图 10-27　查看 student13 表中的索引

(2) 创建唯一索引

创建一个名为 studen14 的数据表,此时表中无索引。然后使用 ALTER TABLE 语句为表中的 stu_id 字段建立唯一索引,如例 10-15 所示。

【例 10-15】 使用 ALTER TABLE 为已存在的表创建唯一索引。

```
CREATE TABLE student14(
    stu_id INT(10),
    stu_name VARCHAR(3)
);
ALTER TABLE student14 ADD UNIQUE INDEX index_id(stu_id);
```

执行结果如图 10-28 所示。

信息　剖析　状态

```
CREATE TABLE student14(
        stu_id INT(10),
        stu_name VARCHAR(3)
)
> OK
> 时间: 0.025s


ALTER TABLE student14 ADD  UNIQUE index index_id(stu_id)
> OK
> 时间: 0.026s
```

图 10-28　使用 ALTER TABLE 为已存在的表创建唯一索引

为已存在的表创建唯一索引的 SQL 语句已经执行成功,下面使用 SHOW INDEX FROM student14 语句查看表中的索引,执行结果如图 10-29 所示。

从图 10-29 中可以看到,表 student14 中已经存在名为 index_id 的唯一索引(Non_unique 列中的值为 0)。

Table	Non_unique	Key_name	Seq_in_index	Column_name	Collation	Cardinality	Sub_part	Packed	Null	Index_type
student14	0 index_id		1 stu_id		A	0	(Null)	(Null)	YES	BTREE

图 10-29　查看 student14 表中的索引

（3）创建主键索引

创建一个名为 studen15 的数据表，此时表中无索引。然后使用 ALTER TABLE 语句为表中的 stu_id 字段建立主键索引，如例 10-16 所示。

【例 10-16】　使用 ALTER TABLE 为已存在的表创建主键索引。

```
CREATE TABLE student15(
    stu_id INT(10),
    stu_name VARCHAR(3)
);
ALTER TABLE student15 ADD PRIMARY KEY (stu_id);
```

执行结果如图 10-30 所示。

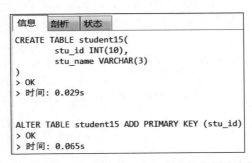

图 10-30　使用 ALTER TABLE 为已存在的表创建主键索引

为已存在的表创建主键索引的 SQL 语句已经执行成功，下面使用 SHOW INDEX FROM student15 语句查看表中的索引，执行结果如图 10-31 所示。

Table	Non_unique	Key_name	Seq_in_index	Column_name	Collation	Cardinality	Sub_part	Packed	Null	Index_type
student15	0 PRIMARY		1 stu_id		A	0	(Null)	(Null)		BTREE

图 10-31　查看 student15 表中的索引

从图 10-31 中可以看到，表 student15 中已经存在名为 PRIMARY 的主键索引（主键索引名默认为 PRIMARY，即使用户指定了其他的索引名也不会生效）。

（4）创建全文索引

创建一个名为 studen16 的数据表，此时表中无索引。然后使用 ALTER TABLE 语句为表中的 stu_info 字段建立全文索引，如例 10-17 所示。

【例 10-17】　使用 ALTER TABLE 为已存在的表创建全文索引。

```
CREATE TABLE student16(
```

```
stu_id INT(10),
stu_info VARCHAR(100)
);
ALTER TABLE student16 ADD FULLTEXT INDEX index_info(stu_info);
```

执行结果如图 10-32 所示。

```
信息  剖析  状态
CREATE TABLE student16(
        stu_id INT(10),
        stu_info VARCHAR(100)
)
> OK
> 时间: 0.029s


ALTER TABLE student16 ADD FULLTEXT INDEX index_info(stu_info)
> OK
> 时间: 0.246s
```

图 10-32　使用 ALTER TABLE 为已存在的表创建全文索引

为已存在的表创建全文索引的 SQL 语句已经执行成功,下面使用 SHOW INDEX FROM student16 语句查看表中的索引,执行结果如图 10-33 所示。

信息	结果1	剖析	状态								
Table	Non_unique	Key_name	Seq_in_index	Column_name	Collation	Cardinality	Sub_part	Packed	Null	Index_type
▶ student16		1 index_info		1 stu_info	(Null)	0	(Null)	(Null)	YES	FULLTEXT

图 10-33　查看 student16 表中的索引

从图 10-33 中可以看到,表 student16 中已经存在名为 index_info 的全文索引(Index_type 列中的值为 FULLTEXT)。

（5）创建空间索引

创建一个名为 student17 的表,此时表中无索引。然后使用 ALTER TABLE 语句为表中的 stu_loc 字段建立空间索引,如例 10-18 所示。

【例 10-18】　使用 ALTER TABLE 为已存在的表创建空间索引。

```
CREATE TABLE student17(
    stu_id INT(10),
    stu_loc point NOT NULL
);
ALTER TABLE student17 ADD SPATIAL INDEX index_loc(stu_loc);
```

执行结果如图 10-34 所示。

为已存在的表创建空间索引的 SQL 语句已经执行成功,下面使用 SHOW INDEX FROM student17 语句查看表中的索引,执行结果如图 10-35 所示。

从图 10-35 中可以看到,表 student17 中已经存在名为 index_loc 的空间索引(Index_type 列中的值为 SPATIAL,并且 Non_unique 列中的值为 1）。

（6）创建复合索引

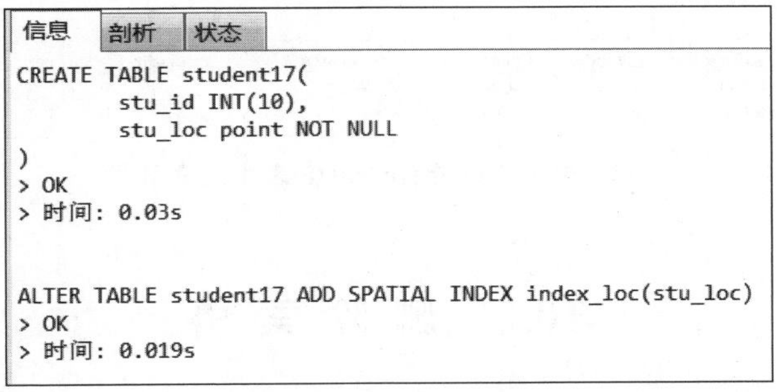
信息　剖析　状态

```
CREATE TABLE student17(
        stu_id INT(10),
        stu_loc point NOT NULL
)
> OK
> 时间: 0.03s


ALTER TABLE student17 ADD SPATIAL INDEX index_loc(stu_loc)
> OK
> 时间: 0.019s
```

图 10-34　使用 ALTER TABLE 为已存在的表创建空间索引

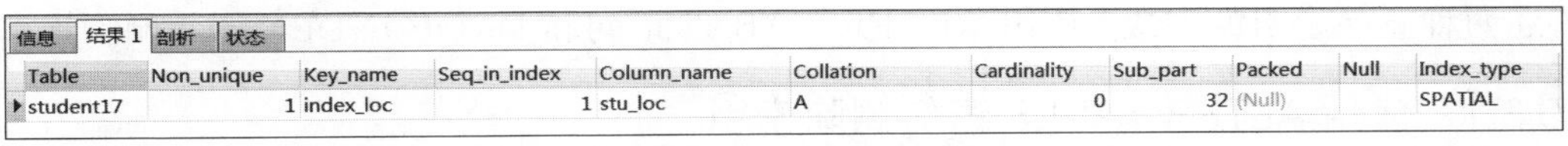
信息　结果 1　剖析　状态

Table	Non_unique	Key_name	Seq_in_index	Column_name	Collation	Cardinality	Sub_part	Packed	Null	Index_type
student17	1	index_loc	1	stu_loc	A	0	32	(Null)		SPATIAL

图 10-35　查看 student17 表中的索引

以创建普通的复合索引为例，创建一个名为 student18 的表，此时表中无索引。然后使用 ALTER TABLE 语句为表中的 stu_id 和 stu_name 字段的组合建立复合索引，如例 10-19 所示。

【例 10-19】　使用 ALTER TABLE 为已存在的表创建复合索引。

```
CREATE TABLE student18(
    stu_id INT(10),
    stu_name VARCHAR(3)
);
ALTER TABLE student18 ADD INDEX index_id(stu_id, stu_name);
```

执行结果如图 10-36 所示。

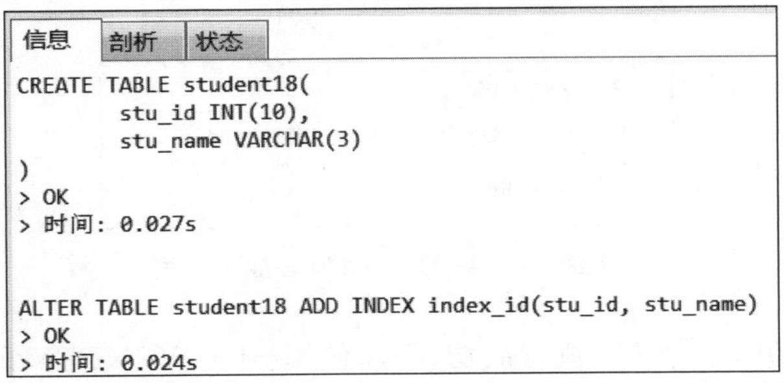
信息　剖析　状态

```
CREATE TABLE student18(
        stu_id INT(10),
        stu_name VARCHAR(3)
)
> OK
> 时间: 0.027s


ALTER TABLE student18 ADD INDEX index_id(stu_id, stu_name)
> OK
> 时间: 0.024s
```

图 10-36　使用 ALTER TABLE 为已存在的表创建复合索引

为已存在的表创建复合索引的 SQL 语句已经执行成功，下面使用 SHOW INDEX FROM student18 语句查看表中的索引，执行结果如图 10-37 所示。

从图 10-37 中可以看到，表 student18 中已经存在名为 index_id 的复合索引，该索引的字段为 stu_id 和 stu_name。

Table	Non_unique	Key_name	Seq_in_index	Column_name	Collation	Cardinality	Sub_part	Packed	Null	Index_type
▶ student18	1	index_id	1	stu_id	A	0	(Null)	(Null)	YES	BTREE
student18	1	index_id	2	stu_name	A	0	(Null)	(Null)	YES	BTREE

图 10-37　查看 student18 表中的索引

10.3　删 除 索 引

索引虽然能够提升数据的查询效率,但是索引数据会占用大量的存储空间,并且会降低数据插入、修改和删除时的性能。因此对于已经没有用的索引,要及时删除。本节中会讲述两种删除索引的方式:使用 ALTER TABLE 语句和 DROP INDEX 语句删除索引。

10.3.1　使用 ALTER TABLE 语句删除索引

使用 ALTER TABLE 语句删除索引的 SQL 语句需要指定索引的名称,其语法格式如下所示:

```
ALTER TABLE table_name DROP INDEX|KEY index_name;
```

其中,table_name 为要删除索引的表名;DROP INDEX|KEY 为删除索引所用的关键字;index_name 为要删除的索引的名称。

下面使用上述语法删除表 student17 中的空间索引,该空间索引名为 index_loc(如果不记得索引名,可以使用 SHOW INDEX FROM student17 语句查看表的索引),其 SQL 语句如例 10-20 所示。

【例 10-20】　使用 ALTER TABLE 删除索引。

```
ALTER TABLE student17 DROP INDEX index_loc;
```

执行结果如图 10-38 所示。

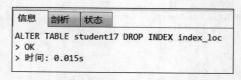

图 10-38　ALTER TABLE 删除索引

删除索引的 SQL 语句已经执行成功,下面使用 SHOW INDEX FROM student17 语句查看删除后表中的索引,执行结果如图 10-39 所示。

Table	Non_unique	Key_name	Seq_in_index	Column_name	Collation	Cardinality	Sub_part	Packed	Null	Index_type
▶ (N/A)	(N/A)	(N/A)	(N/A)	(N/A)	(N/A)	(N/A)	(N/A)	(N/A)	(N/A)	(N/A)

图 10-39　查看删除索引后 student17 表中的索引

由图 10-39 与图 10-35 对比可知，表 student17 中的索引已经被成功删除，目前表中并无任何索引。

注意：使用 ALTER TABLE table_name DROP INDEX|KEY index_name 语法格式的 SQL 语句并不能删除主键索引。如果要删除主键索引，需要使用 ALTER TABLE table_name DROP PRIMARY KEY，或者下面将要讲解到的 DROP INDEX 语句。

10.3.2　使用 DROP INDEX 语句删除索引

使用 DROP INDEX 语句删除索引的 SQL 语句同样需要指定索引的名称，其语法格式如下所示：

```
DROP INDEX index_name on table_name;
```

其中，DROP INDEX 为删除索引所用的关键字；index_name 为要删除的索引的名称；table_name 为要删除索引的表名。

下面使用上述语法删除表 student18 中的复合索引，该复合索引名为 index_id，其 SQL 语句如例 10-21 所示。

【例 10-21】　使用 DROP INDEX 删除索引。

```
DROP INDEX index_id ON student18;
```

执行结果如图 10-40 所示。

图 10-40　使用 DROP INDEX 删除索引

删除索引的 SQL 语句已经执行成功，下面使用 SHOW INDEX FROM student18 语句查看删除后表中的索引，执行结果如图 10-41 所示。

信息	结果1	剖析	状态								
Table	Non_unique	Key_name	Seq_in_index	Column_name	Collation	Cardinality	Sub_part	Packed	Null	Index_type
▶ (N/A)	(N/A)	(N/A)	(N/A)	(N/A)	(N/A)		(N/A)	(N/A)	(N/A)	(N/A)

图 10-41　查看删除索引后 student18 表中的索引

由图 10-41 与图 10-37 对比可知，表 student18 中的索引已经被成功删除，目前表中并无任何索引。

注意：使用 ALTER TABLE table_name DROP INDEX|KEY index_name 或者 DROP INDEX index_name on table_name 语法格式的 SQL 语句并不能删除主键索引。如果要删除主键索引，需要使用 ALTER TABLE table_name DROP PRIMARY KEY 语句。

10.4　使用图形界面操作索引

使用图形界面来操作索引对于初学者而言相对简单,本节将会详细讲述如何使用 Navicat 软件来创建、修改和删除索引。

下面以表 student18 为例进行讲解,该表中只有两个字段 stu_id 和 stu_name,并没有索引。

(1) 首先,在图形界面的左侧列表中右击 student18 这个表,在弹出的快捷菜单中选择"设计表"选项,之后会看到如图 10-42 所示的界面。

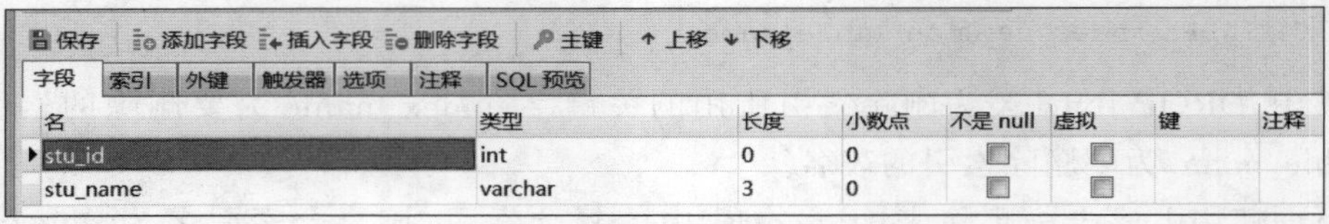

名	类型	长度	小数点	不是 null	虚拟	键	注释
stu_id	int	0	0				
stu_name	varchar	3	0				

图 10-42　"设计表"选项的默认界面

(2) 图 10-42 是"设计表"选项的默认界面(默认显示的是"字段"界面),此时需要选择"索引"界面,之后会出现如图 10-43 所示的设计索引的界面。

名	字段	索引类型	索引方法	注释

图 10-43　设计索引界面

在图 10-43 中可以看到"添加索引"和"删除索引"选项,分别用于添加索引和删除索引。

(3) 下面为表中的 stu_id 字段添加一个唯一索引。

首先单击"添加索引"选项,然后分别编辑该索引的"(索引)名"、"字段"(可以多选)、"索引类型"(包括 FULLTEXT、NORMAL、SPATIAL 和 UNIQUE,其中 NORMAL 表示普通索引)、"索引方法"(包括 BTREE 和 HASH,由于表的存储引擎为 InnoDB,所以如果不选择则默认为 BTREE)以及"注释"。最后单击"保存"按钮进行保存即可,保存后的索引详细信息如图 10-44 所示。

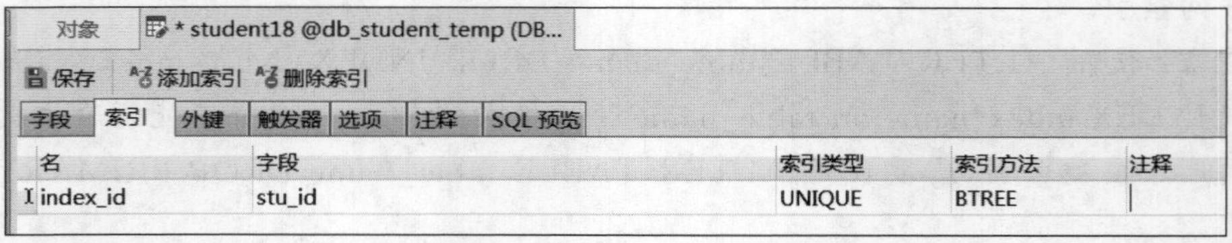

名	字段	索引类型	索引方法	注释
index_id	stu_id	UNIQUE	BTREE	

图 10-44　使用图形界面添加索引

（4）如果想要修改索引名、字段和索引类型等信息，可以直接单击对应项的值进行修改，然后保存即可。以修改字段为例，将索引的字段修改为 stu_name。

首先选中"字段"一栏中的值，然后单击右侧的"⋯"按钮，之后会出现如图 10-45 所示的对话框。在图 10-45 中可以看到"↑""↓""＋"和"－"四个按钮，其中"↑"和"↓"可以调整字段的顺序，"＋"和"－"可以增加或删除字段。

想要将字段修改为 stu_name，需要先单击"－"按钮删除原有的 stu_id 字段，然后单击"＋"按钮，在下拉列表中选择 stu_name 字段，如图 10-46 所示。

图 10-45　修改字段对话框

图 10-46　在下拉列表中选择索引字段

最后单击"确定"按钮，对修改进行保存。之后索引列表中的字段即变为 stu_name，如图 10-47 所示。

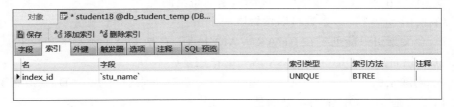

图 10-47　修改后的索引列表

（4）删除某个索引时，只需要选中该索引，然后单击"删除索引"选项，并在弹出的确认框中选择"删除"即可。

10.5　本章小结

本章介绍了关于 MySQL 数据库的索引的基础知识，以及有关创建和删除索引的方法。其中创建索引是本章的重点，应该重点掌握创建索引的方法。

10.6　思考与练习

1. 什么是索引？

2. 列举索引的分类及特点。

3. 简述索引的优缺点。

4. 建立一张用来存储学生信息的表 student，字段包括：学号、姓名、性别、居住地址（POINT 类型）以及自我介绍（VARCHAR 或者 TEXT 类型）。具体要求如下：

（1）为"学号"创建主键索引。

（2）为"姓名"创建唯一索引。

（3）为"居住地址"创建空间索引。

（4）为"自我介绍"创建全文索引。

5. UNIQUE 唯一索引的作用是（　　　）。

    A. 保证各行在该索引上的值不能为 NULL

    B. 保证各行在该索引上的值都不能重复

    C. 保证唯一索引不能被删除

    D. 保证参与唯一索引的各列不能再参与其他的索引

6. 下面的（　　　）语句不能用于创建索引。

    A. CREATE TABLE　　　　　　　　B. CREATE DATABASE

    C. ALERT TABLE　　　　　　　　　D. CREATE INDEX

7. 下列关于索引的描述中，错误的是（　　　）。

    A. 主键是一种特殊的唯一索引

    B. MySQL 中只有 MyISAM 存储引擎支持空间检索

    C. 使用 SPATIAL 参数可以设置唯一索引

    D. 全文索引只能创建在 CHAR、VARCHAR 或者 TEXT 类型的字段上

8. SQL 语言中的 DROP INDEX 语句的作用是（　　　）。

    A. 删除索引　　　　　B. 更新索引　　　　　C. 建立索引　　　　　D. 修改索引

9. 以下不是 MySQL 索引类型的是（　　　）。

    A. 单列索引　　　　　B. 多列索引　　　　　C. 并行索引　　　　　D. 唯一索引

10. 下列语句中，（　　　）用于在 score 数据表中给 math 字段添加名称为 math_score 的索引。

    A. CREATE INDEX index_name ON score（math）；

    B. CREATE INDEX score ON score（math_score）；

    C. CREATE INDEX math_score ON studentinfo（math）；

    D. CREATE INDEX math_score ON score（math）；

第 11 章

用户管理

为了保证 MySQL 数据库中数据的安全性和完整性，MySQL 提供了一种安全机制，这种安全机制通过赋予用户适当的权限来提高数据的安全性。MySQL 用户主要包括两种：root 用户和普通用户。root 用户为超级管理员，拥有 MySQL 提供的所有权限；普通用户的权限则取决于该用户在创建时被赋予的权限有哪些。

在前面的章节中，都是通过 root（超级用户）登录数据库进行相关的操作。在正常的工作环境中，为了保证数据库的安全，数据库管理员会对需要操作数据库的人员分配用户名、密码以及可操作的权限范围，让其仅能在自己权限范围内操作。本章将详细讲解 MySQL 中的权限表，如何管理 MySQL 用户以及如何进行权限管理的内容。

11.1 权 限 表

在前面章节中提到过 MySQL 自带的数据库，其中有一个名为 mysql 的数据库，该数据库是 MySQL 软件的核心数据库，它主要用于维护数据库的用户以及权限的控制和管理。这些权限表中比较重要的是 user 表和 db 表，下面将详细讲解这些权限表。

11.1.1 mysql.user 表

MySQL 数据库中最重要的一张表就是 user 表，user 表中存储了允许连接到服务器的用户信息以及全局级（适用于所有数据库）的权限信息。

user 表根据存储内容的不同可以将其中的字段分为 6 类：客户端访问服务器的账号字段、验证用户身份的字段、安全连接的字段、资源限制的字段、权限字段以及账户是否锁定的字段。

1. 用户字段

user 表中的用户字段只包括两个字段：host 和 user 字段共同组成的复合主键用于区分 MySQL 中的账户，user 字段用于代表用户的名称；host 字段表示允许访问的客户端 IP 地址或主机地址，当 host 的值为"*"时，表示所有客户端的用户都可以访问。每个字段的信息如表 11-1 所示。

通过 SELECT 查询 user 表中默认用户的 host 和 user 值，具体 SQL 语句如下：

```
SELECT host,user FROM mysql.user
```

表 11-1　user 表的用户字段信息一览表

字段名	数据类型	默认值	表示的含义
host	char(255)	无默认值	主机名
user	char(32)	无默认值	用户名

执行结果如图 11-1 所示。

从上述执行结果可知，在 user 表中，除了默认的 root 超级用户外，MySQL 5.7 以后还额外地新增了两个用户 mysql.session 和 mysql.sys。前者用于用户身份验证；后者用于系统模式对象的定义，防止 DBA（数据库管理员）重命名或删除 root 用户时发生错误。

host	user
▶ localhost	mysql.infoschema
localhost	mysql.session
localhost	mysql.sys
localhost	root

图 11-1　user 表中的默认用户

默认情况下，用户 mysql.session 和 mysql.sys 已被锁定，使得数据库操作人员无法使用这两个用户通过客户端连接 MySQL 服务器。因此，建议大家不要随意解锁和使用 mysql.session 和 mysql.sys 用户，否则可能会有意想不到的事情发生。

2. 身份验证字段

在 MySQL 5.7 之前，用户字段中还有一个名为 password 的字段用于存储用户的密码。在 MySQL 5.7 以后，mysql.user 表中已不再包含 Password 字段，而是使用 plugin 和 authentication_string 字段保存用户身份验证的信息。其中，plugin 字段用于指定用户的验证插件名称，authentication_string 字段是根据 plugin 指定的插件算法对账户明文密码（如 12345）加密后的字符串。

通过 SELECT 查询 user 表中 root 用户默认的 plugin 和 authentication_string 值，具体 SQL 语句如下：

```
SELECT plugin,authentication_string FROM mysql.user WHERE user='root';
```

执行结果如图 11-2 所示。

plugin	authentication_string
▶ mysql_native_password	*00A51F3F48415C7D4E8908980D443C29C69B60C9

图 11-2　user 表中 root 的 plugin 和 authentication_string 值

如果用户想要与 MySQL 服务器建立连接，那么不仅要验证用户字段的信息，还要验证安全字段的信息。除此之外，与身份验证的账号密码相关的字段还有 password_expired（密码是否过期）、password_last_changed（密码最后一次修改的时间）以及 password_lifetime（密码的有效期）。

3. 权限字段

user 表中的权限字段包含一系列以"_priv"结尾的字段，比如 Select_priv、Drop_priv、Super_priv 和 Create_view_priv 等，这些字段的取值决定了用户具有哪些全局权限。每个字段的信息如表 11-2 所示。

表 11-2　**user** 表的权限字段信息一览表

字　段　名	数据类型	默认值	对　应　权　限	权限的作用范围
Select_priv	enum('N','Y')	N	SELECT	表
Insert_priv	enum('N','Y')	N	INSERT	表、字段
Update_priv	enum('N','Y')	N	UPDATE	表、字段
Delete_priv	enum('N','Y')	N	DELETE	表
Index_priv	enum('N','Y')	N	INDEX	表
Alter_priv	enum('N','Y')	N	ALTER	表
Create_priv	enum('N','Y')	N	CREATE	数据库、表、索引
Drop_priv	enum('N','Y')	N	DROP	数据库、表、视图
Grant_priv	enum('N','Y')	N	GRANT OPTION	数据库、表、存储过程
Create_view_priv	enum('N','Y')	N	CREATE VIEW	视图
Show_view_priv	enum('N','Y')	N	SHOW VIEW	视图
Create_routine_priv	enum('N','Y')	N	CREATE ROUTINE	存储过程
Alter_routine_priv	enum('N','Y')	N	ALTER ROUTINE	存储过程
Execute_priv	enum('N','Y')	N	EXECUTE	存储过程
Trigger_priv	enum('N','Y')	N	TRIGGER	表
Event_priv	enum('N','Y')	N	EVENT	数据库
Create_tmp_table_priv	enum('N','Y')	N	CREATE TEMPORARY TABLES	表
Lock_tables_priv	enum('N','Y')	N	LOCK TABLES	数据库
References_priv	enum('N','Y')	N	REFERENCES	数据库、表
Reload_priv	enum('N','Y')	N	RELOAD	服务器管理
Shutdown_priv	enum('N','Y')	N	SHUTDOWN	服务器管理
Process_priv	enum('N','Y')	N	PROCESS	服务器管理
File_priv	enum('N','Y')	N	FILE	服务器主机上的文件
Show_db_priv	enum('N','Y')	N	SHOW DATEBASES	服务器管理
Super_priv	enum('N','Y')	N	SUPER	服务器管理
Repl_slave_priv	enum('N','Y')	N	REPLICATION SLAVE	服务器管理
Repl_client_priv	enum('N','Y')	N	REPLICATIONCLIENT	服务器管理
Create_user_priv	enum('N','Y')	N	CREATE USER	服务器管理
Create_tablespace_priv	enum('N','Y')	N	CREATE TABLESPACE	服务器管理

　　由表中数据可知,权限字段的数据类型为 enum('N','Y'),也就是说权限字段的取值

只能是 N 或者 Y。其中 N 表示用户没有该权限,Y 表示用户有该权限,并且为了保证数据的安全性,这些权限字段的默认值均为 N。

由于 user 表中存储的是全局级的权限信息,因此对于权限的设置可以作用于所有的数据库。

4. 安全连接字段

客户端与 MySQL 服务器连接时,除了可以基于账户名以及密码的常规验证外,还可以判断当前连接是否符合 SSL 安全协议。user 表中的安全字段用来存储用户的安全信息,每个字段的信息如表 11-3 所示。

表 11-3　user 表的安全字段信息一览表

字段名	数据类型	默认值	表示的含义
ssl_type	enum(",'ANY','X509','SPECIFIED')	"(空字符串)	用于保存安全连接的类型,它的可选值有"(空)、ANY(任意类型)、X509(X509 证书)、SPECIFJED(规定的)4 种
ssl_cipher	blob	无默认值	用于保存安全加密连接的特定密码
x509_issuer	blob	无默认值	保存由 CA 签发的有效的 X509 证书
x509_subject	blob	无默认值	保存包含主题的有效的 X509 证书
plugin	char(64)	mysql_native_password	存储验证用户登录的插件名称
authentication_string	text	NULL	存储用户登录密码
password_expired	enum('N','Y')	N	设置密码是否允许过期
password_last_changed	timestamp	NULL	存储上一次修改密码的时间
password_lifetime	smallint(5) unsigned	NULL	设置密码自动失效的时间
account_locked	enum('N','Y')	N	存储用户的锁定状态

以 ssl 开头的字段是用来对客户端与服务器端的数据传输进行加密操作的。如果客户端连接服务器时不是使用 SSL 连接,那么在传输过程中,数据就有可能被窃取。因此从 MySQL 5.7 开始,为了数据的安全性,默认的用户连接方式就是 SSL 连接(注意:本地连接不会使用 SSL 连接)。可以使用 SHOW variables LIKE 'have_ssl' 来查看当前的连接是不是 SSL 连接,如果 have_ssl 字段值为 YES,则表示使用的是 SSL 连接;如果值为 DISABLED,则表示没有使用 SSL 连接,此时可以手动开启 SSL 连接。

5. 资源控制字段

user 表中的资源控制字段用来控制用户使用的资源,在 mysql.user 表中提供的以 "max_"开头的字段保存对用户可用的服务器资源的限制,用来防止用户登录 MySQL 服务器后执行不法或不合规范的操作而浪费服务器的资源。每个字段的信息如表 11-4 所示。

表 11-4　user 表的资源控制字段信息一览表

字　段　名	数据类型	默认值	表示的含义
max_questions	int(11) unsigned	0	每小时允许执行查询操作的最大次数
max_updates	int(11) unsigned	0	每小时允许执行更新操作的最大次数
max_connections	int(11) unsigned	0	每小时允许用户建立连接的最大次数
max_user_connections	int(11) unsigned	0	每小时允许单个用户建立连接的最大次数

从表中数据可知,4 个资源控制字段的默认值均为 0,这表示没有任何的限制。

6. 账户锁定字段

在 mysql.user 表中提供的 account_locked 字段用于保存当前用户是处于锁定还是解锁状态。该字段是一个枚举类型,当其值为 N 时表示解锁,此用户可以用于连接服务器;当其值为 Y 时,表示该用户已被锁定,不能用于连接服务器。

11.1.2　mysql.db 表

MySQL 数据库中另外一张比较重要的表就是 db 表,db 表中存储了某个用户对相关数据库的权限(数据库级权限)信息。

db 表中有 22 个字段,根据存储内容的不同可以将这些字段分为两类:用户字段和权限字段。

1. 用户字段

db 表中的用户字段包括三个字段,每个字段的信息如表 11-5 所示。

表 11-5　db 表的用户字段信息一览表

字段名	数据类型	默认值	表示的含义
host	char(60)	无默认值	主机名
user	char(64)	无默认值	用户名
db	char(32)	无默认值	数据库名

在 MySQL 5.6 之前,MySQL 数据库中还有一张为名 host 的表,host 表中存储了某个主机对数据库的操作权限,配合 db 表对给定主机上数据库级操作权限进行更细致的控制。但 host 表一般很少用,所以从 MySQL 5.6 开始就已经没有 host 表了。

2. 权限字段

db 表中的权限字段也是包含一系列以"_priv"结尾的字段,这些字段是数据库级字段,并不能操作服务器,因此 db 表中的权限字段是在 user 表的基础上减少了与服务器管理相关的权限,即 db 表的权限只包含表 11-2 中的前 19 项(从 Select_priv 到 References_priv)。

11.1.3　其他权限表

前面讲了全局级权限表 user 和数据库级权限表 db。在 MySQL 数据库中,除了这两张权限表之外,还有表级权限表 tables_priv 和列级权限表 columns_priv,其中 tables_priv 可以实现单张表的权限设置;columns_priv 则可以实现单个字段的权限设计。有兴趣的读者可以自己查看这两表的表结构信息,在此就不再赘述了。

MySQL 用户通过身份验证后,会进行权限的分配。分配权限是按照 user 表、db 表、tables_priv 表和 columns_priv 表的顺序依次进行验证。即先检查全局级权限表 user,如果 user 表中对应的权限为 Y,则此用户对所有数据库的权限都为 Y,将不再检查 db 表、tables_priv 表和 columns_priv 表。如果 user 表中对应的权限为 N,则到数据库级权限表 db 中检查此用户对应的具体数据库的权限,如果得到 db 表中对应的权限为 Y,将不再检查 tables_priv 表和 columns_priv。如果 db 表中对应的权限为 N,则检查表级权限表 tables_priv 中此数据库对应的具体表的权限,以此类推。

11.2　用　户　管　理

用户是数据库的使用者和管理者,MySQL 通过用户的设置来控制数据库操作人员的访问与操作范围。用户管理是 MySQL 为了保证数据的安全性和完整性而提供的一种安全机制,通过用户管理可以实现让不同的用户访问不同的数据,而不是所有用户都可以访问所有的数据。MySQL 中的用户管理机制包括用户登录与退出 MySQL 数据库、添加用户、删除用户、密码管理和权限管理等内容。下面将详细讲解这些内容。

11.2.1　用户登录与退出 MySQL 数据库

1. 用户登录 MySQL 数据库

在 2.3.2 节中,讲解了在 Windows 平台下登录 MySQL 数据库的方式。其中一种方式是直接使用 DOS 窗口来执行登录数据库的命令,但是登录命令中的参数并不完整,下面将介绍完整的登录数据库命令,如下所示:

```
mysql -h hostname | hostIP -p port -u username -p dbname  -e SQL 语句
```

其中,mysql 是登录数据库的命令;-h 后面需要加上服务器的 IP 地址(由于 MySQL 服务器安装在本地计算机中,所以 IP 地址为 127.0.0.1);-u 后边填写的是连接数据库的用户名,在此为 root 用户;-p 后边是设置的 root 用户的密码(密码不需要直接写在-p 后边)。

其中,各个参数的含义如下所示:
- -h:指定连接 MySQL 服务器的主机名或 IP 地址,其中 hostname 表示主机名,hostIP 表示 IP 地址。
- -p:指定连接 MySQL 服务器的端口号,port 即为指定的端口号。由于在安装 MySQL 软件时使用的是默认端号 3306,因此如果不指定该参数的话,会默认连接

3306 端口。

- -u：指定登录 MySQL 服务器的用户名，username 即为指定的用户名。
- -p：该参数会提示输入登录密码。
- dbname：指定要登录的数据库名。不指定该参数也会进入 MySQL 数据库，但是还需要使用 USE 命令指定登录哪个数据库。
- -e：指定要执行的 SQL 语句。

接下来在 DOS 窗口中，使用上述语法通过 root 用户登录到 MySQL 服务器的 jxgl 数据库，其具体的 DOS 命令如例 11-1 所示。

【例 11-1】　使用 DOS 命令通过 root 用户登录 jxgl 数据库（不带密码）。

```
mysql -h 127.0.0.1 -u root -p jxgl
```

在执行完上述命令后，系统会提示输入密码（Enter password）。在输入正确的密码后，就会进入 MySQL 中的 jxgl 数据库。

如果不想在系统给出 Enter password 的提示后输入密码，而是在命令行中直接输入，那么可以使用下面的命令，如例 11-2 所示。

【例 11-2】　使用 DOS 命令通过 root 用户登录 jxgl 数据库（带密码）。

```
mysql -h 127.0.0.1 -u root -p 12345 jxgl
```

上述命令中的 12345 即为 root 用户登录 MySQL 的密码。在执行完上述命令后，系统将不会再提示输入密码，而是直接进入 MySQL 中的 jxgl 数据库。但是此时你会收到一条警告："Using a password on the command line interface can be insecure"，意思是"在命令行输入密码是不安全的"。执行结果如图 11-3 所示。

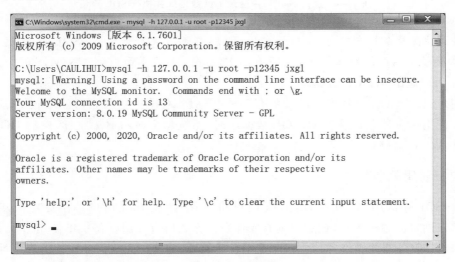

图 11-3　通过 root 用户登录 jxgl 数据库

还可以在登录 MySQL 数据库的命令中使用"-e"参数来添加要执行的 SQL 语句，比如查询 jxgl 数据库中的 dept 表的所有数据记录，其命令如例 11-3 所示。

【例 11-3】 使用 DOS 命令通过 root 用户登录 jxgl 数据库并执行 SQL 语句。

```
mysql -h 127.0.0.1 -u root -p jxgl -e "SELECT * from student"
```

执行上述命令后,系统会提示输入密码。在输入正确的密码后,查询结果就会立即显示出来,如图 11-4 所示。

```
C:\Windows\system32\cmd.exe
Microsoft Windows [版本 6.1.7601]
版权所有 (c) 2009 Microsoft Corporation。保留所有权利。

C:\Users\CAULIHUI>mysql -h 127.0.0.1 -u root -p jxgl -e "select * from student"
Enter password: *****
+--------------+----------+------+------------+------+--------------+
| sno          | sname    | ssex | sbirth     | zno  | sclass       |
+--------------+----------+------+------------+------+--------------+
| 202011070338 | 孙凯     | 男   | 2000-10-11 | 1102 | 大数据2001   |
| 202011855228 | 唐晓     | 女   | 2002-11-05 | 1102 | 大数据2001   |
| 202011855321 | 蓝梅     | 女   | 2002-07-02 | 1102 | 大数据2001   |
| 202011855426 | 余小梅   | 女   | 2002-06-18 | 1102 | 大数据2001   |
| 202012040137 | 郑熙婷   | 女   | 2003-05-23 | 1214 | 区块链2001   |
| 202012855223 | 徐美利   | 女   | 2000-09-07 | 1214 | 区块链2001   |
| 202014070116 | 欧阳贝贝 | 女   | 2002-01-08 | 1407 | 健管2001     |
| 202014320425 | 曹平     | 女   | 2002-12-14 | 1407 | 健管2001     |
| 202014855302 | 李壮     | 男   | 2003-01-17 | 1409 | 智能医学2001 |
| 202014855308 | 马琦     | 男   | 2003-06-14 | 1409 | 智能医学2001 |
| 202014855328 | 刘梅红   | 女   | 2000-06-12 | 1407 | 健管2001     |
| 202014855406 | 王松     | 男   | 2003-10-06 | 1409 | 智能医学2001 |
| 202016855305 | 聂鹏飞   | 男   | 2002-08-25 | 1601 | 供应链2001   |
| 202016855313 | 郭爽     | 女   | 2001-02-14 | 1601 | 供应链2001   |
| 202018855212 | 李冬旭   | 男   | 2003-06-08 | 1805 | 智能感知2001 |
| 202018855232 | 王琴雪   | 女   | 2002-07-20 | 1805 | 智能感知2001 |
+--------------+----------+------+------------+------+--------------+

C:\Users\CAULIHUI>
```

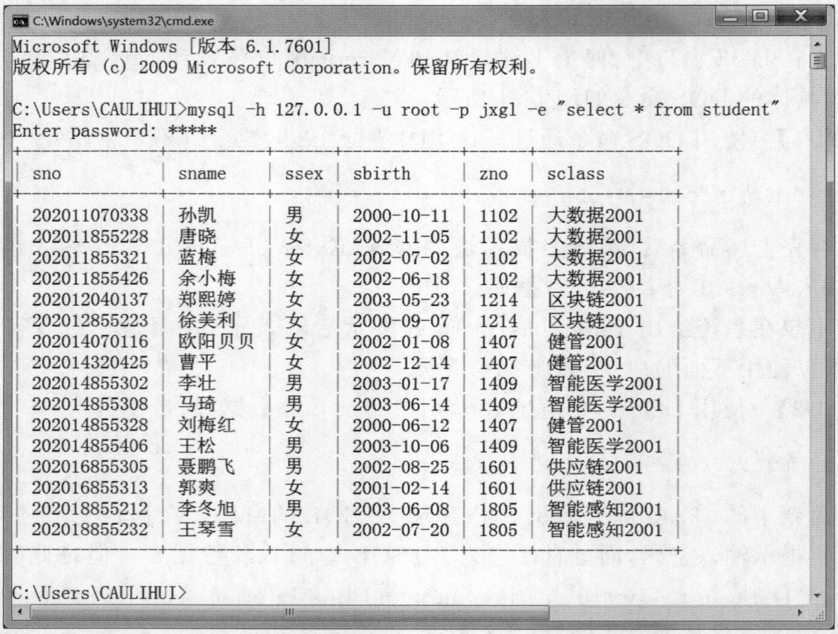

图 11-4 通过 root 用户登录 jxgl 数据库并执行 SQL 语句

注意:在命令行中执行 SQL 语句后,DOS 界面并没有进入 MySQL,而仍然在默认的 C 盘路径下。但是如果命令行中没有 SQL 语句,DOS 界面则会进入 MySQL。

2. 用户退出 MySQL 数据库

用户退出 MySQL 数据库的命令有三种:EXIT、QUIT 以及\q,其中\q 为 QUIT 的缩写。使用这三种方式退出 MySQL 数据库时,系统均会显示 Bye 字样,然后 DOS 窗口回到默认的 C 盘路径下。

11.2.2 创建普通用户

MySQL 中的用户分为两种:root 用户和普通用户。root 用户是在安装 MySQL 软件时默认创建的超级用户,该用户具有操作数据库的所有权限。每次都使用 root 用户登录 MySQL 服务器并操作各种数据库是不合适的,因为这样无法保证数据的安全性,因此在实际开发中需要创建具有不同权限的普通用户来登录 MySQL 服务器。

创建普通用户有三种方式:CREATE USER、GRANT 以及 INSERT,这三种方式分别需要具有 CREATE USER 权限、GRANT OPTION 权限或者 INSERT 权限,这也就意味着需要使用 root 用户来创建普通用户。创建普通用户之前,先使用 root 用户登录

MySQL 自带的名为 mysql 的数据库,然后查看 user 表中存在的用户信息,其 SQL 语句
如例 11-1 所示。

下面分别使用三种不同的方式来创建普通用户。

1. 使用 CREATE USER 语句创建普通用户

使用 CREATE USER 语句创建普通用户需要具有全局级的 CREATE USER 权限
或者对 MySQL 数据库的 INSERT 权限。CREATE USER 语句可以同时创建多个用户,
其 SQL 语法如下所示:

```
CREATE USER [IF NOT EXISTS]'username'@ 'hostname'[IDENTIFIED BY password 'auth
_string']
```

其中,CREATE USER 为创建用户所使用的固定语法;"IF NOT EXISTS"可选项,
如果指定该项,则在创建用户时即使用户已存在也不会提示错误,而只会给出警告;
username 为用户名;hostname 为主机名,用于指定该用户在哪个主机上可以登录
MySQL 服务器(如果 hostname 取值为 localhost,表示该用户只能在本地登录,而不能在
另外一台计算机上远程登录;如果想要远程登录,需要将 hostname 的值设置改为"％"或
者具体的主机名,其中"％"表示在任何一台电脑上都可以登录),username 和 hostname
这两者共同组成一个完整的用户名;IDENTIFIED BY 用来设置用户的密码;auth_string
即为用户设置的密码;password 关键字用来实现对密码的加密功能(使用哈希值设置密
码),如果密码只是一个普通的字符串,则该项可以省略。

下面使用上述 SQL 语法创建一个只能在本地登录的普通用户,该用户名为 admin,
密码为 admin,其 SQL 语句如例 11-4 所示。

【例 11-4】 使用 CREATE USER 语句创建普通用户。

```
CREATE USER 'admin'@ 'localhost 'IDENTIFIED BY 'admin';
```

执行结果如图 11-5 所示。

图 11-5 使用 CREATE USER 语句创建普通用户

从图 11-5 中可以看到,使用 CREATE USER 语句创建用户的 SQL 语句已经执行成
功。接下来再次使用 SELECT 语句查看 user 表中的用户信息,看该用户是否存在,其
SQL 语句如例 11-6 所示。

特别提醒,在设置用户名和主机名时,若不包含空格和"-"等特殊字符,则可以省略引
号。另外,当创建的用户名为空字符串('')时,表示创建的是一个匿名用户,即登录
MySQL 服务器时不需要输入用户名和密码,这种操作会给 MySQL 服务器带来极大的安
全隐患,因此不推荐用户创建并使用匿名用户操作 MySQL 服务器。

【例 11-5】 查看 user 表中的用户信息。

```
SELECT host,user,authentication_string FROM mysql.user;
```

执行结果如图 11-6 所示。

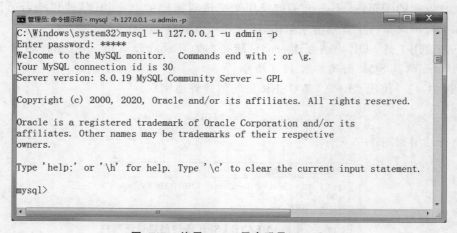

图 11-6　查看 user 表中的用户信息

从图 11-6 中可以看到,user 表中多了一个 host 字段值为 localhost 并且 user 字段值为 admin 的用户信息,这就是刚刚创建的用户。可以在 DOS 窗口中使用用户登录命令通过新创建的用户来登录 MySQL 数据库,其 SQL 语句如例 11-7 所示。

【例 11-6】 在 DOS 窗口中使用 admin 用户登录 MySQL。

```
mysql -h 127.0.0.1 -u admin -p
```

执行结果如图 11-7 所示。

```
管理员: 命令提示符 - mysql  -h 127.0.0.1 -u admin -p

C:\Windows\system32>mysql -h 127.0.0.1 -u admin -p
Enter password: *****
Welcome to the MySQL monitor.   Commands end with ; or \g.
Your MySQL connection id is 30
Server version: 8.0.19 MySQL Community Server - GPL

Copyright (c) 2000, 2020, Oracle and/or its affiliates. All rights reserved.

Oracle is a registered trademark of Oracle Corporation and/or its
affiliates. Other names may be trademarks of their respective
owners.

Type 'help;' or '\h' for help. Type '\c' to clear the current input statement.

mysql>
```

图 11-7　使用 admin 用户登录 MySQL

从图 11-7 中可以看到,使用 admin 用户能够成功登录 MySQL 数据库。但需要注意的是,使用 CREATE USER 语句创建的用户没有任何权限。如果想要该用户拥有某些权限,需要使用授予权限的 SQL 语句来实现(详见 11.3.3 节)。

在一个 CREATE USER 语句中可同时创建多个用户,多个用户之间使用逗号分隔,并且在创建每个用户时可以单独为其设置密码。省略用户身份验证选项时,表明此用户在登录服务器时可以免密登录,但为了保证数据安全,不推荐用户这样做。

在创建用户时,可以添加 WITH 直接为用户指定可操作的资源范围,如登录的用户在一小时内可以查询数据的次数等。不仅可以为用户设置密码,还可以为密码设置有效时间。

11.2.3　删除普通用户

当 MySQL 数据库中的普通用户已经没有存在的必要时,需要将其删除。删除普通用户有两种方式:使用 DROP USER 语句或者 DELETE 语句删除普通用户,下面将详细讲解这两种方式。

1. 使用 DROP USER 语句删除普通用户

使用 DROP USER 语句删除普通用户时,需要具有全局级的 CREATE USER 权限或者对 MySQL 数据库的 DELETE 权限。DROP USER 语句可以同时删除多个用户,其 SQL 语法如下所示:

```
DROP USER [IF EXISTS] 'username'@'hostname'
[, 'username'@'hostname']...
```

其中,DROP USER 为删除用户所使用的固定语法;"IF EXISTS"为可选项,如果指定该项,则在删除用户时即使用户不存在也不会提示错误,而只会给出警告;"'username'@'hostname'"为要删除的用户。

下面使用上述语法删除 admin 用户,其 SQL 语句如例 11-15 所示。

【例 11-7】 使用 DROP USER 语句删除普通用户。

```
DROP USER 'admin'@'localhost';
```

执行结果如图 11-8 所示。

从图 11-8 中可以看到,使用 DROP USER 语句删除用户的 SQL 语句已经执行成功。接下来使用 SELECT 语句查看 user 表中的用户信息,看该用户是否已经删除,其 SQL 语句如例 11-8 所示。

信息	剖析	状态

DROP USER 'admin'@'localhost'
> OK
> 时间: 0.01s

图 11-8　删除普通用户

【例 11-8】 查看 user 表中的用户信息。

```
SELECT host, user, authentication_string FROM mysql.user;
```

执行结果如图 11-9 所示。

信息	结果 1	剖析	状态

host	user	authentication_string
localhost	mysql.infoschema	A005$THISISACOMBINATIONOFINVALIDSALTANDP
localhost	mysql.session	A005$THISISACOMBINATIONOFINVALIDSALTANDP
localhost	mysql.sys	A005$THISISACOMBINATIONOFINVALIDSALTANDP
localhost	root	*00A51F3F48415C7D4E8908980D443C29C69B60C9

图 11-9　查看 user 表用户

由图 11-8 与图 11-9 对比可知,user 表中少了一个 host 字段值为 localhost 并且 user 字段值为 admin 的用户信息,这就是刚刚使用 DROP USER 语句删除的用户。

2. 使用 DELETE 语句删除普通用户

还可以直接使用 DELETE 语句在 mysql.user 表中删除数据记录来实现删除用户的操作，其 SQL 语法如下所示：

```
DELETE FROM mysql.user WHERE user='username' AND host='hostname';
```

下面使用上述语法删除例 11-8 中的 admin 用户，其 SQL 语句如例 11-9 所示。

【例 11-9】 使用 DELETE 语句删除普通用户。

```
DELETE FROM mysql.user WHERE user='admin' AND host='localhost';
```

执行结果如图 11-10 所示。

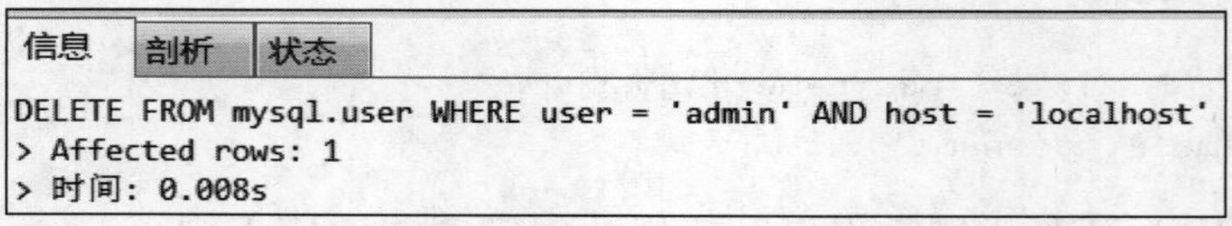

信息	剖析	状态
DELETE FROM mysql.user WHERE user = 'admin' AND host = 'localhost' > Affected rows: 1 > 时间: 0.008s		

图 11-10　使用 DELETE 语句删除普通用户

从图 11-10 中可以看到，使用 DELETE 语句删除用户的 SQL 语句已经执行成功。接下来再次使用 SELECT 语句查看 user 表中的用户信息，看该用户是否已经删除，其 SQL 语句如例 11-10 所示。

【例 11-10】 查看 user 表中的用户信息。

```
SELECT host, user, authentication_string FROM mysql.user;
```

执行结果如图 11-11 所示。

host	user	authentication_string
localhost	mysql.infoschema	A005$THISISACOMBINATIONOFINVALIDSALTANDF
localhost	mysql.session	A005$THISISACOMBINATIONOFINVALIDSALTANDF
localhost	mysql.sys	A005$THISISACOMBINATIONOFINVALIDSALTANDF
localhost	root	*00A51F3F48415C7D4E8908980D443C29C69B60C9

图 11-11　查看 user 表中的用户信息

11.2.4　修改密码

不同的用户拥有不同的权限来操作数据库中的数据，一旦用户的密码泄露，则有可能造成数据库中的数据丢失或泄露，此时可以通过修改用户的密码来避免该问题的出现。在 MySQL 中 root 用户具有超级权限，可以修改自己和普通用户的密码；而普通用户则只能修改自己的密码。

在对 MySQL 中的用户进行管理时，除了在创建用户时设置密码外，还可为没有密码的用户、密码过期的用户或为指定用户修改密码。

1. 使用 mysqladmin 命令修改密码

```
mysqladmin -u username p password
```

其中 password 为关键字。

【**例 11-11**】　修改 root 的密码为 123456。

输入命令 mysqladmin -u username p password 后,先根据提示输入旧密码,再输入新密码和确认新密码。

2. 使用 SET 语句修改密码

```
SET PASSWORD [FOR 'username'@'hostname']=password('new_password');
```

如果不加[FOR 'username'@'hostname'],则修改当前用户密码。

【**例 11-12**】　修改 xiaohong 的密码为 123。

```
SET PASSWORD FOR 'xiaohong'@'localhost'=password('123');
```

3. 修改自己或普通用户的密码

修改 MySQL 数据库下的 user 表,需要对 mysql.user 表的修改权限,又因为 root 权限最高,一般情况下可以使用 root 用户登录后,修改自己或普通用户的密码。

```
UPDATE mysql.user
SET password=password('new_password')
WHERE user='user_name' AND host='host_name';
```

【**例 11-13**】　使用 UPDATE 修改 xiaohong 的密码为 123456。

```
UPDATE mysql.user
SET PASSWORD=password('123456')
WHERE user='xiaohong' AND host='localhost';
```

修改后,还是需要用 flush 命令重新加载权限。

注意:当使用 SET PASSWORD、INSERT 或 UPDATE 指定账户的密码时,必须用 password()函数对它进行加密,唯一的特例是如果密码为空,则不需要使用 password()。之所以要加密,是因为当用户登录服务器时,密码值会被加密后再与 user 表中相应的密码比较。如果 user 表中的密码不加密,那么比较就会失败,服务器将拒绝连接。

11.2.5　找回密码

通过前面的学习,相信大家都已经学会了如何修改 root 用户和普通用户的密码。那么如果密码丢失了怎么办?普通用户的密码一旦丢失,可以使用 root 用户直接对其进行修改即可,可如果 root 用户的密码丢失了又该如何?本节将要讲述的就是如何解决 root 用户密码丢失的问题。

root 用户的密码一旦丢失,可以使用下面的步骤重新设置其密码。

(1) 关闭正在运行的 MySQL 服务。

（2）打开 DOS 窗口，转到 mysql\bin 目录。

（3）输入 mysqld --skip-grant-tables 并按回车键。--skip-grant-tables 指示在启动 MySQL 服务时跳过权限表认证。

（4）再打开一个 DOS 窗口（因为刚才那个 DOS 窗口已经不能执行操作），转到 mysql \bin 目录。

（5）输入 mysql 并按回车键，如果成功，将出现 MySQL 提示符"＞"。

（6）连接权限数据库。

```
USE mysql;
```

（7）修改密码。

```
UPDATE user SET PASSWORD=password("123") WHERE user="root";（最后要加分号）
```

（8）刷新权限（必需步骤）。

```
flush privileges;
```

（9）退出。

```
quit;
```

（10）注销系统，再进入，使用用户名 root 和刚才设置的新密码 123 登录。

11.3 权 限 管 理

MySQL 通过权限管理机制可以给不同的用户授予不同的权限，从而确保数据库中数据的安全性。权限管理机制包括查看权限、授予权限以及收回权限，下面将针对这些内容进行详细的讲解。

11.3.1 各种权限介绍

MySQL 服务器将权限信息存储在系统自带的 MySQL 数据库的权限表中，当 MySQL 服务启动时会将这些权限信息读取到内存中，并通过内存中的这些权限信息决定用户对数据库的访问权限。

MySQL 中的权限有很多种，表 11-6 中列出了 MySQL 中提供的权限以及每种权限的含义及作用范围。

表 11-6 MySQL 提供的权限一览表

权 限 名	权 限 含 义	权限的作用范围
ALL［PRIVILEGES］	指定权限等级的所有权限	除了 GRANT OPTION 和 PROXY 以外的所有权限
ALTER	修改表	表
ALTER ROUTINE	修改或删除存储过程	存储过程

续表

权　限　名	权 限 含 义	权限的作用范围
CREATE	创建数据库、表和索引	数据库、表和索引
CREATE ROUTINE	创建存储过程	存储过程
CREATE TABLESPACE	创建、修改或删除表空间或日志文件组	服务器管理
CREATE TEMPORARY TABLES	创建临时表	表
CREATE USER	创建、删除、重命名用户以及收回用户权限	服务器管理
CREATE VIEW	创建或修改视图	视图
DELETE	删除表中记录	表
DROP	删除数据库、表或视图	数据库、表和视图
EVENT	在事件调度里面创建、更改、删除或查看事件	数据库
EXECUTE	执行存储过程	存储过程
FILE	读写 MySQL 服务器上的文件	服务器主机上的文件
GRANT OPTION	为其他用户授予或收回权限	数据库、表和存储过程
INDEX	创建或删除索引	表
INSERT	向表中插入记录	表和字段
LOCK TABLES	锁定表	数据库
PROCESS	显示执行的线程信息	服务器管理
PROXY	某用户称为另外一个用户的代理	服务器管理
REFERENCES	创建外键	数据库和表
RELOAD	允许使用 FLUSH 语句	服务器管理
REPLICATION CLIENT	允许用户询问服务器的位置	服务器管理
REPLICATION SLAVE	允许 SLAVE 服务器读取主服务器上的二进制日志事件	服务器管理
SELECT	查询表	表
SHOW DATEBASES	查看数据库	服务器管理
SHOW VIEW	查看视图	视图
SHUTDOWN	关闭服务器	服务器管理
SUPER	超级权限(允许执行管理操作)	服务器管理
TRIGGER	操作触发器	表
UPDATE	更新表	表和字段
USAGE	没有任何权限	无

上表中的这些权限不建议死记硬背下来，只需要了解即可。

11.3.2　查看权限

查看用户权限时，可以使用 SELECT 语句查询权限表（如 mysql.user 表、mysql.db 表等）中的相应权限字段，但是这种方式太过繁琐。因此通常使用 SHOW GRANTS 语句来查看指定用户的权限，使用这种方式时需要具有对 MySQL 数据库的 SELECT 权限，其 SQL 语法如下所示：

```
SHOW GRANTS FOR 'username'@'hostname';
```

其中，SHOW GRANTS 为查看权限所使用的固定语法格式；'username'@'hostname' 用来指定要查看的用户。

下面在 Navicat 软件中使用 root 用户登录 MySQL 数据库，然后使用上述 SQL 语法查看超级用户 root 的权限，其 SQL 语句如例 11-14 所示。

【例 11-14】　查看 root 用户的权限。

```
SHOW GRANTS FOR  'root'@'localhost';
```

执行结果如图 11-12 所示。

信息	结果1	剖析	状态

Grants for root@localhost
GRANT SELECT, INSERT, UPDATE, DELETE, CREATE, DROP, RELOAD, SHUTDOWN, PROCESS, FILE, REFERENCES, INDEX, ALTER, SHOW D
GRANT APPLICATION_PASSWORD_ADMIN,AUDIT_ADMIN,BACKUP_ADMIN,BINLOG_ADMIN,BINLOG_ENCRYPTION_ADMIN,CLONE_AD
▶ GRANT PROXY ON "@" TO 'root'@'localhost' WITH GRANT OPTION

图 11-12　查看 root 用户的权限

从图 11-12 中可以看到，root 这个超级用户不仅具有 ALL 权限，还具有 PROXY 权限（创建代理用户时会用到该权限），并且拥有授权其他用户的权限（通过使用 WITH GRANT OPTION 子句达到授权其他用户的目的，而授予其他用户的权限必须是自己具备的权限）。

11.3.3　授予权限

在 11.2.2 节中，使用 CREATE USER 新创建了用户，在本节中将使用 GRANT 语句授予已存在用户权限。使用 GRANT 语句需要具有 GRANT OPTION 权限，所以可以使用 root 用户来授予其他用户权限。其 SQL 语法如下所示：

```
GRANT priv_type [(column_list)][, priv_type [(column_list)]]… ON db_name.table
_name
    TO 'username'@'hostname' [IDENTIFIED BY [password] 'auth_string']
    [, 'username'@'hostname' [IDENTIFIED BY [password] 'auth_string']]…
    [WITH {GRANT OPTION | resource_option} …];
```

其中，priv_type 表示权限的类型；column_list 为字段列表，表示权限作用于哪些字段；GRANT OPTION 参数表示该用户可以将自己拥有的权限授予其他用户；resource_ option 参数有四种取值，分别为 MAX_QUERIES_PER_HOUR count（用来设置每小时允许执行查询操作的最大次数）、MAX_UPDATES_PER_HOUR count（用来设置每小时允许执行更新操作的最大次数）、MAX_CONNECTIONS_PER_HOUR count（用来设置每小时允许用户建立连接的最大次数）和 MAX_USER_CONNECTIONS count（用来设置每小时允许单个用户建立连接的最大次数）。

下面先使用 CREATE USER 语句创建一个没有任何权限的用户 admin，其 SQL 语句如例 11-15 所示。

【例 11-15】　创建没有任何权限的 admin 用户。

```
CREATE USER 'admin'@'localhost' IDENTIFIED BY 'admin';
```

执行结果如图 11-13 所示。

图 11-13　创建 admin 用户

从图 11-13 中可以看到，创建 admin 的 SQL 语句已经执行成功。下面使用 SHOW GRANTS 语句查看用户 admin 当前的权限，其 SQL 语句如例 11-16 所示。

【例 11-16】　查看 admin 用户的权限（授予权限前）。

```
SHOW GRANTS FOR  'admin'@'localhost';
```

执行结果如图 11-14 所示。

图 11-14　查看 admin 用户的权限

从图 11-14 中可以看到，刚刚创建的用户 admin 的权限类型为 USAGE，即没有任何权限。下面就可以使用 GRANT 语句授予该用户权限，如例 11-17 所示。

【例 11-17】　授予 admin 用户权限。

```
GRANT SELECT, INSERT, DELETE ON * .* TO 'admin'@'localhost' WITH GRANT OPTION;
```

执行结果如图 11-15 所示。

图 11-15　授予 admin 用户权限

从图 11-15 中可以看到，授予用户 admin 权限的 SQL 语句已经执行成功。接下来再次使用例 11-16 中的 SHOW GRANTS 语句查看 admin 的权限，其 SQL 语句如例 11-18 所示。

【例 11-18】 查看 admin 用户的权限（授予权限后）。

```
SHOW GRANTS FOR  'admin'@'localhost';
```

执行结果如图 11-16 所示。

图 11-16　查看 admin 用户的权限（授予权限后）

由图 11-14 与图 11-16 对比可知，admin 用户已经对所有数据库中的所有表具有了查询（SELECT）、插入（INSERT）和删除（DELETE）的权限，并且可以将这些权限授予其他的用户（GRANT OPTION）。

11.3.4　收回权限

当发现某个用户拥有了不该拥有的权限时，需要收回该用户的权限，在 MySQL 中使用 REVOKE 语句来收回用户的权限，其 SQL 语法如下所示：

```
REVOKE priv_type [(column_list)][, priv_type [(column_list)]]… ON db_name.
table_name
FROM 'username'@'hostname'[, 'username'@'hostname']…;
```

下面使用上述语法收回用户 admin 对所有数据库中所有表的 DELETE 权限，其 SQL 语句如例 11-19 所示。

【例 11-19】 收回 admin 用户的 DELETE 权限。

```
REVOKE DELETE ON * .* FROM 'admin'@'localhost';
```

执行结果如图 11-17 所示。

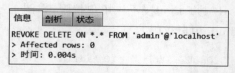

图 11-17　收回 admin 用户的 DELETE 权限

从图 11-17 中可以看到，收回用户 admin 的 DELETE 权限的 SQL 语句已经执行成功。接下来使用 SHOW GRANTS 语句查看 admin 的权限，其 SQL 语句如例 11-20 所示。

【例 11-20】 查看 admin 用户的权限（收回 DELETE 权限后）。

```
SHOW GRANTS FOR  'admin'@'localhost';
```

执行结果如图 11-18 所示。

图 11-18 查看 admin 用户权限

由图 11-16 与图 11-18 对比可知,admin 用户对所有数据库中的所有表的 DELETE 权限已经被收回。

上述语法在回收用户权限时,需要一一指定权限的种类。但如果用户的权限比较多,并且想要全部收回时,再使用上述语法就太麻烦了,因此 MySQL 提供了一种收回用户所有权限的 SQL 语法,如下所示:

```
REVOKE [PRIVILEGES], GRANT OPTION
FROM 'username'@'hostname'[, 'username'@'hostname']...;
```

下面使用上述 SQL 语法收回用户 admin 的所有权限(SELECT、INSERT 以及 GRANT OPTION 权限),其 SQL 语句如例 11-36 所示。

【例 11-21】 收回 admin 用户的所有权限。

```
REVOKE ALL,GRANT OPTION FROM 'admin'@'localhost';
```

执行结果如图 11-19 所示。

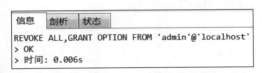

图 11-19 收回 admin 用户的所有权限

从图 11-19 中可以看到,收回用户 admin 所有权限的 SQL 语句已经执行成功。接下来再次使用 SHOW GRANTS 语句查看 admin 的权限,其 SQL 语句如例 11-22 所示。

【例 11-22】 查看 admin 用户的权限(收回所有权限后)。

```
SHOW GRANTS FOR 'admin'@'localhost';
```

执行结果如图 11-20 所示。

图 11-20 查看 admin 用户的权限(收回所有权限后)

从图 11-20 中可以看到,用户 admin 的权限类型已经变为 USAGE,即没有任何权限,说明成功收回了该用户的所有权限。

11.4 本 章 小 结

本章介绍了 MySQL 数据库中数据访问的安全控制机制,主要包括支持 MySQL 访问控制的用户账号管理和账户权限管理。

11.5 思 考 与 练 习

1. 如何登录和退出 MySQL 服务器?

2. 与用户权限管理有关的授权表有哪些?

3. 在 MySQL 中可以授予的权限有哪几组?

4. 数据库角色分为哪几类? 每类又有哪些操作权限?

5. 如何添加、查看和删除用户信息?

6. 如何修改用户密码?

7. 如何对权限进行授予、查看和收回?

8. MySQL 采用哪些措施实现数据库的安全管理?

9. 如果忘记了 MySQL 管理员 root 的密码,如何解决这个问题? 写出步骤和指令。

10. 假定当前系统中不存在用户 wanming,请编写一段 SQL 语句,要求创建这个新用户,并为其设置对应的系统登录口令"123",同时授予该用户在数据库 db_test 的表 content 上拥有 SELECT 和 UPDATE 的权限。

11. 设有如下语句:

```
CREATE USER newuser;
```

执行该语句后,如下叙述中正确的是(　　　)。

　　A. 未授权之前,newuser 没有访问数据库的权限

　　B. 语句有错,没有指定用户密码

　　C. 语句有错,没有指定主机名

　　D. newuser 用户能够执行 USE 命令,打开指定的用户数据库

12. 在 DROP USER 语句的使用中,若没有明确指定账户的主机名,则该账户的主机名默认为(　　)。

　　A. %　　　　　　　B. localhost　　　　C. root　　　　　　D. super

13. 在 MySQL 中,使用 GRANT 语句给 MySQL 用户授权时,用于指定权限授予对象的关键字是(　　)。

　　A. ON　　　　　　B. TO　　　　　　C. WITH　　　　　D. FROM

14. 在使用 CREATE USER 创建用户时设置密码的命令是(　　)。

　　A. IDENTIFIED BY　　　　　　　B. IDENTIFIED WITH

　　C. PASSWORD　　　　　　　　　D. PASSWORD BY

15. 用户刚创建后,只能登录服务而无法执行任何数据库操作的原因是(　　　)。

　　A. 用户还需要修改密码

　　B. 用户尚未激活

　　C. 用户还没有任何数据库对象的操作权限

　　D. 以上皆有可能

16. 把对 Student 表和 Course 表的全部操作权限授予用户 Userl 和 User2 的语句是(　　　)。

　　A. GRANT All ON Student,Course TO User1,User2;

　　B. GRANT Student,Course ON A TO User1,User2;

　　C. GRANT All TO Student,Course ON User1,User2;

　　D. GRANT All TO User1,User2 ON Student,Course;

17. 在 MySQL 中,删除用户的命令是(　　　)。

　　A. DROP USER　　　　　　　　　B. REVOKE USER

　　C. DELETE USER　　　　　　　　D. DELETE USER

18. 创建 MySQL 账户的方式包括(　　　)。

　　A. 使用 GRANT 语句　　　　　　B. 使用 CREATE USER 语句

　　C. 直接操作 MySQL 授权表　　　D. 以上方法皆可以

19. 新创建一个用户账户,还没给其授权,该用户可执行的操作是(　　　)。

　　A. 登录 MySQL 服务器　　　　　B. SELECT

　　C. INSERT　　　　　　　　　　　D. UPDATE

20. 欲收回系统中已存在用户 xiaoming 在表 tb_course 上的 SELECT 权限,以下 SQL 语句中正确的是(　　　)。

　　A. REVOKE SELECT ON tb_course FROM xiaoming @localhost

　　B. REVOKE SELECT ON xiaoming FROM tb_course

　　C. REVOKE xiaoming ON SELECT FROM tb_course

　　D. REVOKE xiaoming @locallost ON SELECT FROM tb_course

第 12 章

事务与并发控制

数据库相比文件系统在数据管理方面的优势在于：数据库实现了数据的一致性以及并发性。对于数据库管理系统而言，事务与锁是实现数据一致性与并发性的基石。

本章主要探讨了 MySQL 数据库中事务与锁必要性，讲解了如何在数据库中使用事务与锁实现数据的一致性以及并发性，从而实现多用户并发访问。

12.1 事 务

12.1.1 事务的概念

在现实生活中，事务就在我们周围，银行交易、股票交易、网上购物以及库存品控制等都是事务的例子。在所有这些例子中，事务的成功取决于这些相互依赖的行为是否能够被成功地执行以及它们是否互相协调。其中的任何一个行为失败都将导致整个事务失败，并使系统返回到事务处理以前的状态。

使用一个简单的例子来帮助理解事务，例如向公司添加一名新的雇员。

这里的过程由以下三个基本步骤组成。

（1）在雇员数据库中为雇员创建一条记录。

（2）为雇员分配部门。

（3）建立雇员的工资记录。

如果这三步中的任何一步失败，如为新雇员分配的雇员 ID 已经被其他人使用或者输入到工资系统中的值太大，系统就必须撤销在失败之前所有的改变，删除所有不完整记录的踪迹，避免以后的不一致和计算失误。前面的三项任务构成了一个事务，任何一个任务的失败都会导致整个事务被撤销，系统返回到以前的状态。

在 MySQL 操作过程中，对于一般简单的业务逻辑或中小型程序而言，无须考虑应用 MySQL 事务。但在比较复杂的情况下，用户在执行某些数据操作过程中，往往需要通过一组 SQL 语句执行多项并行业务逻辑或程序。这样，就必须保证所有命令执行的同步性，使执行序列中产生依赖关系的动作能够同时操作成功或同时返回初始状态。在此情况下，就需要用户优先考虑使用 MySQL 事务处理。

事务通常包含一系列更新操作（UPDATE、INSERT 和 DELETE 等操作语句），这些更新操作是一个不可分割的逻辑工作单元。如果事务成功执行，那么该事务中所有的更新操作都会成功执行，并将执行结果提交到数据库文件中，成为数据库永久的组成部分。

如果事务中某个更新操作执行失败,那么事务中的所有更新操作均被撤销,所有影响到的数据将返回到事务开始以前的状态。简言之,事务中的更新操作要么都执行,要么都不执行,这个特征称为事务的原子性。

并不是所有的存储引擎都支持事务,如 InnoDB 和 BDB 支持,但 MyISAM 和 MEMORY 不支持。从 MySQL 4.1 开始支持事务,事务是构成多用户使用数据库的基础。

12.1.2　事务的 ACID 特性

术语"ACID"是一个简称,每个事务的处理必须满足 ACID 原则,即原子性(A)、一致性(C)、隔离性(I)和持久性(D)。

1. 原子性

原子性意味着每个事务都必须被认为是一个不可分割的单元。假设一个事务由两个或者多个任务组成,其中的语句必须同时成功才能认为事务是成功的。如果事务失败,系统将会返回到事务以前的状态。

在添加雇员这个例子中,原子性指如果没有创建雇员相应的工资表和部门记录,就不可能向雇员数据库中添加雇员。

执行的原子性是一个要么全部发生要么什么也没有发生的命题。在一个原子操作中,如果事务中的任何一个语句失败,前面执行的语句都将返回,以保证数据的整体性没有受到影响。这在一些关键系统中尤其重要,现实世界的应用程序(如金融系统)执行数据输入或更新时,必须保证不出现数据丢失或数据错误,以保证数据安全性。

2. 一致性

不管事务是完全成功完成还是中途失败,当事务使系统处于一致的状态时就存在一致性。参照前面的例子,一致性是指如果从系统中删除了一个雇员,则所有和该雇员相关的数据(包括工资数据和组的成员资格)也要被删除。

在 MySQL 中,一致性主要由 MySQL 的日志机制处理,它记录了数据库的所有变化,为事务恢复提供了跟踪记录。如果系统在事务处理中间发生错误,MySQL 恢复过程将使用这些日志来发现事务是否已经完全成功地执行,以及是否需要返回。因而一致性原则保证了数据库从不返回一个未处理完的事务。

3. 隔离性

隔离性是指每个事务在它自己的空间发生,和其他发生在系统中的事务相隔离,而且事务的结果只有在它完全被执行时才能看到。即使在这样的一个系统中同时发生了多个事务,隔离性原则也能保证某个特定事务在完全完成之前,其结果是看不见的。

当系统支持多个同时存在的用户和连接时,这就尤其重要。如果系统不遵循这个基本原则,就可能导致大量数据的破坏,如每个事务各自的空间完整性很快会被其他冲突事务所侵犯。

获得绝对隔离性的唯一方法是,保证在任意时刻只能有一个用户访问数据库。当处理像 MySQL 这样的多用户 RDBMS 时,这不是一个实际的解决方法。但是,大多数事务系统使用页级锁定或行级锁定隔离不同事务之间的变化,这是要以降低性能为代价的。

例如,MySQL 的 BDB 表处理程序使用页级锁定来保证处理多个并发事务的安全,InnoDB 表处理程序则使用更好的行级锁定。

4. 持久性

持久性是指即使系统崩溃,一个提交的事务仍然存在。当一个事务完成并且数据库的日志已经被更新时,持久性就开始发生作用。大多数 RDBMS 产品通过保存所有行为的日志来保证数据的持久性,这些行为是指在数据库中以任何方法更改数据。数据库日志记录了所有对于表的更新、查询和报表等。

如果系统崩溃或者数据存储介质被破坏,通过使用日志,系统能够恢复在重启前进行的最后一次成功的更新,反映了在崩溃时正在处理的事务的变化。

MySQL 通过保存一个记录事务过程中系统变化的二进制事务日志文件来实现持久性。如果遇到硬件破坏或者突然的系统关机,在系统重启时,通过使用最后的备份和日志就可以很容易地恢复丢失的数据。

默认情况下,InnDB 表是 100%持久的(所有在崩溃前系统所进行的事务在恢复过程中都可以可靠地恢复)。MyISAM 表提供部分持久性,所有在最后一个 flush tables 命令执行前发生的变化都能保证被存盘。

现在举另一个例子,假设数据有两个域,即 A 和 B,在两个记录里。一个完整约束需要 A 值和 B 值必须相加得 100。

下面以 SQL 代码创建上面描述的表:

```
CREATE TABLE acidtest (A INTEGER B INTEGER CHECK(A+B=100));
```

一个事务从 A 减去 10 并且把 10 加到 B。如果成功,它将有效。因为数据继续满足约束。而假设从 A 减去 10 后,这个事务中断而不去修改 B。如果这个数据库保持 A 的新值和 B 的旧值,原子性和一致性都将被违反。原子性要求这两部分事务都完成或两者都不完成。

一致性要求数据符合所有的验证规则。在此例子中,验证要求 A+B=100。同样,它可能暗示两者(A 和 B)必须是整数。一个对 A 和 B 有效的范围也可能是可取的。必须检查所有验证规则,以确保一致性。假设另一个事务尝试从 A 减去 10 而不改变 B。因为一致性在每个事务后被检查,众所周知在事务开始之前 A+B=100。如果这个事务从 A 转移 10 成功,原子性将达到。然而,一个验证将显示 A+B=90。而这根据数据库规则是不一致的。下面再解释隔离性。为展示隔离,假设两个事务在同一时间执行,每个都是尝试修改同一个数据。这两个中的一个为保证隔离而必须等待,直到另一个完成。

考虑这两个事务,T1 从 A 转移 10 到 B,T2 从 B 转移 10 到 A。为完成这两个事物,一共有 4 个步骤:

(1) 从 A 减去 10。

(2) 加 10 到 B。

(3) 从 B 减去 10。

(4) 加 10 到 A。

如果 Tl 在一半的时候失败,那么数据库会消除 T1 的效果,并且 T2 只能看见有效数据。

　　事务的执行可能交叉，实际执行顺序可能是：A－10,B－10,B+10,A+10。

　　如果 T1 失败,T2 不能看到 T1 的中间值,因此 T1 必须回滚。

12.1.3　MySQL 事务控制语句

　　MySQL 中可以使用 BEGIN 开始事务,使用 COMMIT 前可以使用 ROLLBACK 回滚事务。MySQL 通过 SET AUTOCOMMIT、SET COMMINT、COMMINT 和 ROLLBACK 等语句支持本地事务。其中,回滚(rollback)是指撤销指定 SQL 语句的过程;提交(commit)是指将未存储的 SQL 语句结果写入数据库表;保留点(savepoint)是指事务处理中设置的临时占位符,可以对它发布回退命令(与回滚整个事务处理不同)。

　　语法格式如下：

```
SET COMMINT | BEGIN [WORK]
COMMINT [WORK] [AND [NO] CHAIN [[NO] RELEASE
ROLLBACK [WORK] [AND [NO] CHAIN [[NO] RELEASE]
SET AUTOCOMMIT={0 | 1}
```

　　默认情况下,MySQL 是 AUTOCOMMIT 的,如果需要通过明确的 COMMINT 和 ROLLBACK 来提交和回滚事务,那么需要通过事务控制命令来控制：

　　SET COMMINT 或 BEGIN 语句可以开始一项新的事务。

　　COMMINT 和 ROLLBACK 用来提交或者回滚事务。

　　CHAIN 和 RELEASE 子句分别用来定义在事务提交或者回滚之后的操作。CHAIN 会立即启动一个新事务,并且和刚才的事务具有相同的隔离级别;RELEASE 则会断开和客户端的连接。

　　SET AUTOCOMMIT 可以修改当前连接的提交方式。如果设置了 SET AUTOCOMMIT = 0,则设置之后的所有事务都需要通过明确的命令进行提交或者回滚。

　　如果只是需要对某些语句进行事务控制,则使用 SET COMMINT 开始一个事务比较方便,这样事务结束之后可以自动回到自动提交的方式。如果希望所有的事务都不是自动提交的,那么通过修改 AUTOCOMMIT 来控制事务比较方便,这样不用在每个事务开始的时候再执行 SET COMMINT。

　　【例 12-1】　模拟银行转账。创建存储过程,并且在该存储过程中创建事务,实现从某账号 A 向账户 B 转账 6000 元,若出错则进行事务回滚。

　　(1) 创建 bank 数据库。

```
CREATE DATABASE bank;
```

　　(2) 在 bank 中创建存放账号的表。

```
CREATE TABLE account(
id INT(10) NOT NULL AUTO_INCREMENT PRIMARY KEY,
username VARCHAR(50) ,
```

```
balance DECIMAL UNSIGNED DEFAULT 0
);
```

注意：为了实现账户余额不能透支，此处将余额字段（balance）设置为无符号类型（UNSIGNED），也可以通过 CHECK 约束 balance>0 实现。

（3）向 account 表中插入两条记录（账户初始数据），分别为账户 A 存储 10000 元，并为账户 B 存储 0 元。

```
INSERT INTO account(username,balance)VALUES('A',10000),('B',0);
```

（4）创建存储过程，并且在该存储过程中创建事务，实现从某账户 A 向账户 B 进行转账，若出错则进行事务回滚。

```
DELIMITER //
CREATE PROCEDURE transfer (IN id_from INT,IN id_to INT,IN money int)
BEGIN
    DECLARE EXIT HANDLER FOR SQLEXCEPTION ROLLBACK;
    START TRANSACTION;
    UPDATE account SET balance=balance+money WHERE id=id_to;
    UPDATE account SET balance=balance-money WHERE id=id_from;
    COMMIT;
END
//
```

（5）调用存储过程 transfer，实现从账户 A 向账户 B 转账 16000 元，并查看转账结果。

```
CALL transfer(1,2,16000);
SELECT * FROM account;
```

执行结果如图 12-1 所示。

从执行结果来看，各账户的余额并没有发生改变，而且也没有出现错误，这是因为对出现的错误进行了处理，并且进行了事务回滚。

（6）将转账金额修改为 6000 元，再次调用存储过程 transfer，实现从账户 A 向账户 B 转账 6000 元，并查看转账结果。

```
CALL transfer(1,2,6000);
SELECT * FROM account;
```

执行结果如图 12-2 所示。

信息	结果1	剖析	状态
id	username		balance
1	A		10000
2	B		0

图 12-1　调用存储过程实现超过余额的转账结果

信息	结果1	剖析	状态
id	username		balance
1	A		4000
2	B		6000

图 12-2　调用存储过程实现未超过余额的转账结果

由上述例子的执行过程来看,事务执行有如下流程,如图 12-3 所示。

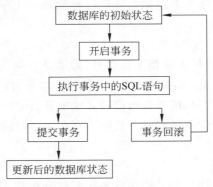

图 12-3 事务执行流程图

12.2 MySQL 的并发控制

在单处理机系统中,事务的并行执行实际上是这些并行事务轮流交叉进行,这种并行执行方式称为交叉并发方式

在多处理机系统中,每个处理机可以运行一个事务,多个处理机可以同时运行多个事务,实现事务真正的并发运行,这种并发执行方式称为同时并发方式。

12.2.1 并发概述

当多个用户并发地存取数据库时就会产生多个事务同时存取同一数据的情况。若对并发操作不加控制,可能会存取不正确的数据,从而会出现数据的不一致问题。

1. 丢失更新问题

当两个或多个事务选择同一行并基于最初选定的值更新该行时,由于每个事务都不知道其他事务的存在,就会发生丢失更新(Lost Update)问题——最后的更新覆盖了由其他事务所做的更新。例如,两个编辑人员制作了同一文档的电子副本。每个编辑人员独立地更改其副本,然后保存更改后的副本,这样就覆盖了原始文档。最后保存其更改副本的编辑人员会覆盖另一个编辑人员所做的更改。如果在一个编辑人员完成并提交事务之前,另一个编辑人员不能访问同一文件,则可避免此问题。

2. 脏读问题

一个事务正在对一条记录做修改,在这个事务完成并提交前,这条记录的数据就处于不一致状态。这时,另一个事务也来读取同一条记录,如果不加控制,第二个事务读取了这些“脏”数据,并据此做进一步的处理,就会产生未提交的数据依赖关系,这种现象被形象地称为脏读(Dirty Read)。

3. 不可重复读问题

当一个事务多次访问同一行而且每次读取不同的数据时,会发生不可重复读(Unrepeatable Read)问题。不可重复读与脏读有相似之处,因为该事务也是正在读取其他事务正在更改的数据。当一个事务访问数据时,另外的事务也访问该数据并对其进行修改,就会发生由于第二个事务对数据的修改而导致第一个事务两次读到的数据不一样的情况,这就是不可重复读。

4. 幻读问题

当一个事务对某行执行插入或删除操作时,如果该行属于某个事务正在读取的行的范围,就会发生幻读(Phantom Read)问题。事务第一次读的行范围显示出其中一行已不复存在于第二次读或后续读中,因为该行已被其他事务删除。同样,由于其他事务的插入操作,事务的第二次读或后续读显示有一行原不存在于原始读中。

12.2.2 锁的概述

当用户并发访问数据库时,为了确保事务完整性和数据库一致性,需要使用锁定,它是实现数据库并发控制的主要手段。锁定可以防止用户读取正在由其他用户更改的数据,并可以防止多个用户同时更改相同的数据。如果不使用锁定,则数据库中的数据可能在逻辑上不正确,并且对数据的查询可能会产生意想不到的结果。具体地说,锁定可以防止丢失更新、脏读、不可重复读和幻读。

1. 锁的类型

在处理并发读或者写时,可以通过实现一个由两种类型的锁组成的锁系统来解决问题。这两种类型的锁通常称为读锁(Read Lock)和写锁(Write Lock)。

(1) 读锁。读锁也称为共享锁(Shared Lock),是共享的,或者说是相互不阻塞的。多个客户端在同一时间可以同时读取同一资源,互不干扰。

(2) 写锁。写锁也称为排他锁(Exclusive Lock),是排他的,也就是说一个写锁会阻塞其他的写锁和读锁。这是为了确保在给定的时间里,只有一个用户能执行写入,并防止其他用户读取正在写入的同一资源,以保证安全。

在实际的数据库系统中,随时都在发生锁定。例如,当某个用户在修改某一部分数据时,MySQL 就会通过锁定防止其他用户读取同一数据。在大多数时候,MySQL 锁的内部管理都是透明的。

2. 锁粒度

一种提高共享资源并发性的方式就是让锁定对象更有选择性,也就是说尽量只锁定部分数据,而不是所有的资源。这就是锁粒度的概念,它是指锁的作用范围,是为了对数据库中高并发响应和系统性能两方面进行平衡而提出的。

锁粒度越小,并发访问性能越高,越适合做并发更新操作(即采用 InnoDB 存储引擎的表适合做并发更新操作);锁粒度越大,并发访问性能就越低,越适合做并发查询操作(即采用 MyISAM 存储引擎的表适合做并发查询操作)。

不过需要注意的是,在给定的资源上,锁定的数据量越少,系统的并发程度越高,完成某个功能时所需要加锁和解锁的次数就会越多,反而会消耗较多的资源,甚至会出现资源的恶性竞争,乃至于发生死锁。

由于加锁也需要消耗资源,所以需要注意的是,如果系统花费大量的时间来管理锁,而不是存储数据,那就得不偿失了。

3. 锁策略

锁策略是指在锁的开销和数据的安全性之间寻求平衡。但是这种平衡会影响性能，所以大多数商业数据库系统没有提供更多的选择，一般都是在表上施加行级锁，并以各种复杂的方式来实现，以便在锁比较多的情况下，提供更好的性能。

在 MySQL 中，每种存储引擎都可以实现自己的锁策略和锁粒度。因此，它提供了多种锁策略。在存储引擎的设计中，锁管理是非常重要的决定，它将锁粒度固定在某个级别，可以为某些特定的应用场景提供更好的性能，但同时会失去对另外一个应用场景的良好支持。而 MySQL 支持多个存储引擎，所以不用单一的通用解决方法。下面将介绍两种重要的锁策略。

(1) 表级锁(Table Lock)。表级锁是 MySQL 中最基本的锁策略，而且是开销最小的策略。它会锁定整张表，一个用户在对表进行操作（如插入、更新和删除等）前，需要先获得写锁，这会阻塞其他用户对该表的所有读写操作。仅当没有写锁时，其他读取的用户才能获得读锁，并且读锁之间是不相互阻塞的。

另外，由于写锁比读锁的优先级高，所以一个写锁请求可能会被插入到读锁队列的前面，反之则不然。

(2) 行级锁(Row Lock)。行级锁可以最大限度地支持并发处理，同时也带来了最大的锁开销。在 InnoDB 或者一些其他存储引擎中实现了行级锁。行级锁只在存储引擎层实现，而服务器层没有实现，并且服务器层完全不了解存储引擎中的锁实现。

4. 锁的生命周期

锁的生命周期是指在一个 MySQL 会话内，对数据进行加锁到解锁之间的时间间隔。锁的生命周期越长，并发性能就越低；反之并发性能就越高。另外锁是数据库管理系统的重要资源，需要占据一定的服务器内存，锁的周期越长，占用的服务器内存时间就越长；相反占用的内存也就越短。因此，应该尽可能地缩短锁的生命周期。

锁是一种用来防止多个客户端同时访问数据而产生问题的机制。相对其他数据库而言，MySQL 的锁机制比较简单，其最显著的特点是不同的存储引擎支持不同的锁机制。比如：

- MyISAM 和 MEMORY 存储引擎采用的是表级锁(TABLE-LEVEL LOCKING)。
- BDB 存储引擎采用的是页面锁(PAGE-LEVEL LOCKING)，但也支持表级锁。
- InnoDB 存储引擎既支持行级锁(ROW-LEVEL LOCKING)，也支持表级锁，但默认情况下是采用行级锁。

MySQL 的 3 种锁的特点如下。

(1) 表级锁：一个特殊类型的访问，整个表被客户锁定。根据锁定的类型，其他客户不能向表中插入记录，甚至从中读数据也受到限制。其特点是：开销小，加锁快；不会出现死锁；锁定力度大，发生锁冲突的概率最高，并发度最低。

(2) 页面锁：MySQL 将锁表中的某些行称为页。被锁定的行只对锁定最初的线程是可写的。如果另外一个线程想要向这些行写数据，它必须等到锁被释放。不过，其他页的行仍然可以使用。其特点是：开销和加锁时间介于表级锁和行级锁之间；会出现死锁;锁定力度介于表级锁和行级锁之间,并发度一般。

(3) 行级锁:行级锁比表级锁或页面锁对锁定过程提供了更精细的控制。在这种情况下,只有线程使用的行是被锁定的。表中的其他行对于其他线程都是可用的。在多用户的环境中,行级锁降低了线程间的冲突,可以使多个用户同时从一个相同表读数据甚至写数据。其特点是:开销大,加锁慢;会出现死锁;锁定力度最小,发生锁冲突的概率最低,并发度也最高。

从上述特点可见,很难笼统地说哪种锁更好,只能就具体应用的特点来说哪种锁更合适。仅从锁的角度来说:表级锁更适合于以查询为主并且只有少量按索引条件更新数据的应用,如 Web 应用;而行级锁则更适合于有大量按索引条件并发更新数据同时又有并发查询的应用,如一些在线事务处理(OLTP)系统。由于 BDB 已经被 InnoDB 取代,在此就不做进一步的讨论了。

12.2.3 MyISAM 表的表级锁

在 MySQL 的 MyISAM 类型数据表中,并不支持 COMMIT(提交)和 ROLLBACK(回滚)命令。当用户对数据库执行插入、删除和更新等操作时,这些变化的数据都被立刻保存在磁盘中。这样,在多用户环境中,会导致诸多问题。为了避免同一时间有多个用户对数据库中的指定表进行操作,可以应用表锁定来避免在用户操作数据表过程中受到干扰。当且仅当该用户释放表的操作锁定后,其他用户才可以访问这些修改后的数据表。

设置表级锁定代替事务的基本步骤如下:

(1) 为指定数据表添加锁定,其语法如下。

```
LOCK TABLES table_name lock_type,...
```

其中 table_name 为被锁定的表名,lock_type 为锁定类型,该类型包括以读方式(READ)或写方式(WRITE)锁定表。

(2) 用户执行数据表的操作,可以添加、删除或者更改部分数据。

(3) 用户完成对锁定数据表的操作后,需要对该表进行解锁操作,释放该表的锁定状态。其语法如下:

```
UNLOCK TABLES
```

【例 12-2】 以读方式锁定 bank 中的 userinfo 数据表,该方式是设置锁定用户的其他方式,如删除、插入和更新都不允许,直至用户进行解锁操作。

(1) 在 bank 数据库中,创建一个采用 MyISAM 存储引擎的用户表 userinfo。

```
CREATE TABLE userinfo(
id INT AUTO_INCREMENT PRIMARY KEY,
username VARCHAR(50) ,
pwd VARCHAR(50)
) ENGINE=MyISAM;
```

(2) 在 userinfo 表中插入 4 条用户数据。

```
INSERT INTO userinfo(username,pwd)VALUES('王怡宁','abc'),('梁一鸣','123'),('张
博凯','111'),('张佩瑶','321');
```

（3）设置以读方式锁定数据库 bank 中的用户数据表 userinfo。

```
LOCK TABLE userinfo READ;
```

（4）应用 SELECT 语句查看数据表 userinfo 中的值。

```
SELECT * FROM userinfo;
```

执行结果如图 12-4 所示。

id	username	pwd
1	王怡宁	abc
2	梁一鸣	123
3	张博凯	111
4	张佩瑶	321

图 12-4　查看以读方式锁定的 userinfo 表

（5）向 userinfo 表中插入一条数据。

```
INSERT INTO userinfo(username,pwd)VALUES('胡志超','222');
```

执行结果如下所示。

```
INSERT INTO userinfo(username,pwd)VALUES('胡志超','222')
> 1099 -Table 'userinfo' was locked with a READ lock and can't be updated
> 时间: 0s
```

从上述结果可以看出，当用户试图向数据库中插入数据时，将会返回失败信息。当用户将锁定的表解锁后，再次执行插入操作，代码如下：

```
UNLOCK TABLE;
INSERT INTO userinfo(username,pwd)VALUES('胡志超','222')
```

执行结果如下：

```
UNLOCK TABLE
> OK
> 时间: 0.001s
INSERT INTO userinfo(username,pwd)VALUES('胡志超','222')
> Affected rows: 1
> 时间: 0.002s
```

由执行结果来看，锁定被释放后，用户可以对数据库执行添加、删除和更新等操作。
MyISAM 在执行查询语句（SELECT）前，会自动给涉及的所有表加读锁；在执行更新操作（UPDATE、DELETE、INSERT 等）前，会自动给涉及的表加写锁。这个过程并不

需要用户干预,因此,用户一般不需要直接用 LOCK TABLES 命令给 MyISAM 表显式加锁。

所以对 MyISAM 表进行操作,会有以下情况。

(1) 对 MyISAM 表的读操作(加读锁)不会阻塞其他进程对同一表的读请求,但会阻塞对同一表的写请求。只有当读锁释放后,才会执行其他进程的写操作。

(2) 对 MyISAM 表的写操作(加写锁)会阻塞其他进程对同一表的读和写操作,只有当写锁释放后,才会执行其他进程的读写操作。

在对表进行操作前,可以查询表级锁争用情况以及查看系统上的表锁定情况,可以通过如下语句进行:

```
SHOW STATUS LIKE 'table%';
```

可以通过查看 table_locks_waited 和 table_locks_immediate 状态变量的值,来分析系统上的表锁定情况。如果 table_locks_waited 的值比较高,则说明存在着较严重的表级锁争用情况。

MySQL 的表级锁有两种模式:表共享读锁(Table Read Lock)和表独占写锁(Table Write Lock)。

表锁定支持以下类型的锁定。

- READ:读锁定,确保用户可以读取表,但是不能修改表。加上 local 后允许表锁定后用户可以执行非冲突的 INSERT 语句,只适用于 MyISAM 类型的表。
- WRITE:写锁定,只有锁定该表的用户可以修改表,其他用户无法访问该表。加上 low_priority 后允许其他用户读取表,但是不能修改它。

当用户在一次查询中多次使用到一个锁定的表时,可以在锁定表的时候用 as 子句为表定义一个别名,alias 表示表的别名。

表锁定只用于防止其他客户端进行不正当的读取和写入。保持锁定(即使是读锁定)的客户端可以进行表层级的操作,如 DROP TABLE。

在对一个事务表使用表锁定的时候需要注意以下几点:

(1) 在锁定表时会隐式地提交所有事务,在开始一个事务时,如 SET COMMINT,会隐式解开所有表锁定。

(2) 在事务表中,系统变量 AUTOCOMMIT 值必须设为 0。否则,MySQL 会在调用 LOCK 之后 TABLES 立刻释放表锁定,并且很容易形成死锁。

12.2.4 InnoDB 表的行级锁

InnoDB 与 MyISAM 的最大不同有两点:一是支持事务(Transaction);二是采用了行级锁。行级锁与表级锁本来就有许多不同之处,另外,事务的引入也带来了一些新问题。

1. 获取 InnoDB 行级锁争用情况

可以通过检查 InnoDB_row_lock 状态变量来分析系统中行级锁的争用情况。例如,查看系统上的行级锁的争用情况。

```
SHOW STATUS LIKE 'innoDB_row_lock%';
```

如果发现 innoDB_row_lock_waits 和 innoDB_row_lock_time_avg 的值比较高,则说明锁争用比较严重。

2. InnoDB 的行级锁的锁级模式

InnoDB 实现了以下两种类型的行级锁。

- 共享锁(S):允许一个事务去读一行,阻止其他事务获得相同数据集的排他锁。
- 排他锁(X):允许获得排他事务更新数据,阻止其他事务取得相同数据集的共享读锁和排他写锁。

另外,为了允许行级锁和表级锁共存,实现多粒度锁机制,InnoDB 还有两种内部使用的意向锁(Intention Lock),这两种意向锁都是表级锁。

- 意向共享锁(IS):事务打算给数据行加行共享锁,在此之前事务必须先取得该表的 IS 锁。
- 意向排他锁(IX):事务打算给数据行加行排他锁,在此之前必须先取得该表的 IX 锁。

如果一个事务请求的锁模式与当前的锁兼容,InnoDB 就将请求的锁授予该事务;反之,如果两者不兼容,该事务就要等待锁释放。

意向锁是 InnoDB 自动加的,无需用户干预。对于 UPDATA、DELETE 和 INSERT 语句,InnoDB 会自动给涉及的数据集加排他锁(X);对于普通 SELECT 语句,InnoDB 不会加任何锁。

共享锁(S)语法格式如下:

```
SELECT * FROM table_name WHERE … LOCK IN SHARE MODE
```

排他锁(X)语法格式如下:

```
SELECT * FROM table_name WHERE … FOR UPDATE
```

注意:用 SELECT … IN SHARE MODE 获得共享锁,主要用在需要数据依存关系时来确认某行记录是否存在,并确保没有人对这个记录进行 UPDATE 或者 DELETE 操作。但是如果当前事务也需要对该记录进行更新操作,则很有可能造成死锁。对于锁定行记录后需要进行更新操作的应用,应该使用 SELECT…FOR UPDATE 方式获得排他锁。

3. InnoDB 行级锁的加锁方法

InnoDB 行级锁是通过给索引上的索引项加锁来实现的,在这一点上 MySQL 与 Oracle 不同,后者是通过在数据块中对相应数据行加锁来实现的。InnoDB 这种行级锁实现特点意味着:只有通过索引条件检索数据,InnoDB 才使用行级锁,否则,InnoDB 将使用表级锁。在实际应用中,要特别注意 InnoDB 行级锁的这一特性,不然的话,可能导致大量的锁冲突,从而影响并发性能。

12.2.5　死锁

死锁是指当两个或者多个处于不同序列的用户打算同时更新某相同的数据库时,因互相等待对方释放权限而导致双方一直处于等待状态。在实际应用中,两个不同序列的客户打算同时对数据执行操作,极有可能产生死锁。更具体地讲,如果两个事务相互等待操作对方释放所持有的资源,而导致两个事务都无法执行下一步操作,这样无限期的等待就称为死锁。比如,若事务 T1 锁定了数据 R1,T2 锁定了数据 R2,然后 T1 又请求锁定 R2,因为 T2 已锁定了 R2,于是 T1 等待 T2 释放 R2 上的锁。接着 T2 又申请锁定 R1,因为 T1 已锁定了 R1,T2 也只能等待 T1 释放 R1 上的锁。这样就出现了 T1 在等待 T2 而 T2 又在等待 T1 的局面,T1 和 T2 两个事务永远不能结束,形成死锁。

通常来说,死锁都是应用设计的问题,通过调整业务流程、数据库对象设计、事务大小以及访问数据库的 SQL 语句,绝大部分死锁都可以避免。下面就介绍 5 种避免死锁的常用方法:

(1) 在应用中,如果不同的程序会并发存取多个表,应尽量约定以相同的顺序来访问表,这样可以大大降低产生死锁的机会。

(2) 在程序以批量方式处理数据的时候,如果事先对数据排序,保证每个线程按固定的顺序来处理记录,也可以大大降低出现死锁的可能。

(3) 在事务中,如果要更新记录,应该直接申请足够级别的锁,即排他锁,而不应先申请共享锁,更新时再申请排他锁。因为当用户申请排他锁时,其他事务可能又已经获得了相同记录的共享锁,从而造成锁冲突,甚至死锁。

(4) 在 REPEATABIE READ 隔离级别下,如果两个线程同时对相同条件记录用 SELECT…FOR UPDATE 加排他锁,在没有符合该条件记录情况下,两个线程都会加锁成功。程序发现记录尚不存在,就试图插入一条新记录,如果两个线程都这么做就会出现死锁。这种情况下,将隔离级别改成 READ COMMITTED,就可避免问题。

(5) 当隔离级别为 READ COMMITTED 时,如果两个线程都先执行 SELECT…FOR UPDATE,判断是否存在符合条件的记录。如果没有,就插入记录。此时,只有一个线程能插入成功,另一个线程会出现锁等待。当第 1 个线程提交后,第 2 个线程会因主键重复出错。虽然这个线程出错了,却会获得一个排他锁,这时如果有第 3 个线程又来申请排他锁,也会出现死锁。

对于这种情况,可以直接做插入操作,然后再捕获主键重复异常,或者在遇到主键重复错误时,总是执行 ROLLBACK 以释放获得的排他锁。

12.3　事务的隔离性级别

锁机制有效地解决了事务的并发问题,但也影响了事务的并发性能。所谓并发是指数据库系统同时为多个用户提供服务的能力。当一个事务将其操纵的数据资源锁定时,其他欲操纵该资源的事务必须等待锁定解除才能继续进行,这就降低了数据库系统同时响应多客户的速度。因此,合理地选择隔离级别,将关系到一个软件的性能。

每一个事务都有一个所谓的隔离级,它定义了用户彼此之间隔离和交互的程度。前面曾提到,事务型 RDBMS 的一个最重要的属性就是它可以“隔离”在服务器上正在处理的不同的会话。在单用户的环境中,这个属性无关紧要,因为在任意时刻只有一个会话处于活动状态。但是在多用户环境中，许多 RDBMS 会话在任一给定时刻都是活动的。在这种情况下，RDBMS 能够隔离事务是很重要的，这样它们不互相影响，同时保证数据库性能不受到影响。

为了了解隔离的重要性，有必要花些时间来考虑如果不强加隔离会发生什么。如果没有事务的隔离性，不同的 SELECT 语句将会在同一个事务的环境中检索到不同的结果，因为在这期间，基本上数据已经被其他事务所修改。这将导致不一致性，同时很难相信结果集，从而不能利用查询结果作为计算的基础。因而隔离性强制对事务进行某种程度的隔离，保证应用程序在事务中看到一致的数据。

12.3.1 MySQL 中的 4 种隔离级别

基于 ANSI/ISO SQL 规范，MySQL 提供了下面 4 种隔离级：SERIALIZABLE（序列化）、REPEATABLE READ（可重复读）、READ COMMITTED（提交读）和 READ UNCOMMITTED（未提交读）。

只有支持事务的存储引擎（比如，InnoDB）才可以定义一个隔离级，定义隔离级可以使用 SET TRANSACTION 语句。其中语句中如果指定 GLOBAL，那么定义的隔离级将适用于所有的数据库用户；如果指定 SESSION，则隔离级只适用于当前运行的会话和连接。MySQL 默认为 REPEATABLE READ 隔离级。

1. SERIALIZABLE

采用此隔离级别，一个事务在执行过程中首先将其欲操纵的数据锁定，待事务结束后释放。如果此时另一个事务也要操纵该数据，必须等待前一个事务释放锁定后才能继续进行。两个事务实际上是以串行化方式运行的。语法格式如下：

SET [GLOBAL|SESSION] TRANSACTION ISOLATION LEVEL SERIALIZABLE

如果隔离级为序列化，用户之间通过一个接一个顺序地执行当前的事务提供了事务之间最大限度的隔离。

2. REPEATABLE READ

采用此隔离级别，一个事务在执行过程中能够看到其他事务已经提交的新插入记录，而看不到其他事务对已有记录的修改。语法格式如下：

SET [GLOBAL|SESSION] TRANSACTION ISOLATION LEVEL REPEATABLE READ

在这一级上，事务不会被看成是一个序列。不过，当前在执行事务的变化仍然不能看到，也就是说，如果用户在同一个事务中执行同一个 SELECT，结果总是相同的。

3. READ COMMITTED

采用此隔离级别，一个事务在执行过程中能够看到其他事务已经提交的新插入记录，也能看到其他事务已经提交的对已有记录的修改。语法格式如下：

SET [GLOBAL|SESSION] TRANSACTION ISOLATION LEVEL READ COMMITTED

READ COMMITTED 隔离级的安全性比 REPEATABLE READ 隔离级要差。不仅处于这一级的事务可以看到其他事务添加的新记录，而且其他事务对现有记录做出的修改一旦被提交，也可以看到。也就是说，这意味着在事务处理期间，如果其他事务修改了相应的表，那么同一个事务的多个 SELECT 语句可能返回不同的结果。

4. READ UNCOMMITTED

采用此隔离级别，一个事务在执行过程中能够看到其他事务未提交的新插入记录，也能看到其他事务未提交的对已有记录的修改。语法格式如下：

```
SET [GLOBAL|SESSION] TRANSACTION ISOLATION LEVEL READ UNCOMMITTED
```

这种隔离级提供了事务之间最小限度的隔离。除了容易产生虚幻的读操作和不能重复的读操作外，处于这个隔离级的事务可以读到其他事务还没有提交的数据。如果这个事务使用其他事务未提交的变化作为计算的基础，然后那些未提交的变化被它们的父事务撤销，这就会导致大量的数据变化。

综上所述可以得出，并非隔离级别越高越好，对于多数应用程序，只需把隔离级别设为 READ COMMITTED 即可，尽管会存在一些问题。

在 MySQL 中，实现了这四种隔离级别，它们分别有可能产生如下问题：

事务隔离级别	脏读	不可重复读	幻读
READ UNCOMMITTED	是	是	是
READ COMMITTED	否	是	是
REPEATABLE READ	否	否	是
SERIALIZABLE	否	否	否

系统变量 tx_isolation（在 MySQL 8.0 中，此系统变量名更改为 transaction_isolation）中存储了事务的隔离级，可以使用 SELECT 随时获得当前隔离级的值，如下所示：

```
SELECT @@tx_isolation;
```

结果如下：

```
@@tx_isolation
REPEATABLE READ
```

默认情况下，这个系统变量的值是基于每个会话设置的，但是可以通过向 SET 命令行添加 GLOBAL 关键字修改该全局系统变量的值。

当用户从无保护的 READ UNCOMMITTED 隔离级别转移到更安全的 SERIALIZABLE 级别时，RDBMS 的性能也要受到影响。原因很简单：用户要求系统提供越强的数据完整性，它就要做越多的工作，运行的速度也就越慢。因此，需要在 RDBMS 的隔离性需求和性能之间进行平衡。

MySQL 默认为 REPEATABLE READ 隔离级，这个隔离级适用于大多数应用程序，只有在应用程序有具体的对于更高或更低隔离级的要求时才需要改动。没有一个标准公式来决定哪个隔离级适用于应用程序——大多数情况下，这是一个主观的决定，它是基于应用程序的容错能力和应用程序开发者对于潜在数据错误影响的判断。隔离级的选择对于每个应用程序也是没有标准的。例如,同一个应用程序的不同事务基于执行的任务需要不同的隔离级。

12.3.2　设置 4 种隔离级别

在 mysql.exe 程序中设置隔离级别,每启动一个 mysql.exe 程序,就会获得一个单独的数据库连接。每个数据库连接都有个全局变量@@tx_isolation,表示当前的事务隔离级别。MySQL 默认的隔离级别为 REPEATABLE READ。如果要查看当前的隔离级别,可使用如下 SQL 命令:

```
mysql> SELECT @@tx_isolation;
```

如果要把当前 mysql.exe 程序的隔离级别改为 READ COMMITTED,可使用如下 SQL 命令:

```
mysql>SET TRANSACTION ISOLATION LEVEL READ COMMITED;
```

接下来,针对 bank 数据库中的 account 进行操作来演示如何设置 4 种隔离级别。

1. 将 A 的隔离级别设置为 READ UNCOMMITTED

(1) 打开一个客户端 A,并设置当前事务模式为 READ UNCOMMITTED,查询表 account 的初始值。

```
mysql> SET SESSION TRANSACTION ISOLATION LEVEL READ UNCOMMITTED;
Query OK, 0 rows affected (0.00 sec)

mysql> START TRANSACTION;
Query OK, 0 rows affected (0.00 sec)

mysql> SELECT * FROM account;
+----+----------+---------+
| id | username | balance |
+----+----------+---------+
|  1 | A        |    4000 |
|  2 | B        |    6000 |
+----+----------+---------+
2 rows in set (0.00 sec)
```

(2) 在客户端 A 的事务提交之前,打开另一个客户端 B,更新表 account。

```
mysql> SET SESSION TRANSACTION ISOLATION LEVEL READ UNCOMMITTED;
Query OK, 0 rows affected (0.00 sec)

mysql> START TRANSACTION;
Query OK, 0 rows affected (0.00 sec)
```

```
mysql> UPDATE ACCOUNT SET balance=balance－500 WHERE id=1;
Query OK, 1 row affected (0.00 sec)
Rows matched: 1  Changed: 1  Warnings: 0

mysql> SELECT * FROM account;
+----+----------+---------+
| id | username | balance |
+----+----------+---------+
|  1 | A        |    3500 |
|  2 | B        |    6000 |
+----+----------+---------+
2 rows in set (0.00 sec)
```

（3）此时，虽然客户端 B 的事务还没提交，但是客户端 A 就可以查询到 B 已经更新的数据。

```
mysql> SELECT * FROM account;
+----+----------+---------+
| id | username | balance |
+----+----------+---------+
|  1 | A        |    3500 |
|  2 | B        |    6000 |
+----+----------+---------+
2 rows in set (0.00 sec)
```

（4）一旦客户端 B 的事务因为某种原因回滚，所有的操作都将会被撤销，那客户端 A 查询到的数据其实就是脏数据。

```
mysql> ROLLBACK;
Query OK, 0 rows affected (0.00 sec)

mysql> SELECT * FROM account;
+----+----------+---------+
| id | username | balance |
+----+----------+---------+
|  1 | A        |    4000 |
|  2 | B        |    6000 |
+----+----------+---------+
2 rows in set (0.00 sec)
```

（5）在客户端 A 执行更新语句 UPDATE ACCOUNT SET balance＝balance －500 WHERE id＝1，A 的 balance 没有变成 3500，而是 4000。在应用程序中，会用 4000－500＝3500，并不知道其他会话回滚了，要想解决这个问题可以采用 READ COMMITTED 隔离级别。

经过上面的实验可以得出结论，事务 B 更新了一条记录，但是没有提交，此时事务 A

可以查询出未提交记录,造成脏读现象。READ UNCOMMITTED 是最低的隔离级别。

特别提醒:由于 MySQL 默认是自动提交,自动提交时无法正常回滚,需要将事务提交模式改为手工提交模式。同时,MySQL 中只有 INNODB 和 BDB 类型的数据表才能支持事务处理,其他的类型是不支持的。

2. 将客户端 A 的事务隔离级别设置为 READ COMMITTED

(1) 打开一个客户端 A,并设置当前事务模式为 READ COMMITTED,查询表 account 的所有记录。

```
mysql> SET SESSION TRANSACTION ISOLATION LEVEL READ COMMITTED;
Query OK, 0 rows affected (0.00 sec)

mysql> START TRANSACTION;
Query OK, 0 rows affected (0.00 sec)

mysql> SELECT * FROM account;
+----+----------+---------+
| id | username | balance |
+----+----------+---------+
|  1 | A        |    4000 |
|  2 | B        |    6000 |
+----+----------+---------+
2 rows in set (0.00 sec)
```

(2) 在客户端 A 的事务提交之前,打开另一个客户端 B,更新表 account。

```
mysql> SET SESSION TRANSACTION ISOLATION LEVEL READ COMMITTED;
Query OK, 0 rows affected (0.00 sec)

mysql> START TRANSACTION;
Query OK, 0 rows affected (0.00 sec)

mysql> UPDATE ACCOUNT SET balance=balance -500 WHERE id=1;
Query OK, 1 row affected (0.00 sec)
Rows matched: 1  Changed: 1  Warnings: 0

mysql> SELECT * FROM account;
+----+----------+---------+
| id | username | balance |
+----+----------+---------+
|  1 | A        |    3500 |
|  2 | B        |    6000 |
+----+----------+---------+
2 rows in set (0.00 sec)
```

(3) 这时,客户端 B 的事务还没提交,客户端 A 不能查询到 B 已经更新的数据,解决了脏读问题。

```
mysql> SELECT * FROM account;
+----+----------+---------+
| id | username | balance |
+----+----------+---------+
|  1 | A        |    4000 |
|  2 | B        |    6000 |
+----+----------+---------+
2 rows in set (0.00 sec)
```

（4）客户端 B 的事务提交。

```
mysql> COMMIT;
Query OK, 0 rows affected (0.01 sec)

mysql> SELECT * FROM account;
+----+----------+---------+
| id | username | balance |
+----+----------+---------+
|  1 | A        |    3500 |
|  2 | B        |    6000 |
+----+----------+---------+
2 rows in set (0.00 sec)
```

（5）客户端 A 执行与上一步相同的查询，结果与上一步不一致，即产生了不可重复读的问题。

```
mysql> SELECT * FROM account;
+----+----------+---------+
| id | username | balance |
+----+----------+---------+
|  1 | A        |    3500 |
|  2 | B        |    6000 |
+----+----------+---------+
2 rows in set (0.00 sec)
```

经过上面的实验可以得出结论，READ COMMITTED 隔离级别解决了脏读的问题，但是出现了不可重复读的问题，即事务 A 两次查询的数据不一致，因为在两次查询之间事务 B 更新了一条数据。READ COMMITTED 只允许读取已提交的记录，但不要求可重复读。

3. 将 A 的隔离级别设置为 REPEATABLE READ

（1）打开一个客户端 A，并设置当前事务模式为 REPEATABLE READ，查询表 account 的所有记录。

```
mysql> SET SESSION TRANSACTION ISOLATION LEVEL REPEATABLE READ;
```

```
Query OK, 0 rows affected (0.00 sec)

mysql> START TRANSACTION;
Query OK, 0 rows affected (0.00 sec)

mysql> SELECT * FROM account;
+----+----------+---------+
| id | username | balance |
+----+----------+---------+
|  1 | A        |   10000 |
|  2 | B        |       0 |
+----+----------+---------+
2 rows in set (0.00 sec)
```

（2）在客户端 A 的事务提交之前，打开另一个客户端 B，更新表 account 并提交。

```
mysql> SET SESSION TRANSACTION ISOLATION LEVEL REPEATABLE READ;
Query OK, 0 rows affected (0.00 sec)

mysql> START TRANSACTION;
Query OK, 0 rows affected (0.00 sec)

mysql> UPDATE ACCOUNT SET balance=balance-500 WHERE id=1;
Query OK, 1 row affected (0.00 sec)
Rows matched: 1  Changed: 1  Warnings: 0

mysql> SELECT * FROM account;
+----+----------+---------+
| id | username | balance |
+----+----------+---------+
|  1 | A        |    9500 |
|  2 | B        |       0 |
+----+----------+---------+
2 rows in set (0.00 sec)
```

（3）在客户端 A 查询表 account 的所有记录，与步骤（1）查询结果一致，没有出现不可重复读的问题。

```
mysql> SELECT * FROM account;
+----+----------+---------+
| id | username | balance |
+----+----------+---------+
|  1 | A        |   10000 |
|  2 | B        |       0 |
+----+----------+---------+
2 rows in set (0.00 sec)
```

（4）现在将客户端 B 中的操作提交。

```
mysql> commit;
Query OK, 0 rows affected (0.02 sec)
```

在客户端 A，接着执行 update balance＝balance - 50 where id＝1，balance 没有变成 10000－500＝9500，A 的 balance 值用的是步骤（2）中的 9500 来计算的，所以是 9000，数据的一致性倒是没有被破坏。MySQL 在可重复读的隔离级别下使用了 MVCC 机制（MULTIVERSION CONCURRENCY CONTROL，是一种多版本并发控制机制），SELECT 操作不会更新版本号，是快照读（历史版本）；INSERT、UPDATE 和 DELETE 会更新版本号，是当前读（当前版本）。

```
mysql>UPDATE account SET balance=balance - 500 WHERE id=1;
Query OK, 1 row affected (0.00 sec)
Rows matched: 1  Changed: 1  Warnings: 0

mysql>   SELECT * FROM account;
+----+----------+---------+
| id | username | balance |
+----+----------+---------+
| 1 | A        |    9000 |
| 2 | B        |       0 |
+----+----------+---------+
2 rows in set (0.00 sec)
```

注意：如果客户端 B 中未执行提交，将会导致 A 中的操作被锁定。

```
mysql> UPDATE account SET balance=balance - 500 WHERE id=1;
ERROR 1205 (HY000) : Lock wait timeout exceeded; try restarting transaction
```

（5）重新打开客户端 B，并提交一行数据。

```
mysql> insert into account values(3,'C',1000) ;
Query OK, 1 row affected (0.00 sec)
```

（6）此时再在客户端 A 中查询，没有查出 B 新增的数据，所以没有出现幻读。

```
mysql>SELECT * FROM account;
+----+----------+---------+
| id | username | balance |
+----+----------+---------+
| 1 | A        |    9000 |
| 2 | B        |       0 |
+----+----------+---------+
2 rows in set (0.00 sec)
```

由以上的操作过程可以得出结论，REPEATABLE READ 隔离级别只允许读取已提交记录,而且在一个事务两次读取一个记录期间,其他事务不得更新该记录。但该事务不要求与其他事务可串行化。例如,当一个事务可以找到由一个已提交事务更新的记录,但是可能产生幻读问题(注意是可能,因为数据库对隔离级别的实现有所差别)。

4. 将 A 的隔离级别设置为 SERIALIZABLE

(1) 打开一个客户端 A,并设置当前事务模式为 SERIALIZABLE,查询表 account 的初始值。

```
mysql> SET SESSION TRANSACTION ISOLATION LEVEL SERIALIZABLE;
Query OK, 0 rows affected (0.00 sec)
mysql> START TRANSACTION;
Query OK, 0 rows affected (0.00 sec)
mysql> SELECT * FROM account;
+----+----------+---------+
| id | username | balance |
+----+----------+---------+
|  1 | A        |    4000 |
|  2 | B        |    6000 |
+----+----------+---------+
2 rows in set (0.00 sec)
```

(2) 打开一个客户端 B,并设置当前事务模式为 SERIALIZABLE,插入一条记录报错,表被锁定而导致插入失败,mysql 中事务隔离级别为 SERIALIZABLE 时会锁定表,因此不会出现幻读的情况。这种隔离级别并发性极低,开发中很少会用到。

```
mysql> set session transaction isolation LEAVE serializable;
Query OK, 0 rows affected (0.00 sec)
mysql> START TRANSACTION;
Query OK, 0 rows affected (0.00 sec)
mysql> INSERT INTO account VALUES(5,'c',0) ;
ERROR 1205 (HY000) : Lock wait timeout exceeded; try restarting transaction
```

SERIALIZABLE 完全锁定字段,若一个事务查询同一份数据就必须等待,直到前一个事务完成并解除锁定为止。SERIALIZABLE 是完整的隔离级别,会锁定对应的数据表格,因而会有效率问题。

12.4　本 章 小 结

本章讲解了事务的概念、事务的 ACID 特性及其隔离级别。随后讲述了 MySQL 对并发事务的控制、死锁的概念以及如何避免死锁的方法。

12.5　思 考 与 练 习

1. 什么是事务?

2. 哪些引擎支持事务?

3. 事务的 ACID 特性是什么？

4. 事务的开始和结束命令分别是什么？

5. 事务的隔离性级别有哪些？

6. 如果没有并发控制会出现什么问题？

7. MySQL 创建事务的一般步骤分为哪些？

8. 如何查看行级锁和表级锁争用情况？

9. 怎么预防死锁？

10. (   )是 DBMS 的基本单位，它是用户定义的一组逻辑一致的程序序列。

    A. 程序   B. 命令   C. 事务   D. 文件

11. 事务是数据库的基本工作单位。如果一个事务执行成功，则全部更新提交；如果一个事务执行失败，则将已做过的更新恢复原状，好像整个事务从未有过这些更新一样，这样保持了数据库处于(   )状态。

    A. 安全性   B. 一致性   C. 完整性   D. 可靠性

12. 对并发操作若不加以控制，可能会带来数据的(   )问题。

    A. 不安全   B. 死锁   C. 死机   D. 不一致

13. 事务中能实现回滚的命令是(   )。

    A. TRANSACTION   B. COMMIT

    C. ROLLBACK   D. SAVEPOINT

14. 下面选项中(   )不是 RDBMS 必须具有的特征。

    A. 原子性   B. 一致性   C. 孤立性   D. 适时性

15. 对事务的描述中不正确的是(   )。

    A. 事务具有原子性   B. 事务具有隔离性

    C. 事务回滚使用 COMMIT 命令   D. 事务具有可靠性

16. MySQL 创建事务的一般步骤是(   )。

    A. 初始化事务、创建事务、应用 SELECT 查看事务、提交事务

    B. 初始化事务、应用 SELECT 查看事务、应用事务、提交事务

    C. 初始化事务、创建事务、应用事务、提交事务

    D. 创建事务、应用事务、应用 SELECT 查看事务、提交事务

17. 事务的开始和结束命令分别是(   )。

    A. START TRANSACTION…ROLLBACK

    B. START TRANSACTION…COMMIT

    C. START TRANSACTION…END

    D. START TRANSACTION…BREAK

18. 若事务 T1 对数据 A 已加排他锁，那么其他事务将对数据(   )。

    A. 加共享锁成功，加排他锁失败   B. 加排他锁成功，加共享锁失败

    C. 加共享锁和加排他锁都成功   D. 加共享锁和加排他锁都失败

第 13 章

MySQL 日志管理

日志是 MySQL 数据库的重要组成部分，日志文件中记录着 MySQL 数据库运行期间发生的变化。例如，数据库出现错误时可以通过查看日志文件找出原因。MySQL 数据库中包含多种不同类型的日志文件，这些文件记录了 MySQL 数据库的日常操作和错误信息，分析这些日志文件可以了解 MySQL 数据库的运行情况、日常操作、错误信息以及哪些地方需要进行优化。本章将介绍 MySQL 数据库中常见的几种日志文件，包括错误日志、通用查询日志、慢查询和二进制日志文件。

13.1 MySQL 的日志

MySQL 日志是记录 MySQL 数据库的日常操作和错误信息的文件。当数据库遭到意外的损害时，可以通过日志文件来查询出错原因，并且可以进行数据恢复。

MySQL 日志用来记录 MySQL 数据库的客户端连接情况、SQL 语句的执行情况以及错误信息等。例如，一个名为 cau 的用户登录到 MySQL 服务器，日志中就会记录这个用户的登录时间和执行的操作等。另外，如果 MySQL 服务在某个时间出现异常，那么异常信息也会被记录到日志文件中。

MySQL 日志可以分为 4 种，分别是二进制日志、错误日志、通用查询日志和慢查询日志。它们的作用如下：

- 二进制日志：以二进制文件的形式记录了数据库中的操作，但不记录查询语句。
- 错误日志：记录 MySQL 服务器的启动、关闭和运行错误等信息。
- 通用查询日志：记录用户登录和执行查询的信息。
- 慢查询日志：记录执行时间超过指定时间的操作。

除二进制日志外，其他日志都是文本文件。日志文件通常存储在 MySQL 数据库的数据目录下。默认情况下，只启动了错误日志的功能。其他 3 类日志都需要数据库管理员进行设置。

说明：如果 MySQL 数据库系统意外停止服务，可以通过错误日志查看出现错误的原因。并且，可以通过二进制日志文件来查看用户执行了哪些操作以及对数据库文件做了哪些修改。然后，可以根据二进制日志中的记录来修复数据库。但是，启动日志功能会降低 MySQL 数据库的执行速度。例如，在一个查询操作比较频繁的 MySQL 中，记录通用查询日志和慢查询日志要花费很多的时间，并且日志文件会占用大量的硬盘空间。对于用户量非常大、操作非常频繁的数据库，日志文件需要的存储空间甚至比数据库文件需要的存储空间还要大。

13.2　错误日志管理

在 MySQL 数据库中,错误日志记录着 MySQL 服务器的启动和停止过程中的信息、服务器在运行过程中发生的故障和异常情况的相关信息、事件调度器运行一个事件时产生的信息以及在从服务器上启动服务器进程时产生的信息等。错误日志记录的并非全是错误信息,如 MySQL 如何启动 InnoDB 的表空间文件以及如何初始化自己的存储引擎等信息也记录在错误日志文件中。

13.2.1　启动错误日志

在 MySQL 数据库中,错误日志功能默认状态下是开启的,并且不能被禁止。错误日志信息也可以自行配置,通过修改 my.ini 文件(该文件位于 C:\ProgramData\MySQL\MySQL Server 8.0 下)即可。错误日志所记录的信息是可以通过 log-error 和 log-warnings 来定义的,其中 log-error 定义是否启用错误日志的功能和错误日志的存储位置,log-warnings 定义是否将警告信息也记录至错误日志中。log-error＝[file-name]用来指定错误日志存放的位置。如果没有指定[file-name],默认 hostname.err 作为文件名,并默认存放在 DATADIR 目录中。笔者的配置信息如下:

```
# Error Logging.
log-error="CAULIHUI-PC.err"
```

13.2.2　查看错误日志

错误日志中记录着开启和关闭 MySQL 服务的时间,以及服务运行过程中出现哪些异常等信息。如果 MySQL 服务出现异常,可以到错误日志中查找原因。

错误日志是以文本文件的形式存储的,直接使用普通文本工具就可以查看。

【例 13-1】　下面是笔者 MySQL 服务器的错误日志的部分内容。

```
2020-08-29T23:35:26.124535Z 0 [System] [MY-010931] [Server] C:\Program Files\
MySQL\MySQL Server 8.0\bin\mysqld.exe: ready for connections. Version: '8.0.19'
socket: '' port: 3306 MySQL Community Server -GPL.
2020-08-29T23:35:26.153537Z 0 [System] [MY-011323] [Server] X Plugin ready for
connections. Bind-address: '::' port: 33060
2020-09-01T01:48:57.630416Z 0 [System] [MY-013105] [Server] C:\Program Files\
MySQL\MySQL Server 8.0\bin\mysqld.exe: Normal shutdown.
2020-09-01T01:48:57.881431Z 0 [System] [MY-010910] [Server] C:\Program Files\
MySQL\MySQL Server 8.0\bin\mysqld.exe: Shutdown complete (mysqld 8.0.19) MySQL
Community Server -GPL.
```

通过以上信息可以看出,错误日志记录了系统的一些错误和警告信息。

13.2.3　删除错误日志

数据库管理员可以删除很长时间之前的错误日志,以节省 MySQL 服务器上的硬盘空间。在 MySQL 数据库中,可以使用 mysqladmin 命令来开启新的错误日志,其语法如下:

```
mysqladmin -u root -p flush-logs
```

执行该命令后,数据库系统会自动创建一个新的错误日志。旧的错误日志仍然保留着,只是已经更名为 filename.err-old。

除了 mysqladmin 命令外,也可以使用 flush logs 语句来开启新的错误日志。使用该语句之前,必须先登录到 MySQL 数据库中。创建好新的错误日志之后,数据库管理员可以将旧的错误日志备份到其他的硬盘上。如果数据库管理员认为 filename.en. -old 已经没有存在的必要,可以直接删除。

说明:通常情况下,管理员不需要查看错误日志。但是,MySQL 服务器发生异常时,管理员可以从错误日志中找到发生异常的时间和原因,然后根据这些信息来解决异常。对于很久以前的错误日志,管理员查看这些错误日志的可能性不大,可以将它们删除。

13.3　二进制日志管理

二进制日志也称为变更日志(update log),MySQL 数据库的二进制日志文件是用来记录所有用户对数据库的操作。当数据库发生意外时,可以通过此文件查看在一定时间段内用户所做的操作,并且结合数据库备份技术,即可再现用户操作,使数据库恢复原状。二进制日志文件开启后,所有对数据库的操作均会被记录到此文件中,所以当长时间开启之后,日志文件会变得很大,占用很多磁盘空间。

13.3.1　启动二进制日志

二进制日志记录了所有对数据库数据的修改操作,所以 MySQL 数据库默认情况下是不开启二进制日志文件的,可通过命令 SHOW VARIABLES LIKE 'log_bin';查看。

默认情况下,二进制日志功能是关闭的。通过 my.ini 的 log-bin 选项可以开启二进制日志,将 log-bin 选项加入到 my.ini 文件的[mysqld]组中,格式如下:

```
log-bin [=DIR \[filename]]
```

其中,DIR 参数指定二进制文件的存储路径;filename 参数指定二进制文件的文件名,其形式为 filename.Number,number 的形式为 000001、000002 等。每次重启 MySQL 服务后,都会生成一个新的二进制日志文件,这些日志文件的 number 会不断递增。除了生成上述文件外,还会生出一个名为 filename.Index 的文件,这个文件中存储所有二进制日志文件的清单。如果没有 DIR 和 filename 参数,二进制日志将默认存储在数据库的数据目录下。默认的文件名为 hostname-bin.Number,其中 hostname 表示主机名。

技巧:二进制日志与数据库的数据文件最好不要存放在同一块硬盘上,这样的话,即使数据文件所在的硬盘损坏，也可以使用另一块硬盘上的二进制日志来恢复数据库文件。两块硬盘同时损坏的可能性要小得多，这样可以保证数据库中数据的安全。

13.3.2　查看二进制日志

使用二进制格式可以存储更多的信息，并且可以使写入二进制日志的效率更高。但是，不能直接打开并查看该日志。如果需要查看该日志，必须使用 mysqlbinlog 命令，其语法格式如下：

```
mysqlbinlog  filename.number
```

mysqlbinlog 命令将在当前文件夹下查找指定的二进制日志，因此需要在二进制日志 filename.number 所在的目录下运行该命令，否则将会找不到指定的二进制日志文件。

13.3.3　删除二进制日志

二进制日志会记录大量的信息，如果很长时间不清理它们，将会浪费很多的磁盘空间。

1. 删除所有二进制日志

使用 RESET MASTER 语句可以删除所有二进制日志。该语句的格式如下：

```
RESET MASTER;
```

登录 MySQL 数据库后，可以执行该语句来删除所有二进制日志。删除所有二进制日志后，MySQL 将会重新创建新的二进制日志，它们的编号从 000001 开始，如主机名-bin.000001。

2. 根据编号来删除二进制日志

每个二进制日志文件后面都有一个六位数的编号，如 000001。使用 PURGE MASTER LOGS TO 语句可以删除编号小于这个二进制日志的所有二进制日志。该语句的基本语法格式如下：

```
PURGE MASTER LOGS TO 'filename.number';
```

【例 13-3】　删除 mylog.000005 之前的二进制日志。

```
PURGE MASTER LOGS TO 'CAULIHUI-bin.000005';
```

3. 根据创建时间来删除二进制日志

使用 PURGE MASTER LOGS TO 语句可以删除在指定时间之前创建的二进制日志。该语句的基本语法格式如下：

```
PURGE MASTER LOGS TO BEFORE  'yyyy-mm-dd hh:mm;ss';
```

【例 13-4】　删除在 2020-10-20 11：31：00 之前创建的二进制日志。

```
PURGE MASTER LOGS TO BEFORE '2020-10-20 11:31:00';
```

代码执行完成后，在 2020-10-20 11：31：00 之前创建的所有二进制日志都将被删除。

13.3.4　使用二进制日志还原数据库

二进制日志记录了用户对数据库中数据的改变，如 INSERT 语句、UPDATE 语句和 CREATE 语句等都会记录到二进制日志中。一旦数据库遭到破坏，可以使用二进制日志来还原数据库。本节将详细介绍使用二进制日志还原数据库的方法。

如果数据库遭到意外损坏，首先应该使用最近的备份文件来还原数据库。备份之后，数据库可能进行了一些更新，这可以使用二进制日志来还原。因为二进制日志中存储了更新数据库的语句，如 UPDATE 语句和 INSERT 语句等。使用二进制日志还原数据库的命令如下：

```
mysqlbinlog filename.number | mysql -u root -p
```

这个命令可以这样理解：使用 mysqlbinlog 命令来读取 filename.number 中的内容，然后使用 mysql 命令将这些内容还原到数据库中。

技巧：二进制日志虽然可以用来还原 MySQL 数据库，但是其占用的磁盘空间也是非常大的。因此，在备份 MySQL 数据库之后，应该删除备份之前的二进制日志。如果备份之后发生异常，造成数据库的数据丢失，可以通过备份之后的二进制日志进行还原。

使用 mysqlbinlog 命令进行还原操作时，必须是编号（number）小的先还原。例如，CAULIHUI-bin.000001 必须在 CAULIHUI-bin.000002 之前还原。

在配置文件中设置了 log-bin 选项以后，MySQL 服务器将会一直开启二进制日志功能。删除该选项后就可以停止二进制日志功能。如果需要再次启动这个功能，又需要重新添加 log-bin 选项。MySQL 中提供了暂时停止二进制日志功能的语句。

如果用户不希望自己执行的某些 SQL 语句记录在二进制日志中，那么需要在执行这些 SQL 语句之前暂停二进制日志功能。可以使用 SET 语句来暂停二进制日志功能，该语句的代码如下：

```
SET sql_log_bin=0;
```

执行该语句后，MySQL 服务器会暂停二进制日志功能。但是，只有拥有 super 权限的用户才可以执行该语句。如果希望重新开启二进制日志功能，可以使用下面的 SET 语句：

```
SET sql_log_bin=1;
```

在二进制日志文件中，对数据库的 DML 和 DDL 操作都会记录到 binlog 中，而 SELECT 则不会记录。如果想记录 SELECT 和 SHOW 操作，就只能使用查询日志，而不是二进制日志。此外，二进制日志还包括执行数据库更改操作的时间等其他额外信息。

总之，开启二进制日志可以实现以下 3 个功能。

（1）恢复（Recovery）：某些数据的恢复需要二进制日志，例如，在一个数据库全备文件恢复后，可以通过二进制日志进行 point-in-time 的恢复。

（2）复制（Replication）：其原理与恢复类似，通过复制和执行二进制日志使一个远程的 MySQL 数据库（一般称为 Slave 或 Standby）与另一个 MySQL 数据库（一般称为

Master 或 Primary)进行实时同步。

（3）审计（Audit）：可以通过二进制日志中的信息来进行审计，判断是否有对数据库进行注入式攻击。

13.4 慢查询日志管理

优化 MySQL 最重要的一部分工作就是先确定"有问题"的查询语句。只有先找出这些执行速度较慢的 SQL 查询，才可以进一步分析原因并且优化它们。慢查询日志就记录了执行时间超过了特定时长的查询，即记录所有执行时间超过最大 SQL 执行时间（long_query_time）或未使用索引的语句。

13.4.1 启动慢查询日志

默认情况下，慢查询日志功能是关闭的。可以通过 mysql> show variables like 'slow_%'查看慢查询日志是否开启。在 Windows 下，通过修改 my.ini 文件的 slow-query-log 选项可以开启慢查询日志，或者通过命令行 mysql> set global slow_query_log＝on 开启。在[mysqld]组，把 slow_query_log 的值设置为 1（默认是 0），slow_query_log_file 用于设置慢查询日志路径，long_query_time 用于设置时间值，超过这个时间值的查询会被记录到慢查询日志中。重新启动 MySQL 服务即可开启慢查询日志。其中 slow_query_log_file 格式如下。

```
slow_query_log_file[=DIR\[filename]]
```

其中，DIR 参数指定慢查询日志的存储路径；filename 参数指定日志的文件名，生成日志文件的完整名称为 filename-slow.log。如果不指定存储路径，慢查询日志将默认存储到 MySQL 数据库的数据文件夹下。如果不指定文件名，则默认文件名为 hostname-slow.Log，其中 hostname 是 MySQL 服务器的主机名。long_query_time 参数是设定的时间值，该值的单位是秒。如果不设置 long_query_time 选项，则默认时间为 10 秒。笔者的配置如下：

```
slow_launch_time 2
slow_query_log ON
slow_query_log_file CAULIHUI-PC-slow.log
```

13.4.2 查看慢查询日志

执行时间超过指定时间的查询语句会被记录到慢查询日志中。要想查看哪些查询语句的执行效率低，可以从慢查询日志中获得想要的信息。慢查询日志也是以文本文件的形式存储的，可以使用普通的文本文件编辑工具来查看。

13.4.3 删除慢查询日志

可以使用 mysqladmin 命令来删除慢查询日志，也可以使用手工方式来删除它们。

mysqladmin 命令的语法如下：

```
mysqladmin -u root -p flush-logs
```

执行该命令后，命令行会提示输入密码。输入正确的密码后，将执行删除操作。新的慢查询日志会直接覆盖旧的查询日志，不需要再手动删除了。数据库管理员也可以手工删除慢查询日志。删除之后需要重新启动 MySQL 服务，之后就会生成新的慢查询日志。如果希望备份旧的慢查询日志文件，可以将旧的日志文件改名，然后重启 MySQL 服务。

13.5　通用查询日志管理

MySQL 通用查询日志用来记录用户的所有操作，包括启动和关闭 MySQL 服务以及插入、删除、修改和查询语句等。MySQL 按照接收语句的顺序将执行语句写入查询日志，这可能与它们实际的执行顺序不同。该日志的记录顺序不同于二进制日志，二进制日志的执行顺序是在语句执行之后但在释放任何锁之前。此外，查询日志只包含 SELECT 语句，而仅仅是 SELECT 的语句不写入二进制日志。

默认情况下，常规查询日志处于禁用状态，要明确指定初始常规查询日志状态，可使用全局系统变量：general_log[={0|1}]，不带参数或参数为 1 时，general_log 会启用日志；参数为 0 时，此选项将禁用日志。使用 general_log_file=file_name 指定日志文件名，并使用系统变量 log_output 指定日志输出目标。

通用查询日志输出格式如下：

```
log_output=[none|file|table|file,table]
```

是否启用通用查询日志的语法格式如下：

```
general_log=[ON|OFF]
```

或者

```
general_log=[1|0]
```

指定通用查询日志位置及名字的语法格式如下：

```
general_log_file[=filename]
```

查看通用日志是否开启的语法格式如下：

```
SHOW VARIABLES LIKE '%general%';
+------------------+-----------------+
| Variable_name    | Value           |
+------------------+-----------------+
| general_log      | OFF             |
| general_log_file | CAULIHUI-PC.log |
+------------------+-----------------+
2 rows in set (0.02 sec)
```

13.5.1　启动通用查询日志

默认情况下,通用查询日志功能是关闭的。在 Windows 下,通过修改 my.ini 文件的 log 选项可以开启通用查询日志。在[mysqld]组,把 general-log 的值设置为 1(默认是 0),重新启动 MySQL 服务即可开启查询日志。general_log_file 表示日志的路径,格式如下:

```
general_log_file [=DIR\[filename]]
```

其中,DIR 参数指定通用查询日志的存储路径;filename 参数指定日志的文件名。如果不指定存储路径,通用查询日志将默认存储到 MySQL 数据库的数据文件夹下。如果不指定文件名,默认文件名为 hostname.log,其中 hostname 是 MySQL 服务器的主机名。

也可以通过命令行来启动通用查询日志,语法如下:

```
SET GLOBAL general_log='ON';
```

13.5.2　查看通用查询日志

用户的所有操作都会记录到通用查询日志中。如果希望了解某个用户最近的操作,可以查看通用查询日志。通用查询日志是以文本文件的形式存储的。

【例 13-5】　下面是笔者的 MySQL 服务器的通用查询日志(C:\ProgramData\MySQL\MySQL Server 8.0\Data\CAULIHUI-PC.log)的部分内容。

```
C:\Program Files\MySQL\MySQL Server 8.0\bin\mysqld.exe, Version: 8.0.19 (MySQL
Community Server-GPL). started with:
TCP Port: 3306, Named Pipe: MySQL
Time                     Id Command  Argument
2020-09-02T09:31:50.082948Z  11          QuerySHOW VARIABLES LIKE '%general%'
2020-09-02T09:32:31.442314Z  11          Queryshow variables like 'log_output'
2020-09-02T09:34:01.809482Z  11          Querydesc mysql.general_log
```

如果想停止通用查询日志,只需要把 my.ini 文件中的 general-log 设置为 0,然后重新启动 MySQL 服务,即可关闭通用查询日志。

13.5.3　删除通用查询日志

通用查询日志会记录用户的所有操作。如果数据库的使用非常频繁,那么通用查询日志将会占用非常大的磁盘空间。数据库管理员可以删除很长时间之前的通用查询日志,以节省 MySQL 服务器上的硬盘空间。

在 MySQL 数据库中,也可以使用 mysqladmin 命令来开启新的通用查询日志。新的通用查询日志会直接覆盖旧的查询日志,不需要再手动删除了。mysqladmin 命令的语法如下:

```
mysqladmin -u root -p flush-logs
```

如果希望备份旧的通用查询日志,那么就必须先将旧的日志文件复制出来或者改名,然后再执行上面的 mysqladmin 命令即可。

除了上述方法以外,还可以手工删除通用查询日志。删除之后需要重新启动 MySQL 服务,之后就会生成新的通用查询日志。如果希望备份旧的日志文件,可以将旧的日志文件改名,然后重启 MySQL 服务。

最后,删除通用查询日志和慢查询日志都是使用这个命令,使用时一定要注意,一旦执行这个命令,通用查询日志和慢查询日志将都只存在新的日志文件。

由于 log 日志记录了数据库的所有操作,对于访问频繁的系统,此日志会造成性能影响,建议关闭。

13.6 本 章 小 结

本章介绍了日志的含义、作用和优缺点,然后介绍了二进制日志、错误日志、通用日志和慢查询日志的相关内容,其中二进制日志是本章的难点,其查询方法与其他日志也有所不同,需要特别加以注意。

13.7 思 考 与 练 习

1. MySQL 日志的功能有哪些?

2. MySQL 日志可分为哪些类型?

3. 对于 MySQL 通常应该开启哪些日志?

4. 如何使用二进制日志和慢查询日志?

5. 二进制日志文件的用途是什么?

6. MySQL 日志文件的类型包括:错误日志、查询日志、更新日志、二进制日志和(　　)。

　　A. 慢日志　　　　　B. 索引日志　　　　　C. 权限日志　　　　　D. 文本日志

7. MySQL 日志中,错误日志记录 MySQL 数据库系统的诊断和出错信息,其存储文件的名称是(　　)。

　　A. error.log　　　B. mysql.log　　　C. access.log　　　D. errors.log

8. 以下关于二进制日志文件的叙述中,错误的是(　　)。

　　A. 使用二进制日志文件能够监视用户对数据库的所有操作

　　B. 二进制日志文件记录所有对数据库的更新操作

　　C. 启用二进制日志文件会使系统性能有所降低

　　D. 启用二进制日志文件会浪费一定的存储空间

9. 下列关于 MySQL 二进制日志的叙述中,错误的是(　　)。

　　A. 二进制日志包含了数据库中所有操作语句的执行时间信息

　　B. 二进制日志用于数据恢复

　　C. MySQL 默认是不开启二进制日志功能的

　　D. 启用二进制日志会使系统的性能有所降低

第 14 章

MySQL 存储过程与函数

存储过程和函数是在数据库中定义的一些 SQL 语句集合。一个存储程序是可以存储在服务器中的一组 SQL 语句,它可以被程序、触发器或另一个存储过程调用。

存储过程和函数可以避免开发人员重复地编写相同的 SQL 语句,而且它们是在 MySQL 服务器中存储和执行的,可以减少客户端和服务器端之间的数据传输,同时具有执行速度快、提高系统性能以及确保数据库安全等诸多优点。

本章将介绍存储过程和函数的含义和作用,以及创建、使用、查看、修改和删除存储过程及函数的方法。

14.1 存储过程与函数简介

14.1.1 存储过程的概念

操作数据库的 SQL 语句在执行的时候需要先编译再执行,而存储过程(Stored Procedure)是一组为了完成特定功能的 SQL 语句集,经编译后存储在数据库中,用户通过指定存储过程的名字并给定参数(如果该存储过程带有参数)来调用和执行它。

一个存储过程是一个可编程的函数,在数据库中创建并保存它。它可以由 SQL 语句和一些特殊的控制结构组成。当希望在不同的应用程序或平台上执行相同的函数或者封装特定功能时,存储过程是非常有用的。数据库中的存储过程可以看作是对编程中面向对象方法的模拟,它允许控制数据的访问方式。

存储过程的优点如下。

(1) 存储过程增强了 SQL 语言的功能和灵活性。存储过程可以用流控制语句编写,有很强的灵活性,可以完成复杂的判断和较复杂的运算。

(2) 存储过程允许标准组件式编程。存储过程在创建后,可以在程序中多次调用它们,而不必重新编写存储过程的 SQL 语句。而且数据库专业人员可以随时对存储过程进行修改,对应用程序源代码毫无影响。

(3) 存储过程能实现较快的执行速度。如果某一操作包含大量的 transaction-SQL 代码或分别被多次执行,那么存储过程要比批处理的执行速度快很多,因为存储过程是预编译的。在首次运行一个存储过程时,优化器会对其进行分析优化,并且给出最终被存储在系统表中的执行计划。而批处理的 transaction-SQL 语句在每次运行时都要进行编译和优化,速度相对要慢一些。

（4）存储过程能够减少网络流量。针对同一个数据库对象的操作（如查询、修改等），如果这一操作所涉及的 transaction-SQL 语句被组织成存储过程，那么当在客户计算机内调用该存储过程时，网络中传送的只是该调用语句，从而大大增加了网络流量并降低了网络负载。

（5）存储过程可被作为一种安全机制来充分利用。系统管理员通过对执行某一存储过程的权限进行限制，能够实现对相应数据的访问权限进行限制，避免了非授权用户对数据的访问，保证了数据的安全。

存储过程是数据库存储的一个重要功能，但是 MySQL 在 5.0 以前并不支持存储过程，这使得 MySQL 在应用上大打折扣。好在 MySQL 5.0 终于开始支持存储过程，这样既可以大大提高数据库的处理速度，同时也可以提高数据库编程的灵活性。

存储过程的缺点如下。

（1）编写存储过程比编写单个 SQL 语句复杂，需要用户具有丰富的经验。

（2）编写存储过程时需要创建这些数据库对象的权限。

14.1.2　存储过程和函数的区别

存储过程和函数之间存在以下几个区别：

（1）一般来说，存储过程实现的功能要复杂一点，而函数的实现的功能针对性比较强。存储过程功能强大，可以执行包括修改表等一系列数据库操作；用户定义的函数则不能用于执行一组修改全局数据库状态的操作。

（2）存储过程可以返回参数，如记录集；函数则只能返回值或者表对象。函数只能返回一个变量；而存储过程可以返回多个。存储过程的参数可以有 IN、OUT 和 INOUT 三种类型；而函数只能有 IN 类型。存储过程声明时不需要返回类型；而函数声明时需要描述返回类型，且函数体中必须包含一个有效的 RETURN 语句。

（3）存储过程可以使用非确定函数，而在用户定义函数主体中不允许内置非确定函数。

（4）存储过程一般是作为一个独立的部分来执行（EXECUTE 语句执行），而函数可以作为查询语句的一个部分来调用（SELECT 调用）。由于函数可以返回一个表对象，因此它可以在查询语句中位于 FROM 关键字的后面。SQL 语句中不可使用存储过程，而可以使用函数。

14.2　存储过程与函数的操作

在创建存储过程时，当前用户必须具有创建存储过程的权限。如果当前登录的是 root 用户，可以通过 SELECT create_routine_priv FROM mysql.user WHERE user = 'root' 查询该用户是否具有这种权限。若显示为 Y，则说明当前用户具有该权限。

14.2.1 创建和使用存储过程和函数

1. 创建存储过程

创建存储过程的语法格式如下：

```
CREATE PROCEDURE sp_name ([proc_parameter[, …]])
[characteristic …] routine_body
```

其中，sp_name 参数是存储过程的名称；proc_parameter 表示存储过程的参数列表；characteristic 参数指定存储过程的特性；routine_body 参数是 SQL 代码的内容，可以用 BEGIN…END 来标志 SQL 代码的开始和结束。

proc_parameter 中的每个参数由 3 部分组成，这 3 部分分别是输入输出类型、参数名称和参数类型。其形式如下：

```
[IN |OUT| INOUT] param_name type
```

其中，IN 表示输入参数；OUT 表示输出参数；INOUT 可以是输入，也可以是输出；param_name 参数是存储过程的参数名称；type 参数指定存储过程的参数类型，可以是 MySQL 数据库的任意数据类型。

characteristic 参数有多个取值，说明如下。

- language SQL：说明 routine_body 部分是由 SQL 语言的语句组成，这也是数据库系统默认的语言。
- [not] deterministic：指明存储过程的执行结果是否是确定的，deterministic 表示结果是确定的。每次执行存储过程时，相同的输入会得到相同的输出。not deterministic 表示结果是非确定的，相同的输入可能得到不同的输出。默认情况下，结果是非确定的。
- {contains SQL | no SQL | reads SQL data | modifies SQL data}：指明子程序使用 SQL 语句的限制。contains SQL 表示子程序包含 SQL 语句，但不包含读或写数据的语句；no SQL 表示子程序中不包含 SQL 语句；reads SQL data 表示子程序中包含读数据的语句；modifies SQL data 表示子程序中包含写数据的语句。默认情况下，系统会指定为 contains SQL。
- SQL security {definer | invoker}：指明谁有权限来执行。definer 表示只有定义者自己才能够执行；invoker 表示调用者可以执行。默认情况下，系统指定的权限是 definer。
- comment 'string'：注释信息。

创建存储过程时，系统默认指定 contains SQL，表示存储过程中使用了 SQL 语句。但是，如果存储过程中没有使用 SQL 语句，最好设置为 no SQL。而且，最好在 comment 部分对存储过程进行简单的注释，以便以后在阅读存储过程的代码时更加方便。

调用存储过程的语法格式如下：

```
CALL sp_name([parameter[, …]])
```

注意：sp_name 为存储过程的名称，如果要调用某个特定数据库的存储过程，则需要在前面加上该数据库的名称。parameter 为调用该存储过程所用的参数，这条语句中的参数个数必须总是等于存储过程的参数个数。

2. 创建存储函数

创建存储函数语法格式如下：

```
CREATE FUNCTION sp_name ([func_parameter[, …]])
RETURNS Type
[characteristic …] routine_body
```

其中，sp_name 参数是存储函数的名称；func_parameter 表示存储函数的参数列表；returns type 指定返回值的类型；characteristic 参数指定存储函数的特性，该参数的取值与存储过程中的取值是一样的；routine_body 参数是 SQL 代码的内容，可以用 BEGIN…END 来标志 SQL 代码的开始和结束。

func_parameter 可以由多个参数组成，其中每个参数由参数名称和参数类型组成，其形式如下：

```
param_name type
```

其中，param_name 参数是存储函数的参数名称；type 参数指定存储函数的参数类型，可以是 MySQL 数据库的任意数据类型。

调用存储函数语法格式如下：

```
SELECT sp_name([func_parameter[, …]])
```

在 MySQL 中，存储函数的使用方法与 MySQL 内部函数是一样的。换言之，用户自己定义的存储函数与 MySQL 内部函数的性质相似。它们的区别在于，存储函数是用户自己定义的，而内部函数是 MySQL 的开发者定义的。

3. DELIMITER 命令

在 MySQL 命令行的客户端中，服务器处理语句默认是以分号“;”结尾的，如果有一行命令以分号结尾，那么按回车键后，MySQL 将会执行该命令。但在存储过程中，可能要输入较多的语句，并且语句中含分号。如果还以分号作为结束标志，那么执行完第一个分号语句后，就会认为程序结束。即 MySQL 默认的语句结束符为分号，和存储过程中的语句结束符冲突。那么，可以用 MySQL DELIMITER 来改变默认的结束标志。

DELIMITER 格式语法如下：

```
DELIMITER $$
```

说明：$$ 是用户定义的结束符，通常使用一些特殊的符号。当使用 DELIMITER 命令时，应该避免使用反斜杠\字符，因为那是 MySQL 转义字符。

【例 14-1】　把结束符改为＃＃，执行 SELECT 1＋1＃＃，如图 14-1 所示。

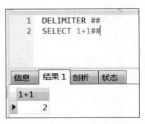

图 14-1　把结束符改为＃＃

【例 14-2】 下面是一个存储过程的简单例子,根据学号查询学生的姓名。

```
DELIMITER $$
CREATE PROCEDURE getnamebysno(IN xh CHAR(10), OUT name CHAR(20))
BEGIN
SELECT sname INTO name FROM student WHERE sno=xh;
END $$
DELIMITER;
```

执行结果如图 14-2 所示。

图 14-2　根据学号查询学生的姓名

注意:MySQL 中默认的语句结束符为分号(;),存储过程中的 SQL 语句需要分号来结束。为了避免冲突,首先用 DELIMITER ＄＄ 将 MySQL 的结束符设置为 ＄＄,最后再使用 DELIMITER 将结束符恢复成分号。这与创建触发器时是一样的。

可以调用 getnamebysno 存储过程,首先定义一个用户变量@name,用 call 调用 getnamebysno 存储过程,将结果放到@name 中,最后输出@name 的值。

执行结果如图 14-3 和图 14-4 所示。

图 14-3　定义 name 变量　　　　　　　　　　图 14-4　获取 name 变量的值

【例 14-3】 下面创建一个名为 numofstudent 的存储函数。

```
DELIMITER $$
CREATE FUNCTION numofstudent()
returns integer
BEGIN
return(SELECT COUNT( * ) FROM student);
END$$
```

```
DELIMITER;
```

执行结果如图 14-5 所示。

注意：RETURN 子句中包含 SELECT 语句时，SELECT 语句的返回结果只能是一行且只有一列值。存储函数的使用和 MySQL 内部函数的使用方法一样。

可以像调用系统函数一样，直接调用自定义函数，执行结果如图 14-6 所示。

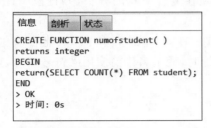

图 14-5　创建一个名为 numofstudent 的存储函数

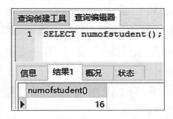

图 14-6　调用名为 numofstudent 的存储函数

14.2.2　使用局部变量

在存储过程中可以使用局部变量。在 MySQL 5.1 以后，变量是不区分大小写的。局部变量可以在子程序中声明并使用，其作用范围是在 BEGIN…END 程序中。在存储过程中使用局部变量时，首先需要定义局部变量，MySQL 提供了 DECLARE 语句来定义局部变量。

1．使用 DECLARE 语句声明局部变量

存储过程和函数可以定义和使用变量，它们可以用来存储临时结果。用户可以使用 DECLARE 关键字来定义变量，然后可以为变量赋值。使用 DECLARE 语句声明的局部变量只适用于 BEGIN…END 程序段中。

DECLARE 语法格式如下：

```
DECLARE var_name1[,var_name2]…type[default value]
```

其中，var_name1 和 var_name2 参数是声明的变量名称，这里可以定义多个变量。type 参数用来指明变量的类型；defalut value 子句将变量默认值设置为 value，如果没有使用 default 字句，则默认是 NULL。

可以用下列命令声明两个字符型变量：

```
DECLARE str1,str2 VARCHAR(6);
```

2．使用 SET 语句给变量赋值

SET 语句格式如下：

```
SET var_name=exper[,var_name=exper]
```

其中，var_name 参数是变量的名称；expr 参数是赋值表达式，可以为多个变量赋值，用逗号隔开。

可以用下列命令在存储过程中给局部变量赋值：

```
SET str1='abc',str2='123';
```

SET 与 DECLARE 的区别如下。

- SET 可以直接声明用户变量，不需要声明类型，DECLARE 必须指定类型。
- SET 位置可以任意选择，DECLARE 必须在复合语句的开头，并且位于任何其他语句之前。
- DECLARE 定义的变量的作用范围是 BEGIN … END 块内，只能在块中使用。SET 定义的变量为用户变量，在定义变量时，变量名称前使用@符号修饰，如 SET @var＝12。

3. 使用 SELECT 语句给变量赋值

语法格式如下：

```
SELECT col_name[,… ] INTO var_name[, …] table_expr
```

其中，col_name 是列名；var_name 是要赋值的变量名称；table_expr 是 SELECT 语句中的 FROM 子句以及后面的部分。

【例 14-4】 定义一个存储过程，用于输出两个字符串拼接后的值。

```
CREATE PROCEDURE myconcat() SELECT CONCAT(@str1,@str2);
```

执行结果如图 14-7 所示。

如果直接调用它，会输出 Null，因为没有定义@str1 和@str2，执行结果如图 14-8 所示。

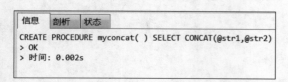

图 14-7　定义存储过程 myconcat　　　　图 14-8　调用存储过程 myconcat

如果定义@str1 和@str2 之后再调用，就比较方便了，执行结果如图 14-9 和图 14-10 所示。

图 14-9　定义 @str1 和 @str2

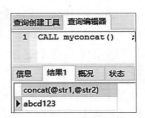

图 14-10　调用存储过程 myconcat

14.2.3　定义条件和处理程序

定义条件是事先定义程序执行过程中遇到的问题,处理程序则是定义在遇到问题时应当采取的处理方式。

在高级编程语言中为了提高语言的安全性,提供了异常处理机制。对于 MySQL 软件,也提供了一种机制来提高安全性,这就是本节要介绍的条件。

1. 定义条件

条件的定义和处理主要用于定义在处理过程中遇到问题时要采取的相应处理步骤。语法格式如下:

```
DECLARE condition_name CONDITION FOR condition_value
condition_value
SQLstate[value] SQLstate_value
| MySQL_error_code
```

其中,condition_name 参数表示所定义的条件;condition_value 是用来实现设置条件的类型;SQLstate_value 和 MySQL_error_code 用来设置条件的错误。

【例 14-5】　下面定义"error 1111(13d12)"这个错误,名称为 can_not_find。可以用如下两种不同的方法来定义。

(1) 使用 SQLstate_value。

```
DECLARE can_not_find CONDITION FOR SQLstate  '13d12';
```

(2) 使用 MySQL_error_code。

```
DECLARE  can_not_find CONDITION FOR 1111;
```

2. 定义处理程序

MySQL 中可以使用 DECLARE 关键字来定义处理程序。其基本语法如下:

```
DECLARE handler_type HANDLER FRO
condition_value[,…] sp_statement
handler_type:
    CONTINUE | EXIT | UNDO
condition_value:
    SQLstate [value] SQLstate_value |
        condition_name | SQLwarning |
        not found | SQLexception | MySQL_error_code
```

其中，handler_type 参数指明错误的处理方式，该参数有 3 个取值，分别是 CONTINUE、EXIT 和 UNDO。CONTINUE 表示遇到错误不进行处理，继续向下执行；EXIT 表示遇到错误后马上退出；UNDO 表示遇到错误后撤回之前的操作，MySQL 中暂时还不支持这种处理方式。

通常情况下，执行过程中遇到错误时应该立刻停止执行后续的语句，并且撤回前面的操作。但是，MySQL 中现在还不能支持 UNDO 操作。因此，遇到错误时最好执行 EXIT 操作。如果事先能够预测错误类型，并且进行相应的处理，那么可以执行 CONTINUE 操作。

condition_value 参数指明错误类型，该参数有 6 个取值。SQLstate_value 和 MySQL_error_code 与条件定义中的是同一个意思。condition_name 是 DECLARE 定义的条件名称。SQLwarning 表示所有以 01 开头的 SQLstate_value 值。not found 表示所有以 02 开头的 SQLstate_value 值。SQLexception 表示所有没有被 SQLwarning 或 not found 捕获的 SQLstate_value 值。sp_statement 表示一些存储过程或函数的执行语句。

下面是定义处理程序的几种方式。

（1）捕获 SQLstate_value。

```
DECLARE continue HANDLER FOR SQLstate '42s02'
SET @info='can not find';
```

（2）捕获 MySQL_error_code。

```
DECLARE CONTINUE HANDLER FOR 1146 SET @info='can not find';
```

（3）先定义条件，然后调用。

```
DECLARE can_not_find CONDITION FOR 1146;
DECLARE continue HANDLER FOR can_not_find SET @info='can not find';
```

（4）使用 SQLwarning。

```
DECLARE EXIT HANDLER FOR SQLwarning SET @info='error';
```

（5）使用 not found。

```
DECLARE EXIT HANDLER FOR not found SET @info='can not find';
```

（6）使用 SQLexception。

```
DECLARE EXIT HANDLER FOR SQLexception SET @info='error';
```

上述代码是 6 种定义处理程序的方法。第一种方法是捕获 SQLstate_value 值。如果遇到 SQLstate_value 值为 42s02，执行 CONTINUE 操作，并且输出“can not find”信息。第二种方法是捕获 MySQL_error_code 值。如果遇到 MySQL_error_code 值为 1146，执行 CONTINUE 操作，并且输出“can not find”信息。第三种方法是先定义条件，然后再调用条件。这里先定义 can_not_find 条件，遇到 1146 错误就执行 CONTINUE 操作。第四种方法是使用 SQLwarning。SQLwarning 捕获所有以 01 开头的 SQLstate_value 值，然后执行 EXIT 操作，并且输出“error”信息。第五种方法是使用 not found。

not found 捕获所有以 02 开头的 SQLstate_value 值,然后执行 EXIT 操作,并且输出"can not find"信息。第六种方法是使用 SQLexception。SQLexception 捕获所有没有被 SQLwarning 或 not found 捕获的 SQLstate_value 值,然后执行 EXIT 操作,并且输出 "error"信息。

14.2.4　使用游标

在存储过程或自定义函数中的查询可能返回多条记录,可以使用游标来逐条读取查询结果集中的记录。游标的使用包括游标的声明、打开游标、使用游标和关闭游标。需要注意的是,游标必须在处理程序之前且在变量和条件之后声明。

可以认为游标就是一个标识,用来标识数据读取到什么地方了。也可以把它理解成数组中的下标。游标具有以下特性。

(1) 游标是只读的,不能更新。

(2) 游标是不能滚动的,也就是只能在一个方向上进行遍历,不能在记录之间随意进退,也不能跳过某些记录。

(3) 游标是不敏感的,意味着服务器可能或不可能复制它的结果表。

游标(cursor)必须在声明处理程序之前声明,而变量和条件则必须在声明游标或处理程序之前声明。因此使用游标一般需要如下 4 个步骤。

1. 声明游标

语法格式如下:

```
DECLARE cursorname CURSOR FOR select_statement
```

注意:cursorname 是游标名,游标名与表名使用同样的规则。select_statement 是一个 SELECT 语句,返回的是一行或多行的数据。

这个语句声明一个游标,也可以在存储过程中定义多个游标,但是一个块中的每一个游标必须有唯一的名字。特别提醒,这里的 SELECT 子句不能有 INTO 子句。

2. 打开游标

声明游标后,要使用游标从数据库中提取数据,就必须先打开游标。在 MySQL 中,使用 OPEN 语句打开游标。

语法格式如下:

```
OPEN cursor_name
```

在程序中,一个游标可以打开多次。由于其他的用户或程序本身已经更新了表,所以每次打开结果可能不同。

3. 读取数据

游标打开后,就可以使用 FETCH…INTO 语句从中读取数据。

语法格式如下:

```
FETCH cursor_name INTO var_name [, var_name] …
```

注意:var_name 是存放数据的变量名。FETCH…INTO 语句与 SELECT…INTO

语句具有相同的意义,FETCT 语句是将游标指向的一行数据赋给一些变量,子句中变量的数目必须等于声明游标时 SELECT 子句中列的数目。

4. 关闭游标

游标使用完以后,要及时关闭。关闭游标使用 CLOSE 语句,语法格式如下:

```
CLOSE cursorname
```

语句参数的含义与 OPEN 语句中相同。例如,关闭游标 scur2 的语法格式如下:

```
CLOSE scur2;
```

【例 14-6】 利用游标读取 student 表中的总人数,此功能可以直接使用 count 函数完成,此示例主要用于演示游标的使用方法。

```
DELIMITER $$
CREATE PROCEDURE studentcount(out num integer)
BEGIN
DECLARE temp CHAR(20);
DECLARE done int default false;
DECLARE cur CURSOR FOR SELECT sno FROM student;
DECLARE CONTINUE HANDLER FOR not found SET done=true;
SET num=0;
OPEN cur;
read_loop:LOOP
    FETCH cur INTO temp;
    IF done then
        LEAVE read_loop;
ENDIF;
SET num=num+1;
ENDLOOP;
CLOSE cur;
END$$
DELIMITER;
```

执行结果如图 14-11 所示。

```
信息    剖析    状态
CREATE PROCEDURE studentcount(out num integer)
BEGIN
DECLARE temp CHAR(20);
DECLARE done int default false;
DECLARE cur CURSOR FOR SELECT sno FROM student;
DECLARE CONTINUE HANDLER FOR not found SET done=true;
SET num=0;
OPEN cur;
read_loop: LOOP
    FETCH cur INTO temp;
    IF done then
        LEAVE read_loop;
END IF;
SET num=num+1;
END LOOP;
CLOSE cur;
END
> OK
> 时间: 0.002s
```

图 14-11 利用游标读取 student 表中的总人数

注意：游标只能在存储过程或存储函数中使用，示例中的语句无法单独运行。

调用如图 14-12 和图 14-13 所示。

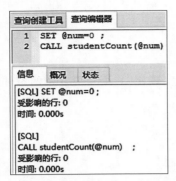

图 14-12　游标只能在存储过程或存储函数中使用　　　　图 14-13　从变量中获取结果

14.2.5　流程控制

存储过程和函数中可以使用流程控制来控制语句的执行。MySQL 中可以使用 IF 语句、CASE 语句、LOOP 语句、LEAVE 语句、ITERATE 语句、REPEAT 语句和 WHILE 语句来进行流程控制。

1. IF 语句

IF 语句用来进行条件判断，根据是否满足条件，将执行不同的语句。其语法的基本格式如下：

```
IF search_condition THEN statement_list
[ELSEIF search_condition THEN statement_list]
...
[ELSE search_condition THEN statement_list]
ENDIF
```

其中 search_condition 参数表示条件判断语句；statement_list 参数表示不同条件的执行语句。

【例 14-7】 运用流程判断，通过传入学号，查询 student 表中学号对应的姓名。

```
DELIMITER $$
CREATE PROCEDURE getnamebysno(IN xh CHAR(12), OUT name CHAR(20))
BEGIN
IF xh IS NULL OR xh='' THEN
    SELECT * FROM student;
ELSE
    SELECT sname INTO name FROM student WHERE sno=xh;
END IF;
END $$
DELIMITER;
```

使用 CALL 关键字调用存储过程：

```
CALL getnamebysno('202011855228',@p_name);
SELECT @P_name;
```

执行结果如图 14-14 所示。

2. CASE 语句

CASE 语句也用来进行条件判断，但它可以实现比 IF 语句更复杂的条件判断。

（1）CASE 语句的基本形式 1

```
CASE case_value
    when when_value1 then statement_list1
    [when when_value2 then statement_list2]
    ...
    [else defaultvalue]
END CASE
```

其中，case_value 参数表示条件判断的变量；when_value 参数表示变量的取值；statement_list 参数表示不同条件的执行语句。CASE 语句对表达式 case_value 进行测试，如果 case_value 等于 when_value1，则返回 statement_list1，依此类推；如果不符合所有 when 条件，就返回默认值 defaultvalue。

【例 14-8】　利用 CASE 语句的第 1 种形式，显示 student 表中的性别。

```
SELECT sname, (
    CASE ssex
        WHEN '男' THEN '男生'
        WHEN '女' THEN '女生'
        ELSE '未知'
    END
)
AS 性别
FROM student LIMIT 0,5
```

执行结果如图 14-15 所示。

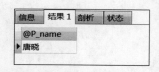

图 14-14　使用 CALL 关键字

图 14-15　使用 CASE 语句的基本形式 1

由上述例子可以看出，CASE 语句的基本形式 1 在做报表的时候非常有用。比如 T_customer 表中的 flevel 字段是整数类型，它记录着客户的级别。如果是 1，就表示 VIP

用户；如果是 2，就表示高级用户；如果是 3，就表示普通用户，在制作报表的时候不应该把 1、2、3 这样的数字显示在报表中而应该显示它的文字，这里就可以用 CASE 语句来实现。

（2）CASE 语句的基本形式 2：

```
CASE
    WHEN condition1 THEN returnvalue1
    WHEN condition2 THEN returnvalue2
    WHEN condition3 THEN returnvalue3
    ELSE defaultvalue
END
```

其中，condition1、condition2 和 condition3 为条件表达式，CASE 语句对各个表达式从前向后进行测试。如果 condition1 为真，就返回 condition1 对应的值 returnvalue1；否则，如果 condition2 为真，就返回 returnvalue2，以此类推。如果都不符合条件，就返回默认值 defaultvalue。这种用法避免了只能对一个表达式进行判断的限制，因此使用起来更加灵活。比如用于判断一个人的体重是否正常，如果体重大于 50 则表示偏重，小于 40 则表示偏轻，介于 40～50 则表示正常。

【例 14-9】 通过 CASE 语句判断 sc 表中分数的等级。

```
SELECT sno,grade,(
    CASE
        WHEN grade>=85 THEN '优秀'
        WHEN 60<=grade && grade<85 THEN '良'
        ELSE '不及格'
    END
)
AS 成绩
FROM sc LIMIT 0,5
```

执行结果如图 14-16 所示。

信息	结果 1	剖析	状态	
sno		grade	成绩	
▶ 202014855328		85.0	优秀	
202014855406		75.0	良	
202012855223		60.0	良	
202014070116		65.0	良	
202014855302		90.0	优秀	

图 14-16　使用 CASE 语句的基本形式 2

3. LOOP 语句

LOOP 语句可以使某些特定的语句重复执行，从而实现简单的循环。LOOP 没有停止循环的语句，要结合 LEAVE 退出循环，或是使用 ITERATE 继续迭代。其基本格式如下：

```
[begin_label:]LOOP
statement_list
END LOOP [end_label]
```

其中 begin_lable 和 end_label 是循环开始和结束标志,可以省略。statement_list 参数表示不同条件的执行语句

【例 14-9】 LOOP 语句的应用。

```
add_num:LOOP
SET @count=@count+1;
END LOOP add_num
```

4. LEAVE 语句

LEAVE 语句主要用于跳出循环。其语法格式如下:

```
LEVEL label
```

其中 label 参数表示循环标志。

【例 14-10】 LEAVE 语句的应用。

```
add_num:LOOP
SET @count=@count+1;
IF @count=10 THEN LEAVE add_num;
END LOOP add_num
```

5. ITERATE 语句

ITERATE 语句主要用于跳出本次循环,然后进入下一轮循环。其基本语法格式如下:

```
ITERATE label
```

其中 label 参数表示循环标志。

【例 14-11】 ITERATE 语句的应用。

```
add_num:loop
SET @count=@count+1;
IF@count=10 then LEAVE add_num;
ELSEIF mod(@count,2)=0 then iterate add_num;
END LOOP add_num
```

6. REPEAT 语句的应用

REPEATE 语句是有条件控制的循环语句。当满足特定条件时,就会跳出循环语句。基本语法如下:

```
[begin_label:]REPEAT
    statement_list
    UNTIL search_confition
END REPEAT [end_label]
```

其中 search_condition 参数表示条件判断语句；statement_list 参数表示不同条件的执行语句。

【例 14-12】　REPEAT 语句的应用。

```
SET @count=@count+1;
until @count=10;
END repeat
```

7. WHILE 语句的应用

WHILE 语句也是有条件控制的循环语句。当满足条件时，WHILE 语句将执行循环内的语句。其语句基本格式如下：

```
[begin_label:] WHILE search_conditionDO
statement_list
END WHILE [end_label]
```

其中 search_condition 参数表示条件判断语句满足该条件时将循环执行；statement_list 参数表示循环时执行的语句。

【例 14-13】　WHILE 语句的应用。

```
WHILE @count<10DO
SET @count=@count+1;
END while
```

14.2.6　查看存储过程或函数

创建存储过程或函数后，用户可以查看存储过程或函数的状态和定义，下面介绍查看存储过程或函数的语句。

1. 查看存储过程或函数的状态

查看存储过程状态时需要通过 SHOW STATUS 语句，该语句还适用于查看自定义函数的状态。

语法格式如下：

```
SHOW {procedure | function} STATUS [LIKE 'pattern'];
```

其中 procedure 关键字表示查询存储过程；function 表示查询自定义函数；LIKE 'pattern'参数用来匹配存储过程或自定义函数的名称；如果不指定该参数，则会查看所有的存储过程或自定义函数。

【例 14-14】　查看 getnamebysno 存储过程的状态。

```
SHOW PROCEDURE STATUS LIKE 'getnamebysno'
```

执行结果如图 14-17 所示。

2. 查看存储过程或函数的具体信息

查看存储过程或函数的详细信息，要使用 SHOW CREATE 语句。语法格式如下：

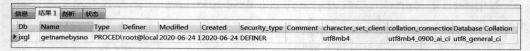

图 14-17　查看 getnamebysno 存储过程的状态

```
SHOW CREATE { PROCEDURE | FUNCTION} sp_name;
```

其中,PROCEDURE 表示查询存储过程;FUNCTION 表示查询自定义函数;参数 sp_name 表示存储过程或自定义函数的名称。

【例 14-15】　查看 getnamebysno 自定义函数的具体信息,包含函数的名称、定义以及字符集等信息。

```
SHOW CREATE PROCEDURE getnamebysno
```

执行结果如图 14-18 所示。

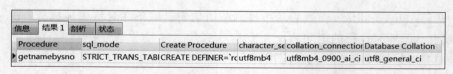

图 14-18　查看 getnamebysno 自定义函数的具体信息

3. 查看所有的存储过程

创建存储过程或自定义函数成功后,这些信息会存储在 information_schema 数据库下的 routines 表中,该表中存储着所有的存储过程和自定义函数的信息。

可以通过执行 SELECT 语句查询该表中的所有记录,也可以查看单条记录的信息,此时要用 routine_name 字段指定存储过程或自定义函数的名称,否则将会查询出所有的存储过程和自定义函数的内容。

格式如下:

```
SELECT * FROM information_schema.routines [where routine_name='名称'];
```

【例 14-16】　通过 SELECT 语句查询出存储过程 getnamebysno 的信息。

```
SELECT * FROM information_schema.routines
WHERE routine_name='getnamebysno'
```

执行结果如图 14-19 所示。

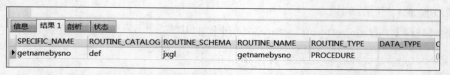

图 14-19　通过 SELECT 语句查询出存储过程 getnamebysno 的信息

4. 修改存储过程或函数

修改存储过程或函数是指修改已经定义好的存储过程和函数，MySQL 中通过 ALTER PROCEDURE 语句来修改存储过程。本节将详细讲解修改存储过程的方法。

MySQL 中修改存储过程的语句的语法格式如下：

```
ALTER PROCEDURE sp_name [characteristic …]
characteristic:
{ contains SQL | no SQL | reads SQL data | modifies SQL data }
| SQL security { definer | invoker }
| comment 'string'
```

其中，sp_name 参数表示存储过程的名称；characteristic 参数指定存储函数的特性。contains SQL 表示子程序包含 SQL 语句，但不包含读或写数据的语句；no SQL 表示子程序中不包含 SQL 语句；reads SQL data 表示子程序中包含读数据的语句；modifies SQL data 表示子程序中包含写数据的语句。SQL security { definer | invoker }指明谁有权限来执行，其中 definer 表示只有定义者自己才能够执行；invoker 表示调用者可以执行。comment 'string'是注释信息。

【例 14-17】　修改存储过程 studentcount 的定义，将读写权限改为 modifies SQL data，并指明调用者可以执行。

```
ALTER PROCEDURE studentcount
modifies SQL data
SQL security invoker;
```

执行结果如图 14-20 所示。

图 14-20　修改存储过程 studentcount 的定义

【例 14-18】　使用先删除后修改的方法修改存储过程。

```
DROP PROCEDURE IF EXISTS studentcount;
DELIMITER $$
CREATE PROCEDURE studentcount()
BEGIN
SELECT COUNT( * ) FROM student;
END$$
DELIMITER;
```

执行结果如图 14-21 所示。

```
信息  剖析  状态
DROP PROCEDURE IF EXISTS studentcount
> OK
> 时间: 0s


CREATE PROCEDURE studentcount ( )
BEGIN
SELECT COUNT(*) FROM student;
END
> OK
> 时间: 0.002s
```

图 14-21　使用先删除后修改的方法修改存储过程

14.2.7　删除存储过程或函数

创建存储过程后,可以使用 DROP PROCEDURE 语句来删除它。在此之前,必须确认该存储过程没有任何依赖关系,否则会导致其他与之关联的存储过程无法运行。删除存储过程指删除数据库中已经存在的存储过程。

语法格式如下:

```
DROP PROCEDURE [IF EXISTS]sp_name;
```

其中,sp_name 参数表示存储过程的名称。IF EXISTS 子句是 MySQL 的扩展,如果存储过程或函数不存在,可防止删除命令发生错误。

【例 14-19】　删除存储过程 studentcount。

```
DROP PROCEDURE IF EXISTS studentcount;
```

执行结果如图 14-22 所示。

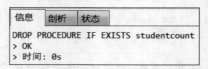

```
信息  剖析  状态
DROP PROCEDURE IF EXISTS studentcount
> OK
> 时间: 0s
```

图 14-22　删除存储过程

14.3　本 章 小 结

本章详细讲述了存储过程和存储函数,以及两者的优缺点和区别。存储过程和存储函数都是用户自定义的 SQL 语句的集合。它们都存储在服务器端,只要调用就可以在服务器端执行。在创建存储过程或函数过程中涉及变量、游标的定义和使用以及对流程的控制,这些都是本章的重点。本章后面还介绍了如何查看、修改以及删除存储过程或函数。

14.4　思考与练习

1. 什么是存储过程和存储函数？两者有何异同点？

2. 举例说明存储过程和存储函数的定义与调用。

3. 存储过程有哪些优点？

4. 查看存储函数状态的方法有哪些？

5. 简述游标在存储过程中的作用。

6. 游标有什么作用和特性？如何声明、打开和关闭游标？

7. 在数据库 db_test 中创建一个存储过程，用于实现如下场景：给定表 content 中一个留言人的姓名，即可将表 content 中该留言人的电子邮件地址修改为一个给定的值。

8. MySQL 中存储过程的建立以关键字（　　　）开始，后面紧跟存储过程的名称和参数。

    A. CREATE PROCEDURE　　　　　B. CREATE FUNCTION

    C. CREATE DATABASE　　　　　　D. CREATE TABLE

9. 以下给出的游标使用步骤中正确的是（　　　）。

    A. 声明游标、使用游标、打开游标、关闭游标

    B. 打开游标、声明游标、使用游标、关闭游标

    C. 声明游标、打开游标、选择游标、关闭游标

    D. 声明游标、打开游标、使用游标、关闭游标

10. MySQL 存储过程的流程控制中 IF 必须与（　　　）成对出现。

    A. ELSE　　　　　B. ITERATE　　　　C. LEAVE　　　　D. ENDIF

11. 下列控制流程中，MySQL 存储过程不支持（　　　）。

    A. WHILE　　　　B. FOR　　　　　C. LOOP　　　　D. REPEAT

12. 下列关于存储过程名称的描述中，错误的是（　　　）。

    A. MySQL 的存储过程名称不区分大小写

    B. MySQL 的存储过程名称区分大小写

    C. 存储过程名不能与 MySQL 数据库中的内置函数重名

    D. 存储过程的参数名不要跟字段名一样

13. 下列变量声明中正确的是（　　　）。

    A. DECLARE x CHAR(10) DEFAULT 'outer '

    B. DECLARE x CHAR DEFAULT 'outer '

    C. DECLARE x CHAR(10) DEFAULT outer

    D. DECLARE x DEFAULT 'outer '

14. 使用（　　　）关键字调用存储函数。

    A. CALL　　　　　B. LOAD　　　　C. CREATE　　　　D. SELECT

15. 基于雇员表 emp，表中的字段分别为 empno（雇员编号）、empname（雇员姓名）、empsex（雇员性别）、empage（雇员年龄）和 dno（雇员所在的部门编号），创建如下要求的

存储过程。

    (1) 创建存储过程,查询每个部门的雇员人数。

    (2) 创建存储过程,查询某个部门的雇员信息。

    (3) 创建存储过程,查询女雇员的人数,要求输出人数。

    (4) 创建存储过程,查询某个部门的平均年龄,然后调用该存储过程。

    (5) 创建存储过程,查询某个年龄段的雇员人数,并统计年龄的和。

    (6) 调用(5)中创建的存储过程,然后删除之。

    (7) 创建自定义函数,以查询某雇员的姓名。

    (8) 创建自定义函数,以查询某个年龄段的雇员人数。

    (9) 调用(8)创建的函数 emp_age_count,然后删除之。

第 15 章

MySQL 触发器与事件调度器

MySQL 数据库管理系统中关于触发器和事件调度器的操作主要包含触发器和事件的创建、使用、查看和删除。触发器是由事件来触发某个操作,这些事件包括 INSERT 语句、UPDATE 语句和 DELETE 语句。

当数据库系统执行这些事件时,就会激活触发器执行相应的操作。本章将介绍触发器的含义和作用,还将介绍创建、查看和删除触发器的方法,以及各种事件的触发器的执行情况。事件调度器(Event Scheduler)可以用于定时执行某些特定任务(例如:删除记录、对数据进行汇总等等),以取代原先只能由操作系统的计划任务来执行的工作。

15.1 触 发 器

触发器(Trigger)是用户定义在数据表上的一类由事件驱动的特殊过程。一旦定义,任何用户对表的插入(INSERT)、删除(DELETE)和更新(UPDATE)操作均由服务器自动激活相应的触发器来完成。触发器是一个功能强大的工具,可以使每个节点在有数据修改时自动强制执行其业务规则。通过触发器,可以使多个不同的用户能够在保持数据完整性和一致性的良好环境下进行修改操作。

15.1.1 概念

触发器是一种特殊的存储过程,它不是由程序调用,也不是由手工启动,而是通过事件进行触发来执行的,当对一个表进行操作(INSERT、DELETE、UPDATE)时就会激活它并执行。触发器经常用于加强数据的完整性约束和业务规则等。触发器类似于约束,但比约束更灵活,具有更精细和更强大的数据控制能力。

数据库触发器具有以下作用。

1. 确保安全性

触发器可以基于数据库的值,使用户具有操作数据库的某种权利。它可以基于时间限制用户的操作,例如不允许下班后和节假日修改数据库数据;或者基于数据库中的数据限制用户的操作,例如不允许学生的分数大于满分。

2. 审计

触发器可以跟踪用户对数据库的操作,审计用户操作数据库的语句,把用户对数据库的更新写入审计表。

3. 实现复杂的数据完整性规则

触发器可以实现非标准的数据完整性检查和约束。触发器可产生比规则更为复杂的限制，与规则不同，触发器可以引用列或数据库对象。例如，触发器可回退任何企图吃进超过自己保证金的期货。

4. 实现复杂的、非标准的数据库相关完整性规则

触发器可以对数据库中相关的表进行连环更新，在修改或删除时级联修改或删除其他表中与之匹配的行，或者把其他表中与之匹配的行设成 Null 值或默认值。

触发器能够拒绝或回退那些破坏相关完整性的变化，取消试图进行数据更新的事务。当插入一个与其主键不匹配的外键时，这种触发器会起作用。

触发器还能同步实时地复制表中的数据，并自动计算数据值，如果数据的值达到了一定的要求，则进行特定的处理。

15.1.2　创建和使用触发器

触发器是与表有关的命名数据库对象，当表上出现特定事件时，将激活该对象。在 MySQL 中，创建触发器的基本格式如下：

```
CREATE TRIGGER trigger_name trigger_time trigger_event
ON tbl_name FOR EACH ROW trigger_stmt
```

触发器与命名为 tbl_name 的表相关。tbl_name 必须引用永久性表。不能将触发器与 temporary 表或视图关联起来。

trigger_time 是触发器的动作时间。它可以是 before 或 after，以指明触发器是在激活它的语句之前或之后触发。

trigger_event 指明了激活触发器的语句的类型，它可以是以下值之一：

(1) INSERT：将新行插入表时激活触发器，例如，通过 INSERT、LOAD DATA 和 REPLACE 语句。

(2) UPDATE：更改某一行时激活触发器，例如，通过 UPDATE 语句。

(3) DELETE：从表中删除某一行时激活触发器，例如，通过 DELETE 和 REPLACE 语句。

特别提醒，trigger_event 与以表操作方式激活触发器的 SQL 语句并不很类似，这点很重要。例如，关于 INSERT 的 BERFOR 触发器不仅能被 INSERT 语句激活，也能被 LOAD DATA 语句激活。可能会造成混淆的例子之一是 INSERT INTO … ON DUPLICATE UPDATE…语法：BEFORE INSERT 触发器对于每一行都将激活，后跟 AFTER INSERT 触发器，或 BEFORE UPDATE 和 AFTER UPDATE 触发器，具体情况取决于行上是否有重复键。

对于具有相同触发器动作时间和事件的给定表，不能有两个触发器。例如，对于某一表，不能有两个 BEFORE UPDATE 触发器。但可以有一个 BEFORE UPDATE 触发器和一个 BEFORE INSERT 触发器，或者一个 BEFORE UPDATE 触发器和一个 AFTER UPDATE 触发器。

trigger_stmt 是当触发器激活时执行的语句。如果打算执行多个语句,可使用 BEGIN … END 复合语句结构。这样,就能使用存储过程中允许的相同语句。

【例 15-1】　创建一个表 tb,其中只有一列 a。在表上创建一个触发器,每次执行插入操作时,将用户变量 count 的值加 1。

```
CREATE TABLE tb(a INT);
SET @count=0;
CREATE TRIGGER tb1_insert AFTER INSERT
ON tb FOR EACH ROW
SET @count=@count+1;
```

执行结果如图 15-1 所示。

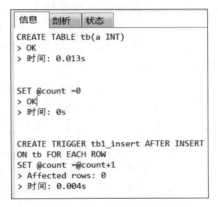

图 15-1　在表上创建触发器

向 tb 中插入一行数据:

```
INSERT INTO tb VALUES(11); SELECT @count;
```

执行结果如图 15-2 所示。

再向 tb 中插入一行数据:

```
INSERT INTO tb VALUES(21); SELECT @count;
```

执行结果如图 15-3 所示。

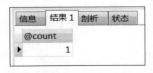

图 15-2　向表中插入数据

图 15-3　插入数据并获取计数器

可以看出,每次插入数据都会触发 SET @count ＝@count＋1 语句,使得@count 自增 1。触发器的使用比较简单,不过仍有些需要注意的地方。

触发器不能调用将数据返回客户端的存储过程,也不能使用带有 CALL 语句的动态

SQL(允许存储过程通过参数将数据返回触发器)。

触发器不能使用以显式或隐式方式开始或结束事务的语句,如 START TRANSACTION、COMMIT 或 ROLLBACK。使用 OLD 和 NEW 关键字能够访问受触发器影响的行中的列(OLD 和 NEW 不区分大小写)。

在 INSERT 触发器中,仅能使用 NEW.col_name,没有旧行。在 DELETE 触发器中,仅能使用 OLD.col_name,没有新行。

在 UPDATE 触发器中,可以使用 OLD.col_name 来引用更新前的某一行的列,也能使用 NEW.col_name 来引用更新后的行中的列。用 OLD 命名的列是只读的,可以引用它,但不能更改它。对于用 NEW 命名的列,如果具有 SELECT 权限,可引用它。

在 BEFORE 触发器中,如果具有 UPDATE 权限,可使用 SET NEW.col_name= value 更改它的值。这意味着可以使用触发器来更改将要插入到新行中的值,或用于更新行的值。

在 BEFORE 触发器中,AUTO_INCREMENT 列的 NEW 值为 0,而不是实际插入新记录时将自动生成的序列号。

通过使用 BEGIN … END 结构,能够定义执行多条语句的触发器。在 BEGIN 块中,还能使用存储过程中允许的其他语法,如条件和循环等。但是,正如存储过程那样,定义执行多条语句的触发器时,如果使用 MySQL 程序来输入触发器,需要重新定义语句分隔符,以便能够在触发器定义中使用字符";"。

【例 15-2】 创建一个由 DELETE 触发多个执行语句的触发器 tb_delete,每次删除记录时,都把所删除记录的 a 字段的值赋予用户变量@old_value。利用@count 统计删除的记录数。代码如下:

```
SET @old_value=NULL, @count=0;
DELIMITER ##
CREATE TRIGGER tb_delete AFTER DELETE
ON tb FOR EACH ROW
BEGIN
SET @old_value=OLD.a;
SET @count=@count+1;
END ##
DELIMITER;
```

执行结果如图 15-4 所示。

图 15-4　创建一个由 DELETE 触发多个执行语句的触发器

用 DELETE 删除所有 a=21 的数据后,查看@old_value 和@count 的值,如下:

```
DELETE FROM tb WHERE a=21; SELECT @old_value,@count;
```

执行结果如图 15-5 所示,这是符合预期的结果。

【例 15-3】　定义一个 UPDATE 触发器,用于检
查更新每一行时将使用的新值,并更改值,使之位于
0~100 的范围内。它必须是 BEFORE 触发器,这是
因为需要在将值用于更新行之前对其进行检查。

图 15-5　执行 DELETE 操作并获取
触发器中变量的值

```
DELIMITER //
CREATE TRIGGER upd_check BEFORE UPDATE ON tb
FOR EACH ROW
BEGIN
IF new.a<0 THEN
SET new.a=0;
ELSEIF new.a>100 THEN
SET new.a=100;
END IF;
END;//
DELIMITER;
```

执行结果如图 15-6 所示。

当把数据都更新为 102 后查看数据,应该都是 100,如下:

```
UPDATE tb SET a=102;
SELECT * FROM tb;
```

执行结果如图 15-7 所示。

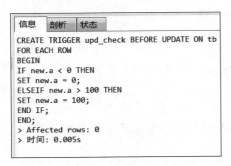

图 15-6　定义一个 UPDATE 的触发器

图 15-7　执行 UPDATE 操作并获取触发器中变量的值

15.1.3　查看触发器

可以通过执行以下命令来查看触发器的状态和语法等信息,但是因为不能查看指定
的触发器,所以每次都会返回所有的触发器信息,使用起来不是很方便。

```
SHOW TRIGGERS;
```

另一种方法是查询 information_schema.triggers 系统表,这个方式可以查询指定触发器的指定信息,操作起来明显方便得多。

【例 15-4】 查询名称为 tb1_insert 的触发器。

```
SELECT * FROM information_schema.triggers WHERE trigger_name='tb1_insert';
```

执行结果如图 15-8 所示。

信息	结果 1	剖析	状态
TRIGGER_CATALOG	def		
TRIGGER_SCHEMA	jxgl		
TRIGGER_NAME	tb1_insert		
EVENT_MANIPULA...	INSERT		
EVENT_OBJECT_CA...	def		
EVENT_OBJECT_SC...	jxgl		
EVENT_OBJECT_TA...	tb		
ACTION_ORDER	0		
ACTION_CONDITIO...			
ACTION_STATEME...	SET @count =@count+1		
ACTION_ORIENTAT...	ROW		
ACTION_TIMING	AFTER		

图 15-8　查询名称为 tb1_insert 的触发器

15.1.4　删除触发器

在 MySQL 中,删除触发器的基本语法格式如下:

```
DROP TRIGGER [schema_name.]trigger_name 触发器
```

数据库(schema_name)是可选的,如果省略它,将从当前数据库中删除触发器。

【例 15-5】 删除触发器 tb1_insert。

```
DROP TRIGGER tb1_insert;
```

执行结果如图 15-9 所示。

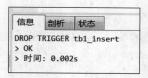

信息	剖析	状态
DROP TRIGGER tb1_insert		
> OK		
> 时间: 0.002s		

图 15-9　删除触发器

15.1.5　对触发器的进一步说明

下面列出了使用触发器的一些限制。

触发器不能调用将数据返回客户端的存储过程,也不能使用采用 CALL 语句的动态 SQL(允许存储过程通过参数将数据返回触发器)。

触发器不能使用以显式或隐式方式开始或结束事务的语句,如 START TRANSACTION、COMMIT 或 ROLLBACK。需要注意以下两点:

(1) MySQL 触发器针对行来操作,因此当处理大数据集的时候可能效率很低。

(2) 触发器不能保证原子性,例如在 MyISAM 中,当一个更新触发器在更新一个表后,触发对另外一个表的更新,若触发器失败,将不会回滚第一个表的更新。InnoDB 中的触发器和操作则是在一个事务中完成,是原子操作。

15.2　事　　件

15.2.1　事件的概念

自 MySQL 5.1.0 起,增加了一个非常有特色的功能,即事件调度器(Event Scheduler)。它可以用于定时执行某些特定任务(例如,删除记录、对数据进行汇总等),以取代原先只能由操作系统的计划任务来执行的工作。更值得一提的是,MySQL 的事件调度器可以精确到每秒钟执行一个任务,而操作系统的计划任务(如 Linux 下的 cron 或 Windows 下的"任务计划")只能精确到每分钟执行一次。对于一些对数据实时性要求比较高的应用(例如,股票、赔率、比分等)就非常适合。

事件调度器有时也可称为临时触发器,因为事件调度器是基于特定时间周期触发来执行某些任务,而触发器是基于某个表所产生的事件而触发的,它们之间的区别也在于此。

15.2.2　创建事件

在 MySQL 中,创建事件的基本语法格式如下:

```
CREATE EVENT [IF NOT EXISTS] event_name
ON SCHEDULE schedule
[ON COMPLETION [NOT] PRESERVE]
[ENABLE | DISABLE]
[COMMENT 'comment']
DO sql_statement;
schedule:
AT TIMESTAMP [+INTERVAL INTERVAL]
| EVERY INTERVAL [STARTS TIMESTAMP] [ENDS TIMESTAMP]
INTERVAL:
quantity {YEAR | QUARTER | MONTH | DAY | HOUR | MINUTE |
          WEEK | SECOND | YEAR_MONTH | DAY_HOUR | DAY_MINUTE |
```

DAY_SECOND | HOUR_MINUTE | HOUR_SECOND | MINUTE_SECOND}

参数说明如下：

[IF NOT EXISTS]：使用 IF NOT EXISTS，只有在同名 EVENT 不存在时才创建事件，否则忽略。建议省略该参数以保证 EVENT 创建成功。

event_name：名称最大长度可以是 64 个字节。名字必须是当前数据库中唯一的，同一个数据库不能有同名的 EVENT。使用 EVENT 常见的工作是创建表、插入数据、删除数据、清空表和删除表。

ON SCHEDULE：ON SCHEDULE 用于安排任务的执行计划，有两种设定计划任务的方式。

- AT 时间戳，用来完成单次的计划任务。
- EVERY 时间（单位）的数量时间单位[STARTS 时间戳][ENDS 时间戳]，用来完成重复的计划任务。

在这两种计划任务中，时间戳可以是任意的 TIMESTAMP 和 DATETIME 数据类型，并且它需要大于当前时间。

在重复的计划任务中，时间（单位）的数量可以是任意非空（Not Null）的整数式，时间单位可以是 YEAR、MONTH、DAY、HOUR、MINUTE 或者 SECOND。

提示：其他的时间单位也是合法的，如 QUARTER、WEEK、YEAR_MONTH、DAY_HOUR、DAY_MINUTE、DAY_SECOND、HOUR_MINUTE、HOUR_SECOND 和 MINUTE_SECOND，但是不建议使用这些不标准的时间单位。

ON COMPLETION：表示当这个事件不会再发生的时候，即当单次计划任务执行完毕后或当重复性的计划任务执行到了 ENDS 阶段时。而 PRESERVE 的作用是使事件在执行完毕后不会被 DROP 掉，建议使用该参数，以便于查看 EVENT 具体信息。

[ENABLE | DISABLE]：参数 ENABLE 和 DISABLE 表示设定事件的状态。ENABLE 表示系统将执行这个事件；DISABLE 表示系统不执行该事件。

可以用如下命令关闭或开启事件：

```
ALTER EVENT event_name ENABLE/DISABLE
```

[COMMENT 'comment']：注释会出现在元数据中，它存储在 information_schema 表的 COMMENT 列，最大长度为 64 个字节。'comment'表示将注释内容放在单引号之间，建议使用注释以表达更全面的信息。

DO sql_statement：表示该 EVENT 需要执行的 SQL 语句或存储过程。这里的 SQL 语句可以是复合语句。

使用 BEGIN 和 END 标识符将复合 SQL 语句按照执行顺序放在它们之间。当然 SQL 语句是有限制的，对它的限制跟函数 FUNCTION 和触发器 TRIGGER 中对 SQL 语句的限制是一样的，如果在函数 FUNCTION 和触发器 TRIGGER 中不能使用某些 SQL，同样在 EVENT 中也不能使用。

【例 15-6】 创建一个立即启动的事件，创建后查看学生信息如下：

```
CREATE EVENT direct
```

```
ON SCHEDULE AT NOW()
DO INSERT INTO student VALUES('202014855323','梦见妮 ', '女','2006-06-12',
'1407','健管2001');
SELECT * FROM student WHERE sno='202014855323';
```

执行结果如图 15-10 所示。

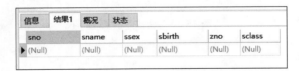

图 15-10　创建一个立即启动的事件

注意：在使用时间调度器这个功能之前必须确保 event_scheduler 已开启，可执行 SET GLOBAL event_scheduler＝1，或者可以在配置文件 my.ini 中加上 event_scheduler＝1 或 SET GLOBAL event_scheduler＝ON 来开启，也可以直接在启动命令中加上"-event_scheduler＝1"。

【例 15-7】　创建一个 30 秒后启动的事件，创建后查看学生信息如下：

```
CREATE EVENT thirtyseconds
ON SCHEDULE AT current_timestamp+interval 30 second
DO INSERT INTO student VALUES('2020148553','刘冉红','女','2003-06-12','1407',
'健管2001');
SELECT * FROM student WHERE sno='2020148553';
```

执行结果如图 15-11 所示。

图 15-11　创建一个 30 秒后启动的事件

30 秒后再执行如下命令：

```
SELECT * FROM student WHERE sno='2020148554';
```

执行结果如图 15-12 所示。

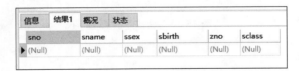

图 15-12　30 秒后查询数据

15.2.3　修改事件

在 MySQL 中，修改事件的基本语法格式如下：

```
ALTER EVENT event_name
[ON SCHEDULE schedule]
[RENAME TO new_event_name]
[ON COMPLETION [NOT] PRESERVE]
[COMMENT 'comment']
[ENABLE | DISABLE]
[DO sql_statement]
```

临时关闭事件的语法格式如下：

```
ALTER EVENT event_name DISABLE;
```

如果将 event_name 执行了 ALTER EVENT event_name DISABLE,那么当重新启动 MySQL 服务器后,该 event_name 将被删除。

开启事件的语法格式如下：

```
ALTER EVENT event_nam ENABLE;
```

【例 15-8】 将事件 thirtyseconds 的名字改成 event_30。

```
ALTER EVENT thirtyseconds RENAME TO event_30;
```

执行结果如图 15-13 所示。

信息	概况	状态

[SQL]
ALTER EVENT thirtyseconds RENAME TO event_30;
受影响的行: 0
时间: 0.001s

图 15-13   修改事件名称

15.2.4   删除事件

删除事件的语法很简单,如下所示：

```
DROP EVENT [IF EXISTS] event_name;
```

如果事件不存在,会产生"error 1513(hy000)：unknown event"错误,因此最好加上 IF EXISTS。

【例 15-9】 删除名为 event_30 的事件。

```
DROP EVENT event_30;
```

执行结果如图 15-14 所示。

信息	概况	状态

[SQL]DROP EVENT event_30;
受影响的行: 0
时间: 0.000s

图 15-14   删除事件

15.3　本 章 小 结

本章介绍了在 MySQL 数据库管理系统中关于触发器和事件调度器的操作，主要包含触发器和事件的创建、使用、查看和删除。通过本章的学习，不仅可以掌握触发器和事件的基本概念，还能通过练习对其进行各种熟练的操作。

15.4　思考与练习

1. 什么是触发器？

2. 如何定义、删除和查看触发器？

3. 使用触发器有哪些限制？

4. 什么是事件？

5. 简述事件的作用。

6. 如何创建、修改和删除事件？

7. 简述事件与触发器的区别。

8. 在数据库 db_test 的表 content 中创建一个触发器 content_delete_trigger，用于每次当删除表 content 中的一行数据时，将用户变量 str 的值设置为"old content deleted"。

9. 在数据库 db_test 中创建一个事件，用于每个月将 content 表中姓名为"MySQL 初学者"的留言人所发的全部留言信息删除，该事件开始于下个月并且在 2013 年 12 月 31 日结束。

10. CREATE TRIGGER 的作用是（　　　）。

　　A. 创建触发器　　　　　　　　　B. 查看触发器

　　C. 应用触发器　　　　　　　　　D. 删除触发器

11. 下列语句中（　　　）用于查看触发器。

　　A. SELECT * FROM TRIGGERS;

　　B. SELECT * FROM information_schema;

　　C. SHOW TRIGGERS;

　　D. SELECT * FROM students.triggers;

12. 删除触发器的指令是（　　　）。

　　A. CREATE TRIGGER 触发器名称

　　B. DROP DATABASE 触发器名称

　　C. DROP TRIGGERS 触发器名称

　　D. SHOW TRIGGERS 触发器名称

13. 应用触发器的执行顺序是（　　　）。

　　A. 表操作、BEFORE 触发器、AFTER 触发器

　　B. BEFORE 触发器、表操作、AFTER 触发器

　　C. BEFORE 触发器、AFTER 触发器、表操作

　　D. AFTER 触发器、BEFORE 触发器、表操作

　　14. 使用触发器可以实现数据库的审计操作,记录数据的变化、操作数据库的用户、数据库的操作以及操作时间等。请完成如下任务:

　　(1) 使用触发器审计雇员表的工资变化,并验证之。

- 创建雇员表 empsa。其中,empno 为雇员编号;empname 为雇员姓名;empsal 为雇员的工资字段。
- 创建审计表 ad。其中,oempsal 字段记录更新前的工资旧值;nempsal 记录更改后的工资新值;user 为操作的用户;time 字段保存更改的时间。
- 创建审计雇员表的工资变化的触发器。
- 验证触发器。

　　(2) 触发器可以实现删除主表信息时,级联删除子表中引用主表的相关记录。要求创建一个部门表 dept 和雇员表 emp,当删除 dept 中的一个部门信息后,级联删除 emp 表中属于该部门的雇员信息的触发器,并验证之。

- 创建部门表 dept(dno,dname),字段分别为部门编号和部门名称,并插入三行数据:(1,'工程部')、(2,'财务部')和(3,'后勤部')。
- 创建雇员表 emp(eno,ename,dno),字段分别为雇员编号、雇员姓名和部门编号,并插入三行数据:('1', '王明','1')、('2', '张梅', '1')和('3', '丁一凡', '2')。
- 创建一个部门表 dept 和雇员表 emp,当删除 dept 中的一个部门信息后,级联删除 emp 表中属于该部门的雇员信息的触发器。
- 验证触发器,删除 dept 表中 dno 为 1 的部门,并查看 emp 中的数据。

第 16 章

MySQL 数据库备份与还原

为了保证数据的安全,需要定期对数据进行备份。备份的方式有很多种,效果也不一样。如果数据库中的数据出现了错误,就需要使用备份好的数据进行数据还原,这样可以将损失降至最低。而且,数据备份可能还会涉及数据库之间的数据导入与导出。

MySQL 数据库备份的方法多种多样(例如完全备份、增量备份等),无论使用哪一种方法,都要求备份期间的数据库必须处于数据一致状态,即数据备份期间尽量不要对数据进行更新操作。本章将讲解数据的备份和还原方法,还将介绍 MySQL 数据库的备份与恢复的方法。

16.1　备份与还原概述

16.1.1　备份的重要性与常见故障

数据丢失对大小企业来说都是个噩梦,业务数据与企业日常业务运作唇齿相依。损失这些数据,即使是暂时性,亦会威胁到企业辛苦赚来的竞争优势,更可能摧毁公司的声誉,或者可能引致昂贵的诉讼和索偿费用。

在震惊世界的美国“9·11”恐怖事件发生后,许多人将目光投向金融界巨头摩根士丹利公司。这家金融机构在世贸大厦租有 25 层楼层,惨剧发生时有 2000 多名员工正在楼内办公,公司受到重创。可是正当大家扼腕痛惜时,该公司宣布,全球营业部第二天可以照常工作。其主要原因是它在新泽西州建立了灾备中心,并保留着数据备份,从而保障公司全球业务的不间断运行。

为保证数据库的可靠性和完整性,数据库管理系统通常会采取各种有效的措施来进行维护。尽管如此,在数据库的实际使用过程中,仍然存在着一些不可预估的因素,会造成数据库运行事务的异常中断,从而影响数据的正确性,甚至会破坏数据库,使数据库中的数据部分或全部丢失。这些因素可能是:

- 计算机硬件故障。由于用户使用不当或者硬件产品自身的质量问题等原因,导致计算机硬件可能会出现故障,甚至不能使用,如硬盘损坏会导致其存储的数据丢失。
- 计算机软件故障。由于用户使用不当或者软件设计上的缺陷,导致计算机软件系统可能会误操作数据,从而引起数据破坏。
- 病毒。破坏性病毒会破坏计算机硬件、系统软件和数据。

- 人为误操作。例如,用户误使用了 DELETE、UPDATE 等命令而引起数据丢失或破坏;一个简单的 DROP TABLE 或者 DROP DATABASE 语句就会让数据表化为乌有;更危险的是 DELETE FROM table_name 能轻易地清空数据表,这些人为的误操作是很容易发生的。
- 自然灾害。火灾、洪水、地震等这些不可抵挡的自然灾害会对人类生活造成极大的破坏,也会毁坏计算机系统及其数据。
- 盗窃。一些重要数据可能会被窃或人为破坏。

随着服务器海量数据的不断增长,数据的体积变得越来越庞大。同时,各种数据的安全性和重要程度也越来越被人们所重视。对数据备份的认同涉及两个主要问题,一是为什么要备份,二是为什么要选择磁带作为备份的介质。

大到自然灾害,小到病毒、电源故障乃至操作员意外操作失误,都会影响系统的正常运行,甚至造成整个系统完全瘫痪。数据备份的任务与意义就在于,当灾难发生后,通过备份的数据完整、快速、简捷、可靠地恢复原有系统。针对现有的对备份的误解,必须了解和认识一些典型的事例,从而认清备份方案的一些误区。

首先,有人认为复制就是备份,其实单纯复制数据无法使数据留下历史记录,也无法留下系统的 NDS 或者 Registry 等信息。完整的备份包括自动化的数据管理与系统的全面恢复,因此,从这个意义上说,备份＝复制＋管理。

其次,以硬件备份代替备份。虽然很多服务器都采取了容错设计,即硬盘备份(双机热备份、磁盘阵列与磁盘镜像等),但这些都不是理想的备份方案。比如双机热备份中,如果两台服务器同时出现故障,那么整个系统便陷入瘫痪状态,因此存在的风险还是相当大的。

此外,只把数据文件作为备份的目标。有人认为备份只是对数据文件的备份,系统文件与应用程序无须进行备份,因为它们可以通过安装盘重新进行安装。事实上,考虑到安装和调试整个系统的时间可能要持续好几天,其中花费的投入是十分不必要的,因此,最有效的备份方式是对整个 IT 架构进行备份。备份的目的主要有:

(1) 做灾难恢复:对损坏的数据进行恢复和还原。

(2) 需求改变:因需求改变而需要把数据还原到改变以前。

(3) 测试:测试新功能是否可用。

面对着造成数据丢失或被破坏的风险,数据库系统提供了备份和恢复策略来保证数据库中数据的可靠性和完整性。

数据库备份是指通过导出数据或者复制表文件的方式来制作数据库的副本。

16.1.2　备份的策略与常用方法

备份需要考虑的问题有:可以容忍丢失多长时间的数据;恢复数据要在多长时间内完成;恢复的时候是否需要持续提供服务;恢复的对象是整个库、多个表,还是单个库、单个表等因素。可以考虑的合理的备份策略有:

(1) 数据库要定期做备份,备份的周期应当根据应用数据系统可承受的恢复时间,而且定期备份应当在系统负载最低的时候进行。对于重要的数据,要保证在极端情况下的损失都可以正常恢复。

（2）定期备份后，同样需要定期做恢复测试，了解备份的正确可靠性，确保备份是有意义并且可恢复的。

（3）根据系统需要来确定是否采用增量备份。增量备份只需要备份每天的增量数据，备份花费的时间少，对系统负载的压力也小；缺点就是恢复的时候需要加载之前所有的备份数据，恢复时间较长。

（4）确保 MySQL 打开了 log-bin 选项，MySQL 在做完整恢复或者基于时间点恢复的时候都需要 BINLOG。

（5）可以考虑异地备份。

在 MySQL 数据库中具体实现备份数据库的类型很多，可以分为以下几种：

（1）根据是否需要数据库离线可分为：

- 冷备（Cold Backup）：需要关闭 MySQL 服务，读写请求均不允许运行状态下进行。
- 温备（Warm Backup）：服务在线，但仅支持读请求，不允许写请求。
- 热备（Hot Backup）：在备份的同时业务不受影响。

注意：MyISAM 不支持热备，InnoDB 支持热备，但是需要专门的工具。

（2）根据要备份的数据集合的范围可分为：

- 完全备份（Full Backup）：备份全部字符集。
- 增量备份（Incremental Backup）：仅备份上次完全备份或增量备份以来改变了的数据，不能单独使用，要借助完全备份，备份的频率取决于数据的更新频率。
- 差异备份（Differential Backup）：仅备份上次完全备份以来改变了的数据。

建议的恢复策略是：完全＋增量＋二进制日志和完全＋差异＋二进制日志两种恢复策略。

（3）根据备份数据或文件可分为：

- 物理备份：直接备份数据文件。优点：备份和恢复操作都比较简单，能够跨MySQL 的版本，恢复速度快，属于文件系统级别的。建议：不要假设备份一定可用，需要通过"CHECK TABLES"命令进行测试。
- 检测表是否可用逻辑备份：备份表中的数据和代码。优点：恢复简单，备份的结果为 ASCII 文件，可以编辑，与存储引擎无关，可以通过网络备份和恢复。缺点：备份或恢复都需要 MySQL 服务器进程参与，备份结果占据更多的空间，浮点数可能会丢失。

总之，备份的对象主要有数据、配置文件、代码（存储过程、存储函数和触发器）、操作系统相关的配置文件、复制相关的配置以及二进制日志等方面。

16.2　数　据　备　份

备份数据是数据库管理中最常用的操作。为了保证数据库中数据的安全，数据库管理员需要定期地进行数据备份。一旦数据库遭到破坏，即可通过备份的文件来还原数据库。因此，数据备份是很重要的工作。

16.2.1 使用 mysqldump 命令备份数据

MySQL 提供了很多免费的客户端实用程序,它们保存在 MySQL 安装目录下的 bin 子目录下。这些客户端程序可以连接到 MySQL 服务器以进行数据库访问,或者对 MySQL 进行管理。

在使用这些工具时,需要打开计算机的 DOS 命令窗口,然后在该窗口的命令提示符下输入要运行程序所对应的命令。例如,要运行 mysqlimport.exe 程序,可以输入 mysqlimport 命令,再加上对应的参数即可。

在 MySQL 提供的客户端实用程序中,mysqldump.exe 就是用于实现 MySQL 数据库备份的实用工具。它可以将数据库中的数据备份成一个文本文件,并且将表的结构和表中的数据存储在这个文本文件中。下面将介绍如何使用 mysqldump.exe 工具进行数据库备份。

mysqldump 命令的工作原理是:先查出需要备份的表的结构,并且在文本文件中生成一个 CREATE 语句,然后将表中的所有记录转换成一条 INSERT 语句。这些 CREATE 语句和 INSERT 语句都是还原时将会使用的,还原数据时就可以使用其中的 CREATE 语句来创建表,并使用 INSERT 语句来还原数据。

1. 备份一个数据库

使用 mysqldump 命令备份一个数据库的基本语法如下:

```
mysqldump -u username -p dbname table1 table2 ...>BackupTableName.sql
```

其中,dbname 参数表示数据库的名称;table1 和 table2 参数表示表的名称,没有该参数时将备份整个数据库;BackupTableName.sql 参数表示备份文件的名称,文件名前面可以加上一个绝对路径。通常将数据库备份成一个后缀名为.sql 的文件。

【例 16-1】 使用 mysqldump 备份数据库 jxgl。

选择“开始”→“所有程序”→“附件”命令,选中“命令提示符”,右击并选择“以管理员身份运行(A)”,在命令提示符下输入以下代码:

```
mysqldump -hlocalhost -uroot -p jxgl>c:\backup_jxgl.sql
```

在 DOS 命令窗口中执行上面的命令时,将提示输入连接数据库的密码,输入密码后将完成数据备份,执行效果如图 16-1 所示。

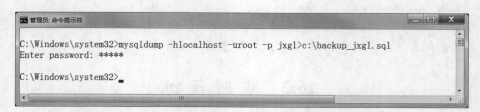

图 16-1 执行 mysqldump 备份数据命令

数据备份完成后,可以查看 backup_jxgl.sql 文件。backup_jxgl.sql 文件中的部分内容如图 16-2 所示。

```
-- MySQL dump 10.13  Distrib 8.0.19, for Win64 (x86_64)
--
-- Host: localhost    Database: jxgl
-- ------------------------------------------------------
-- Server version      8.0.19

/*!40101 SET @OLD_CHARACTER_SET_CLIENT=@@CHARACTER_SET_CLIENT */;
/*!40101 SET @OLD_CHARACTER_SET_RESULTS=@@CHARACTER_SET_RESULTS */;
/*!40101 SET @OLD_COLLATION_CONNECTION=@@COLLATION_CONNECTION */;
/*!50503 SET NAMES utf8mb4 */;
/*!40103 SET @OLD_TIME_ZONE=@@TIME_ZONE */;
/*!40103 SET TIME_ZONE='+00:00' */;
/*!40014 SET @OLD_UNIQUE_CHECKS=@@UNIQUE_CHECKS, UNIQUE_CHECKS=0 */;
/*!40014 SET @OLD_FOREIGN_KEY_CHECKS=@@FOREIGN_KEY_CHECKS, FOREIGN_KEY_CHECKS=0 */;
/*!40101 SET @OLD_SQL_MODE=@@SQL_MODE, SQL_MODE='NO_AUTO_VALUE_ON_ZERO' */;
/*!40111 SET @OLD_SQL_NOTES=@@SQL_NOTES, SQL_NOTES=0 */;


--
-- Table structure for table `course`
--

DROP TABLE IF EXISTS `course`;
/*!40101 SET @saved_cs_client     = @@character_set_client */;
/*!50503 SET character_set_client = utf8mb4 */;
CREATE TABLE `course` (
  `cno` varchar(10) CHARACTER SET utf8 COLLATE utf8_bin NOT NULL COMMENT '课程号',
  `cname` varchar(50) CHARACTER SET utf8 COLLATE utf8_bin DEFAULT NULL COMMENT '课程名',
  `ccredit` int NOT NULL COMMENT '学分',
  `cdept` varchar(20) CHARACTER SET utf8 COLLATE utf8_bin NOT NULL COMMENT '授课学院',
  PRIMARY KEY (`cno`)
) ENGINE=InnoDB DEFAULT CHARSET=utf8 COLLATE=utf8_bin;
/*!40101 SET character_set_client = @saved_cs_client */;
```

图 16-2　backup_ jxgl.sql 中的内容展示

由备份后生成的文件可知,在生成的.sql 文件中并没有包括创建数据库的语句。在应用该脚本文件恢复数据库前需要先创建对应的数据库。

文件开头记录了 MySQL 的版本、备份的主机名和数据库名。文件中,以"--"开头的都是 SQL 语言的注释,以"/＊！40101"等形式开头的内容是只有 MySQL 版本大于或等于指定的版本 4.1.1 才执行的语句。下面的"/＊！40103"和"/＊!40014"也是这个作用。

还原该数据表时,通过 CREATE TABLE 语句在数据库中创建表,然后执行INSERT 语句向表中插入数据。

若备份 jxgl 数据库表中的 student 表,就可以将上述命令改为:

```
mysqldump -h localhost -u root -p jxgl student >c:\backup_student.sql
```

2. 备份多个数据库

使用 mysqldump 命令备份多个数据库的语法如下:

```
mysqldump -u username -p --databases dbname1 dbname2  >BackupDBName.sql
```

这里要加上"--databases"这个选项,后接多个数据库的名称。

【例 16-2】　使用 mysqldump 备份数据库 jxgl 和 test。

选择"开始"→"所有程序"→"附件"命令,选中"命令提示符",右击并选择"以管理员身份运行(A)",在命令提示符下输入以下代码:

```
mysqldump -h localhost -u root -p --databases jxgl test >c:\backup_db.sql
```

执行效果如图 16-3 所示。

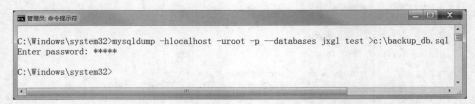

图 16-3　备份多个数据库

在 DOS 命令窗口中执行上面的命令时,提示输入连接数据库的密码,输入密码后将完成数据备份,这时可以在 C 盘根目录下看到名为 backup_db.sql 的文件。这个文件中存储着这两个数据库的所有信息。

3. 备份多个数据库

使用 mysqldump 命令备份多个数据库的语法如下:

```
mysqldump -u username -p --all-databases >BackupdbName.sql
```

这里要加上"- -all-databases"这个选项就可以备份所有数据库了。

【例 16-2】　使用 mysqldump 备份用户 root 的所有数据库。

选择"开始"→"所有程序"→"附件"命令,选中"命令提示符",右击并选择"以管理员身份运行(A)",在命令提示符下输入以下代码:

```
mysqldump -u root -p --all-databases >c:\back_all_db.sql
```

执行效果如图 16-4 所示。

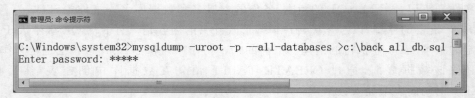

图 16-4　备份所有的数据库

在 DOS 命令窗口中执行上面的命令时,提示输入连接数据库的密码,输入密码后将完成数据备份,这时可以在 C 盘根目录下看到名为 backup_all_db.sql 的文件。这个文件中存储着所有数据库的所有信息。

16.2.2　直接复制整个数据库目录

MySQL 有一种最简单的备份方法,就是将 MySQL 中的数据库文件直接复制出来。这种方法最简单,速度也最快。使用这种方法时,最好先将服务器停止运行,这样可以保证在复制期间数据库中的数据不会发生变化。如果在复制数据库的过程中还有数据写入,就会造成数据不一致。

由于 MYSQL 服务器中的数据文件基于磁盘的文本文件,所以最简单、最直接的备份操作就是把数据库文件直接复制出来。由于 MySQL 服务器的数据文件在服务运行期间总是处于打开和使用状态,因此文本文件副本备份不一定总是有效。为了解决该问题,在复制数据库文件时,需要先停止运行 MySQL 数据库服务器。

为了保证所备份数据的完整性,在停止运行 MySQL 数据库服务器之前,需要先执行 FLUSH TABLES 语句将所有数据写入数据文件的文本文件中。

这种方法虽然简单快捷,但不是最好的备份方法。因为,实际情况可能不允许停止 MySQL 服务器。而且,这种方法对 InnoDB 存储引擎的表不适用。而对于 MyISAM 存储引擎的表,这样备份和还原很方便。但是还原时最好是相同版本的 MySQL 数据库(注意: 在 MySQL 的版本号中,第一个数字表示主版本号,主版本号相同的 MySQL 数据库的文件类型会相同。例如,MySQL 8.0.19 和 MySQL 8.0.21 这两个版本的主版本号都是 8,那么这两个数据库服务器中的数据文件拥有相同的文件格式),否则可能会出现存储文件类型不同的情况。采用直接复制整个数据库目录的方式备份数据库时,需要找到数据库文件的保存位置,具体的方法是在 MySQL 命令行提示窗口中输入以下代码查看:

```
SHOW VARIABLES LIKE '%datadir%';
```

执行结果如图 16-5 所示。

```
mysql> SHOW VARIABLES LIKE '%datadir%';
+---------------+------------------------------------------+
| Variable_name | Value                                    |
+---------------+------------------------------------------+
| datadir       | C:\ProgramData\MySQL\MySQL Server 8.0\Data\ |
+---------------+------------------------------------------+
1 row in set (0.06 sec)
```

图 16-5　查看 MySQL 数据库文件的保存位置

16.3　数据恢复

管理员的非法操作和计算机故障都会破坏数据库文件。数据库恢复(也称为数据库还原)是将数据库从某一种"错误"状态(如硬件故障、操作失误、数据丢失或数据不一致等状态)恢复到某一已知的"正确"状态。

数据库恢复是以备份为基础的,它是与备份相对应的系统维护和管理操作。系统进行恢复操作时,先执行一些系统安全性的检查,包括检查所要恢复的数据库是否存在、数据库是否变化及数据库文件是否兼容等,然后根据所采用的数据库备份类型采取相应的恢复措施。

另外,通过备份和恢复数据库,也可以达到将数据库从一个服务器移动或复制到另一个服务器的目的。

16.3.1 使用 MySQL 命令还原数据

通常使用 mysqldump 命令将数据库的数据备份成一个文本文件,这个文件的后缀名一般设置为.sql。需要还原时,可以使用 MySQL 命令来还原备份的数据。

备份文件中通常包含 CREATE 语句和 INSERT 语句。MySQL 命令可以执行备份文件中的 CREATE 语句和 INSERT 语句。并通过 CREATE 语句来创建数据库和表,并通过 INSERT 语句来插入备份的数据。

MySQL 命令的基本语法如下:

```
mysql-u username -p [dbname]<backupdb.sql
```

其中,dbname 参数表示数据库名称。该参数是可选参数,可以指定数据库名,也可以不指定。指定数据库名时,表示还原该数据库下的表;不指定数据库名时,表示还原特定的一个数据库。同时备份文件中要有创建数据库的语句。

【例 16-3】 使用 MySQL 命令还原例 16-1 备份的 jxgl 数据库,对应的脚本文件为 backup_jxgl.sql。

在 MySQL 的命令行窗口的 MySQL 命令提示符下输入以下代码,创建要还原的数据库 dup_jxgl。

```
CREATE DATABASE IF NOT EXISTS dup_jxgl;
```

选择"开始"→"所有程序"→"附件"命令,选中"命令提示符",右击并选择"以管理员身份运行(A)",在命令提示符下输入如图 16-6 所示的代码,使用 MySQL 命令还原 jxgl 数据库。

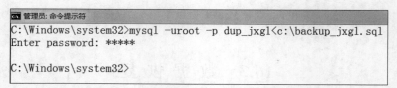

```
管理员: 命令提示符
C:\Windows\system32>mysql -uroot -p dup_jxgl<c:\backup_jxgl.sql
Enter password: *****

C:\Windows\system32>
```

图 16-6　应用 MySQL 命令还原数据库 dup_jxgl

这时,MySQL 就已经将 backup_jxgl.sql 文件中的所有数据表还原到数据库 dup_jxgl 中。

16.3.2 直接复制到数据库目录

在 16.2.2 节介绍过一种直接复制数据的备份方法,通过这种方式备份的数据可以直接复制到 MySQL 的数据库目录下。通过这种方式还原时,必须保证两个 MySQL 数据库的主版本号是相同的。而且,这种方式对 MyISAM 类型的表比较有效;对于 InnoDB 类型的表则不可用,因为 InnoDB 表的表空间不能直接复制。

通过复制文件实现数据还原,除了保证存储类型为 MyISAM 之外,还必须保证 MySQL 数据库的主版本号一致。因为只有 MySQL 数据库主版本号相同,才能保证两个

MySQL 数据库的文件类型是相同的。

16.4　从文本文件导出和导入表数据

MySQL 数据库中的表可以导出成文本文件、XML 文件或者 HTML 文件,也可以将相应的文本文件导入 MySQL 数据库中。在数据库的日常维护中,经常需要进行表的导出和导入操作。

在 MySQL 中,可以使用 SELECT…INTO OUTFILE 语句把表数据导出到一个文本文件中进行备份,并可使用 LOAD DATA…INFILE 语句来恢复先前备份的数据。

这种方法有一点不足,就是只能导出或导入数据的内容,而不包括表的结构。若表的结构文件损坏,则必须先设法恢复原来表的结构。

16.4.1　使用 SELECT…INTO OUTFILE 导出文本文件

MySQL 中,可以使用 SELECT…NTO OUTFILE 语句将表的内容导出为一个文本文件。其基本的语法格式如下:

```
SELECT [列名] FROM table [WHERE 语句]
    INTO OUTFILE '目标文件' [OPTION];
```

该语句分为两个部分。前半部分是一个普通的 SELECT 语句,通过这个 SELECT 语句来查询所需要的数据;后半部分是导出数据的。其中,“目标文件”参数指出将查询的记录导出到哪个文件中;PTION 参数为可选参数选项,其可能的取值有:

- FIELDS TERMINATED BY '字符串': 设置字符串为字段之间的分隔符,可以为单个或多个字符。默认值是“\t”。
- FIELDS ENCLOSED BY '字符': 设置字符来括住字段的值,只能为单个字符。默认情况下不使用任何符号。
- FIELDS OPTIONALLY ENCLOSED BY '字符': 设置字符来括住 CHAR、VARCHAR 和 TEXT 等字符型字段。默认情况下不使用任何符号。
- FIELDS ESCAPED BY '字符': 设置转义字符,只能为单个字符。默认值为“\”。
- LINES STARTING BY '字符串': 设置每行数据开头的字符,可以为单个或多个字符。默认情况下不使用任何字符。
- LINES TERMINATED BY '字符串': 设置每行数据结尾的字符,可以为单个或多个字符。默认值是“\n”。

FIELDS 和 LINES 两个子句都是自选的,但是如果两个子句都指定了,FIELDS 必须位于 LINES 的前面。

提示:该语法中的“目标文件”将创建到服务器主机上,因此必须拥有文件写入权限(FILE 权限)后,才能使用此语法。同时,“目标文件”不能是一个已经存在的文件。

SELECT…INTO OUTFILE 语句可以非常快速地把一个表转储到服务器上。如果想要在服务器主机之外的部分客户主机上创建结果文件,则不能使用该语句。

【**例 16-4**】 使用 SELECT…INTO OUTFILE 语句来导出 jxgl 数据库下 student 表的记录。其中,字段之间用"、"隔开,字符型数据用双引号括起来,每条记录以">"开头。SQL 代码如下:

```
SELECT * FROM jxgl.student INTO OUTFILE 'd:/backup/tb_student.txt'
    FIELDS
        TERMINATED BY '\、'
        OPTIONALLY ENCLOSED BY '\"'
    LINES
        STARTING BY '\>'
        TERMINATED BY '\r\n';
```

FIELDS 必须位于 LINES 的前面,多个 FIELDS 子句排列在一起时,后面的 FIELDS 必须省略;同样,多个 LINES 子句排列在一起时,后面的 LINES 也必须省略。如果在 student 表中包含了中文字符,使用上面的语句则会输出乱码。此时,加入 CHARACTER SET gbk 语句即可解决这一问题。即:

```
SELECT * FROM jxgl.student INTO OUTFILE 'd:/backup/tb_student.txt'
CHARACTER SET gbk
    FIELDS
        TERMINATED BY '\、'
        OPTIONALLY ENCLOSED BY '\"'
    LINES
        STARTING BY '\>'
        TERMINATED BY '\r\n';
```

"TERMINATED BY '\r\n'"可以保证每条记录占一行。因为 Windows 操作系统下 "\r\n"才是回车换行符。如果不加这个选项,默认情况只是"\n"。

16.4.2 使用 LOAD DATA…INFILE 导入文本文件

LOAD DATA…INFILE 语句用于高速地从一个文本文件中读取行,并写入一个表中。文件名称必须为一个文本字符串。

LOAD DATA…INFILE 是 SELECT…INTO OUTFILE 的相对语句。把表的数据备份到文件使用 SELECT…INTO OUTFILE,从备份文件恢复表数据则使用 LOAD DATA…INFILE。

其语法结构如下:

```
LOAD DATA [LOW_PRIORITY | CONCURRENT] [LOCAL] INFILE 'file_name.txt'
    [REPLACE | IGNORE]
    INTO TABLE tbl_name
    [FIELDS
        [TERMINATED BY 'string']
        [[OPTIONALLY] ENCLOSED BY 'char']
        [ESCAPED BY 'char' ]
```

```
    ]
    [LINES
        [STARTING BY 'string']
        [TERMINATED BY 'string']
    ]
    [IGNORE number LINES]
    [(col_name_or_user_var,...)]
    [SET col_name=expr,...)]
```

其中,LOW_PRIORITY｜CONCURRENT 关键字的含义如下:

(1) LOW_PRIORITY:该参数适用于表锁存储引擎,比如 MyISAM、MEMORY 和 MERGE,在写入过程中如果有客户端程序读表,写入将会延后,直至没有任何客户端程序读表再继续写入。

(2) CONCURRENT:使用该参数,允许其他客户端程序在写入过程中读取表内容。

LOCAL 关键字:LOCAL 关键字影响数据文件定位和错误处理。只有当 mysql-server 和 mysql-client 同时在配置中指定允许使用,LOCAL 关键字才会生效。如果 mysqld 的 local_infile 系统变量设置为 DISABLED,LOCAL 关键字将不会生效。

REPLACE｜IGNORE 关键字:REPLACE 和 IGNORE 关键字控制对现有的唯一键记录重复的处理。如果指定 REPLACE,新行将代替有相同的唯一键值的现有行。如果指定 IGNORE,将跳过有唯一键的现有行的重复行的输入。如果不指定任何一个选项,当找到重复键时,会出现一个错误,并且忽略文本文件的余下部分。

【例 16-5】　使用 LOAD DATA…INFILE 语句将 tb_student.txt 导入 jxgl 数据库下的 student 表中。

```
LOAD DATA LOCAL INFILE ' tb_student.txt ' INTO TABLE student
FIELDS TERMINATED BY ','
OPTIONALLY ENCLOSED BY '"'
LINES TERMINATED BY '\n'
```

若只载入一个表的部分列,可以采用:

```
LOAD DATA LOCAL INFILE ' tb_student.txt ' INTO TABLE student(sno,sname)
```

不适合使用 LOAD DATA…INFILE 的情况:

(1) 使用固定行格式(即 FIELDS TERMINATED BY 和 FIELDS ENCLOSED BY 均为空),列字段类型为 BLOB 或 TEXT。

(2) 指定分隔符与其他选项前缀一样,LOAD DATA INFILE 不能对输入做正确的解释。例如:FIELDS TERMINATED BY '"' ENCLOSED BY '"'。

(3) 如果 FIELDS ESCAPED BY 为空,字段值包含 FIELDS ENCLOSED BY 指定字符,或者 LINES TERMINATED BY 的字符在 FIELDS TERMINATED BY 之前,都会导致过早地停止 LOAD DATA INFILE 操作。因为 LOAD DATA INFILE 不能准确地确定行或列的结束。

16.5　数据库迁移

数据库迁移就是指将数据库从一个系统移动到另一个系统上。数据库迁移的原因是多种多样的：可能是因为升级了计算机，或者是部署开发的管理系统，抑或升级了 MySQL 数据库，甚至是换用其他的数据库。根据上述情况，可以将数据库迁移大致分为两类，一类是 MySQL 数据库之间的迁移，另一类是不同数据库之间的迁移。下面分别进行介绍。

16.5.1　MySQL 数据库之间的迁移

MySQL 数据库之间进行数据库迁移的原因有多种，通常的原因包括更换了新的机器、重新安装了操作系统，或者升级了 MySQL 的版本。虽然原因很多，但是实现的方法基本上就是下面介绍的两种。

1. 复制数据库目录

这种方法是通过复制数据库目录来实现数据库迁移。但是，仅当数据库表都是 MyISAM 类型时才能使用这种方式。另外，也只能在主版本号相同的 MySQL 数据库之间进行数据库迁移。

2. 用命令备份和还原数据库

最常用和最安全的方式是使用 mysqldump 命令来备份数据库，然后使用 MySQL 命令将备份文件还原到新的 MySQL 数据库中。这里可以将备份和迁移同时进行。假设从一个名称为 host1 的机器中备份出所有数据库，然后将这些数据库迁移到名称为 host2 的机器上，可以在 DOS 窗口中使用下面的命令。

```
mysqldump -h host1 -u root --password=password1 --all-databases |
mysql -h host2 -u root -password=password2
```

其中，"|"符号表示管道，其作用是将 mysqldump 备份的文件送给 MySQL 命令；"-password＝password1"是 host1 主机上 root 用户的密码。同理，password2 是 host2 主机上的 root 用户的密码。通过这种方式可以直接实现数据库之间的迁移，包括相同版本和不同版本的 MySQL 之间的数据库迁移。

16.5.2　不同数据库之间的迁移

不同数据库之间的迁移是指从其他类型的数据库迁移到 MySQL 数据库，或者从 MySQL 数据库迁移到其他类型的数据库。例如，某个网站原来使用 Oracle 数据库，因为运营成本太高等诸多原因，希望改用 MySQL 数据库。或者某个管理系统原来使用 MySQL 数据库，因为某种特殊性能的要求，希望改用 Oracle 数据库。针对这种迁移，MySQL 没有通用的解决方法，需要具体问题具体对待。例如，在 Windows 操作系统下，通常可以使用 MyODBC(MyODBC 是 MySQL 开发的 ODBC 连接驱动程序，通过它可以让各式各样的应用程序直接存取 MySQL 数据库，不但方便，而且容易使用)，实现

MySQL 数据库与 SQL Server 之间的迁移。而将 MySQL 数据库迁移到 Oracle 数据库时,就需要使用 mysqldump 命令先导出 SQL 文件,再手动修改 SQL 文件中的 CREATE 语句。

16.6　本 章 小 结

本章主要讲述了备份数据库、还原数据库、导入表、导出表和数据库迁移等内容。数据库的备份和还原是本章的重点内容。在实际应用中,通常使用 mysqldump 命令备份数据库。也可以使用 SELECT…INTO OUTFILE 语句把表数据导出到一个文本文件中进行备份,并可使用 LOAD DATA…INFILE 语句来恢复先前备份的数据。数据迁移需要考虑数据库的兼容性问题,最好是在相同版本的 MySQL 数据库之间迁移。

16.7　思 考 与 练 习

1. 为什么在 MySQL 中需要进行数据库的备份与还原操作?

2. 备份的方法有哪些?

3. 完全备份需要注意什么?

4. 还原的基础是什么?

5. 使用直接复制方法实现数据库备份与恢复时,需要注意哪些事项?

6. 下列关于使用 mysqldump 命令备份的文件的描述中错误的是(　　)。

    A. 使用 mysqldump 命令备份的文件后缀名没有特定的要求

    B. 使用 mysqldump 命令可以备份一个数据库,也可以备份多个数据库

    C. 使用 mysqldump 命令备份的文件要求后缀名为.sql

    D. 使用 mysqldump 命令可以备份当前连接中的所有数据库

7. (　　)命令可以执行备份文件中的 CREATE 语句和 INSERT 语句。

    A. mysql   B. mysqlhotcopy

    C. mysqldump   D. mysqladmin

8. 在 MySQL 中,可以在命令行窗口中使用(　　)语句将表的内容导出成一个文本文件。

    A. SELECT…INTO   B. SELECT…INTO OUTFILE

    C. mysqldump   D. mysql

9. 在 MySQL 中,备份数据库的命令是(　　)

    A. mysqldump   B. mysql   C. backup   D. copy

10. 实现批量数据导入的命令是(　　)。

    A. mysqldump   B. mysql   C. backup   D. return

11. 软硬件故障常造成数据库中的数据破坏,数据库恢复就是(　　)。

    A. 重新安装数据库管理系统和应用程序

    B. 重新安装应用程序,并将数据库做镜像

    C. 重新安装数据库管理系统,并将数据库做镜像

    D. 在尽可能短的时间内,把数据库恢复到故障发生前的状态

12. MySQL 中,还原数据库的命令是(   )

    A. mysqldump   B. mysql   C. backup   D. return

13. (   )备份是在某一次完全备份的基础,只备份其后数据的变化。

    A. 比较   B. 检查   C. 增量   D. 二次

14. 导出数据库的正确方法为(   )。

    A. mysqldump 数据库名＞文件名   B. mysqldump 数据库名＞＞文件名

    C. mysqldump 数据库名文件名   D. mysqldump 数据库名＝文件名

第 17 章
MySQL 在 Web 技术中的应用

目前 MySQL 已经成为世界上最受欢迎的数据库管理系统之一。众多中小型开发项目应用都证明了它是个稳定、可靠、快速、可信的系统，能够胜任数据存储业务的需要。

在 Web 应用程序的开发中，通常使用表单来实现程序与用户输入的交互。用户通过在表单上输入数据，将一些信息传输给网站的程序以进行相应的处理。当用户在 Web 页面中的表单内填写好信息以后，可以通过单击按钮或链接来实现数据的提交。本章将主要介绍 PHP 中表单的应用，PHP 程序通过接收用户在表单中输入的信息实现与用户的交互。

PHP 所支持的数据库类型较多，在这些数据库中，MySQL 数据库与 PHP 的兼容性最好。它与 Linux 系统、Apache 服务器和 PHP 语言构成了当今主流的 LAMP 网站架构模式，并且 PHP 提供了多种操作 MySQL 数据库的方式，可以适合不同需求和不同类型项目的需要。

在本章中，将介绍 PHP 的工作原理以及 HTML 与表单的知识，最后将详细介绍如何利用 PHP 操作 MySQL 数据库。

17.1 PHP 概述

17.1.1 何谓 PHP

PHP 是 Hypertext Preprocessor（超文本预处理器）的缩写，它是一种服务器端的脚本语言，具有跨平台、简单、面向对象、解释型、高性能、独立于框架、动态、可移植和 HTML 嵌入式等特点。其独特的语法吸收了 C 语言、Java 语言和 Perl 语言的特点，是一种被广泛应用的开源式多用途脚本语言，易于学习，使用广泛，主要适用于 Web 开发领域，成为了当前世界上最流行的构建 B/S 模式 Web 应用程序的编程语言之一。PHP 的文件后缀名为.php。

17.1.2 PHP 的优势

PHP 起源于 1995 年，由 Rasmus Lerdorf 开发。它是目前动态网页开发中使用最广泛的语言之一，目前在国内外有数以千计的个人和组织网站在以各种形式和各种语言介绍、发展和完善它，并不断地公布最新的应用和研究成果。PHP 能运行在包括 Windows、Linux 等在内的绝大多数操作系统环境下，它对数据库强大的操作能力以及操作的简便性使其可以方便快捷地操作几乎所有流行的数据库,更为突出的是 PHP 搭配 MySQL 数据库是目前 Web 应用开发的最佳组合。PHP 常与免费 Web 服务器软件 Apache 和免费数据库 MySQL 配合使用于 Linux 和 Windows 平台上,具有最高的性价比,这 3 种技术号称"黄金组合"(LAMP)。

PHP 具有如下优势。

(1)开源:所有的 PHP 源代码事实上都可以得到。

(2)免费:和其他技术相比,PHP 本身免费且是开源的。

(3)快捷:程序开发快,运行快,技术本身学习快。因为 PHP 可以嵌入于 HTML 语言中,所以它相对于其他语言来说编辑简单,实用性强,更适合初学者。

(4)跨平台性强:PHP 是运行在服务器端的脚本,可以运行在 UNIX、Linux、Windows 和 Mac OS 下。

(5)效率高:PHP 代码在运行时只会消耗相当少的系统资源。

(6)图像处理功能:通过在 PHP 中调用 GD 库中的函数,可以很方便地创建和处理 Web 上最为流行的 GIF、PNG 和 JPEG 等格式的图像,并直接将图像流输出到浏览器中。GD 库是一个用于动态生成图像的开源代码库,GD 库文件包含在 PHP 安装包中。

(7)面向对象:在 PHP4 和 PHP5 中,面向对象方面有了很大的改进,PHP 完全可以用来开发大型商业程序。

17.1.3　PHP 的工作原理

PHP 是基于服务器端运行的脚本语言,用于实现数据库和网页之间的数据交互。

一个完整的 PHP 系统由以下几个部分构成。

(1)操作系统:网站运行服务器所使用的操作系统。PHP 不要求操作系统的特定性,其跨平台的特性允许 PHP 运行在任何操作系统上,例如,Windows、Linux 等。

(2)服务器:搭建 PHP 运行环境时所选择的服务器。PHP 支持多种服务器软件,包括 Apache、IIS 等。

(3)PHP 包:实现对 PHP 文件的解析和编译。

(4)数据库系统:实现系统中数据的存储。PHP 支持多种数据库系统,包括 MySQL、SQL Server、Oracle 及 DB2 等。

(5)浏览器:浏览网页。由于 PHP 在发送到浏览器的时候已经被解析器编译成其他的代码,所以 PHP 对浏览器没有任何限制。

17.1.4　PHP 结合数据库应用的优势

在实际应用中,PHP 的一个最常见应用就是与数据库结合。无论是建设网站还是设计信息系统,都少不了数据库的参与。广义的数据库可以理解成关系型数据库管理系统、XML 文件,甚至文本文件等。

PHP 支持多种数据库,而且提供了与诸多数据库连接的相关函数或类库。一般来说,与 MySQL 是比较流行的一个组合。这不仅仅是因为它们都可以免费获取,更多的是因为 PHP 内部对 MySQL 数据库的完美支持。

当然,除了使用 PHP 内置的连接函数以外,还可以自行编写函数来间接访问数据库。这种机制给程序员带来了很大的灵活性。

17.2　HTML 与表单

17.2.1　HTML 基础知识

HTML 是一种简单、通用的标记语言。之所以称为标记语言,是因为 HTML 通过不同的标签来标记文档的不同部分。用户看到的每个 Web 页面,都是由 HTML 通过一系列定义好的标签生成的。

从简单的文本编辑器(如 Windows 的“记事本”)到专业化的编辑工具(如 NetBeans)都可以用来编辑 HTML 文档,编辑好的 HTML 文档必须按后缀.html 或.htm 来保存。最后通过浏览器打开 HTML 文档,来查看页面效果。

在 HTMI 文档中,标签是包含在<和>之间的部分,如<p>就是一个标签。标签一般是成对使用的,如<b>和</b>会同时使用,其中<b>是开始标签,</b>是结束标签。HTML 的标签不区分大小写,因此<b>和<b>表示的含义相同。

HTML 元素由标签定义,标签所定义的内容就称为“元素”,元素包含在开始标签和结束标签之间。

每一种 HTML 元素一般都会有一个或数个属性,属性用来设置或表示元素的一些特性、名称或显示效果等。属性放在元素标签中,紧跟标签名称之后,它和标签名称之间有一个或数个空格。元素的每个属性都有一个值,属性值的设定使用“属性＝值”的格式,可以为属性的值加上引号或不加引号。下面的 HTML 代码为标签<form>设置了 name 属性,其值为 login,表示这个表单的名称为 login。

```
<form name="login">
```

(1) 标头元素:HTML 使用标签<head>定义一个标头,结束标签是</head>。一般在<head>标签中设置文档的全局信息,如 HTML 文档的标题(title)、搜索引擎关键字(keyword)等。HTML 文档的标题放在头元素里,使用<title>标签定义。

(2) 标题元素:标题是指 HTML 文档中内容的标题。标题元素由标签<hl>～<h6>定义。<hl>定义最大的标题,<h6>定义最小的标题。

(3) 段落元素:HTML 中使用标签<p>和</p>定义一个段落。

(4) 字形元素:使用标签<b>和</b>定义一个粗体字形元素,并且使用标签<u>和</u>定义一个下画线字形元素。

(5) 链接元素:HTML 文档中指向其他 Web 资源(如另一个 HTML 页面、图片等)的链接叫作“锚”。在 HTML 中使用标签<a>和</a>定义一个锚元素,即链接元素,也就是说,在<a>和</a>之间的内容会成为一个超链接。

(6) 图像元素:使用标签<img>定义一个图像元素,在标签中使用属性 src 来指向一个图像资源。比如<img src="url">,其中 url 是指向资源所在位置。这个位置可以是一个 URL,也可以是一个相对地址,如<img src="renwu.jpg">,这时图片 renwu.jpg

和 HTML 文档应存放在同一目录下。

（7）表格元素：使用标签＜table＞和＜/table＞定义一个表格元素。一个表格由"行"构成，每一行由数据单元构成。表格的"行"用标签＜tr＞和＜/tr＞定义，数据单元用标签＜td＞和＜/td＞定义。

17.2.2 HTML 表单元素

在 Web 应用程序的开发中，通常使用表单来实现程序与用户输入的交互。用户通过在表单上输入数据，将一些信息传输给网站的程序以进行相应的处理。当用户在 Web 页面中的表单内填写好信息以后，可以通过单击按钮或链接来实现数据的提交。表单标签主要包括 form、input、textarea、select 和 option 等。

1. 表单标签 form

form 标签是一个 HTML 表单所必需的。一对＜form＞和＜/form＞标记着表单的开始与结束。在 form 标签中，主要有两个参数：

- action：用于指定表单数据的接收方。
- method：用于指定表单数据的接收方法。

一个简单表单示例的 HTML 代码如下：

```
<form method="post" action="post.php">
</form>
```

功能描述：表单提交后，其中的数据将被 post.php 程序接收，接收方法为 post。

注意：form 标签不能嵌套使用。

2. 输入标签 Input 与文本框

在 input 标签中通过 type 属性的值来区分所表示的表单元素。input 标签的 type 属性值是 text，用于表示文本框。例如：

```
<input name="txtname" type="text" value="" Size="20" maxlength="15">
```

- name：用于表示表单元素的名称，接收程序将使用该名称来获取表单元素的值。
- type：input 标签的类型，这里 text 表示文本框。
- Value：页面打开时文本框中的初始值，这里为空。
- Size：表示文本框的长度。
- Maxlength：表示文本框中允许输入的最多字符数。

两种常见的类似于文本框的表单元素是密码框与隐藏框。它们的属性和作用与文本框相同，只是 type 的值不同。其中密码框 type 的值为 password，隐藏框 type 的值为 hidden。例如：

```
<input name="txtpwd" type="password" value="" Size="20" maxlength="15">
```

需要注意的是，密码框只是在视觉上隐藏了用户的输入。在提交表单时，程序接收到的数据仍将是用户的输入，而不是一连串的圆点。例如：

```
<input name="txtpwd" type="hidden" value="" Size="20"maxlength="15">
```

隐藏框不用于用户输入,只是用于存储初始信息,或接收来自页面脚本语言的输入。在提交表单时,隐藏框中的数据与文本框一样都将被提交给用于接收数据的程序进行处理。

3. 按钮

HTML 表单中的按钮分为 3 种,即提交按钮、重置按钮和普通按钮。这 3 种按钮都是通过 input 标签实现的,其区别只在于 type 的值不同。

提交按钮用于将表单中的信息提交给相应的用于接收表单数据的页面。表单提交后,页面将跳转到用于接收表单数据的页面。提交按钮是通过 type 为 submit 的 input 标签来实现的。例如:

```
<input type="submit" value="提交">
```

注意:Value 是按钮上显示的文字。

重置按钮用于使表单中的所有元素均恢复到初始状态。重置按钮是通过一个 type 为 reset 的 input 标签来实现的。例如:

```
<input type="reset" value="重置">
```

普通按钮一般在数据交互方面没有任何作用,通常用于页面脚本(如 JavaScript)的调用。普通按钮是通过一个 type 为 button 的 input 标签来实现的。例如:

```
<input type="button" value="按钮">
```

单选按钮和复选框都是通过 input 标签来实现的。例如:

```
<input name="radiobutton" type="radio" value="男">
```

注意:name 表示单选按钮的名称。

type 的值为 radio 表示单选按钮,value 是单选按钮的值。如果选中这个单选按钮,则返回该单选按钮的值。例如:

```
<input name="radiobutton" type="radio" value="女">
```

一组 name 属性相同的单选按钮将构成一个单选按钮组。在一个单选按钮组中,只能有一个单选按钮被选中。

复选框的 type 为 checkbox。例如:

```
<input type="checkbox"name="chk1" value="游泳">
```

多行文本域标签 textarea 用于定义一个文本域。文本域可以看作是一个多行的文本框,与文本框实现着同样的功能——从用户浏览器接收输入的字符。例如:

```
<textarea name="textarea" cols="50" rows="10">
```

注意:name 属性表示文本域的名称,cols 用于表示文本域的列数,rows 用于表示文本域的行数。

下拉框与列表框是通过 select 与 option 标签来实现的。下拉框与列表框也是提供给用户供选择的信息。

```
<select name="subject_type">
<option selected value="H">---请选择题目类型---</option>
<option value="A">A--结合设计、科研、生产单位的题目</option>
<option value="B">B--结合教师科研的题目</option>
<option value="C">C--结合实验室建设的题目</option>
</select>
```

一对＜select＞和＜/select＞用于声明一个下拉框。其中的每一个 option 都是下拉框中的一个选项,选中后,下拉框的值将为选中的 option 中 value 属性所指定的值。在 option 标签中增加 selected 用于表示下拉框的初始选择。

17.2.3　表单数据的接收

接收表单数据主要用两种方法：GET 和 POST。

GET 方法是 HTML 表单提交数据的默认方法。如果在 form 标签中不指定 method 属性,则使用 GET 方法来提交数据。

使用 GET 方法将使表单中的数据按照"表单元素名＝值"的关联形式,添加到 form 标签中 action 属性所指向的 URL 后面,并使用"?"连接,并且会将各个变量使用"&"连接。提交后,页面将跳转到这个新的地址。

在 PHP 中,使用 $_GET[] 数组来接收使用 GET 方法传递的数据。其中方括号内为表单元素的名称,相应的数组的值为用户的输入。例如：

```
<form method="get" action="post.php"></form>
```

使用 POST 方法来提交数据时,必须在 form 标签中指定 method 属性为"POST"。例如：

```
<form method="post" action="post.php"></form>
```

使用 POST 方法会将表单中的数据放在表单的数据体中,并按照表单元素名称和值的对应关系将用户输入的数据传递到 form 标签中 Action 属性所指向的 URL 地址。提交后,页面将跳转到这个地址。

在 PHP 中,使用 $_POST[] 数组来接收使用 POST 方法传递的数据。其中方括号内为表单元素的名称,相应的数组的值为用户的输入。例如,接收一个来自名为 txtname 的文本框的数据的 PHP 代码如下：

```
$_POST["txtname"]
```

由于使用 GET 方法提交会将用户输入的数据全部显示在地址栏上,其他用户可以通过查询浏览器的历史浏览记录得到输入的数据,而使用 POST 方法则不会将用户的输入保存在浏览器的历史中,因此使用 POST 方法传输数据比 GET 方法更安全、可靠。

17.3　PHP 基本语法

17.3.1　PHP 标记与注释

1. PHP 标记

PHP 标记用于标识 PHP 脚本代码的开始和结束,PHP 脚本可放置于文档中的任何位置。在 PHP 中可以使用 4 种不同的标记。

(1) XML 标记风格,如下所示。

```
<?php
echo "这是 XML 标记风格";
? >
```

从上面的代码中可以看到,XML 标记风格是以"<?php"开始并以"?>"结尾的,中间包含的代码就是 PHP 语言代码。这是 PHP 最常用的标记风格,推荐使用这种标记风格,因为它不能被服务器禁用,在 XML 和 XHTML 中都可以使用。

(2) 脚本标记风格:以"<script …>"开头并以"</script>"结尾。

(3) 简短标记风格:<? echo "这是简短风格的标记"; ?>。

(4) ASP 标记风格:<% echo "这是 ASP 风格的标记";%>。

2. 指令分隔符

PHP 需要在每条语句后用分号结束指令,一段 PHP 代码的结束标记隐含表示一个分号,即最后一行可以不用分号结束。

3. 注释

PHP 代码中的注释不会被作为程序来读取和执行,PHP 支持 C/C++ 和 UNIX Shell 风格的注释,以 ♯、// 或 / * … * /标识注释,其中 ♯ 是一种简短的注释方法,单行注释一般使用双斜杠//,多行注释使用/ * … * /形式。

17.3.2　PHP 变量

变量是可以随时改变的量,主要用于存储临时数据,是程序代码中尤为重要的一部分。在定义变量的时候,通常要为其赋值,所以在定义变量的同时,系统会自动为该变量分配一个存储空间来存储变量的值。

1. 变量的定义

在 PHP 中定义变量的语法格式如下:

```
$变量名称=变量的值
```

2. 变量的命名规则

(1) PHP 中的变量名是区分大小写的。

(2) 变量名必须是以符号"$"开始。

(3) 变量名可以以下画线开头。

（4）变量名不能以数字字符开头。

（5）变量名可以包含一些扩展字符（如重音拉丁字母），但不能包含非法扩展字符（如汉字字符）。

【例 17-1】 变量命名举例。

```
$name="cau";               //定义一个变量,变量名为$name 变量值为 cau
$_pwd="abc123";            //定义一个变量,变量名为$pwd 变量值为 abc123
$_123number=87665;         //定义一个变量,变量名为$123number 变量值为 87665
$_Class="roof";            //定义一个变量,变量名为$_Class 变量值为 roof
```

17.3.3　PHP 数据类型

计算机操作的对象是数据,而每一个数据都有其类型,具备相同类型的数据才可以彼此操作。PHP 的数据与传统的高级语言之间具有以下相同之处。

（1）PHP 使用变量或常量实现数据在内存中的存储,并使用变量名（例如 $ userName）或常量名（例如 PI）实现内存数据的按名存取。

（2）PHP 使用等于号"＝"（赋值运算符）给变量赋值。

（3）PHP 不允许直接访问一个未经初始化的变量,否则 PHP 预处理器会提示 Notice 信息。

（4）PHP 提供变量作用域的概念,实现内存数据的安全访问控制。

（5）PHP 引入了数据类型的概念来修饰和管理数据。

PHP 与传统的高级语言之间的不同之处如下。

（1）PHP 变量名前要加" $ "符号标识,例如 $ userName 变量。

（2）PHP 是一种"弱类型的语言",声明变量或常量时,不需要事先声明变量或常量的数据类型,而是自动由 PHP 预处理器根据变量的值将变量转换成适当的数据类型。

PHP 的数据类型可以分为 4 种:标量数据类型、复合数据类型、特殊数据类型和伪类型。其中标量数据类型共有 4 种:布尔型、整型、浮点型和字符串型;复合数据类型共有两种:数组和对象;特殊数据类型有资源数据类型和空数据类型;伪类型通常在函数的定义中使用。

1. 标量数据类型

标量数据类型是数据结构中最基本的单元,只能存储一个数据。PHP 中的标量数据类型包括 4 种,如表 17-3 所示。

表 17-3　标量数据类型

类　型	说　明
boolean（布尔型）	这是最简单的类型。只有两个值:真（true）和假（false）
string（字符串型）	字符串就是连续的字符序列,可以是计算机所能表示的一切字符的集合
integer（整型）	整型数据类型只能包含整数,可以是正数或负数
float（浮点型）	浮点数据类型用来存储数字,和整型不同的是它有小数位

下面对各个数据类型进行详细介绍。

（1）布尔型（boolean）

布尔型是 PHP 中较为常用的数据类型之一。它保存一个真值（TRUE）或者假值（FALSE）。布尔型数据的用法如下所示：

```php
<?php
$a=TRUE;
$c=FALSE;
?>
```

注意：使用 echo 输出 TRUE 时，将自动把 TRUE 转换为整数 1；使用 echo 输出 FALSE 时，将自动把 FALSE 转换为空字符串。

（2）字符串型（string）

字符串是连续的字符序列，由数字、字母和符号组成。字符串中的每个字符只占用一个字节。字符包含以下几种类型。

- 数字类型。例如 1、2、3 等。
- 字母类型。例如 a、b、c、d 等。
- 特殊字符。例如 #、$、%、^、& 等。
- 不可见字符。例如\n（换行符）、\r（回车符）、\t（Tab 字符）等。

其中，不可见字符是比较特殊的一组字符，是用来控制字符串格式化输出的，在浏览器上不可见，只能看到字符串输出的结果。

【例 17-2】　运用 PHP 的不可见字符串完成字符串的格式输出。

```php
<?php
echo "PHP 虚拟现实技术及应用\r 网站开发与设计 \n 数据库原理及应用基础 \t 程序设计基础训练"; //输出字符串
?>
```

运行后，在 Internet Explorer 浏览器中不能直接看到不可见字符串（\r、\n 和\t）的作用效果，而只有通过"查看源文件"命令才能看到。

在 PHP 中，定义字符串有 3 种方式：单引号（'）、双引号（"）和界定符（<<<）。

单引号和双引号是经常被使用的定义方式，定义格式如下。

```php
$a='字符串';
```

或：

```php
$a="字符串";
```

注意：

- 双引号中所包含的变量会自动被替换成实际数值，而在单引号中包含的变量则按普通字符串输出。
- 在定义字符串时，尽量使用单引号，因为单引号的运行速度要比双引号快。

【**例 17-3**】 使用单引号、双引号和界定符输出变量的值。

```php
<?php
    $a="开放的中国农业大学欢迎您";
    echo "$a"."<br>";           //使用双引号输出变量
    echo '$a'."<br>";           //使用单引号输出 $a
    //使用界定符输出变量
    echo <<<std
    $a
    std;
?>
```

执行结果为：

开放的中国农业大学欢迎您
$a
开放的中国农业大学欢迎您

注意：使用界定符输出字符串时，结束标识符必须单独另起一行，并且不允许有空格。如果在标识符前后有其他符号或字符，则会发生错误。

（3）整型（integer）

整型数据类型只能包含整数，即不包含小数点的实数。在 32 位的操作系统中，有效的范围是－2 147 483 648～＋2 147 483 647。整型数可以用十进制、八进制和十六进制来表示。如果用八进制，数字前面必须加 0，如果用十六进制，则需要加 0x。

【**例 17-4**】 输出八进制、十进制和十六进制的结果。

```php
<?php
    $str1=12;               //八进制变量
    $str2=012;              //十进制变量
    $str3=0x12;             //十六进制变量
    echo "数字 12 不同进制的输出结果: <p>";
    echo "十进制的结果是: $str1<br>";
    echo "八进制的结果是: $str2<br>";
    echo "十六进制的结果是: $str3";
?>
```

执行结果如下：

数字 12 不同进制的输出结果：
十进制的结果是：12
八进制的结果是：10
十六进制的结果是：18

注意：如果给定的数值超出了 int 类型所能表示的最大范围，将会被当作 float 型处理，这种情况称为整数溢出。同样，如果表达式的最后运算结果超出了 int 的范围，也会返回 float 型。

在 64 位的操作系统中，其执行结果可能会有所不同。

（4）浮点型（float）

浮点数据类型可以用来存储整数，也可以保存小数。它提供的精度比整数大得多。在 32 位的操作系统中，有效的范围是 1.7E-308～1.7E＋308。在 PHP 4.0 以前的版本中，浮点型的标识为 double，也叫双精度浮点数，两者没什么区别。

浮点型数据默认有两种书写格式，一种是标准格式，如下所示。

```
3.1415
0.333
-15.8
```

还有一种是科学记数法格式，如下所示。

```
1.58E1
849.72E-3
```

例如：

```
<?php
$a=1.36;
$b=2.35;
$c=1.58E1;              //该变量的值为 1.58 * 10
?>
```

注意：浮点型的数值只是一个近似值，所以要尽量避免在浮点型数值之间比较大小，因为最后的结果往往是不准确的。

2. 复合数据类型

复合数据类型包括两种：数组（array）和对象（object）。

（1）数组（array）

数组是一组数据的集合，它把一系列数据组织起来，形成一个可操作的整体。数组中可以包括很多数据：标量数据、数组、对象、资源以及 PHP 中支持的其他语法结构等。

数组中的每个数据称为一个元素，每个元素都有一个唯一的编号，称为索引，元素的索引只能由数字或字符串组成。元素的值可以是多种数据类型。

定义数组的语法格式如下。

```
$array['key']='value';
```

或

```
$array(key1=>value1, key2=>value2···)
```

其中参数 key 是数组元素的索引，value 是数组元素的值。

【例 17-5】 数组应用示例。

```
<?php
$array[0]="虚拟现实技术及应用";        //定义$array 数组的第 1 个元素
$array[1]="网站开发与设计";           //定义$array 数组的第 2 个元素
$array[2]="数据库原理及应用基础";      //定义$array 数组的第 3 个元素
```

```
$number=array(0=>'虚拟现实技术及应用',1=>'网站开发与设计',2=>'数据库原理及应用
基础');                                    //定义$number数组的所有元素
echo $array[0]."<br>";                     //输出$array数组的第1个元素值
echo $number[1];                           //输出$number数组的第2个元素值
?>
```

执行结果为：

虚拟现实技术及应用
网站开发与设计

（2）对象（object）

客观世界中的一个事物就是一个对象，每个客观事物都有自己的特征和行为。从程序设计的角度来看，事物的特征就是数据，也叫成员变量；事物的行为就是方法，也叫成员方法。面向对象的程序设计方法就是利用客观事物的这种特点，将客观事物抽象为"类"，而类是对象的"模板"。

【例 17-6】 对象的应用。

```
<?php
class Movie{
    //下面是 Student 类的成员变量
    public $name;
    public $star;
    public $date;
    //下面是 Student 类的成员方法
    function getName(){
    //this 是指向当前对象
        return $this->name;
    }
    function setName($name){
        $this->name=$name;
    }
}
$movie=new Movie();
$movie->setName("战狼 II。");
echo $movie->getName();
?>
```

执行结果为：

战狼 II

上述例子中，通过使用 new 关键字实例化一个 $ movie 对象，然后通过如下方式访问该对象的成员变量和成员方法。

- 访问成员变量的方法：对象->成员变量（如 $ movie ->name）。
- 访问成员方法的方法：对象->成员方法（如 $ movie->getName()）。

17.3.4　PHP 的 3 种控制结构

在编程的过程中,程序设计的结构大致可以分为顺序结构、选择结构和循环结构 3 种。

1. 顺序结构

顺序结构是最基本的结构方式,各流程依次按顺序执行。传统流程图的表示方式与 N-S 结构化流程图的表示方式分别如图 17-1 和图 17-2 所示。执行顺序为：开始→语句 1→语句 2→…→结束。

图 17-1　顺序结构的传统流程图　　　　图 17-2　顺序结构的 N-S 结构化流程图

2. 选择(分支)结构

选择结构就是对给定条件进行判断,条件为真时执行一个分支,条件为假时执行另一个分支。其传统流程图表示方式与 N-S 结构化流程图表示方式分别如图 17-3 和图 17-4 所示。

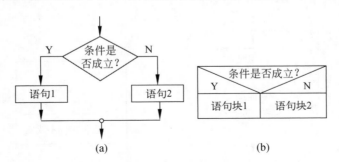

(a)　　　　　　　　　　　　(b)

图 17-3　条件成立与否都执行语句或语句块

(a) 传统流程图；(b) N-S 结构化流程图

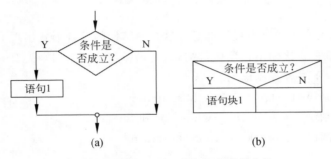

(a)　　　　　　　　　　　　(b)

图 17-4　条件为否则不执行语句或语句块

(a) 传统流程图；(b) N-S 结构化流程图

3. 循环结构

循环结构可以按照需要多次重复执行一行或者多行代码。循环结构分为两种：前测试型循环和后测试型循环。

前测试型循环是指先判断后执行。当条件为真时反复执行语句或语句块，条件为假时，跳出循环，继续执行循环后面的语句，流程图如图 17-5 所示。

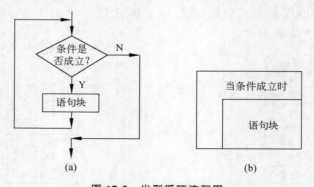

图 17-5   当型循环流程图

（a）传统流程图；（b）N-S 结构化流程图

后测试型循环是指先执行后判断。先执行语句或语句块，再进行条件判断，直到条件为假时，跳出循环，继续执行循环后面的语句；否则一直执行语句或语句块，流程图如图 17-6 所示。

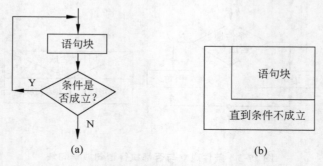

图 17-6   直到型循环流程图

（a）传统流程图；（b）N-S 结构化流程图

在 PHP 中，大多数情况下程序都是以这 3 种结构的组合形式出现的。其中的顺序结构很容易理解，就是直接输出程序执行结果；而选择和循环结构则需要一些特殊的控制语句来实现，包括以下 3 种控制语句。

（1）条件控制语句：if、else、elseif 和 switch。

（2）循环控制语句：while、do…while、for 和 foreach。

（3）跳转控制语句：break、continue 和 return。

17.4　条件控制语句

所谓条件控制语句就是对语句中不同条件的值进行判断,进而根据不同的条件执行不同的语句。在条件控制语句中主要有两个语句:if 条件控制语句和 switch 多分支语句。

17.4.1　if 条件控制语句

if 条件控制语句是所有流程控制语句中最简单、最常用的一个,根据获取的不同条件判断执行不同的语句。它的应用范围十分广泛,无论程序大小,几乎都会应用到该语句。其语法如下:

```
if(expr)
    statement;                  //这是基本的表达式
if() {}                         //这是执行多条语句的表达式
if() {}else {}                  //这是通过 else 延伸了的表达式
if() {}elseif() {} else {}      //这是加入了 elseif 同时判断多个条件的表达式
```

参数 expr 按照布尔求值。如果 expr 的值为 true,则执行 statement;如果值为 false,则忽略 statement。if 语句可以无限层地嵌套到其他 if 语句中,实现更多条件的执行。

else 用于当 if 语句在参数 expr 的值为 false 时执行其他语句,即在执行的语句不满足该条件时执行 else 后大括号中的语句。

【例 17-6】　if…else 的应用。

```
<?php
    $islove=false;              //为变量赋予一个逻辑值
    if($islove==true){          //判断变量的逻辑值是否为真
        echo "如果爱我,我们一起去爬山";
    }
    else{
        echo "我在家看电视";
    }
?>
```

输出结果如下:

我在家看电视

在同时判断多个条件的时候,PHP 提供了 elseif 的语句来扩展需求。elseif 语句放置在 if 和 else 语句之间,满足多条件的同时判断需求。

if 语句的流程如图 17-7 和图 17-8 所示。

elseif 语句的流程如图 17-9 所示。

图 17-7　if 语句的流程控制图

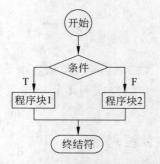

图 17-8　if…else 语句的流程控制图

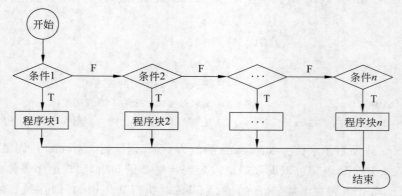

图 17-9　elseif 语句的流程控制图

【例 17-7】　从文本框中输入一个百分制分数,单击"提交"按钮后,输出成绩等级。90 分以上记为"A",80～89 分记为"B",70～79 分记为"C",60～69 分记为"D",60 分以下记为"E"。程序代码如下:

```
<html >
<head>
<meta http-equiv="Content-Type" content="text/html; charset=utf-8" />
<title>百分制分数</title>
</head>
<body>
<form id="form1" name="form1" method="post" action="">
  <input type="text" name="score" id="score" />
  <input type="submit" name="button" id="button" value="提交" />
</form>
<?php
if(isset($_POST["button"]))
{ $score=$_POST["score"];
if ($score>=90) $grade='A';
  elseif ($score>=80) $grade='B';
  elseif ($score>=70) $grade='C';
```

```
elseif ($score>=60) $grade='D';
else $grade='E';
echo "成绩等级为".$grade;
}
?>
</body>
</html>
```

执行程序并输入：

```
86
```

显示：

```
成绩等级为 B
```

17.4.2　switch 多分支语句

switch 语句和 if 条件控制语句类似，用于将同一个表达式与很多不同的值比较，获取匹配的值，并且执行对应的语句。其语法如下：

```
<?php
switch ( expr ){            //expr 条件为变量名称
case expr1:                 //case 后的 expr1 为变量的值
    statement1;             //冒号":"后的是符合该条件时要执行的部分
  break;                    //应用 break 来跳离循环体
case expr2 :
    statement2;
  break;
default:
  statementN;
  break;
}
?>
```

参数说明如表 17-1 所示。

表 17-1　switch 语句参数介绍

参　　数	说　　明
expr	表达式的值，即 switch 语句的条件变量的名称
expr1	放置于 case 语句之后，是要与条件变量 expr 进行匹配的值中的一个
statement1	在参数 expr1 的值与条件变量 expr 的值相匹配时执行的代码
break	终止语句的执行，即在语句执行过程中，遇到 break 就停止执行，跳出循环体
default	case 的一个特例，匹配任何其他 case 都不匹配的情况，并且是最后一条 case 语句

switch 语句的流程控制如图 17-10 所示。

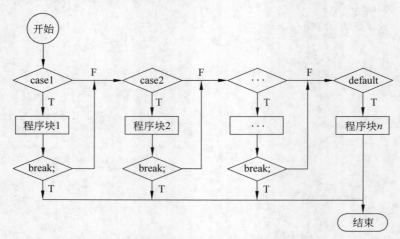

图 17-10   switch 语句的流程控制图

注意：

- 表达式的类型可以是数值型或者字符串型。
- 多个不同的 case 可以执行同一个语句块。

【例 17-8】 应用 switch 语句判断成绩的等级情况。

```php
<?php
    $cont=49;                        //以下代码实现了根据$cont的值判断成绩等级的功能
    switch($cont) {
        case $cont= =100;            //如果$cont的值等于100,则输出"满分"
            echo"满分";
            break;
        case $cont>=90;              //如果$cont的值大于或等于90,则输出"优秀"
            echo"优秀";
            break;
        case $cont>=60;              //如果$cont的值大于或等于60,则输出"及格"
            echo"及格";
            break;
        default:                     //如果$cont的值小于60,则输出"不及格"
    echo "不及格";
?>
```

执行结果为：

不及格

注意：if 和 switch 语句可以从使用的效率上来进行比较,也可以从实用性角度去区分。就效率而言,在对同一个变量的不同值进行条件判断时,使用 switch 语句的效率相对更高一些,尤其是判断的分支越多越明显。

就实用性而言,switch 语句肯定不如 if 条件语句。if 条件语句是实用性最强和应用范围最广泛的语句。

在程序开发的过程中,if 和 switch 语句的使用应该根据实际的情况而定,不要因为 switch 语句的效率高就一味地使用,也不要因为 if 语句常用就不应用 switch 语句。要根据实际的情况,具体问题具体分析,使用最适合的条件语句。在一般情况下可以使用 if 条件语句,但是在实现一些多条件的判断中,特别是在实现框架的功能时,就应该使用 switch 语句。

17.5　循环控制语句

循环语句是在满足条件的情况下反复地执行某一个操作。在 PHP 中,提供了 4 种循环控制语句,分别是 while 循环语句、do…while 循环语句、for 循环语句和 foreach 循环语句。

17.5.1　while 循环语句

while 循环语句的作用是反复地执行某一项操作,是循环控制语句中最简单的一个,也是最常用的一个。while 循环语句对表达式的值进行判断,当表达式为非 0 值时,执行 while 语句中的内嵌语句;当表达式的值为 0 值时,则不执行 while 语句中的内嵌语句。该语句的特点是:先判断表达式,后执行语句。while 循环控制语句的操作流程如图 17-11 所示。

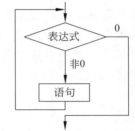

图 17-11　while 循环控制语句的操作流程

其语法如下:

```
while (expr){
    statement;/*先判断条件,当条件满足时执行语句块,否则不向下执行 */
}
```

只要 while 表达式 expr 的值为 true,就重复执行嵌套中的 statement 语句;如果 while 表达式的值一开始就是 false,则循环语句一次也不执行。

【例 17-9】　输出 10 以内的偶数,若不是偶数则不输出。

```php
<?php
    $num=1;
    $str="10 以内的偶数为: ";
    while($num <=10){
        if($num %2= =0){
            $str .=$num." ";
        }
        $num++;
    }
```

```
echo $str;
```

执行结果如下：

10 以内的偶数为：2 4 6 8 10

17.5.2　do…while 循环语句

do…while 语句也是循环控制语句中的一种，使用方式和 while 相似，也是通过判断表达式的值来输出循环语句。其语法如下：

```
do{
/*程序在未经判断之前就进行了一次循环,循环到 while 部分才判断条件,即使条件不满足,程序也已经运行了一次*/
  statement;
}while(expr);
```

该语句的操作流程是：先执行一次指定的循环体语句，然后判断表达式的值，当表达式的值为非 0 时，返回重新执行循环体语句，如此反复，直到表达式的值等于 0 为止，此时循环结束。其特点是先执行循环体，然后判断循环条件是否成立。do…while 循环语句的操作流程如图 17-12 所示。

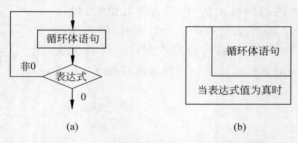

(a)　　　　　　　　　　(b)

图 17-12　do…while 循环语句的操作流程

（a）操作流程图；（b）N-S 流程图

【例 17-10】　通过 do…while 语句计算一个员工总的工龄工资增加情况。

```php
<?php
    $a=1;            //定义变量$a的值为1
    $year=5;
    do{
        $price=50 * 12 * $a;
        echo "您第".$a."年的工龄工资为<b>".$price."</b>元<br>";
        $a++;
    }while($a<=$year);
?>
```

执行结果如下：

您第 1 年的工龄工资为 600 元
您第 2 年的工龄工资为 1200 元
您第 3 年的工龄工资为 1800 元
您第 4 年的工龄工资为 2400 元
您第 5 年的工龄工资为 3000 元

17.5.3　for 循环语句

for 语句是 PHP 中最复杂的循环控制语句,拥有 3 个条件表达式。其语法如下:

```
for (expr1; expr2; expr3){
    statement
}
```

for 循环语句的参数说明如表 17-2 所示。

表 17-2　for 循环语句的参数介绍

参　　数	说　　明
expr1	必要参数。第 1 个条件表达式,在第一次循环开始时执行
expr2	必要参数。第 2 个条件表达式,在每次循环开始时执行,决定循环是否继续
expr3	必要参数。第 3 个条件表达式,在每次循环结束时执行
statement	必要参数。满足条件后,循环执行的语句

for 语句的执行过程如下:首先执行表达式 1。然后执行表达式 2,并对表达式 2 的值进行判断,如果值为 true,则执行 for 循环语句中指定的内嵌语句;如果值为 false,则结束循环,跳出 for 循环语句。最后执行表达式 3(切记是在表达式 2 的值为真时),返回表达式 2 继续循环执行。for 循环语句的操作流程如图 17-13 所示。

【例 17-11】　使用 for 循环来计算 2～100 的所有偶数之和。

```php
<?php
    $b="";
    for($a=0;$a<=100;$a+=2){      //执行 for 循环
        $b=$a+$b;                 //计算所有偶数之和
    }
    echo "结果为: <b>".$b."</b>";
?>
```

执行结果为:

2550

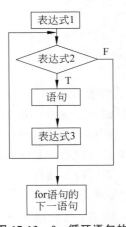

图 17-13　for 循环语句的流程图

注意：在编程时，有时会遇到使用 for 循环的特殊语法格式来实现无限循环。语法格式为：

```
for(;;){
    …
}
```

对于这种无限循环，可以通过 break 语句跳出循环，例如：

```
for(;;){
    if(x <20)
        break;
    x++;
}
```

17.5.4　foreach 循环语句

foreach 循环控制语句是从 PHP4 开始引入的，主要用于处理数组，是遍历数组的一种简单方法。如果将该语句用于处理其他的数据类型或者未初始化的变量，将会产生错误。该语句的语法有两种格式。

```
foreach (array_expression as $value){
    statement
}
```

或

```
foreach (array_expression as $key=>$value){
    statement
}
```

参数 array_expression 是指定要遍历的数组，其中的 $value 是数组的值，$key 是数组的键名；statement 是满足条件时要循环执行的语句。

在第一种格式中，当遍历指定的 array_expression 数组时，每次循环都会将当前数组元素的值赋给变量 $value，并且将数组中的指针移到下一个元素上。

第二种格式中的应用是相同的，只是在将当前元素的值赋给变量 $value 的同时，也将当前单元的键名赋给了变量 $key。

说明：当使用 foreach 语句用于其他数据类型或者未初始化的变量时会产生错误。为了避免这个问题，最好使用 is_array()函数先来判断变量是否为数组类型。如果是，再进行其他操作。

【例 17-12】　使用 foreach 输出数组元素值。

```
<?php
$a=array(1,2,3,4,5,6);
foreach($a as $b)
    echo $b;
```

```
?>
```

输出结果为：

```
123456
```

17.6　跳转语句

跳转语句有 3 个：break 语句、continue 语句和 return 语句。其中前两个跳转语句使用起来非常简单而且非常容易掌握，主要原因是它们都被应用在指定的环境中，如 for 循环语句中。return 语句在应用环境上较前两者相对单一，一般用在自定义函数和面向对象的类中。

17.6.1　break 跳转语句

break 关键字可以终止当前的循环，包括 while、do…while、for、foreach 和 switch 在内的所有控制语句。

break 语句不仅可以跳出当前的循环，还可以指定跳出几重循环。格式为：

```
break  n;
```

参数 n 指定要跳出的循环数量。break 关键字的流程图如图 17-14 所示。

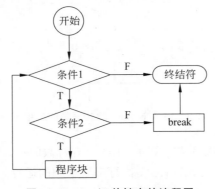

图 17-14　break 关键字的流程图

【例 17-13】　计算半径 1～10 的圆面积，直到面积大于 100 时为止。

```php
<?php
define(PI,3.14);
for($r=1;$r<=10;$r++)
{
    $area=PI * $r * $r;
    if($area>100)
        break;
    echo "r=$r, area=$area";
```

```
        echo "<br/>";
    }
?>
```

执行结果如下：

```
r=1, area=3.14
r=2, area=17.56
r=3, area=28.26
r=4, area=50.24
r=5, area=78.5
```

17.6.2 continue 跳转语句

程序执行 break 后，将跳出循环，而开始继续执行循环体的后续语句。continue 跳转语句的作用没有 break 那么强大，只能终止本次循环，而进入到下一次循环中。在执行 continue 语句后，程序将结束本次循环的执行，并开始下一轮循环的执行操作。continue 也可以指定跳出几重循环。continue 跳转语句的流程图如图 17-15 所示。

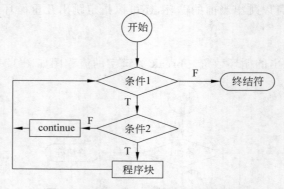

图 17-15 continue 跳转语句的流程图

【例 17-14】 使用 for 循环来计算 1～100 所有奇数的和。在 for 循环中，当循环到偶数时，使用 continue 实现跳转，然后继续执行奇数求和的运算。

```php
<?php
$sum=0;
for($i=1;$i<=100;$i++){
    if($i%2= =0){
        continue;
    }
    $sum=$sum+$i;
}
echo  $sum;
?>
```

执行结果为：

2500

注意：break 和 continue 语句都是实现跳转的功能，但还是有区别的：continue 语句只是结束本次循环，并不是终止整个循环的执行；break 语句则是结束整个循环过程。

17.6.3　exit 语句

程序执行过程中，总会发生一些错误，比如被零除、打开一个不存在的文件或者数据库连接失败等情况。当程序发生错误之后，应用控制程序应立即终止执行剩余代码，PHP 提供的 exit 语言结构（或者 die 语言结构）可以实现这个功能。exit 语言结构用于终止整个 PHP 程序的执行，即后续代码都不会执行。

exit 语言结构的语法格式为：

```
void exit ([string message])
```

exit 语言结构用于输出字符串信息 message，然后终止 PHP 程序的运行。

【例 17-15】　exit 语言结构的应用。

```
<?php
@ ($a=2/0) or exit("发生被零除错误!");
echo "exit 后面的语句将不会运行!";
?>
```

执行结果为：

发生被零除错误!

注意：字符串信息 message 必须写在小括号内。

之所以 exit 不是函数，而是一个语言结构，是因为上述例子可以修改为：

```
<?php
@ ($a=2/0) or exit;
echo "exit 后面的语句将不会运行!";
?>
```

PHP 还提供了 die 语言结构用于终止程序的运行，die 可以看作是 exit 的别名。例如上述例子可以修改为：

```
<?php
@ ($a=2/0) or die("发生被零除错误!");
echo "die 后面的语句将不会运行!";
?>
```

17.7　PHP 文件间引用跳转

引用外部文件可以提高代码的重用性，这是 PHP 编程的重要技巧。PHP 提供了 4 个非常简单却很有用的包含函数（include()、require()、include_once()和 require_ once()),它们允许重用任何类型的代码。使用其中任意一个函数均可将一个文件载入 PHP 脚本中,从而提高代码的重用性,并提高代码维护和更新的效率。

17.7.1　include()函数

include()函数的语法格式如下:

```
mixed include(string resource)
```

include()函数用于将一个资源文件载入到当前 PHP 程序中。字符串参数 resource 是一个资源文件的文件名,该资源可以是本地 Web 服务器上的资源,如图片、HTML 页面和 PHP 页面等,也可以是互联网上的资源。若找不到资源文件 resource,include 语言结构返回 false;若找到资源文件 resource,且资源文件 resource 没有返回值时,返回整数 1,否则返回资源文件 resource 的返回值。

注意:

(1) 使用 include()函数载入文件时,如果被载入的文件中包含 PHP 语句,这些语句必须使用 PHP 开始和结束标记进行标识。

(2) 当 resouce 资源是互联网上的某个资源时,需要将配置文件 php.ini 中的选项 allow_url_ include 设置为 on(allow_url_include＝on),否则不能引用互联网资源。

【例 17-16】　程序文件位于同一个目录下的 include 语句的应用(即 include.php 和 main.php 位于同一个目录下)。

程序文件一: include.php

```php
<?php
$color='red';
$fruit='apple';
echo "这是被引用的文件输出! <br/>";
?>
```

程序文件二: main.php

```php
<?php
echo "A $color $fruit<br/>";
include "include.php";
echo "A $color $fruit<br/>";
?>
```

运行程序文件二的结果如下:

```
Notice: Undefined variable: color in C:\xampp\htdocs\chap3\index.php on line 16
Notice: Undefined variable: fruit in C:\xampp\htdocs\chap3\index.php on line 16
A
这是被引用的文件输出!
A red apple
```

17.7.2 include()函数和 require()函数的区别

应用 require()函数来调用文件,其应用方法和 include()函数类似,但还存在如下两点区别。

(1) 在使用 require()函数调用文件时,如果被引用文件发生错误或不能找到被引用文件,将提示 Warning 信息及 Fatal error 致命错误信息,然后终止程序运行。而 include()函数在没有找到文件时会输出警告,但不会终止脚本的处理。

(2) 使用 require()函数调用文件时,只要程序一执行,会立刻调用外部文件。而通过 incldue()函数调用外部文件时,只有程序执行到该函数时,才会调用外部文件。

17.7.3 include_once()函数

随着程序资源规模的扩大,同一程序多次使用 include()或者 require()函数的情况时有发生,而多次引用同一个资源也变得不可避免,但这可能导致文件引用出现混乱。为了解决这类问题,PHP 提供了 include_once()函数和 require_once()函数,确保同一个资源文件只能引用一次。

include_once()函数是 include()函数的延伸,它的作用和 incldue()函数几乎是相同的,唯一的区别在于: include_once()函数会在导入文件前先检测该文件是否在该页面的其他部分被导入过,如果有则不会重复导入该文件。例如,要导入的文件中存在一些自定义函数,那么如果在同一个程序中重复导入这个文件,在第二次导入时便会发生错误,因为 PHP 不允许相同名称的函数被重复声明第二次。

include_once()函数的语法如下:

```
void include_once (string filename);
```

filename 参数是指定的完整路径文件名。

include_once()函数的功能是: include_once()函数将一个资源文件 resource 载入到当前 PHP 程序中。若找不到资源文件 resource,该函数将返回 false。若找到资源文件 resource,且该资源文件是第一次载入,则返回整数 1;若找到资源文件 resource,且该资源文件已经载入,就返回 true。

【例 17-17】 使用 include_once()函数来引用并运行指定的外部文件 top.php。

```
<html>
<head>
<meta http-equiv="Content-Type" content="text/html; charset=gb2312">
<title>应用 include_once()函数包含文件</title>
</head>
<body>
<table width="779" border="0" cellpadding="0" cellspacing="0">
  <tr>
    <td><?php include_once("top.php");?></td>
  </tr>
</table>
```

```
</table>
</body>
</html>
```

top.php 文件代码如下:

```
<html>
<head>
<title>被包含文件</title>
</head>
<body>
<table width="779" height="80" border="0" cellpadding="0" cellspacing="0">
  <tr>
    <td bgcolor="#33CCFF">使用 include_once 语句引用的文件</td>
  </tr>
</table>
</body>
</html>
```

注意: include_once( )函数和 require_once( )函数的区别: include_once 函数在脚本执行期间调用外部文件发生错误时,产生一个警告,而 require_once 函数则导致一个致命的错误。

17.8 使用 PHP 进行 MySQL 数据库编程

17.8.1 工作原理

针对不同的应用,PHP 内置了许多函数。为了在 PHP 5 程序中实现对 MySQL 数据库的各种操作,可以使用其中的 MySQL 函数库。在使用 MySQL 函数库访问 MySQL 数据库之前,需要在 PHP 的配置文件 php.ini 中将";extension = php_mysql.dll"修改为 "extension = php_mysql.dll",即删除该选项前面的注释符号";",然后再重新启动 Web 服务器(例如 Apache)。

通过使用内置函数库,PHP 5 程序能够很好地与 MySQL 数据库进行交互。使用这种方式所构建的基于 B/S 模式的 Web 应用程序的工作流程可描述如下:

(1) 在用户计算机的浏览器地址栏中输入相应 URI 信息,向网页服务器提出交互请求。

(2) 网页服务器收到用户浏览器端的交互请求。

(3) 网页服务器根据请求寻找服务器上的网页。

(4) Web 应用服务器(例如 Apache)执行页面内包含的 PHP 脚本程序。

(5) PHP 脚本程序通过内置的 MySQL API 函数访问后台 MySQL 数据库服务器。

(6) PHP 脚本程序取回后台 MySQL 数据库服务器的查询结果。

(7) 网页服务器将查询处理结果以 HTML 文档的格式返回给用户浏览器。

17.8.2　使用 PHP 操作 MySQL 数据库

使用 PHP 操作 MySQL 数据库的基本步骤如下：

（1）建立与数据库 MySQL 的连接。

（2）选择要使用的数据库。

（3）创建 SQL 语句。

（4）执行 SQL 语句。

（5）获取 SQL 执行结果。

（6）处理数据结果集。

（7）关闭与数据库的连接。

以上各步骤均是通过 PHP 5 内置函数库 MySQL 中相应的函数来完成的。

在 PHP 5 中，可以使用函数 mysql_connect()和函数 mysql_pconnect()来建立与 MySQL 数据库服务器的连接。其中，函数 mysql_connect()用于建立非持久连接，而函数 mysql_pconnect()用于建立持久连接。

1. 使用函数 mysql_connect()建立非持久连接

在 PHP 5 中，函数 mysql_connect()的语法格式为：

```
mysql_connect([servername[,username[,password]]])
```

语法说明如下：

（1）servername：可选项，为字符串型，用于指定要连接的数据库服务器。默认值是"localhost：3306"。

（2）usemame：可选项，为字符串型，用于指定登录数据库服务器所使用的用户名。默认值是拥有服务器进程的用户名，如超级用户 root。

（3）password：可选项，为字符串型，用于指定登录数据库服务器所用的密码。默认为空串。

函数 mysql_connect()的返回值为资源句柄型(resource)。若其成功执行，则返回一个连接标识号；否则返回逻辑值 FALSE。

在 PHP 程序中，通常是将 mysql_connect()函数返回的连接标识号保存在某个变量中，以备 PHP 程序使用。实际上，在后续其他有关操作 MySQL 数据库的函数中，一般都需要指定相应的连接标识号作为该函数的实参。

【例 17-18】　编写一个数据库服务器的连接示例程序 connect.php，要求以超级用户"root"及其密码"111111"（实际练习的时候，要根据自己的实际情况选取 root 密码）连接本地主机中的 MySQL 数据库服务器，并使用变量 $con 保存连接结果。

首先，在文本编辑器（例如"记事本"）中输入如下 PHP 程序，并命名为 connect.php（注意，PHP 程序是被包含在标记符"＜？PHP"与"？＞"之间的代码段，并且 PHP 程序中的变量名是以"＄"开头）。

```
<?PHP
$con=mysql_connect("localhost:3306","root","111111");
```

```
IF(!$con)
{
echo "连接失败! <br>";
echo "错误编号: ".mysql_errno ()."<br>";
echo "错误信息: ".mysql_error()."<br>";
die();         //终止程序运行
}
echo("连接成功! <br>";
?>
```

然后,将程序 connect.php 部署在已开启的 XAMPP 平台(XAMPP 即 Apache＋MySQL＋PHP、PERL,它是一个功能强大的建站集成软件包。这个软件包原来的名字是 LAMPP,但是为了避免误解,最新的几个版本就改名为 XAMPP 了)环境中,并在浏览器地址栏中输入"http://localhost/connect.php",按回车键即可查看程序执行结果。若连接成功,则显示"连接成功!"的信息;若连接失败,则显示错误信息,同时会终止程序的运行,即为该程序连接密码不正确时的执行结果。

注意:全国计算机等级考试二级 MySQL 数据库程序设计上机操作题的开发环境是 WAMP5.0.0 及以上版本,数据库管理系统是 MySQL5.5。

建立连接是执行其他 MySQL 数据库操作的前提条件,因此在执行函数 mysql_connecect()之后,应当立即进行相应的判断,以确定数据库连接是否已成功建立。

在 PHP 中,将一切非 0 值视作是逻辑值 TRUE,而数值 0 则视作逻辑值 FALSE。函数 mysql_connect()执行成功后,所返回的连接标识号实质上是一个非 0 值,即被当作逻辑值 TRUE 来处理。因而,若要判断是否已成功建立与 MySQL 数据库服务器的连接,只需判断函数 mysql_connect()的返回值即可。

如果连接失败,则可进一步调用 PHP 中的函数 mysql_errno()和 mysql_error(),以获取相应的错误编号和错误提示信息。函数 mysql_errno()和 mysql_error()的功能就是分别获取 PHP 程序中前一个 MySQL 函数执行后的错误编号和错误提示信息。当前一个 MySQL 函数成功执行,函数 mysql_errno()和 mysql_error()会分别返回数值 0 和空字符串,因此,这两个函数也可用于判断函数 mysql_connect()或其他 MySQL 函数的执行情况,即执行成功或失败。

2. 使用函数 mysql_pconnect()建立持久连接

也可以使用函数 mysql_pconnect()连接 MySQL 数据库服务器,语法格式如下:

```
mysql_pconnect([servername[,username[,password]]])
```

此函数与函数 mysql_connect()基本相同,但存在以下几点区别:

(1) 对于由函数 mysql_connect()建立的连接,当数据库操作结束之后将自动关闭,而由函数 nysql_pconnect()建立的连接会一直存在,它是一种稳固持久的连接。

(2) 对于函数 mysql_pconnect()而言,每次连接前都会检查是否使用了同样的 servername、username 和 password 进行连接,如果是,则直接使用上次的连接,而不会重复打开。

（3）由函数 mysql_connect()建立的连接可以使用函数 mysql_close()关闭，而使用函数 mysql_pconnect()建立起来的连接不能使用函数 mysql_close()关闭。

【例 17-19】　编写一个数据库服务器的持久连接示例程序 pconnect.php，要求使用函数 mysql_pconnect()，并以超级用户 root 及其密码 111111（实际练习的时候，要根据自己的实际情况选取 root 密码）连接本地主机中的 MySQL 数据库服务器。

首先，在文本编辑器（例如"记事本"）中输入如下 PHP 程序，并命名为 pconnect.php。

```PHP
<?PHP
/*定义三个变量 $server、$user、$pwd，分别存储服务器名、用户名和密码，以备后续程序引用*/
$server="localhost:3306";
$user="root";
$pwd="111111";
$con=mysql_pconnect($server, $user, $pwd);
if (!$con)
{
    die("连接失败!".mysql_error());          //终止程序运行,并返回错误信息
}
echo"MySQL 服务器: $server <br>用户名: $user<br>";
echo"使用函数 mysql_pconnect()永久连接数据库。<br>";
?>
```

然后，将程序 pconnect.php 部署在已开启的 Apache 环境中，并在浏览器地址栏输入 http://localhost/pconnect.php，按回车键即可查看程序执行结果。若连接成功，则显示执行结果。

3. 选择数据库

一个 MySQL 数据库服务器通常会包含许多数据库，因而在执行具体的 MySQL 数据库操作之前，应当首先选定相应的数据库作为当前工作数据库。在 PHP 5 中，可以使用函数 mysql_select_db()来选定某个 MySQL 数据库。

语法格式如下：

```
mysql_select_db(database[,connection])
```

语法说明如下：

（1）database：必需项，为字符串型，用于指定要选择的数据库名称。

（2）connection：可选项，为资源句柄型，用于指定相应的与 MySQL 数据库服务器相连的连接标识号。若未指定该项，则使用上一个打开的连接。若没有打开的连接，则会使用不带参数的函数 mysql_connect()来尝试打开一个连接并使用，其中函数 mysql_connect()的返回值为布尔型。若成功执行，则返回 TRUE；否则返回 FALSE。

【例 17-20】　编写一个选择数据库的 PHP 示例程序 selectdb.php，要求选定数据库 studentinfo 作为当前工作数据库。

首先在文本编辑器（例如"记事本"）中输入如下 PHP 程序，并命名为 selectdb.php。

```php
<?PHP
$con=mysql_connect("localhost:3306","root","111111");
if (mysql_errno()
{
    echo"数据库服务器连接失败! <br>";
    die();              //终止程序运行
}
mysql_select_db(" studentinfo", $con)
if (mysql_errno()
{
    echo "数据库选择失败! <br>";
    die();              //终止程序运行
}
echo "数据库选择成功! <br>";
?>
```

然后,将程序 selectdb.php 部署在已开启的 Apache 环境中,并在浏览器地址栏中输入 http://localhost/selectdb.php,按回车键即可查看程序执行结果。若数据库选择成功,则会显示"数据库选择成功!"的信息。

4. 执行数据库操作

选定某个数据库作为当前工作数据库之后,就可以对该数据库执行各种具体的数据库操作,如添加、删除、修改和查询数据以及创建与删除表等。对数据库的各种操作都是通过提交并执行相应的 SQL 语句来实现的。

在 PHP 5 中,可以使用函数 mysql_query()提交并执行 SQL 语句。语法格式如下:

```
mysql_query(query[,connection])
```

语法说明如下:

- query:必需项,为字符串型,指定要提交的 SQL 语句。注意,SQL 语句是以字符串的形式提交,且不以分号作为结束符。
- connection:可选项,为资源句柄型,用于指定相应的与 MySQL 数据库服务器相连的连接标识号。若未指定该项,则使用上一个打开的连接。若没有打开的连接,则会使用不带参数的函数 mysql_connect()来尝试打开一个连接并使用之。

函数 mysql_query()的返回值是资源句柄型。对于 SELECT、SHOW 、EXPLAIN 或 DESCRIBE 语句,若执行成功,则返回相应的结果标识符;否则返回 FALSE。而对于 INSERT、DELETE、UPDATE、REPEPLACE、CREATE TABLE、DROP TABLE 或其他非检索语句,若执行成功,则返回 TRUE;否则返回 FALSE。

(1) 添加数据。在 PHP 程序中,可以将 MySQL 中用于插入数据的 INSERT 语句置于函数 mysql_query ()中,以向选定的数据库表中添加指定的数据。

【例 17-21】 编写一个添加数据的 PHP 示例程序 insert.php。

```php
<?PHP
$con=mysql_connect("localhost:3306","root","111111");
```

```
or die("数据库服务器;连接失败! <br>");
mysql_select_db("studentinfo",$con or die("数据库选择失败! <br>");
mysql_query("set names 'utf8'");           //设置中文字符集
$sql=" INSERT INTO student ('sno', 'sname', 'ssex', 'sbirth', 'zno', 'sclass')";
$sql=$sql."VALUES('12140701l6', '李贝', '女', '1998-01-08', '1407', '工商1401')";
if (mysql_query ($sql,$con)
echo "添加学生信息成功! <br>";
else
    echo "添加学生信息失败! <br>";
?>
```

然后,将程序 insert.php 部署在已开启的 Apache 环境中,并在浏览器地址栏中输入 http://localhost/insert.php,按回车键即可查看程序执行结果。若该学生的信息添加成功,则会显示"添加学生信息成功!"。

(2) 修改数据。在 PHP 程序中,可以将 MySQL 中用于更新数据的 UPDATE 语句置于函数 mysql_query()中,以在选定的数据库中修改指定的数据。

【例 17-22】　编写一个修改数据的示例程序 update.php,要求可将数据库 studentinfo 的表 student 中一个名为"李贝"的学生所在班级修改为"工商1201"。

首先在文本编辑器(例如"记事本")中输入如下 PHP 程序,并命名为 update.php。

```
<?PHP
$con=mysql_connect("localhost:3306","root","111111");
    or die("数据库服务器;连接失败! <br>");
mysql_select_db("studentinfo",$con or die("数据库选择失败! <br>");
mysql_query("set names'utf8'");//设置中文字符集
$sql=" UPDATE student SET sclass='工商1201'"
$sql=$sql." WHERE sname='李贝'"
if(mysql_query( $sql, $con)
    echo"班级信息修改成功! <br>";
else
    echo"班级信息修改失败! <br>";
? >
```

然后,将程序 update.php 部署在已开启的 Apache 环境中,并在浏览器地址栏中输入 http://localhost/update.php,按回车键即可查看程序执行结果。若该学生的班级信息修改成功,则会显示"班级信息修改成功!"的信息。

(3) 删除数据。在 PHP 程序中,可以将 MySQL 中用于删除数据的 DELETE 语句置于函数 mysql_query()中,用以在选定的数据库表中删除指定的数据。

【例 17-23】　编写一个删除数据的 PHP 示例程序 delete.php,要求可将数据库 studentinfo 的表 student 中一个名为"李贝"的学生信息删除。

首先在文本编辑器(例如"记事本")中输入如下 PHP 程序,并命名为 delete.php。

```
<?PHP
$con=mysql_connect("localhost:3306","root","111111");
```

```
        or die("数据库服务器;连接失败! <br>");
    mysql_select_db("studentinfo",$con or die("数据库选择失败! <br>");
    mysql_query("set names'utf8'");      //设置中文字符集
    $sql="DELETE FORM student";
    $sql=$sql." WHEREsname='李贝'"
    if (mysql_query ( $sql,$con)
        echo "学生信息删除成功! <br>";
    else
        echo "学生信息删除失败! <br>";
    ? >
```

然后,将程序 update.php 部署在已开启的 Apache 环境中,并在浏览器地址栏中输入 http://localhost/update.php,按回车键即可查看执行结果。若该学生信息被成功删除,则会显示"学生信息删除成功!"的信息。

（4）查询数据。在 PHP 程序中,可以将 MySQL 中用于数据检索的 SELECT 语句置于函数 mysql_query()中,用以在选定的数据库表中查询所要的数据。此时,当函数 mysql_query()成功执行时,其返回值不再是一个逻辑值 TRUE,而是一个资源句柄型的结果标识符。结果标识符也称结果集,代表了相应查询语句的查询结果。每个结果集都有一个记录指针,所指向的记录即为当前记录。初始状态下,结果集的当前记录就是第一条记录。为了灵活地处理结果集中的相关记录,PHP 提供了一系列处理函数,包括结果集中记录的读取、指针的定位以及记录集的释放等。

5. 读取结果集中的记录

在 PHP 5 中,可以使用函数 mysql_fetch_array()、mysql_fetch_row()或 mysql_fetch_assoc()来读取结果集中的记录。

语法格式如下:

```
mysql_fetch_array(data[,array_type])
mysql_fetch_row(data)
mysql_fetch_assoc(data)
```

语法说明如下:

- data:为资源句柄型,用于指定要使用的数据指针。该数据指针可指向函数 mysql_query()产生的结果集,即结果标识符。
- array_type:可选项,为整型(int),用于指定函数返回值的形式,其有效取值为 PHP 常量 MYSQL_NUM(表示数字数组)、MYSQL_ASSOC(表示关联数组)或 MYSQL_BOTH(表示同时产生关联数组和数字数组)。其默认值为 MYSQL_BOTH。

三个函数成功执行之后,其返回值均为数组类型(array)。若成功,即读取到当前记录,则返回一个由结果集当前记录所生成的数据,其中每个字段的值会保存到相应的索引元素中,并自动将记录指针指向下一个记录。若失败,即没有读取到记录,则返回 FALSE。

在使用函数 mysql_fetch_array（）时，若以常量 mysql_NUM 作为第二个参数，则其功能与函数 mysql_fetch_row()的功能是一样的，所返回的数据为数字索引方式的数组，只能以相应的序号（从 0 开始）作为元素的下标进行访问；若以常量 MYSQL_ASSOC 作为第二个参数，则其功能与 mysql_fetch_assoc()是一样的，所返回的数组为关联索引方式的数组，只能以相应的字段名（若指定了别名，则为相应的别名）作为元素的下标进行访问；若未指定第二个参数，或以字段名（若指定了别名，则为相应的别名）作为元素下标进行访问。若未指定第二个参数，或以 MYSQL_BOTH 作为第二个参数，则返回的数组为数字索引方式与关联索引方式的数组，既能以序号元素的下标进行访问，也能以字段名为元素的下标进行访问。由此可见，函数 mysql_fetch_array()完全是为了包含函数 mysql_fetch_row()和函数 mysql_fetch_assoc()的功能。因此，在实际编程中，函数 mysql_fetch_array（）是最为常用的。

【例 17-24】   编写一个检索数据的 PHP 示例程序 select.php，要求在数据库 studentinfo 的表 student 中查询学号 sno 为 1114070116 的学生的姓名。

首先在文本编辑器（例如"记事本"）中输入如下 PHP 程序，并命名为 select.php。

```
<?PHP
$con=mysql_connect("localhost:3306","root","111111");:
or die("数据库服务器;连接失败! <br>");
mysql_select_db("studentinfo",$con or die("数据库选择失败! <br>");
mysql_query("set names'utf8'");        //设置中文字符集
$sql=" SELECT sname FROM student ";
$sql=$sql." WHERE sno='1114070116'";
$result=mysql_query($sql,$con);
if ($result)
{
    echo "学生姓名查询成功! <br>";
    $array=mysql_fetch_array( $result,mysql_NUM);
    if($array)
    {
        echo"读取到学生姓名! <br>";
        echo"所要查询学生的姓名是;".$array[0];
    }
    else
        echo "没有读取到学生姓名! <br>";
else
    echo"学生姓名查询失败! <br>";
?>
```

然后，将程序 select.php 部署在已开启的 Apache 环境中，并在浏览器地址栏中输入 http://localhost/select.php，按回车键即可查看程序执行结果。若成功检索到该学生的姓名，则会显示结果信息。

6. 读取结果集中的记录数

在 PHP5 中，可以使用函数 mysql_num_rows()来读取结果集中的记录数，即数据集的行数。

语法格式如下：

```
mysql_num_rows (data)
```

语法说明如下：
- data 为资源句柄型，用于指定要使用的数据指针。该数据指针可指向函数 mysql_query()产生的结果集，即结果标识符。
- 函数 mysql_num_rows()成功执行后，其返回值是结果集中行的数目。

【例 17-25】 编写一个读取查询结果集中行数的 PHP 示例程序 num.php，要求在数据库 studentinfo 的表 student 中查询女学生的人数。

首先在文本编辑器（如"记事本"）中输入如下 PHP 程序，并命名为 num.php。

```php
<?PHP
$con=mysql_connect("localhost:3306","root","111111");
or die("数据库服务器;连接失败！<br>");
mysql_select_db("studentinfo",$con or die("数据库选择失败！<br>");
mysql_query("set names'utf8'");          //设置中文字符集
$sql=" SELECT * FROM student";
$sql=$sql."WHERE ssex='女'";
$result=mysql_query ( $sql,$con);
if($result)
{
    echo "查询成功！<br>";
    $num=mysql_num_rows( $result);
    echo "数据库 studentinfo 中女学生数为：".$num."位";
}
else
    echo"查询失败！<br>";
?>
```

然后，将程序 num.php 部署在已开启的 Apache 环境中，并在浏览器地址栏中输入 http://localhost/num.php，按回车键即可查看程序执行结果。若成功读取到数据库中女学生的人数，则会显示结果信息。

7. 读取指定记录号的记录

在 PHP 5 中，可以使用函数 mysql_data_seek()在结果集中随意移动记录的指针，也就是将记录指针直接指向某个记录。

语法格式如下：

```
mysql_data_seek(data,row)
```

语法说明如下：
- data：必需项，为资源句柄型，用于指定要使用的数据指针。该数据指针可指向函数 mysql_query()产生的结果集，即结果标识符。

- row：必需项，为整型(int)，用于指定记录指针所要指向的记录的序号，其中 0 指示结果集中第一条记录。
- 函数 mysql_data_seek( )返回值为布尔型(bool)。若成功执行，则返回 TRUE；否则，返回 FALSE。

【例 17-26】　编写一个 PHP 示例程序 seek.php，用于读取结果集中指定记录号的记录，要求在数据库 studentinfo 的表 student 中查询第 3 位女学生的姓名。

首先，在文本编辑器(如"记事本")中输入如下 PHP 程序，并命名为 seek.php：

```PHP
<?PHP
$con=mysql_connect("localhost:3306","root","111111");
or die("数据库服务器;连接失败! <br>");
mysql_select_db("studentinfo",$con or die("数据库选择失败! <br>");
mysql_query("set names'utf8'");          //设置中文字符集
$sql=" SELECT * FROM student ";
$sql=$sql."WHERE ssex='女'";
$result=mysql_query($sql,$con);
if($result)
{
    echo"查询成功! <br>"
    IF (mysql_data_seek($result,2))
    {
        $array=mysql_fetch_array($result,mysql_NIM);
        echo "数据库 studentinfo 的 student 表中第 3 位女学生是: "$array[1];
    }
    else
        echo"记录定位失败! <br>";
}
else
    echo "查询失败! <br>";
?>
```

然后，将程序 seek.php 部署在已开启的 Apache 环境中，并在浏览器地址栏中输入 http://localhost/seek.php，按回车键即可查看程序执行结果。若成功读取到数据库中第 3 位女学生的姓名，则会显示结果信息。

8. 关闭与数据库服务器的连接

对 MySQL 数据库的操作执行完毕后，应当及时关闭与 MySQL 数据库服务器的连接，以释放其所占用的系统资源。在 PHP 5 中，可以使用函数 mysql_close( )来关闭由函数 mysql_connect( )所建立的与 MySQL 数据库服务器的非持久连接。

语法格式如下：

```
mysql_close(connection)
```

语法说明如下：

- connection：可选项，为资源句柄型，用于指定相应的与 MySQL 数据库服务器相连的连接标识号。若未指定该项，则默认使用最后被函数 mysql_connect()打开的连接。若没有打开的连接，则会使用不带参数的函数 mysql_connect()来尝试打开一个连接并使用之。如果发生意外，没有找到连接或无法建立连接，系统会发出 E_WARNING 级别的警告信息。
- 函数 mysql_close()的返回值为布尔型。若成功执行，则返回 TRUE；否则返回 FALSE。

【例 17-26】 编写一个关闭与 MySQL 数据库服务器连接的 PHP 示例程序 close.php。

首先在文本编辑器（如"记事本"）中输入如下 PHP 程序，并命名为 close.php：

```php
<?PHP
$con=mysql_connect("localhost:3306","root","111111");
or die("数据库服务器;连接失败! <br>");
echo"已成功建立与 MySQL 服务器的连接! <br>";
mysql_select_db("studentinfo",$con or die("数据库选择失败! <br>");
mysql_close($con) or die("关闭与 MySQL 数据库服务器的连接失败! <br>");
echo "已成功关闭与 MySQL 数据库服务器的连接! <br>";
?>
```

然后，将程序 close.php 部署在已开启的 Apache 环境中，并在浏览器地址栏中输入 http://localhost/close.php，按回车键即可查看程序执行结果。若该程序成功执行，则会显示执行结果。

需要指出的是，函数 mysql_close()只会关闭指定的连接标识号所关联的 MySQL 服务器的非持久连接，而不会关闭由函数 mysql_pconnect()建立的持久连接。另外，由于已打开的非持久连接会在 PHP 程序脚本执行完毕后自动关闭，因而在 PHP 程序中通常无须使用函数 mysql_close()。

17.9　常见问题与解决方案

17.9.1　使用 PHP 操作数据库的常见问题

使用 PHP 操作数据库是使用 PHP 开发 Web 程序的基本部分，也是最重要的部分。几乎所有用 PHP 开发的 Web 程序或应用，都无一例外地需要操作数据库。因此，在 PHP 程序中，对数据库操作部分进行调试和错误排查就显得非常重要。接下来将介绍在利用 PHP 程序操作 MySQL 时比较常见的错误，并对这些错误进行了分析，以期给大家在实际开发中做个参考。

1. 连接问题

在 PHP 中使用 MySQL 连接函数，但是无法打开连接，通常会有两种原因导致这种情况。

（1）MySQL 本身的问题，比如 MySQL 服务没有启动，此时 PHP 提示的错误信息类似于：

```
Warning MySQL Connection Failed Can't connect to MySQL server on 'localhost'
(10061)
```

（2）PHP 不支持 MySQL，此时 PHP 提示的信息类似于：

```
Fatal error Call to undefined function MySQL_connect()
```

对于第一种情况，可以检查 MySQL 是否已经启动；对于第二种情况，可以通过函数 phpinfo() 查看目前 PHP 支持的模块，看是否支持 MySQL。如果没有 MySQL 的相关描述信息，那么对于 Windows 用户，可直接修改 php.ini 文件，载入 MySQL 的扩展模块即可。

2. MySQL 用户名和密码问题

如果在 PHP 程序中配置了错误的 MySQL 主机地址、用户名或密码，也会导致 MySQL 连接失败。对于这种情况，只要在程序中使用正确的主机地址、用户名和密码即可。

SQL 语句中的引号也可能会导致错误。PHP 可以使用单引号或双引号括住字符串。例如，$sql='SELECT * FROM student WHERE sno=$id'，因为 PHP 单引号字符串中的变量不会被求值，因此这段 SQL 语句将查询 sno=$id 的用户信息，这就会产生错误。如果使用 $sql="SELECT * FROM student WHERE sno=$id"，这时双引号字符串中的变量 $id 会被求值为一个具体的数，这样才是一个正确的 SQL 语句。另外，当用户从 Web 页面提交来的数据中含有单引号或双引号时，如果程序将这些内容放在字符串中，势必导致引号使用的混乱，从而出现错误的 SQL 语句。对于这种情况，可以使用左斜杠对文本中的引号进行转义。

3. 错误的名称拼写

这里包括在 PHP 程序中拼写了错误的数据库名、表名或者字段名，这样可能会让 MySQL 去查询一个不存在的表，从而导致错误发生。

MySQL 会为每种错误设定一个编号，当由于程序的问题导致操作数据库出错时，可以根据这些编号对应的错误含义来查找具体原因。下面列出了一些常见的 MySQL 错误代码及其对应的错误信息。

- 1022：关键字重复，更改记录失败。
- 1032：记录不存在。
- 1042：无效的主机名。
- 1044：当前用户没有访问数据库的权限。
- 1045：不能连接数据库，用户名或密码错误。
- 1048：字段不能为空。
- 1049：数据库不存在。
- 1050：数据表已存在。
- 1051：数据表不存在。
- 1054：字段不存在。

- 1065：无效的 SQL 语句，SQL 语句为空。
- 1081：不能建立 Socket 连接。
- 1146：数据表不存在。
- 1149：SQL 语句语法错误。
- 1177：打开数据表失败。

PHP 程序操作 MySQL 数据库时经常会遇到问题，有时会让开发人员感到莫名其妙。通常，引起数据库连接问题的最常见原因是，给连接函数提供了不正确的参数（主机名、用户名和密码）；引起查询失败的最常见的原因是引号错误、未被设定的变量和拼写错误。一般情况下，在调试 PHP 程序时，和数据库有关的每个语句应该有 or die() 子句（就像本章的示例代码那样），该子句最好包含丰富的错误信息，如由函数 mysql_error() 生成的信息、原始的 SQL 语句等，这样就可以快速定位错误源头，及早诊断，解决程序问题所在。

17.9.2　MySQL 与 MySQLi 的主要区别

1.什么是 MySQLi

PHP-MySQL 函数库是 PHP 操作 MySQL 资料库最原始的扩展库，PHP-MySQLi 中的"i"代表 Improvement，相当于前者的增强版，也包含了相对进阶的功能。另外它本身也增加了安全性，比如可以大幅度减少 SQL 注入等问题的发生。

2. MySQL 与 MySQLi 的概念相关

（1）MySQL 与 MySQLi 都是 PHP 方面的函数集，与 MySQL 数据库关联不大。

（2）在 PHP5 版本之前，一般是用 PHP 的 MySQL 函数去驱动 MySQL 数据库的，比如 mysql_query() 函数，属于面向过程。

（3）在 PHP5 版本以后，增加了 MySQLi 的函数功能，某种意义上讲，它是 MySQL 系统函数的增强版，更稳定、更高效、更安全。与 mysql_query() 对应的有 mysqli_query()，属于面向对象，用对象的方式驱动 MySQL 数据库。

3. MySQL 与 MySQLi 的主要区别

（1）MySQL 是非持久连接函数，MySQL 每次都会打开一个连接的进程，所以 MySQL 耗费资源多一些。

（2）MySQLi 是永远连接函数，MySQLi 多次运行都将使用同一连接进程，从而减少了服务器的开销。MySQLi 封装了诸如事务等一些高级操作，同时封装了 DB 操作过程中的很多可用的方法。

（3）MySQLi 提供了面向对象编程方式和面向过程编程方式，而 MySQL 则只可以面向过程。

（4）MySQLi 可以通过预处理语句来减少开销和 SQL 注入的风险，而 MySQL 则做不到这一点。

综上所述，如果大家用的是 PHP5，而且 MySQL 版本在 5.0 以上，希望以后尽可能使用 MySQLi，它不仅高效，而且更安全，而且推荐大家使用面向对象编程方式。

17.10　本　章　小　结

本章首先概述了 PHP 语言及其编程基础,然后重点介绍了使用 PHP 语言进行 MySQL 数据库编程的相关知识,其中包括一些编程步骤以及常用的操作 MySQL 数据库的 PHP 函数,如下。

- mysql_connect():建立和 MySQL 数据库的连接。
- mysql_close():关闭 MySQL 数据库连接。
- mysql_select_db():选择一个数据库。
- mysql_query():执行一条 SQL 语句。
- mysql_num_rows():获取结果集的行数目。
- mysql_fetch_field():获取字段信息。
- mysql_affected_rows():取得前一次 MySQL 操作所影响的记录行数。
- mysql_fetch_row():从查询结果集中返回一行数据。
- mysql_fetch_array():从结果集中返回一行作为关联数组或普通数组,或者两者兼有。
- mysql_fetch_assoc():从结果集中返回一行作为关联数组。
- mysql_error():返回最近一次 MySQL 操作产生的错误文本信息。

17.11　思考与练习

1. 完整的 PHP 系统包含哪些部分?
2. 表单数据接收方式有哪些?各有什么特点?
3. 基于 B/S 模式的 Web 应用程序的工作流程。
4. 简述 PHP 是什么类型的语言。
5. 解释嵌入在 HTML 文档中的 PHP 脚本用什么标记符进行标记。
6. 简述使用 PHP 进行 MySQL 数据库编程的基本步骤。
7. 解释持久连接和非持久连接的区别。
8. 如何利用 PHP 操作数据库中的数据?
9. PHP 如何获取并操作数据库返回数据?
10. 以下不属于用 PHP 进行 MySQL 数据库编程的基本步骤的是(　　　)。

　　A. 在地址栏输入相应的 URL,向网页服务器提出交互请求

　　B. 建立与 MySQL 数据库服务器的连接

　　C. 选择数据库

　　D. 关闭数据库

11. 以下叙述中,错误的是(　　　)。

　　A. 客户端和服务器必须安装且配置在不同的计算机上

　　B. 客户/服务器结构中的客户端是指应用程序

C. 与客户/服务器结构相比较,浏览器/服务器结构的应用程序易于安装与部署

D. PHP 用于开发基于浏览器/服务器结构的应用程序

12. phpMyAdmin 作为 MySQL 的一种图形化管理工具,其工作模式为(   )。

A. C/S 模式　　　　B. B/S 模式　　　　C. 命令行方式　　　　D. 脚本方式

13. PHP 中,用于选定某个数据库的函数是(   )。

A. mysql_select_db()   　　　　B. mysql_connect_db()

C. mysql_query_db()   　　　　D. mysql_pconnect_db()

14. 访问 MySQL 数据库时,从查询结果记录集中获取一条记录的方法是(   )。

A. mysqli_num_rows()   　　　　B. mysqli_select_db()

C. mysqli_fetch_array()   　　　　D. mysqli_query()

15. 使用 PHP 进行 MySQL 编程时,不能读取结果集中记录的函数是(   )。

A. mysql_fetch_array()   　　　　B. mysql_fetch_row()

C. mysql_fetch_assoc()   　　　　D. mysql_affected_rows()

16. PHP 是一种跨平台、(   )的网页脚本语言。

A. 可视化　　　　B. 客户端　　　　C. 面向过程　　　　D. 服务器端

17. PHP 网站可称为(   )。

A. 桌面应用程序   　　　　B. PHP 应用程序

C. Web 应用程序   　　　　D. 网络应用程序

18. PHP 网页文件的文件扩展名为(   )。

A. EXE　　　　B. PHP　　　　C. BAT　　　　D. CLASS

19. 下列说法中正确的是(   )。

A. PHP 网页可直接在浏览器中显示

B. PHP 网页可访问 Oracle、SQL Server、Sybase 及其他多种数据库

C. PHP 网页只能使用纯文本编辑器编写

D. PHP 网页不能使用集成化的编辑器编写

20. LAMP 不包含(   )。

A. Windows 系统   　　　　B. Apache 服务器

C. MySQL 数据库   　　　　D. PHP 语言

21. 以下关于 B/S 架构描述正确的是(   )。

A. 需要客户安装客户端   　　　　B. 不需要安装就可以使用

C. 依托浏览器的网络系统   　　　　D. 不需要服务器的系统

22. PHP 的源码是(   )。

A. 开放的   　　　　B. 封闭的

C. 需购买的   　　　　D. 完全不可见的

23. 读取 post 方法传递的表单元素值的方法是(   )。

A. $_post["名称"]   　　　　B. $_POST["名称"]

C. $post["名称"]   　　　　D. $POST["名称"]

24. 复选框的 type 属性值是(   )。

A. checkbox   B. radio   C. select   D. check

25. HTML 中,超链接用的是(　　)标签。

  A. <a>   B. <table>   C. <b>   D. <head>

26. 在 HTML 中,title 标签放在(　　)。

  A. body 标签里   B. head 标签里

  C. script 标签里   D. table 标签里

27. 下列可作为 PHP 常量名的是(　　)。

  A. ＄_abc   B. ＄123   C. Abc   D. 123

28. 下列关于 exit()函数与 die()函数的说法正确的是(　　)。

  A. 当执行 exit()函数时会停止执行下面的脚本,而 die()无法做到

  B. 当执行 die()函数时会停止执行下面的脚本,而 exit()无法做到

  C. die()函数等价于 exit()函数

  D. die()函数与 exit()函数有直接关系

29. 语句 for(＄k＝0;＄k＝1;＄k＋＋)和语句 for(＄k＝0;＄k＝＝1;＄k＋＋)执行的次数分别是(　　)。

  A. 无限次和 0 次 B. 0 次和无限次 C. 都是无限次   D. 都是 0 次

30. 执行下面所有的步骤,然后显示数据库中所有的数据。

(1) 创建一个数据库,其中只有姓名和年龄两个字段。

(2) 在数据库中创建一个表。

(3) 在表中用 MySQL 命令插入 5 行数据。

(4) 用 PHP 代码读取表中的数据,并有序地显示出来。

第 18 章
数据库应用系统开发实例

为了进一步熟悉 MySQL 应用程序的开发,本章将运用 PHP 语言开发一个基于 B/S 架构的简单实例——学生基本信息管理系统。本章还将讲述系统开发过程:首先需要明确项目需求,并进行合理的需求分析和系统总体设计,同时需要分析系统的使用对象,以及为系统设计合理的数据结构,然后选用 PHP 语言与开发工具来开发模块功能。

18.1 需 求 描 述

学生信息管理系统是针对学生学籍管理的业务工作而开发的管理软件。它主要用于学生信息管理,总体任务是实现学生信息管理的系统化、科学化、规范化和自动化。其主要任务是用计算机对学生各种信息进行日常管理,如查询、修改、增加和删除,并针对这些要求设计学生信息管理系统。

18.2 系统分析与设计

学生信息管理系统主要提供给该系统的管理员进行操作和使用。根据学生信息管理系统的需求特征,一个简单的学生信息管理系统可以分为如图 18-1 所示的三个主要功能模块。

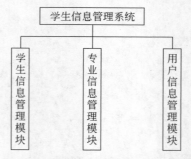

图 18-1　学生信息管理系统的功能模块

(1) 学生管理模块。该模块主要负责学生信息的管理,例如学生的姓名、性别、年龄、联系方式和所在的专业。该模块供管理员使用,具体的功能主要包括学生信息的添加、删除、修改和查询等。其 UML 用例如图 18-2 所示。

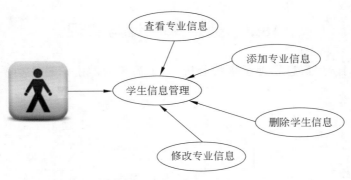

图 18-2 学生管理模块

（2）专业管理模块。该模块主要负责专业信息的管理，例如专业号和专业名等。该模块供系统管理员使用，具体的功能主要包括专业信息的添加、删除、修改和查询等。其 UML 用例如图 18-3 所示。

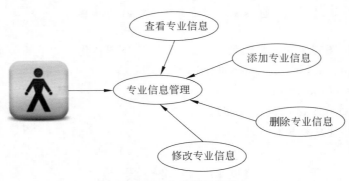

图 18-3 专业管理模块

（3）管理员模块。该模块主要负责管理管理员以及相应的权限，例如管理员名称、登录密码和管理权限等。该模块供系统管理员使用，具体功能主要包括管理员的添加、信息修改和删除等。其 UML 用例如图 18-4 所示。

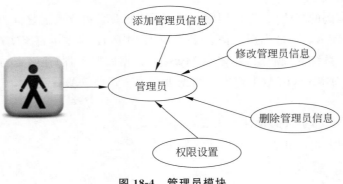

图 18-4 管理员模块

18.3 数据库设计与实现

根据前面对学生信息管理系统的分析,一个简单的学生信息管理系统的 E-R 图如图 18-5 所示。

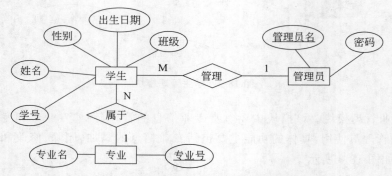

图 18-5 学生信息管理系统的 E-R 图

通过将 E-R 图转化为关系模型的方法,可将 E-R 图转化为如下的关系模式。

(1) Student(sno,sname,ssex,sbirth,zno,sclass)。

(2) specialty(zno,zname)。

(3) admin(username,password)。

相关数据可以参考本书附录。

18.4 系统实现

本系统采用 B/S 架构运行,并且采用三层软件体系架构,即由表示层、应用层和数据层构成。

其中表示层是系统的用户接口,即用户 UI,在这里体现为 Web 显示页面,主要用 HTML 标签语言来展现。

应用层是本例的功能层,即应用服务器,位于表示层和数据层之间,负责具体业务逻辑处理,以及与表示层与数据层的信息交互,主要用 PHP 脚本语言来实现。

数据层位于系统的最底层,具体为 MySQL 数据库服务器,主要是通过 SQL 数据库操作语言,负责对 MySQL 数据库中的数据进行读写管理以及更新与检索,并与应用层实现数据交互。

(1) 实例系统的主页面设计与实现。

编辑主页面 index.html,其实现代码如下。

```
<html>
<head>
<title>
```

学生信息管理系统

```
</title>
</head>
<body>
<h2>学生信息管理系统</h2>
<h3>学生管理</h3>
<a href="add.php">添加学生</a>
<a href="show.php">查看学生</a>
<h3>班级管理</h3>
<a href="add_class.php">添加班级</a>
<a href="show_class.php">查看班级</a>
<h3>管理员</h3>
<a href="add_admin.php">添加管理员</a>
<a href="show_admin.php">查看管理员</a>
</body>
</html>
```

该页面显示效果如图 18-6 所示。

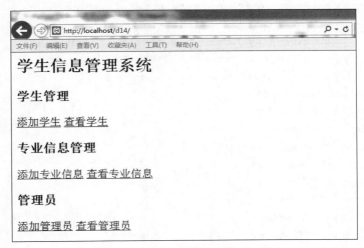

图 18-6　学生信息管理系统主页图

（2）公共代码模块的设计与实现。

该模块封装了一些常用的操作,本例中该模块负责处理 PHP 页面连接 MySQL 数据库部分的代码。这样在其他模块要使用连接数据库的代码时,只需将该文件包含进去即可,而不需要重复编写。

编辑 conn.php 页面,其实现代码如下。

```
<?php
$conn=mysql_connect( "localhost:3306" , "root","" )
or die("数据库无法连接");
mysql_select_db ( "jxgl")
```

```
or die("无法选择数据库");
mysql_query ("SET NAMES utf8");          //设置字符集为中文
?>
```

（3）添加学生页面的设计与实现。

编辑添加学生信息页面 add.php，其实现代码如下。

```
<?php require_once("conn.php")  ?>
<!DOCTYPE html>
<html lang="zh-CN">
<head>
<meta charset="utf-8">
<title>
添加学生
</title>
</head>
<body>
<h3>添加学生</h3>
<form name="insert_student" method="post" action="insert_student.php">
学生学号: <input type="text" name="sno"><br>
学生姓名 : <input type="text" name="sname"><br>
出生日期 : <input type="text" name="sbirth"><br>
学生性别: <input type="text" name="ssex"><br>
专业号:<select name="zno">
    <option>1102</option>
    <option>1103</option>
    <option>1214</option>
    <option>1407</option>
    <option>1409</option>
    <option>1601</option>
    <option>1805</option>
    <option>1807</option>
    </select><br>
学生班级 : <input type="text" name=" sclass"><br>
<input type="submit" value="提交">
</form>
</body>
</html>
```

该页面执行成功后如图 18-7 所示。

当在添加学生的 Web 页面完成学生信息的填写之后，单击该页面的"提交"按钮后，即可调用应用层中用于执行添加的代码 insert_student.php，该文件实现代码如下。

```
<?php require_once "conn.php"  ?>
<?php
```

图 18-7　添加学生信息页面

```
//接收页面变量
$sno=  $_POST[ 'sno' ];
$sname=  $_POST[ 'sname' ];
$sbirth=$_POST[ 'sbirth' ];
$ssex=  $_POST[ 'ssex' ];
$zno=$_POST[ 'zno' ];
$sclass=$_POST[ 'sclass' ];
//构成 SQL 语句
$sql=" INSERT INTO student ";
$sql=" VALUES ('$sno', '$sname', '$ssex', '$sbirth', '$zno', '$sclass'); ";
echo $sql;             //打印输出插入的 SQL 语句
//插入数据库模块
if( mysql_query( $sql, $conn))
{
    echo"添加成功!";
}
else
{
    echo"添加失败!".mysql_error();
}
?>
```

当添加信息成功后,自动跳转到如图 18-8 所示的页面。

图 18-8　添加学生信息成功后的结果页面

（4）查看学生页面的设计与实现。

编辑查看学生信息页面 show. php,其实现代码如下。

```php
<?php require_once "conn.php"  ?>
<?php
//构成 SQL 语句
$sql=" SELECT * FROM student;";
$result=mysql_query( $sql, $conn);
if( $result)
{
echo " <br>";
while( $row=mysql_fetch_row($result))
{
echo "学号:".$row[0]."姓名:".$row[1]."性别:".$row[2]."生日:".$row[3]."专业号".
$row[4]."班级".$row[5];
echo "  <br>";
}
}
else
{
echo"查看失败";
}
?>
```

该页面执行成功后如图 18-9 所示。

图 18-9   查看学生信息页面

其他功能略。

18.5　本 章 小 结

本章通过一个基于 B/S 架构的简单实例即学生信息管理系统，介绍了使用 PHP 语言开发 MySQL 应用系统的过程，包括需求描述、系统分析与设计、数据库设计与实现以及系统功能实现这四个阶段。

18.6　思考与练习

1. 使用 PHP 语言和 MySQL 数据库编写一个图书管理信息系统。
2. 使用 PHP 语言和 MySQL 数据库编写一个物资管理信息系统。
3. 使用 PHP 语言和 MySQL 数据库编写一个新闻管理信息系统。
4. 使用 PHP 语言和 MySQL 数据库编写一个社团管理信息系统。
5. 使用 PHP 语言和 MySQL 数据库编写一个论坛管理信息系统。

第 19 章

非关系型数据库 NoSQL

传统的关系数据库具有良好的性能和较高的稳定性,久经历史考验,而且使用简单、功能强大,同时也积累了大量的成功案例。在互联网领域,MySQL 成为了绝对靠前的王者,毫不夸张地说,MySQL 为互联网的发展做出了卓越的贡献。

随着互联网 Web 2.0 网站的兴起,传统的关系数据库在应付这类网站(特别是超大规模和高并发的 SNS 类型的 Web 2.0 纯动态网站)时已经显得力不从心,并且暴露了很多难以克服的问题。而非关系型数据库则由于其本身的特点得到了非常迅速的发展。NoSQL 数据库的产生就是为了解决大规模数据集合和多重数据种类带来的挑战,尤其是大数据应用难题。

19.1　NoSQL 概述

随着大数据的兴起,NoSQL 数据库现在成了一个极其热门的新领域。"NoSQL"不是"No SQL"的缩写,它是"Not Only SQL"的缩写。它的意义是:适用关系型数据库的时候就使用关系型数据库,不适用的时候也没有必要非使用关系型数据库不可,可以考虑使用更加合适的数据存储。为弥补关系型数据库的不足,各种各样的 NoSQL 数据库应运而生。

19.2　NoSQL 与关系数据库的优势比较

19.2.1　关系型数据库的优势

1. 通用性及高性能

关系型数据库的性能绝对不低,它具有非常好的通用性和非常高的性能。对于绝大多数的应用来说,它都是最有效的解决方案。

2. 突出的优势

关系型数据库作为应用广泛的通用型数据库,它的突出优势主要有以下几点:

(1) 保持数据的一致性(事务处理)。

(2) 由于以标准化为前提,数据更新的开销很小(相同的字段基本上都只有一处)。

(3) 可以进行 JOIN 等复杂查询。

(4) 存在很多实际成果和专业技术信息(成熟的技术)。

其中,能够保持数据的一致性是关系型数据库的最大优势。

19.2.2　关系型数据库的劣势

关系型数据库的性能非常优秀,但它毕竟是一个通用型的数据库,并不能完全适应所有的用途。具体来说它并不擅长以下任务。

1. 大量数据的写入处理存在困难

在数据读入方面,由复制产生的主从模式(数据的写入由主数据库负责,数据的读取则由从数据库负责)可以比较简单地通过从增加数据库来实现规模化。但是,在数据的写入方面却完全没有简单的方法来解决规模化问题。例如,要想将数据的写入规模化,可以考虑把主数据库从一台增加到两台,作为互相关联复制的二元主数据库来使用。确实,这样似乎可以把每台主数据库的负荷减少一半,但是更新处理会发生冲突(同样的数据在两台服务器上同时更新成其他值),可能会造成数据的不一致。为了避免这样的问题,就需要把对每个表的请求分别分配给合适的主数据库来处理,这就不那么简单了。

另外也可以考虑把数据库分割开来,分别放在不同的数据库服务器上,比如将这个表放在这个数据库服务器上,并将那个表放在那个数据库服务器上。数据库分割可以减少每台数据库服务器上的数据量,以便减少硬盘 I/O(输入/输出)处理,实现内存上的高速处理,效果非常显著。但是,由于分别存储在不同服务器上的表之间无法进行 JOIN 处理,数据库分割的时候就需要预先考虑这些问题。数据库分割之后,如果一定要进行JOIN 处理,就必须要在程序中进行关联,这是非常困难的。

2. 对有数据更新的表做索引或表结构(schema)变更处理不利

在使用关系型数据库时,为了加快查询速度需要创建索引,增加必要的字段就一定需要改变表结构。在进行这些处理时,需要对表进行共享锁定,这期间数据变更(更新、插入和删除等)是无法进行的。如果需要进行一些耗时操作(例如为数据量比较大的表创建索引或者是变更其表结构),就需要特别注意,长时间内数据可能无法进行更新。

3. 字段不固定时应用存在缺陷

如果字段不固定,利用关系型数据库也是比较困难的。有人会说:"需要的时候,加个字段就可以了。"这样的方法也不是不可以,但在实际运用中每次都进行反复的表结构变更是非常痛苦的。你也可以预先设定大量的预备字段,但这样的话,时间一长很容易弄不清楚字段和数据的对应状态(即哪个字段保存哪些数据),所以并不推荐使用这种方法。

4. 对简单查询需要快速返回结果的处理响应慢

关系型数据库并不擅长对简单的查询快速返回结果。因为关系型数据库是使用专门的 SQL 语言进行数据读取的,它需要对 SQL 语言进行解析,同时还有对表的锁定和解锁这样的额外开销。这里并不是说关系型数据库的速度太慢,但若希望对简单查询进行高速处理,则没有必要非用关系型数据库不可。

总之,关系型数据库应用广泛,能进行事务处理和 JOIN 等复杂处理。相对地,NoSQL 数据库只应用在特定领域,基本上不进行复杂的处理,这也弥补了上述所列举的关系型数据库的不足之处。

19.2.3　NoSQL 数据库的优势

1. 灵活的可扩展性

数据库管理员都是通过"垂直扩展"的方式(当数据库的负载增加时,购买更大型的服务器来承载增加的负载)来进行扩展的,而不是通过"水平扩展"的方式(当数据库负载增加时,在多台主机上分配增加的负载)来进行扩展。但是,随着请求量和可用性需求的增加,数据库也正在迁移到云端或虚拟化环境中,"水平扩展"的成本较低。

2. 轻松应对海量数据

目前需要存储的数据量发生了急剧的膨胀,为了满足数据量增长的需要,RDBMS 的容量也在日益增加。但是,随着对数据请求量的增加,单一数据库能够管理的数据量满足不了用户需求。大量的"大数据"可以通过 NoSQL 系统(如 MongoDB)来处理,它们能够处理的数据量远远超出了最大型的 RDBMS 所能处理的极限。

3. 维护简单

目前一些 RDBMS 在可管理性方面做出了很多的改进,但是高端的 RDBMS 维护困难,而且还需要训练有素的 DBA 们的协助,甚至需要 DBA 亲自参与高端的 RDBMS 系统的设计、安装和调优。

NoSQL 数据库从一开始就是为了降低管理方面的要求而设计的。从理论上来说,自动修复、数据分配和简单的数据模型的确可以让管理和调优方面的要求降低很多。

4. 经济

NoSQL 数据库通常使用廉价的 Commodity Servers 集群来管理膨胀的数据和请求量,而 RDBMS 通常需要依靠昂贵的专有服务器和存储系统来做到这一点。使用 NoSQL,每吉字节(GB)的成本或每秒处理的请求的成本都比使用 RDBMS 的成本少很多,这可以让企业花费更低的成本存储和处理更多的数据。

5. 灵活的数据模型

对于大型的生产性 RDBMS 来说,变更管理很麻烦。即使只对一个 RDBMS 的数据模型做出很小地改动,也必须要十分小心地管理,也许还需要停机或降低服务水平。NoSQL 数据库在数据模型约束方面是更加宽松的,甚至可以说并不存在数据模型的约束。NoSQL 的 Key/Value 数据库和文档型数据库可以让应用程序在一个数据元素里存储任何结构的数据。即使是规定更加严格的基于"大表"的 NoSQL 数据库(如 HBase),通常也允许创建新列。

19.3　NoSQL 数据库的类型

NoSQL 的官方网站(http://nosql-database.org)上已经有 150 种数据库。具有代表性的 NoSQL 数据库主要有键值(Key/Value)存储、面向文档的数据库和面向列的数据库三种类型,如图 19-1 所示。

图 19-1　NoSQL 官方网站界面截图

19.3.1　键值存储

键值（Key/Value）存储的数据库是最常见的 NoSQL 数据库，它的数据是以键值的形式存储的。它的处理速度非常快，基本上只能通过键查询获取数据。根据数据的保存方式可以分为临时性、永久性和两者兼具型 3 种。

1. 临时性

Memcached 属于这种类型。所谓临时性就是"数据有可能丢失"的意思。Memcached 把所有数据都保存在内存中，保存和读取的速度非常快，但是当 Memcached 停止的时候，数据就不存在了。由于数据保存在内存中，所以无法操作超出内存容量的数据（旧数据会丢失）。这类数据库有如下特点：

（1）在内存中保存数据。

（2）可以进行非常快速的保存和读取处理。

（3）数据有可能丢失。

2. 永久性

Tokyo Tyrant、Flare 和 ROMA 等属于这种类型。和临时性相反，所谓永久性就是"数据不会丢失"的意思。这里的键值存储不像 Memcached 那样在内存中保存数据，而是把数据保存在硬盘上。与 Memcached 在内存中处理数据比起来，由于必然要发生对硬盘的 IO 操作，所以性能上还是有差距的，但数据不会丢失是它最大的优势。这类数据库有如下特点：

（1）在硬盘上保存数据。

（2）可以进行非常快速的保存和读取处理（但无法与 Memcached 相比）。

（3）数据不会丢失。

3. 两者兼具型

Redis 属于这种类型。Redis 有些特殊，临时性和永久性兼具，且结合了临时性键值存储和永久性键值存储的优点。Redis 首先把数据保存到内存中,在满足特定条件(默认是 15 分钟一次以上、5 分钟内 10 个以上以及 1 分钟内 10 000 个以上的键发生变更)的时候将数据写入到硬盘中。这样既确保了内存中数据的处理速度,又可以通过写入硬盘来保证数据的永久性。这种类型的数据库特别适合于处理数组类型的数据,它有如下特点:

(1) 同时在内存和硬盘上保存数据。

(2) 可以进行非常快速的保存和读取处理。

(3) 保存在硬盘上的数据不会丢失(可以恢复)。

(4) 适合于处理数组类型的数据。

19.3.2 面向文档的数据库

MongoDB 和 CouchDB 属于这种类型。它们属于 NoSQL 数据库,但与键值存储相异。

1. 不定义表结构

面向文档的数据库具有以下特征:即使不定义表结构,也可以像定义了表结构一样使用。关系型数据库在变更表结构时比较费事,而且为了保持一致性还需修改程序。而 NoSQL 数据库则可省去这些麻烦(通常程序都是正确的),确实是方便快捷。

2. 可以使用复杂的查询条件

跟键值存储不同的是,面向文档的数据库可以通过复杂的查询条件来获取数据。虽然具备事务处理和 JOIN 这些关系型数据库所具有的处理能力,但除此以外的其他处理基本上都能实现。这是非常容易使用的 NoSQL 数据库,它有如下特点:

(1) 不需要定义表结构。

(2) 可以利用复杂的查询条件。

19.3.3 面向列的数据库

Cassandra、Hbase 和 HyperTable 属于这种类型。由于近年来数据出现爆发性增长,这种类型的 NoSQL 数据库尤为引人注目。

1. 面向行的数据库和面向列的数据库

普通的关系型数据库都是以行为单位来存储数据的,擅长进行以行为单位的数据处理,比如特定条件数据的获取。因此,关系型数据库也称为面向行的数据库。相反,面向列的数据库是以列为单位来存储数据的,擅长以列为单位读入数据。

2. 高扩展性

面向列的数据库具有高扩展性,即使数据增加也不会降低相应的处理速度(特别是写入速度),所以它主要应用于需要处理大量数据的情况。另外,利用面向列的数据库的优势,把它作为批处理程序的存储器来对大量数据进行更新也是非常有用的。但由于面向列的数据库跟面向行数据库存储的思维方式有很大不同,应用起来十分困难。它有如下特点:

(1) 高扩展性(特别是写入处理)。

(2) 应用十分困难。

最近,像 Twitter 和 Facebook 这样需要对大量数据进行更新和查询的网络服务不断增加,面向列的数据库的优势对其中一些服务就是非常有用的。

19.4　NoSQL 数据库选用原则

1. 并非对立而是互补的关系

关系型数据库和 NoSQL 数据库与其说是对立的(替代关系),倒不如说是互补的。与目前应用广泛的关系型数据库相对应,在有些情况下使用特定的 NoSQL 数据库将会使处理更加简单。

并不是说"只使用 NoSQL 数据库"或者"只使用关系型数据库",而是"通常情况下使用关系型数据库,在适合使用 NoSQL 的时候使用 NoSQL 数据库",即让 NoSQL 数据库对关系型数据库的不足进行弥补。

2. 量材适用

当然,如果用错了的话,可能会发生使用 NoSQL 数据库反而比使用关系型数据库效果更差的情况。NoSQL 数据库只是对关系型数据库不擅长的某些特定处理进行了优化,做到量材适用是非常重要的。

例如,若想获得"更高的处理速度"和"更恰当的数据存储",那么 NoSQL 数据库是最佳选择。但一定不要在关系型数据库擅长的领域使用 NoSQL 数据库。

3. 增加了数据存储的方式

原来一提到数据存储,就是关系型数据库,别无选择。现在 NoSQL 数据库提供了另一种选择(当然要根据二者的优点和不足区别使用)。有些情况下,同样的处理若用NoSQL 数据库来实现,可以变得更简单、更高速,而且,NoSQL 数据库的种类有很多,它们都拥有各自不同的优势。

19.5　NoSQL 的 CAP 理论

19.5.1　NoSQL 系统是分布式系统

分布式系统(Distributed System)是建立在网络之上的软件系统,具有高度的透明性。透明性是指每一个节点对用户的应用来说都是透明的,看不出是本地还是远程。在分布式数据库系统中,用户感觉不到数据是分布的,即用户不需要知道关系是否分割、有无副本、数据存储于哪台机器上以及操作在哪台机器上执行等。

在一个分布式系统中,一组独立的计算机展现给用户的是一个统一的整体,就好像是一个系统似的。系统拥有多种通用的物理和逻辑资源,可以动态地分配任务,分散的物理和逻辑资源通过计算机网络实现信息交换。一个著名的分布式系统的例子是万维网(World Wide Web),在万维网中,所有的一切看起来就好像都是文档(Web 页面),并存储在一台机器上。

从分布式系统的定义可以看出,NoSQL 系统是分布式系统,因为用户是通过一些

API 接口来访问它们，并不知道其内部工作最终需要由很多台机器协同完成。

19.5.2 CAP 理论阐述

CAP 理论由 Eric Brewer 教授 10 年前在 ACM PODC 会议上的主题报告中提出，这个理论是 NoSQL 数据库的基础，后来 Seth Gilbert 和 Nancy lynch 两人证明了 CAP 理论的正确性。

其中字母"C""A"和"P"分别代表了强一致性、可用性和分区容错性三个特征。

1. 强一致性

系统在执行过某项操作后仍然处于一致的状态。在分布式系统中，更新操作执行成功后所有的用户都应该读取到最新的值，这样的系统被认为具有强一致性（Consistency）。

2. 可用性

每一个操作总是能够在一定的时间内返回结果，这里需要注意的是"一定时间内"和"返回结果"，即可用性（Availability）。

"一定时间内"是指系统的结果必须在给定时间内返回，如果超时则被认为不可用，这是至关重要的。例如通过网上银行的网络支付功能购买物品。当等待了很长时间，比如 15 分钟，系统还是没有返回任务操作结果，购买者一直处于等待状态，那么购买者就不知道是支付成功了，还是需要进行其他操作。这样当下次购买者再次使用网络支付功能时必将心有余悸。

"返回结果"同样非常重要。还是拿这个例子来说，假如购买者完成支付操作之后很快出现结果，但是结果却是"java.lang.error…"之类的错误信息。这对于普通购买者来说相当于没有任何结果，因为他仍旧不知道系统处于什么状态，是支付成功还是支付失败，或者需要重新操作。

3. 分区容错性

分区容错性（Partition Tolerance）可以理解为系统在存在网络分区的情况下仍然可以接受请求（满足一致性和可用性）。这里网络分区是指由于某种原因将网络分成若干个孤立的区域，而区域之间互不相通。还有些人将分区容错性理解为系统对节点动态加入和离开的处理能力，因为节点的加入和离开可以认为是集群内部的网络分区。

CAP 是在分布式环境中设计和部署系统时所要考虑的三个重要的系统需求。根据 CAP 理论，数据共享系统只能满足这三个特性中的两个，而不能同时满足三个条件。因此系统设计者必须在这三个特性之间做出权衡。

- 放弃 P。由于任何网络（即使局域网）中的机器之间都可能出现网络互不相通的情况，因此如果想避免分区容错性问题的发生，一种做法是将所有的数据都放到一台机器上。虽然无法 100% 的保证系统不会出错，但不会碰到由分区带来的负面影响。当然，这个选择会严重影响系统的扩展性。如果数据量较大，一般是无法全都放在一台机器上的，因此放弃 P 在这种情况下不能接受。所有的 NoSQL 系统都假定 P 是存在的。

- 放弃 A。相对于放弃"分区容错性"来说，其反面就是放弃可用性。一旦遇到分区容错故障,那么受到影响的服务需要等待数据一致,因此在等待期间系统就无法对外提供服务。

- 放弃 C。这里所说的放弃一致性并不是完全放弃数据的一致性,而是放弃数据的强一致性,但保留数据的最终一致性。以网络购物为例,对于只剩最后一件库存的商品,如果同时收到了两份订单,那么较晚的订单将被告知商品售罄。
- 其他选择。引入 BASE(Basically Availability, Soft-state, Eventually consistency),该方法支持最终一致性,其实是放弃 C 的一个特例。

传统关系型数据库注重数据的一致性,而对海量数据的分布式存储和处理,可用性与分区容错性优先级要高于数据一致性,一般会尽量朝着 A、P 的方向设计,然后通过其他手段保证对于一致性的商务需求。

不同数据对于一致性的要求是不同的。举例来讲,用户评论对不一致性是不敏感的,可以容忍相对较长时间的不一致性,这种不一致性并不会影响交易和用户体验。而产品价格数据则是非常敏感的,通常不能容忍超过 10 秒的价格不一致性。

19.6　MongoDB 概述

MongoDB 是 10gen 公司开发的一款以高性能和可扩展性为特征的开源软件,它是 NoSQL 中面向文档的数据库。它是一个介于关系数据库和非关系数据库之间的产品,是非关系数据库当中功能最丰富、最像关系数据库的。它支持的数据结构非常松散,是类似 JSON 的 BSON 格式,因此可以存储比较复杂的数据类型。MongoDB 最大的特点是它支持的查询语言非常强大,其语法有点类似于面向对象的查询语言,几乎可以实现类似关系数据库单表查询的绝大部分功能,而且还支持对数据建立索引。它是一个面向集合的、模式自由的文档型数据库。

19.6.1　选用 MongoDB 的原因

1. 不能确定的表结构信息

关系型数据库虽然非常不错,但是由于被设计成可以应对各种情况的通用型数据库,因此也存在一些不足之处。

例如,在使用关系型数据库的时候,表结构(表中所保存的字段信息)都必须事先定义好,碰到很难定义表结构的时候就比较麻烦了。难以定义却又必须定义,这时恐怕就只能采用折中的方法:先定义最低限度的必要字段,需要的时候再添加其他字段。在这种情况下,肯定会发生添加字段等需要变更表结构的操作,势必要花费更多的工夫。但如果能接受,也是个不错的解决方案。或者还可以考虑使用一些其他方法,例如事先定义一些像魔术数字一样的字段作为备用,在需要使用的时候加以利用等。

关系型数据库可以在事先定义好表结构的前提下高效地处理数据。但是对于调查问卷数据和分析结果数据(通过解析日志数据得到的数据),很难知道哪些字段是必要的,这必然会带来反复的表结构变更操作,因此也就不必固执地非要使用关系数据库不可。

2. 序列化可以解决一切问题吗

如果只是表结构的定义比较棘手的话,大家可能会觉得通过 JSON 等工具对数据进行序列化之后再保存到关系型数据库中就能解决问题。确实,若能忍受保存数据时的序列化处理及读取数据时的反序列化处理所带来的额外开销,以及数据不易理解等问题,这也不失为一个好的解决方案。但是这种方法有可能会导致效率低下。例如,把如下数据通过 JSON 进行序列化,然后保存到关系型数据库的某个字段中。

```
{
    Key1->"value1"
    Key2->"value2"
    Key3->"value3"
}
```

即使存在多个键(本例中有 Key1、Key2 和 Key3 三个),也可以顺利地通过 JSON 进行序列化,然后保存到关系型数据库中,并在读取的时候通过反序列化得到原来的散列表数据。

但是,若想要从所有数据中取得 Key1 等于某个值的数据,应该怎么办才好呢? 如果 Key1 是保存在关系型数据库的字段中的话,就可以很容易地通过 SQL 读取出来。

但是,那些被 JSON 序列化之后的数据却无法这样读取。因此,只能把所有数据都取出来进行反序列化,再从中抽取出符合条件的数据。如果一开始就把所有数据都取出来,不仅浪费时间和资源,而且还必须对取出的数据进行再次抽取。随着数据的增大,处理所需要的时间也会越来越长。

3. 无须定义表结构的数据库

这时就轮到 MongoDB 出场了。由于它是无表结构的数据库,所以使用 MongoDB 的时候是不需要定义表结构的。而且,由于它无须定义表结构,所以对于任何 key 都可以像关系型数据库那样进行反复查询等操作。MongoDB 拥有比关系型数据库更快的处理速度,而且可以像关系型数据库那样通过添加索引来进行高速处理。

19.6.2　MongoDB 的优势和不足

1. 无表结构

毫无疑问,MongoDB 的最大特征就是无表结构(没有必要定义表结构)的模式自由(schema-free),它无须像关系型数据那样定义表结构。例如,下面两个记录可以存在于同一个集合里面:

```
{"name":"Wangmei"}
{"age":"25"}
```

但是,它到底是如何保存数据的呢? MongoDB 在保存数据的时候会把数据和数据结构都完整地以 BSON(JSON 的二进制化产物)的形式保存起来,并把它作为值和特定的键进行关联。正是由于这样的设计,所以它不需要定义表结构,因而被称为面向文档数据库。

由于数据的处理方式不同,所以面向文档数据库的用语也发生了变化。刚开始的时候大家可能会因为用语的不同而不太适应。例如,关系型数据库中的表在面向文档数据库中称为集合(collection),其中的记录在面向文档数据库中则称为文档(document)。

无表结构是 MongoDB 最大的优势。由于不需要定义表结构,减少了添加字段等表结构变更所需要的开销。除此之外,它还有一些非常便利的地方。

来看一个比较常见的例子,假设需要添加新字段,在这种情况下,对于关系型数据库来说,首先要进行表结构变更,然后在程序中针对这个新字段进行相应的修改。而 MongoDB 原本就没有定义表结构,所以只需要对程序进行相应的修改就可以了。

MongoDB 带来的最大便利就是,不必再去关心表结构和程序之间的一致性。使用关系型数据库时往往会发生表结构和程序之间不一致的问题,所以估计很多人在添加字段时往往只修改了程序,而忘了修改表结构,从而导致出错。如果使用像 MongoDB 这样没有表结构的数据库,就不会发生类似问题了,只需保证程序正确即可。

2. 容易扩展

应用数据集的大小在飞速增长。传感器技术的发展、带宽的增加以及可连接到因特网的手持设备的普及使得当下即使很小的应用也要存储大量数据,量大到很多数据库都应付不来。太字节(TB)级别的数据原来是闻所未闻的,现在已经司空见惯了。

由于开发者要存储的数据不断增长,他们面临一个非常困难的选择:该如何扩展他们的数据库呢?是升级(买台更好的机器)还是扩展(将数据分散到很多机器上)?升级通常是最省力气的做法,但是问题也显而易见:大型机一般都非常昂贵,如果最后达到了物理极限,那么花多少钱也买不到更好的机器。对于大多数人希望构建的大型 Web 应用来说,这样做既不现实也不划算。而扩展就不同了,不但经济而且还能持续添加:想要增加存储空间或者提升性能,只需要买一台一般的服务器加入集群就好了。

MongoDB 在最初设计的时候就考虑到了扩展的问题。它所采用的面向文档的数据模型使其可以自动在多台服务器之间分散数据。它还可以平衡集群的数据和负载,自动重排文档。这样开发者就可以专注于编写应用,而不是考虑如何扩展。要是需要更大的容量,只需在集群中添加新机器,然后让数据库来处理剩下的事情。

3. 丰富的功能

MongoDB 拥有一些真正独特的、好用的功能,而其他数据库不具备或者不完全具备这些功能。

(1)索引:MongoDB 支持通用辅助索引,能进行多种快速查询,也提供唯一的、复合的地理空间索引能力。

(2)存储 JavaScript:开发人员不必使用存储过程了,他们可以直接在服务器端存取 JavaScript 的函数和值。

(3)聚合:MongoDB 支持 MapReduce 和其他聚合工具。

(4)固定集合:集合的大小是有上限的,这对某些类型的数据(比如日志)特别有用。

(5)文件存储:MongoDB 支持用一种容易使用的协议存储大型文件和文件的元数据。

4. 性能卓越

卓越的性能是 MongoDB 的主要目标,也极大地影响了设计上的很多决定。MongoDB 使用 MongoDB 传输协议作为与服务器交互的主要方式(其他的协议需要更多的开销,如 HTTP/REST)。它对文档进行动态填充,预分配数据文件,用空间换取性能的稳定。默认的存储引擎中使用了内存映射文件,将内存管理工作交给操作系统去处理。动态查询优化器会"记住"执行查询最高效的方式。总之,MongoDB 在各个方面都充分考虑了性能。

5. 简便的管理

MongoDB 尽量让服务器进行自动配置来简化数据库的管理。除了启动数据库服务器之外,基本没有什么必要的管理操作。如果主服务器停机,MongoDB 会自动切换到备份服务器上,并且将备份服务器提升为主服务器。在分布式环境下,集群只需要知道有新增加的节点,就会自动继承和配置新节点。

MongoDB 的管理理念就是尽可能地让服务器自动配置,并让用户能在需要的时候调整设置(但不强制)。

6. MongoDB 的不足

MongoDB 不支持 JOIN 查询和事务处理,但实际上事务处理一般来说都是通过关系型数据库来完成的,很少会涉及 MongoDB。虽然不能进行 JOIN 查询确实不太方便,但是也可以通过一些方法来规避。例如,可以在不需要 JOIN 查询的地方使用 MongoDB,或者是在初始设计中就避免使用 JOIN 查询等。另外,还可以在一开始就把必要的数据全都嵌入到文档中去。

还有一点需要注意的是,使用 MongoDB 创建和更新数据的时候,数据是不会实时写入到硬盘中的,因此就有可能出现数据丢失的情况。对于这一点一定要谨慎。

但是,由于 MongoDB 在保存数据时需要预留出很大的空间,因此对硬盘的空间需求量呈逐渐增大的趋势。

19.6.3　基本概念

MongoDB 非常强大,同时也很容易上手。MongoDB 的基本概念如下:

(1) MongoDB 的文档相当于关系数据库中的一行记录。

(2) 多个文档组成一个集合,相当于关系数据库的表。

(3) 多个集合,逻辑上组织在一起就是数据库。

(4) 一个运行的 MongoDB Server 支持多个数据库。

19.7　MongoDB 数据库安装与配置

19.7.1　下载

MongoDB 的官方下载网站是 http://www.ongodb.org/downloads,可以在该网站下载最新的安装程序。在下载页面中,选择 32 位 2.6.8 版本可以下载 ZIP 压缩包或 MSI 格式的安装文件。当然也可以输入地址 https://fastdl.mongodb.org/win32/mongodb-win32-
i386-2.6.8.zip，直接下载 ZIP 压缩包 mongodb-win32-i386-2.6.8.zip，如图 19-2 所示。

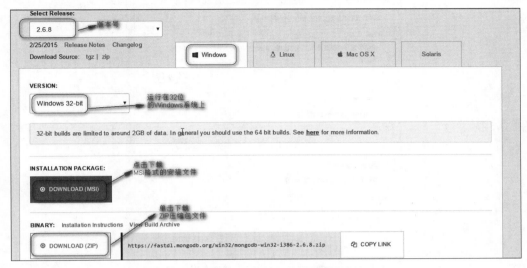

图 19-2　MongoDB 下载界面

下载 ZIP 压缩包，解压缩到 D 盘的目录下，如图 19-3 所示。

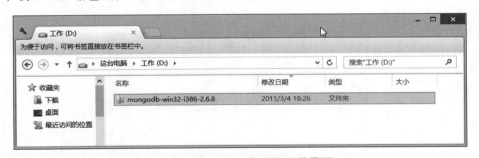

图 19-3　MongoDB 解压缩文件界面

19.7.2　配置

1. 建立环境

MongoDB 需要一个 data 文件夹来放置自身文件，默认存储数据目录为/data/db，默
认端口为 27017，默认 HTTP 端口为 28017。所以要在 D 盘下建立 data/db 目录。

当然也可以在其他位置建立 data/db 目录，这样的话，启动时需要明确指定 dbpath
选项，具体操作可以参照下面讲解的命令行方式启动。

2. 配置环境变量

（1）右击"此电脑"图标，并选择快捷菜单中的"属性"命令，在弹出的窗口中选择"高
级系统设置"按钮，弹出如图 19-4 所示的"系统属性"对话框，并选择"高级"选项卡。

（2）单击"环境变量"按钮，弹出"环境变量"对话框，如图 19-5 所示。

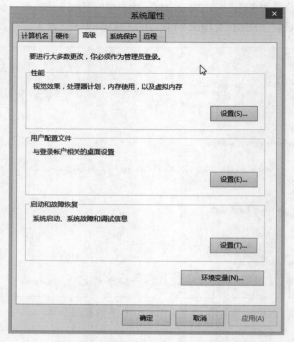

图 19-4　"系统属性"对话框

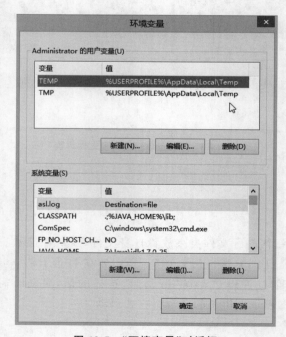

图 19-5　"环境变量"对话框

（3）在"系统变量"列表框中选择"Path"选项，单击"编辑"按钮，将弹出"编辑系统变量"对话框,如图 19-6 所示。

图 19-6　"编辑系统变量"对话框

（4）将 mongodb-win32-i386-2.6.8.zip 解压缩后的文件夹中的 bin 文件夹的位置（D：\mongodb-win32-i386-2.6.8 \bin）添加到"变量值"文本框中,注意要使用";"与其他变量值进行分隔,最后单击"确定"按钮。这样就完成了环境变量的设置。

19.7.3　启动数据库

MongoDB 安装和配置完成后,必须先启动它,然后才能使用它。启动数据库有以下几种方式。

1. 双击 mongo.exe 启动

在 D：\mongodb-win32-i386-2.6.8\bin 下有很多 exe 文件,其中 mongod.exe 文件是启动数据库的文件,双击运行它。看到如图 19-7 所示界面,表示成功启动数据库。

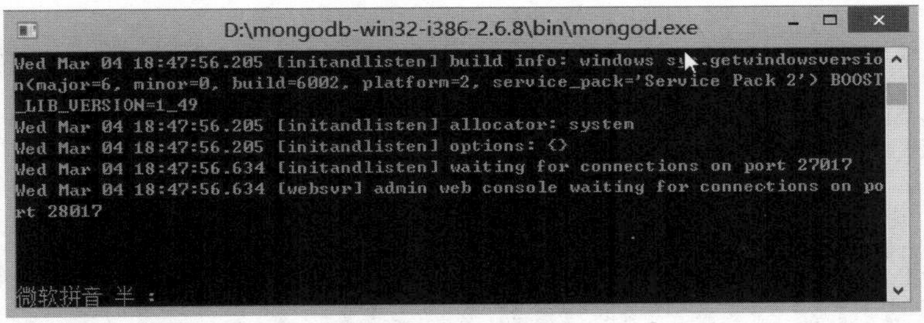

图 19-7　启动界面

注意：MongoDB 需要一个 data 文件夹来放置自身数据文件,默认存储目录为当前根目录下的/data/db,所以刚才在 D 盘下建立 data/db 目录。如果没有建立此目录或者不在根目录下,双击运行 mongod.exe 文件以启动 Mongodb 服务会失败,只出现一个一闪而过的界面。

2. 命令行方式启动

（1）首先简单介绍一下 mongod 参数。

- dbpath：数据文件存放路径,每个数据库会在其中创建一个子目录,用于防止同一个实例多次运行的 mongod.lock 也保存在此目录中。
- logpath：错误日志文件。
- logappend：错误日志采用追加模式。

- bing_id：对外服务的绑定 IP，一般设置为空，即绑定在本机所有可用 IP 上，如有需要可单独指定。
- port：对外服务端口。Web 管理端口在这个 port 的基础上＋1000。
- journal：开启日志功能，通过保存操作日志来减少单机故障的恢复时间。
- syncdelay：系统同步刷新磁盘的时间，默认为 60 秒。
- directoryperdb：每个 db 存放在单独的目录中，建议设置该参数。与 MySQL 的独立表空间类似。
- maxConns：最大连接数。
- repairpath：执行修复时的临时目录。如果没有开启日志，当异常停机后重启时，必须执行修复操作。

（2）打开 cmd，运行 mongod.exe --dbpath＝D:\data\db，如图 19-8 所示。

图 19-8　命令行界面

（3）按回车键后，出现如图 19-9 所示，表示成功开启 mongod 服务。

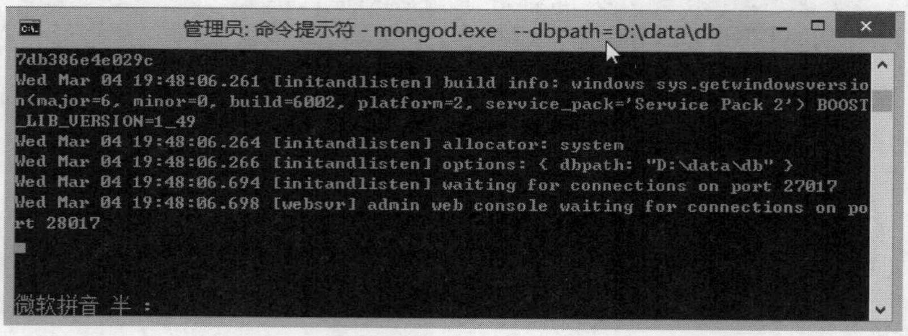

图 19-9　成功启动界面

　　注意：这里如果出现如图 19-10 所示的提示，那么就说明前面的环境变量没有配置成功，需要重新配置。

　　（4）作为一个专业的 DBA，会在实例启动时添加很多参数，以便使系统运行得更稳定，这样就可能会在启动时在 mongod 后面加一长串的参数，它看起来非常混乱，而且不好管理和维护，另一种选择是通过配置文件方式启动数据库，如图 19-11 所示。

　　（5）在按回车键之前，要在 D:\data 下添加目录 log。在 D:\mongodb-win32-i386-2.6.8 下建立一个配置文件 mongo.conf 并添加需要的参数，例如这里的文件添加内容如图 19-12 所示。

　　（6）之后按回车键，显示如图 19-13 所示的界面，表示成功启动 mongod 服务。

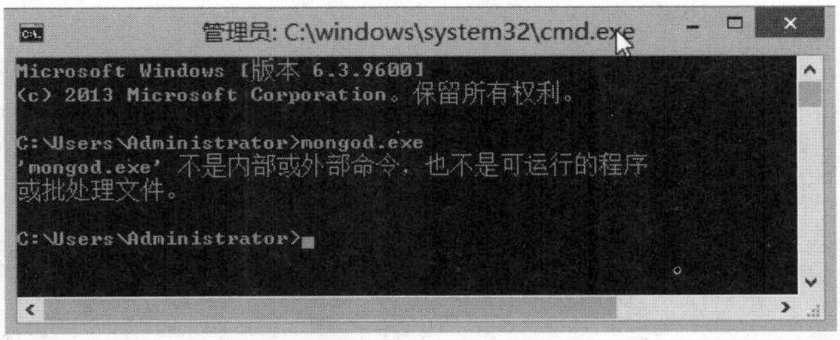

图 19-10 错误提示

图 19-11 启动

图 19-12 配置内容

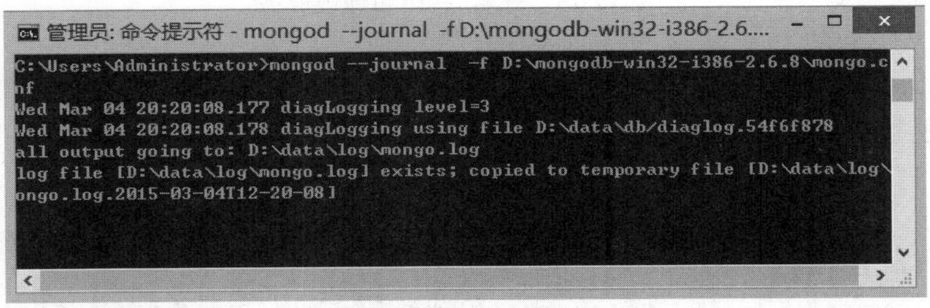

图 19-13 启动界面

3. Windows 服务启动

前面介绍 MySQL 安装时也提到过这个方式,将其配置成 Windows 服务,并设置服务开机启动,这样当系统启动的时候,就会自动启动 MySQL 服务。也可以将 MongoDB 配置为 Windows 服务。

(1)配置为 Windows 服务,用- - install 命令参数,并用 - - journal 开启日志功能,以

及使用-f 指定配置文件。按回车键，提示安装服务成功，如图 19-14 所示。

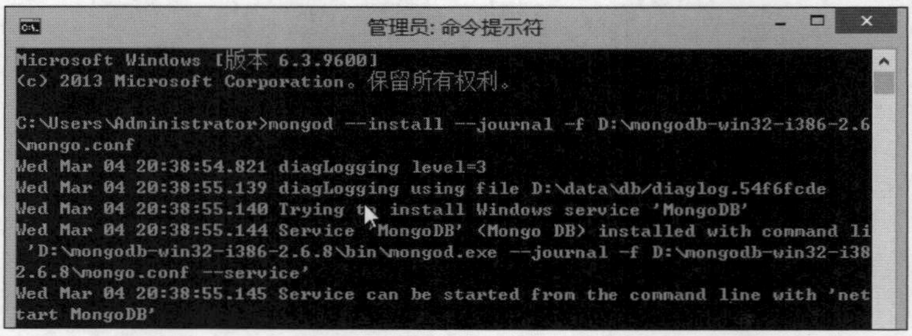

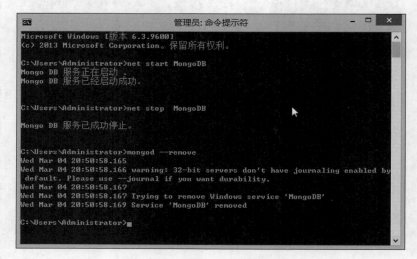

图 19-14　安装服务

（2）可以用 net start MongoDB 开启服务，用 net stop MongoDB 关闭服务，并用
mongod -remove 卸载服务，如图 19-15 所示。

图 19-15　开启、关闭和卸载服务

4. 停止服务

（1）使用 shutdownServer（）指令停止。如果处于连接状态，那么可以直接通过
admin 库发送 db.shutdownServer（）指令去停止，如图 19-16 所示。

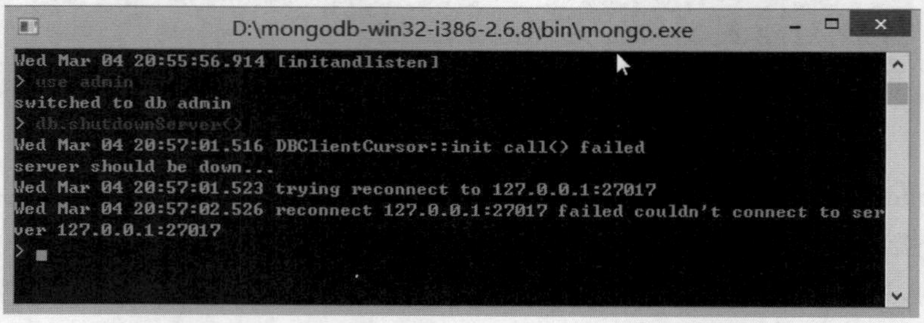

图 19-16　使用 shutdownServer（）指令停止服务

（2）前台直接退出。对于通过前台启动的 MongoDB 数据库，可直接使用前台退出方式关闭终端。MongoDB 将会自己做清理退出，把没有写好的数据写完整，并最终关闭数据文件。

（3）使用 net stop MongoDB 关闭服务。对于通过 Windows 服务启动的 MongoDB 服务，可以用 net stop MongoDB 命令关闭，如图 19-17 所示。

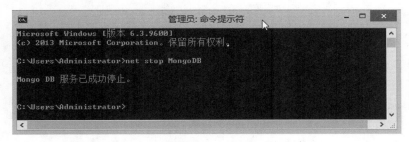

图 19-17　使用 net stop MongoDB 命令停止服务

19.7.4　MongoVUE 图形化管理工具

MongoDB 的客户端工具 MongoVue 的下载地址是 http://www.mongovue.com/，从 1.0 版本开始收费了。1.0 版安装超过 15 天后功能受限，可以通过删除以下注册表项来解除限制：［HKEY_CURRENT_USER\Software\Classes\CLSID\｛B1159E65-821C3-21C5-CE21-34A484D54444｝\4FF78130］，把这个项下的值全部删除就可以了。

19.7.5　MongoVUE 的安装和启动

1. MongoVUE 的安装

（1）进入官网下载页面 http://www.mongovue.com/downloads/（如图 19-18 所示），单击 Download，下载 MongoVUE 最新安装压缩包文件 Installer-1.6.19.zip，版本号是 1.6.9，需要 Microsoft .NET Framework 3.5 Service Pack 1 和 1.6 版本以上的 MongoDB 的支持。

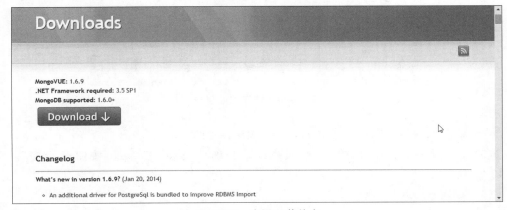

图 19-18　官网下载信息

（2）解压缩文件，得到 Installer.msi，双击运行它。出现安装向导，如图 19-19 所示。

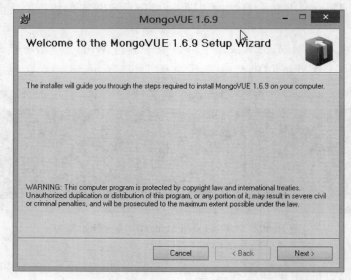

图 19-19 安装向导

（3）单击 Next 按钮，继续安装，如图 19-20 所示。

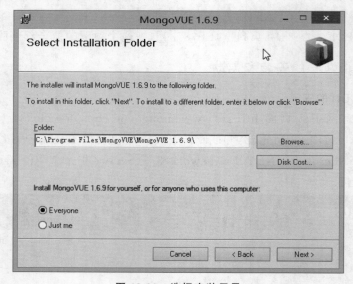

图 19-20 选择安装目录

（4）单击 Next 按钮，弹出确认对话框，如图 19-21 所示。

（5）若不确认，按 Back 按钮，返回修改。若确认安装，按 Next 按钮开始安装，如图 19-22 所示。

（6）安装成功后，出现如图 19-23 所示的窗口。

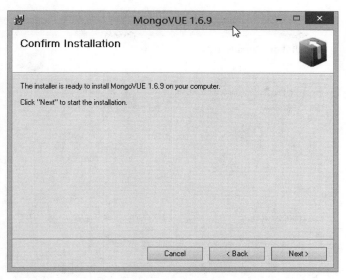

图 19-21 确认安装提示

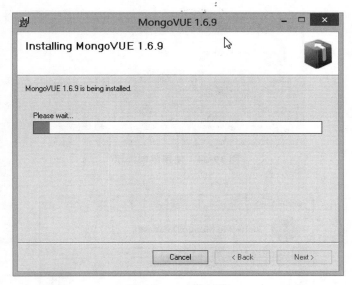

图 19-22 安装过程

2. MongoVUE 的启动

（1）在安装目录下（C：\Program Files\MongoVUE\MongoVUE 1.6.9），双击 MongoVUE.exe，启动 MongoVUE，首先会提示使用限制，如图 19-24 所示。

（2）选择试用，单击 OK 按钮（想购买此产品可以单击 Buy 按钮），弹出如图 19-25 所示的窗口。

（3）单击图中的加号按钮，添加连接。弹出 Create new Connect 对话框，填好信息后，如图 19-26 所示。

图 19-23　安装成功

图 19-24　使用限制提示

图 19-25　连接数据库窗口

（4）单击 Test 按钮，弹出 Success 对话框，表示可以连接 mongodb 数据库，如图 19-27 所示。

图 19-26　连接信息对话框

图 19-27　连接可用提示

（5）关闭 Success 对话框，单击图 19-26 所示的 Create new Connection 对话框中的 Save 按钮，保存连接，如图 19-28 所示。

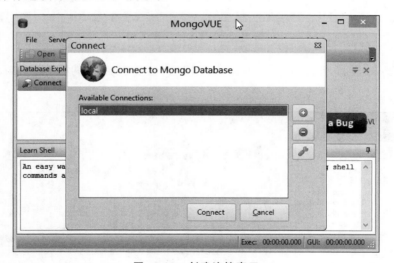

图 19-28　创建连接窗口

（6）单击 Connect 连接按钮，出现如图 19-29 所示的窗口，表示连接成功。

19.7.6　借助 MongoVUE 工具操作数据库

1. 创建数据库

（1）要创建数据库，可单击 loacl 实例作为操作对象。然后选择菜单中的 Server→ add Database，弹出用于输入数据库名称的对话框，如图 19-30 所示。

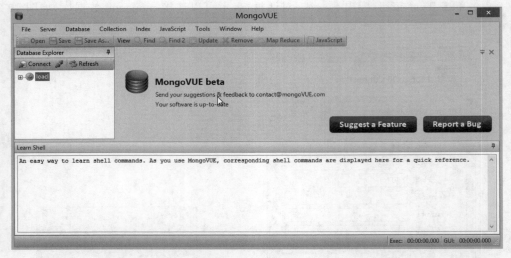

图 19-29　连接成功

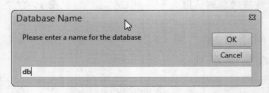

图 19-30　输入数据库名称

（2）输入数据库名称 db 后，单击 OK 按钮，会看到新建的数据库 db，如图 19-31 所示。

图 19-31　数据库资源夹

（3）添加集合。单击选择 db 数据库作为操作对象，选择菜单中的 Database→add Collection，或者右击 db 数据库并选择快捷菜单中的 add Collection，弹出用于输入集合名称的对话框，如图 19-32 所示。

（4）输入集合名称 blog 后，单击 OK 按钮，添加集合 blog。成功后可以看到新建的 blog 集合，如图 19-33 所示。

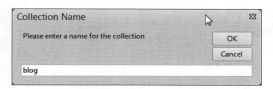

图 19-32　输入集合名称

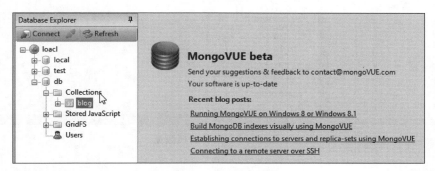

图 19-33　blog 库的查看图

（5）添加文档。单击选择 blog 集合作为操作对象，选择菜单 Collection 中的 Insert/
Import Documents 选项（或者右击 blog 集合并从快捷菜单中选择该选项），弹出插入文
档窗口，写好文档，如图 19-34 所示。

```
blog                                                          ☒
┌──────────────────┬─────────────────────────┐
│ Insert a document │ Import multiple documents │
└──────────────────┴─────────────────────────┘
Type your JSON document below:

{
    "author" : "Marco",
    "title" : "标题1",
    "content" : "内容1",
    "date" : "2015-03-03",
    "comments" : [{
        "content" : "评论1",
        "date" : "2015-03-04",
        "author" : "张天君"
    }, {
        "content" : "评论2",
        "date" : "2015-03-05",
        "author" : "田野"
    }],
    "approverNun" : 4
}


                        [  Insert  ]    [  Close  ]
```

图 19-34　插入文档

（6）单击 Insert 按钮插入文档，若无错误提示，可以双击 blog。选择 Text View 选项
卡，显示如图 19-35 所示的窗口。

图 19-35　查看文档数据

2. 更新

（1）第一种方式是直接在 Tree View 或 Table View 视图下找到自己要修改的字段，双击字段并进行编辑，按回车键后即可修改成功，如图 19-36 和图 19-37 所示。

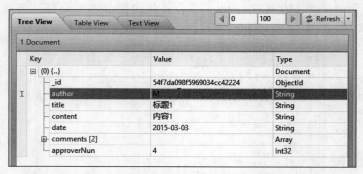

图 19-36　在 Tree View 中修改 author 的值 Value

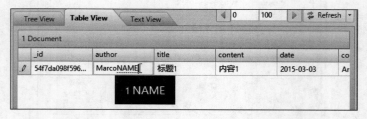

图 19-37　在 Table View 中修改 author 的值 Value

（2）第二种方式是通过命令修改，首先单击快捷菜单中的 Update 按钮，在更新界面中输入命令，如图 19-38 所示。这里把_id 值为 ObjectId("54f7da098f5969034cc42224")的文档中的 approverNun 字段的值加 2。

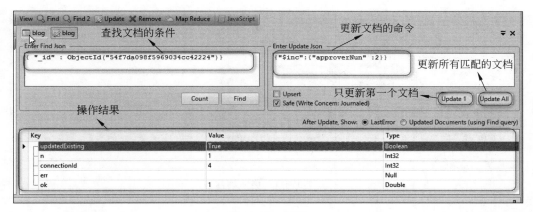

图 19-38　更新

3．删除

（1）第一种方式是直接在 Tree View 视图中右击要删除的文档，然后选择 Remove 选项，如图 19-39 所示。之后会弹出确认对话框，如图 19-40 所示，单击 Yes 按钮即可删除文档。

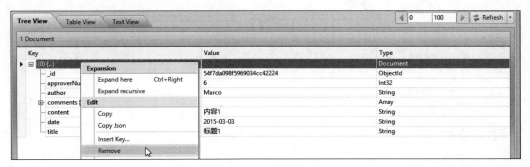

图 19-39　选择删除界面

图 19-40　删除确认

（2）第二种方式是通过命令删除，首先单击快捷菜单中的 Remove 选项，在删除界面中，输入命令，这里把_id 值为 ObjectId("54f7da098f5969034cc42224") 的文档删除，如图 19-41 所示。

注意：如果要删除数据库和集合，可以选择相应的快捷菜单中的 Drop 选项来执行删除。

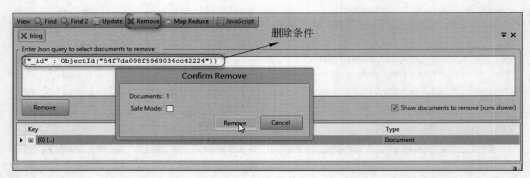

图 19-41 确认删除

4. 查询

选择 blog 集合作为操作对象,单击快捷菜单中的 Find1 或 Find2 选项,通过输入查询条件进行查询。这里单击 Find1 按钮,查询田野评论过的所有 blog,按评论时间排序先后返回 title 和 date 字段,以及田野评论的内容。如图 19-42 所示。

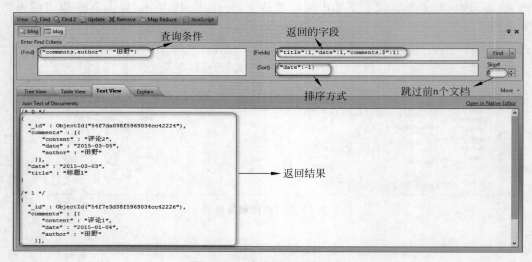

图 19-42 查询返回结果界面

注意:这里也返回了_id 字段,因为这是默认的,除非显式说明不返回它。

19.8 本 章 小 结

本章主要介绍了 NoSQL 数据库的概念及其优、劣势,还介绍了数据库类型以及选用原则。然后以 MongoDB 为例,结合实例讲解了下载、安装和配置 MongoDB 数据库,以及通过图形化的客户端工具 MongoVUE 操作 MongoDB 数据。

19.9　思考与练习

1. 关系型数据库有哪些不足？

2. 选用 NoSQL 有哪些原则？NoSQL 有哪 5 个方面的优势？

3. NoSQL 数据库有哪些类型？

4. 键值存储的保存方式有哪些？

5. 面向文档的数据库的特点是什么？

6. 什么是分布式系统？

7. CAP 理论是什么？其中 C、A、P 分别表示什么？

8. 什么是 BSON 格式？

9. MongoDB 如何存储和保存数据？

10. MongoDB 中集合、文档和数据库之间的关系是什么？

11. 简述 MongoDB 数据库的启动和关闭方法。

12. 如何使用 MongoVUE 对 MongoDB 中的数据进行增、删、改、查？

13. MongoDB 是一种 NoSQL 数据库，具体地说，是（　　）存储数据库。

　　A. 键值　　　　　　B. 文档　　　　　　C. 图形　　　　　　D. XML

14. 以下 NoSQL 数据库中，（　　）是一种高性能的分布式内存对象缓存数据库，它通过缓存数据库查询结果，减少数据库访问次数，以提高动态 Web 应用的速度和可扩展性。

　　A. MongoDB　　　B. Memcached　　　C. Neo4j　　　　D. Hbase

15. CAP 理论是 NoSQL 理论的基础，下列性质不属于 CAP 的是（　　）。

　　A. 分区容错性　　B. 原子性　　　　　C. 可用性　　　　　D. 一致性

MySQL 数据库上机实验

实验一：安装 MySQL 8.0 及 Navicat for MySQL 实验

一、实验目的及要求

1. 掌握在 Windows 平台下安装与配置 MySQL 8.0 的方法。
2. 掌握启动服务并登录 MySQL 8.0 数据库的方法和步骤。
3. 了解手工配置 MySQL 8.0 的方法。

二、实验内容

1. 在 Windows 平台下安装与配置 MySQL 8.0 版。
2. 在服务对话框中，手动启动或者关闭 MySQL 服务。
3. 使用 Net 命令启动或关闭 MySQL 服务。
4. 分别用 Navicat 工具和命令行方式登录 MySQL。
5. 在 my.ini 文件中将数据库的存储位置改为 D:\mysql\data。
6. 使用配置向导修改当前密码，并使用新密码重新登录。
7. 配置 Path 变量，确保 MySQL 的相关路径包含在 Path 变量中。

实验二：MySQL 数据库创建和删除实验

一、实验目的及要求

1. 掌握 MySQL 数据库的相关概念。
2. 掌握使用 Navicat 工具和 SQL 语句创建数据库的方法。
3. 掌握使用 Navicat 工具和 SQL 语句删除数据库的方法。

二、实验内容

1. 创建数据库。

（1）使用 Navicat 创建电商平台数据库：e_shop。

（2）使用 SQL 语句创建数据库 MyDB。

2. 查看数据库属性。

（1）在 Navicat 中查看创建后的 e_shop 数据库和 MyDB 数据库的状态，并且查看数据库所在的文件夹。

（2）利用 SHOW DATABASES 命令显示当前的所有数据库。

3. 删除数据库。

（1）使用 Navicat 图形工具删除 e_shop 数据库。

（2）使用 SQL 语句删除 MyDB 数据库。

（3）利用 SHOW DATABASES 命令显示当前的所有数据库。

实验三：MySQL 数据库表的创建与管理实验

一、实验目的及要求

1. 掌握表的基础知识。

2. 掌握使用 Navicat 管理工具和 SQL 语句创建表的方法。

3. 掌握表的维护、修改、查看和删除等基本操作方法。

二、实验内容

1. 表定义与修改操作。

在 schoolInfo 数据库中创建一个 teacherInfo 表，如表 A-1 所示。

表 A-1　teacherInfo 表

字段名	字段描述	数据类型	主键	外键	非空	唯一	自增
id	编号	INT(4)	是	否	是	是	是
num	教工号	INT(10)	否	否	是	是	否
name	姓名	VARCHAR(20)	否	否	是	否	否
sex	性别	VARCHAR(4)	否	否	是	否	否
birthday	出生日期	DATETIME	否	否	否	否	否
address	家庭住址	VARCHAR(50)	否	否	否	否	否

按照下列要求进行表定义操作：

（1）首先创建数据库 schoolInfo。

（2）创建 teacherInfo 表。

（3）将 teacherInfo 表的 name 字段的数据类型改为 VARCHAR(30)。

（4）将 teacherInfo 表的 birthday 字段的位置移到 sex 字段的前面。

（5）将 teacherInfo 表的 num 字段改名为 t_id。

（6）将 teacherInfo 表的 address 字段删除。

（7）在 teacherInfo 表中增加名为 wages 的字段，数据类型为 FLOAT。

（8）将 teacherInfo 表改名为 teacherInfoInfo。

（9）将 teacherInfo 表的存储引擎更改为 MyISAM 类型。

2. 创建 staffInfo 数据库，并定义 department 表和 worker 表，两个表的结构分别如表 A-2 和表 A-3 所示，完成两表之间的完整性约束。

表 A-2　department 表

字段名	字段描述	数据类型	主键	外键	非空	唯一	自增
d_id	部门号	INT(4)	是	否	是	是	否
d_name	部门名	VARCHAR(20)	否	否	是	是	否
function	部门职能	VARCHAR(50)	否	否	否	否	否
address	部门位置	VARCHAR(20)	否	否	否	否	否

表 A-3　worker 表

字段名	字段描述	数据类型	主键	外键	非空	唯一	自增
id	编号	INT(4)	是	否	是	是	是
num	员工号	INT(10)	否	否	是	是	否
d_id	部门号	INT(4)	否	是	否	否	否
name	姓名	VARCHAR(20)	否	否	是	否	否
sex	性别	VARCHAR(4)	否	否	是	否	否
birthday	出生日期	DATE	否	否	否	否	否
address	家庭住址	VARCHAR(50)	否	否	否	否	否

按照下列要求进行表操作：

（1）在 staffInfo 数据库下创建 department 表和 worker 表。

（2）删除 department 表。

（3）删除 worker 表的外键约束。

（4）重新创建 department 表。

实验四：MySQL 支持的数据类型与运算符应用实验

一、实验目的及要求

1. 了解 MySQL 支持的常见数据类型。

2. 掌握不同应用场景下数据类型的使用。

3. 掌握常见的运算符。

二、实验内容

1. 数据类型的应用。

在某电子商务网站中提供了用户注册功能，当用户在注册表单中填写信息后提交表单，就可以注册一个新用户。为了保存用户的数据，需要在数据库中创建一张用户表，该表需要保存的用户信息如下。

- 用户名：可以使用中文，不允许重复，长度在 20 个字符以内。

- 手机号码：长度为 11 个字符。

- 性别：有男、女、保密 3 种选择。
- 注册时间：注册时的日期和时间。
- 会员等级：表示会员等级的数字，最高为 100。

为合理保存上述数据，请选择适当的数据类型保存数据。

2. 常见运算符的应用。

（1）在 MySQL 中执行下面的表达式：$4+3-1, 3*2+7, 8/3, 9\%2$。代码如下：

```
SELECT 4+3-1,3*2+7,8/3,8 DIV 3,9%2,MOD(9,2);
```

（2）在 MySQL 中执行下面的表达式：$30>28, 17>=16, 30<28, 17<=16, 17=17,$ $16<>17, 7<=>NULL, NULL<=>NULL$。代码如下：

```
SELECT 30>28,17>=16,30<28,17<=16,17=17,16<>17,7<=>NULL,NULL<=>NULL;
```

（3）判断字符串"mybook"是否为空，是否以字母 m 开头，是否以字母 k 结尾。代码如下：

```
SELECT 'mybook' IS NULL, 'mybook' LIKE 'm%', 'mybook' REGEXP 'k$';
```

（4）在 MySQL 中执行下列逻辑运算：$2\&\&0\&\&NULL, 1.5\&\&2, 3||NULL, NOT$ $NULL, 3 XOR 2, 0 XOR NULL$。代码如下：

```
SELECT 2&&0&&NULL,1.5&&2,3||NULL,NOT NULL,3 XOR 2,0 XOR NULL;
```

实验五：MySQL 数据库的多表查询操作实验

一、实验目的及要求

1. 了解多表连接查询方式。

2. 掌握多表连接数据库表的语句表达。

二、实验内容

（1）根据表 A-4～A-6 的要求，完成 SQL 语句的编写。

表 A-4　电视节目信息表（programInfo）

字段名	数据类型	字段含义
id	INT	节目编号
name	VARCHAR(50)	节目名称
prodate	VARCHAR(20)	节目播出时间
typeid	INT	节目类型编号
hostid	INT	主持人编号

表 A-5　电视节目类型信息表（typeInfo）

字段名	数据类型	字段含义
id	INT	类型编号
typename	VARCHAR(20)	类型名称

表 A-6　主持人信息表（prohostInfo）

字段名	数据类型	字段含义
id	INT(4)	主持人编号
hostname	VARCHAR(20)	主持人姓名

根据前面给出的表结构，创建表语句如下所示。

创建电视节目信息表 programInfo 的语句如下：

```
CREATE TABLE programInfo
(
    id INT PRIMARY KEY,
    name VARCHAR(50),
    prodate VARCHAR(20),
    typeid INT,
    hostid INT
)
```

创建电视节目类型信息表 typeInfo 的语句如下：

```
CREATE TABLE typeInfo
(
    id INT PRIMARY KEY,
    typename VARCHAR(50)
)
```

创建主持人信息表 prohostInfo 的语句如下：

```
CREATE TABLE prohostInfo
(
    id INT PRIMARY KEY,
    hostname VARCHAR(50)
)
```

（2）向各表中分别添加如表 A-7～表 A-9 所示的数据。

表 A-7　向电视节目信息表 programInfo 中添加的数据

id	name	prodate	typeid	hostid
1	小鬼当家	2012-01	1	1
2	柯南	2012-05	2	1

续表

id	name	prodate	typeid	hostid
3	开心辞典	2012-02	1	2
4	成双成对	2012-01	3	3
5	乒乓球比赛	2012-04	4	4

表 A-8　向电视节目类型信息表 typeInfo 中添加的数据

id	typename	id	typename
1	少儿娱乐节目	4	相亲节目
2	动画片	5	体育比赛
3	娱乐节目		

表 A-9　向主持人信息表 prohostInfo 中添加的数据

id	hostname	id	hostname
1	张三	4	王六
2	李四	5	李七
3	周五		

（3）按照电视节目类型来查看每种类型共有多少个电视节目。

（4）查看主持人是张三的电视节目。

（5）通过查询电视节目信息表和电视节目类型信息表来产生一个笛卡儿积。

（6）使用左外连接查询电视节目信息表和电视节目类型信息表。

（7）使用右外连接查询电视节目信息表和主持人信息表。

（8）使用等值连接来查询电视节目名称、电视节目播放时间、电视节目类型以及主持人姓名。

（9）合并电视节目类型信息表和主持人信息表中的查询结果。

（10）将（9）中的查询结果按照编号排序。

实验六：MySQL 数据库表的数据插入、修改和删除操作实验

一、实验目的

1. 掌握 MySQL 数据库表的数据插入、修改和删除操作的 SQL 语法格式。

2. 掌握数据库表的数据输入、增加和删除的方法。

二、验证性实验

1. 在 db_test 数据库中创建一个 animal 表，如表 A-10 所示。按照下列要求进行表操作。

表 A-10   animal 表结构

字段名	字段含义	数据类型	主键	外键	非空	唯一	自增
id	编号	INT(4)	是	否	是	是	是
name	姓名	VARCHAR(20)	否	否	是	否	否
kinds	种类	VARCHAR(8)	否	否	是	否	否
legs	腿的条数	INT(4)	否	否	否	否	否
behavior	习性	VARCHAR(50)	否	否	否	否	否

向 animal 表中插入记录,如表 A-11 所示,并进行更新和删除操作。

表 A-11   animal 表的记录

id	name	kinds	legs	behavior
1	米老鼠	鼠类	4	夜间活动
2	蜈蚣	多足纲	40	用毒液杀死食物
3	加菲猫	猫类	4	好吃懒做
4	唐老鸭	家禽	2	叫个不停
5	肥猪	哺乳动物	4	吃和睡

创建 animal 表,其 SQL 代码如下:

```
CREATE TABLE animal
(
    id INT(4) PRIMARY KEY UNIQUE NOT NULL AUTO_INCREMENT,
    name VARCHAR(20) NOT NULL,
    kinds VARCHAR(8) NOT NULL,
    legs INT(4),
    behavior VARCHAR(50)
)
```

(1) 使用 INSERT 语句将上述记录插入到 animal 表中。

(2) 使用 UPDATE 语句将习题 1 中的第 3 条记录的"猫类"改成"猫科动物"。

(3) 将习题 1 中四条腿的动物的 behavior 值都改为"四条腿运动"。

(4) 从 animal 表中删除腿数大于 10 的动物的记录。

(5) 删除 animal 表中所有记录的数据。

2. 假设有表 A-12 所示的表结构,向数据表中添加如表 A-13 所示的数据。

表 A-12   图书信息表(BookInfo)

字段名	数据类型	字段含义
id	INT	图书编号
name	VARCHAR(12)	图书名称

字段名	数据类型	字段含义
price	DECIMAL(5,2)	图书价格
author	VARCHAR(4)	图书作者
pub	VARCHAR(15)	出版社
remarks	VARCHAR(200)	备注

表 A-13 向图书信息表中添加的数据

id	name	price	author	pub	remarks
1	数据库	30	张三	北京大学	畅销书
2	会计实务	35	李四	南京大学	教材
3	大学物理	28	王五	大连大学	教材
4	数据结构	36	赵四	沈阳大学	教材
5	英语口语	25	刘六	上海大学	应试

创建 BookLnfo 表,其 SQL 代码如下:

```
CREATE TABLE BookInfo
(
    id INT,
    name VARCHAR(12),
    price DECIMAL(5,2),
    author VARCHAR(4),
    pub VARCHAR(15),
    remarks VARCHAR(200)
)
```

插入数据,完成如下任务:

(1) 修改图书信息表中编号是 1 的图书信息,将其价格修改成 32.5。

(2) 使用限制修改行数的方法,将表中前 2 行数据中的作者修改成"未知"。

(3) 将价格高于 30 的图书降价 5 元。

(4) 删除表中编号是 1 的图书信息。

(5) 删除表中的前 2 条图书信息。

三、观察与思考

1. 对于删除的数据,如何实现"逻辑删除"(即不删除数据库中的数据,但给用户的感觉是删除了)?

2. DROP 命令和 DELETE 命令的本质区别是什么?

3. 利用 INSERT、UPDATE 和 DELETE 命令可以同时对多个表进行操作吗?

实验七：MySQL 数据库表数据的分组查询操作实验

一、实验目的
1. 掌握 SELECT 语句的基本语法格式。
2. 掌握 SELECT 语句的执行方法。
3. 掌握 SELECT 语句的 GROUP BY 和 ORDER BY 子句的作用。

二、实验内容
在 department 表和 employee 表上进行信息查询。department 表和 employee 表的定义分别如表 A-14 和表 A-15 所示。

表 A-14 department 表的定义

字段名	字段描述	数据类型	主键	外键	非空	唯一	自增
d_id	部门号	INT(4)	是	否	是	是	否
d_name	部门名称	VARCHAR(20)	否	否	是	是	否
function	部门职能	VARCHAR(20)	否	否	否	否	否
address	工作地点	VARCHAR(30)	否	否	否	否	否

表 A-15 employee 表的定义

字段名	字段描述	数据类型	主键	外键	非空	唯一	自增
id	员工号	INT(4)	是	否	是	是	否
name	姓名	VARCHAR(20)	否	否	是	否	否
sex	性别	VARCHAR(4)	否	否	是	否	否
age	年龄	INT(4)	否	否	否	否	否
d_id	部门号	INT(4)	否	是	否	否	否
salary	工资	Float	否	否	否	否	否
address	家庭住址	VARCHAR(50)	否	否	否	否	否

然后在 department 表和 employee 表中查询记录。

查询的要求如下：

（1）登录数据库系统后，在数据库下创建 department 表和 employee 表。

创建 department 表，代码如下：

```
CREATE  TABLE  department (
    d_id  INT(4)  NOT NULL  UNIQUE  PRIMARY KEY,
    d_name  VARCHAR(20)  NOT NULL,
    function  VARCHAR(20) ,
    address  VARCHAR(30)
);
```

创建 employee 表,代码如下:

```
CREATE  TABLE  employee (
    id  INT(4)  NOT NULL  UNIQUE  PRIMARY KEY,
    name  VARCHAR(20)  NOT NULL,
    sex  VARCHAR(4),
    age  INT(4),
    d_id  INT(4),
    salary  FLOAT,
    address  VARCHAR(50)
);
```

(2) 插入记录。将记录插入到 department 表中,INSERT 语句如下:

```
INSERT INTO department VALUES( 1001,'人事部', '人事管理', '北京');
INSERT INTO department VALUES( 1002,'科研部', '研发产品', '北京');
INSERT INTO department VALUES( 1003,'生产部', '产品生产', '天津');
INSERT INTO department VALUES( 1004,'销售部', '产品销售', '上海');
```

将记录插入到 employee 表中,INSERT 语句如下:

```
INSERT INTO employee VALUES(9001,'Aric', '男',25, 1002,4000, '北京市海淀区');
INSERT INTO employee VALUES(9002,'Jim ', '男',26, 1001,2500, '北京市昌平区');
INSERT INTO employee VALUES(9003,'Tom', '男',20, 1003,1500, '湖南省永州市');
INSERT INTO employee VALUES(9004,'Eric', '男',30, 1001,3500, '北京市顺义区');
INSERT INTO employee VALUES(9005,'Lily', '女',21, 1002,3000, '北京市昌平区');
INSERT INTO employee VALUES(9006,'Jack', '男',28, '', ,1800, '天津市南开区');
```

(3) 查询 employee 表的所有记录。

(4) 查询 employee 表的第四条和第五条记录。

(5) 从 department 表中查询部门号(d_id)、部门名称(d_name)和部门职能(function)。

(6) 列出 employee 表中的所有字段名称。

(7) 从 employee 表中查询年龄在 25～30 岁的员工的信息。可以通过两种方式(BETWEEN AND、比较运算符和逻辑运算符)来查询。

(8) 查询每个部门有多少员工。先按部门号进行分组,然后用 COUNT()函数计算每组的人数。

(9) 查询每个部门的最高工资。先按部门号进行分组,然后用 MAX()函数计算最大值。

(10) 查询 employee 表中没有分配部门的员工。

(11) 计算每个部门的总工资。先按部门号进行分组,然后用 SUM()函数来求和。

(12) 查询 employee 表,按照工资从高到低的顺序排列。

(13) 从 department 表和 employee 表中查询出部门号,然后使用 UNION 合并查询结果。

(14) 查询住址在北京市的员工的姓名、年龄和家庭住址。这里使用 LIKE 关键字。

（15）查询名字由 4 个字母组成并且最后三个字母是"ric"的员工的信息。

三、观察与思考

1. LIKE 的通配符有哪些？分别代表什么含义？

2. 知道学生的出生日期，如何求出其年龄？

3. IS 能用"＝"来代替吗？如何周全地考虑"空数据"的情况？

4. 关键字 ALL 和 DISTINCT 有什么不同的含义？关键字 ALL 是否可以省略不写？

5. 聚集函数能否直接使用在 SELECT 子句、HAVING 子句、WHERE 子句或 GROUP BY 子句中？

6. WHERE 子句与 HAVING 子句有何不同？

7. count(＊)、count(列名)和 count(distinct 列名)三者之间的区别是什么？通过一个实例说明。

8. 内连接与外连接有什么区别？

9. "＝"与 IN 在什么情况下作用相同？

实验八：MySQL 数据库索引的创建与管理操作

一、实验目的

（1）理解索引的概念与类型。

（2）掌握创建、更改和删除索引的方法。

（3）掌握维护索引的方法。

二、验证性实验

在 job 数据库中有存放登录用户信息的 userlogin 表和存放个人信息的 information 表，分别如表 A-16 和表 A-17 所示。

表 A-16　userlogin 表的结构

字段名	字段描述	数据类型	主键	外键	非空	唯一	自增
id	编号	INT(4)	是	否	是	是	是
name	用户名	VARCHAR(20)	否	否	是	否	否
Password	密码	VARCHAR(20)	否	否	是	否	否
info	附加信息	TEXT	否	否	否	否	否

表 A-17　information 表的结构

字段名	字段描述	数据类型	主键	外键	非空	唯一	自增
id	编号	INT(4)	是	否	是	是	是
Name	姓名	VARCHAR(20)	否	否	是	否	否
Sex	性别	VARCHAR(4)	否	否	是	否	否

续表

字段名	字段描述	数据类型	主键	外键	非空	唯一	自增
Birthday	出生日期	DATE	否	否	否	否	否
Address	家庭住址	VARCHAR(50)	否	否	否	否	否
Tel	电话号码	VARCHAR(20)	否	否	否	否	否
pic	照片	BLOB	否	否	否	否	否

请在上述两个表上完成如下操作：

1. 在 userlogin 表的 name 字段上创建名为 index_name 的索引。

2. 创建名为 index_bir 的多列(name,sex)索引。

3. 用 ALTER TABLE 语句创建名为 index_id 的唯一索引。

4. 删除 userlogin 表上的 index_name 索引。

5. 编写查看 userlogin 表结构的代码。

6. 删除 information 表上的 index_bir 索引。

三、观察与思考

(1) 数据库中的索引被破坏后会产生什么结果？

(2) 在视图上能创建索引吗？

(3) 在 MySQL 中创建组合索引的原则是什么？

(4) 主键约束和唯一约束是否会默认创建唯一索引？

实验九：MySQL 数据库视图的创建与管理实验

一、实验目的

1. 理解视图的概念。

2. 掌握创建、更改和删除视图的方法。

3. 掌握使用视图来访问数据的方法。

二、验证性实验

在 job 数据库中,有聘任人员信息表 Work_Info,其结构如表 A-18 所示。

表 A-18   Work_Info 表的结构

字段名	字段描述	数据类型	主键	外键	非空	唯一	自增
id	编号	INT(4)	是	否	是	是	否
name	姓名	VARCHAR(20)	否	否	是	否	否
sex	性别	VARCHAR(4)	否	否	是	否	否
age	年龄	INT(4)	否	否	否	否	否
address	家庭住址	VARCHAR(50)	否	否	否	否	否
tel	电话号码	VARCHAR(20)	否	否	否	否	否

其中,表中的练习数据如下:

1,'张明','男',19,'北京市朝阳区','1234567'

2,'李广','男',21,'北京市昌平区','2345678'

3,'王丹','女',18,'湖南省永州市','3456789'

4,'赵一枚','女',24,'浙江省宁波市','4567890'

按照下列要求进行操作:

1. 创建视图 info_view,显示年龄大于 20 岁的聘任人员的 id、name、sex 和 address 信息。

2. 查看视图 info_view 的基本结构和详细结构。

3. 查看视图 info_view 的所有记录。

4. 修改视图 info_view,显示年龄小于 20 岁的聘任人员的 id、name、sex 和 address 信息。

5. 更新视图,将 id 号为 3 的聘任员的性别由"男"改为"女"。

6. 删除 info_view 视图。

三、观察与思考

1. 通过视图插入的数据能进入基本表中吗?

2. WITH CHECK OPTION 能起什么作用?

3. 修改基本表的数据会自动反映到相应的视图中吗?

实验十：MySQL 数据库存储过程与函数的创建与管理实验

一、实验目的

1. 理解存储过程和函数的概念。

2. 掌握创建存储过程和函数的方法。

3. 掌握执行存储过程和函数的方法。

二、验证性实验

1. 某超市的食品管理数据库中有一个 food 表,其定义如表 A-19 所示。

表 A-19　food 表的定义

字段名	字段描述	数据类型	主键	外键	非空	唯一	自增
foodid	食品编号	INT(4)	是	否	是	是	是
Name	食品名称	VARCHAR(20)	否	否	是	否	否
Company	生产厂商	VARCHAR(30)	否	否	是	否	否
Price	价格(单位:元)	FLOAT	否	否	是	否	否
Product_time	生产年份	YEAR	否	否	否	否	否
Validity_time	保质期(单位:年)	INT(4)	否	否	否	否	否
address	厂址	VARCHAR(50)	否	否	否	否	否

各列有如下数据：

```
'QQ 饼干','QQ 饼干厂',2.5,'2021',3,'北京'
'MN 牛奶','MN 牛奶厂',3.5,'2020',1,'河北'
'EE 果冻','EE 果冻厂',1.5,'2020',2,'北京'
'FF 咖啡','FF 咖啡厂',20,'2020',5,'天津'
'GG 奶糖','GG 奶糖',14,'2021',3,'广东'
```

（1）在 food 表上创建名为 Pfood_price_count 的存储过程，它具有 3 个参数，其中输入参数为 price_infol 和 price_info2，输出参数为 count。该存储过程用于完成以下任务：查询 food 表中食品单价高于 price_infol 且低于 price_info2 的食品种类数，然后由 count 参数来输出，并且计算满足条件的单价总和。

（2）使用 CALL 语句来调用存储过程，查询价格在 2～18 元的食品种类数。

（3）使用 SELECT 语句查看结果。

其中，count 是存储过程的输出结果；sum 是存储过程中的变量，其值是所求的单价总和。

（4）使用 DROP 语句删除存储过程 Pfood_price_count。

（5）使用存储函数来实现（1）的要求。

（6）调用存储函数。

（7）删除存储函数。

注意：存储函数只能返回一个值，所以只实现了计算满足条件的食品种类数。使用 RETURN 返回计算的食品种类数。注意，调用存储函数与调用 MySQL 内部函数的方式是一样的。

三、观察与思考

（1）什么时候适合通过创建存储过程来完成任务？

（2）功能相同的存储过程和存储函数的不同点有哪些？

实验十一：MySQL 数据库触发器的创建与管理实验

一、实验目的

1. 理解触发器的概念与类型。

2. 理解触发器的功能及工作原理。

3. 掌握创建、更改和删除触发器的方法。

4. 掌握利用触发器维护数据完整性的方法。

二、验证性实验

某同学定义了产品信息表 product，主要字段有产品编号、产品名称、主要功能、生产厂商和厂商地址，创建 product 表的 SQL 代码如下：

```
CREATE  TABLE  product (
    id  INT(10)  NOT NULL  UNIQUE  PRIMARY KEY,
    name  VARCHAR(20)  NOT NULL,
```

```
    function  VARCHAR(50),
    company  VARCHAR(20)  NOT NULL,
    address  VARCHAR(50)
);
```

在对 product 表进行数据操作时,需要对操作的内容和时间进行记录,于是定义了 operate 表,创建该表的 SQL 语句如下:

```
CREATE  TABLE  operate (
    op_id  INT(10)  NOT NULL  UNIQUE  PRIMARY KEY  AUTO_INCREMENT,
    op_name  VARCHAR(20)  NOT NULL,
    op_tiem  TIME  NOT NULL
);
```

请完成如下任务:

1. 在 product 表上分别创建 BEFOREINSERT、AFTERUPDATE 和 AFTERDELETE 这 3 个触发器,触发器的名称分别为 Tproduct_bf_insert、Tproduct_af_update 和 Tproduct_af_del。执行语句部分都是向 operate 表插入操作方法和操作时间。

(1) 创建 Tproduct_bf_insert 触发器的 SQL 代码。

(2) 创建 Tproduct_af_update 触发器的 SQL 代码。

(3) 创建 Tproduct_af_del 触发器的 SQL 代码。

2. 对 product 表分别执行 INSERT、UPDATE 和 DELETE 操作,并且分别查看 operate 表。

(1) 在 product 表中插入一条记录:1,'abc','治疗感冒','北京 abc 制药厂','北京市昌平区'。

(2) 更新记录,将产品编号为 1 的厂商地址改为"北京市海淀区"。

(3) 删除产品编号为 1 的记录。

3. 删除 Tproduct_af_update 触发器。

三、观察与思考

1. 能否在当前数据库中为其他数据库创建触发器?

2. 何时会激发触发器?

实验十二:MySQL 数据库的用户管理实验

一、实验目的

1. 理解 MySQL 的权限系统的工作原理。

2. 理解 MySQL 账户及权限的概念。

3. 掌握管理 MySQL 账户和权限的方法。

二、验证性实验

实验任务如下:

(1) 使用 root 用户创建 Testuser1 用户,初始密码设置为 123456。让该用户对所有数据库拥有 SELECT、CREATE、DROP 和 SUPER 权限。

（2）创建 Testuser2 用户，该用户没有初始密码。

（3）用 Testuser2 用户登录，将其密码修改为 000000。

（4）用 Testuser1 用户登录，为 Testuser2 用户设置 CREATE 和 DROP 权限。

（5）用 Testuser2 用户登录，验证其拥有的 CREATE 和 DROP 权限。

（6）用 root 用户登录，收回 Testuser1 用户和 Testuser2 用户的所有权限（在 Workbench 中验证时必须重新打开这两个用户的连接窗口）。

（7）删除 Testuser1 用户和 Testuser2 用户。

（8）修改 root 用户的密码。

三、观察与思考

新创建的 MySQL 用户能否在其他机器上登录 MySQL 数据库？

实验十三：MySQL 数据库的备份与恢复

一、实验目的

1. 理解 MySQL 备份的基本概念。

2. 掌握各种备份数据库的方法。

3. 掌握如何从备份中恢复数据。

二、实验内容

对 jxgl 数据库中的 student 表进行备份和还原操作。具体要求如下：

（1）使用 mysqldump 命令来备份 student 表，将备份文件存储在 D:\backup 路径下。

（2）使用 mysql 命令来还原 student 表。

（3）使用 mysqldump 命令，将 student 表中的记录导出到一个 XML 文件中，这个 XML 文件存储在 D:\backup 路径下。

（4）使用 SELECT…INTO OUTFILE 语句来导出 student 表中的记录，并将这些记录存储在 D:\backup\student.txt 中。

三、观察与思考

不同编码的数据表如何处理？

实验十四：MySQL 日志管理实验

一、实验目的

1. 了解日志的含义、作用和优缺点。

2. 掌握二进制日志、错误日志和通用查询日志的管理。

二、验证性实验

执行以下操作步骤。

（1）启动二进制日志功能，并且将二进制日志存储到 D:\binlog 目录下。将二进制日志文件命名为 binlog。

将 log-bin 选项加入到 my.cnf 或者 my.ini 配置文件中。在配置文件的［mysqld］组中加入下面的代码：log-bin＝d:\binlog。配置完成后，二进制文件将存储在 D:\binlog 目录下，而且第一个二进制文件的完整名称将是 binlog.000001。

（2）启动服务后，查看二进制日志。

启动 MySQL 服务，在 D:\binlog 目录下可以找到 binlog.000001，然后可以使用 mysqlbinlog 命令来查看二进制日志。先切换到 C:\目录下，然后再执行 mysqlbinlog 命令，如下：

```
c:\mysql>mysqlbinlog d:\binlog\binlog.000001
```

（3）对 studentinfo 数据库下的 sc 表使用 mysqlbinlog 语句来查看二进制日志文件，mysqlbinlog 命令如下：

```
c:\mysql>mysqlbinlog d:\binlog\binlog.000001
```

（4）暂停二进制日志功能，然后再删除表中的所有记录。

后面需要删除 sc 表中的所有记录，而此时不希望这个删除语句被记录到二进制日志中。因此使用 SET 语句来暂停二进制日志功能，SET 语句的代码如下：

```
SET SQL_LOG_BIN=0;
```

（5）重新开启二进制日志功能。

可以使用 SET 语句重新开启二进制日志功能，SET 语句如下：

```
SET SQL_LOG_BIN=1;
```

执行该语句之后，二进制日志功能将可以继续使用。

（6）使用二进制日志来恢复 sc 表。

使用 EXIT 退出 MySQL 数据库，然后执行下面的语句：

```
mysqlbinlog binlog.000001|mysql-uroot-p
```

执行该语句之后，再次登录到 MySQL 数据库中。然后查询 sc 表中的记录是否恢复成功。

（7）删除二进制日志。

使用 RESET MASTER 语句可以删除二进制日志。

三、观察与思考

1. 平时应该开启什么日志？

2. 如何使用二进制日志？

实验十五：使用 PHP 访问 MySQL 数据库实验

一、实验目的

1. 了解用 PHP 操作 MySQL 的流程。

2. 掌握使用 PHP 对 MySQL 进行增、删、改、查的基本操作。

二、实验内容与实验步骤

1. MySQL 数据库的用户名是 root，密码是 1234。MySQL 中有个 Teacherinfo 数据库，其中有一张 teachers 表，其中的字段详细信息如表 A-20 所示。

表 A-20　teachers 表字段

字段名	字段描述	数据类型	主键	外键	非空	唯一	自增
id	编号	INT(4)	是	否	是	是	是
num	教工号	INT(10)	否	否	是	是	否
name	姓名	VARCHAR(20)	否	否	是	否	否
sex	性别	VARCHAR(4)	否	否	是	否	否
birthday	出生日期	DATETIME	否	否	否	否	否
address	家庭住址	VARCHAR(50)	否	否	否	否	否

编写 PHP 代码，连接 MySQL 以实现如下功能。

（1）要求连接数据库，并向表中插入如表 A-21 所示的数据。

表 A-21　teachers 表的数据

id	num	name	sex	birthday	address
1	1001	张三	男	1994-11-08	北京市海淀区
2	1002	李四	男	1970-01-21	北京市昌平区
3	1003	王五	女	1976-10-30	湖南省永州市
4	1004	赵六	男	1990-06-05	辽宁省阜新市

（2）使用 mysql_query() 函数把"张三"老师的地址改为"北京市昌平区"。

（3）使用 mysql_query() 函数查询地址是"北京市昌平区"的老师姓名，并删除李四和赵六的信息记录。

三、思考与观察

选择 MySQL 与 MySQLi 接口来访问 MySQL 有何区别？

示例数据库

1. jxgl 数据库的 4 个表

以名为 jxgl 的数据库为示例数据库。jxgl 数据库的 4 个表结构的生成脚本如下所示：

```sql
------------------------------
--Table structure for specialty
------------------------------
DROP TABLE IF EXISTS specialty;
CREATE TABLE specialty (
  zno CHAR(4) COLLATE utf8_bin NOT NULL COMMENT '专业号',
  zname VARCHAR(50) COLLATE utf8_bin DEFAULT NULL COMMENT '专业名',
  PRIMARY KEY (zno)
) ENGINE=InnoDB DEFAULT CHARSET=utf8 COLLATE=utf8_bin COMMENT='专业表';

------------------------------
--Records of specialty
------------------------------
INSERT INTO specialty VALUES ('1102','数据科学与大数据技术');
INSERT INTO specialty VALUES ('1103','人工智能');
INSERT INTO specialty VALUES ('1201','网络与新媒体');
INSERT INTO specialty VALUES ('1214','区块链工程');
INSERT INTO specialty VALUES ('1407','健康服务与管理');
INSERT INTO specialty VALUES ('1409','智能医学工程');
INSERT INTO specialty VALUES ('1601','供应链管理');
INSERT INTO specialty VALUES ('1805','智能感知工程');
INSERT INTO specialty VALUES ('1807','智能装备与系统');

------------------------------
--Table structure for student
------------------------------
DROP TABLE IF EXISTS student;
CREATE TABLE student (
  sno CHAR(20) COLLATE utf8_bin NOT NULL COMMENT '学号',
  sname VARCHAR(20) COLLATE utf8_bin NOT NULL COMMENT '姓名',
  ssex ENUM('男', '女') NOT NULL DEFAULT '男' COMMENT '性别',
```

```
    sbirth date NOT NULL COMMENT '出生日期',
    zno CHAR(4) COLLATE utf8_bin NOT NULL COMMENT '专业号',
    sclass VARCHAR(10) COLLATE utf8_bin NOT NULL COMMENT '班级',
    PRIMARY KEY (sno),
    KEY zno (zno),
    CONSTRAINT zno FOREIGN KEY (zno) REFERENCES specialty (zno)
) ENGINE=InnoDB DEFAULT CHARSET=utf8 COLLATE=utf8_bin;


-- ------------------------------
-- Records of student
-- ------------------------------
INSERT INTO student VALUES ('202014070116', '欧阳贝贝', '女', '2002-01-08',
'1407', '健管2001');
INSERT INTO student VALUES ('202012040137', '郑熙婷', '女', '2003-05-23',
'1214', '区块链2001');
INSERT INTO student VALUES ('202011070338', '孙一凯', '男', '2000-10-11',
'1102', '大数据2001');
INSERT INTO student VALUES ('202011855228', '唐晓', '女', '2002-11-05', '1102',
'大数据2001');
INSERT INTO student VALUES ('202011855321', '蓝梅', '女', '2002-07-02', '1102',
'大数据2001');
INSERT INTO student VALUES ('202011855426', '余小梅', '女', '2002-06-18',
'1102', '大数据2001');
INSERT INTO student VALUES ('202012855223', '徐美利', '女', '2000-09-07',
'1214', '区块链2001');
INSERT INTO student VALUES ('202016855313', '郭爽', '女', '2001-02-14', '1601',
'供应链2001');
INSERT INTO student VALUES ('202014320425', '曹平', '女', '2002-12-14', '1407',
'健管2001');
INSERT INTO student VALUES ('202014855302', '李壮', '男', '2003-01-17', '1409',
'智能医学2001');
INSERT INTO student VALUES ('202014855308', '马琦', '男', '2003-06-14', '1409',
'智能医学2001');
INSERT INTO student VALUES ('202014855328', '刘梅红', '女', '2000-06-12',
'1407', '健管2001');
INSERT INTO student VALUES ('202014855406', '王松', '男', '2003-10-06', '1409',
'智能医学2001');
INSERT INTO student VALUES ('202016855305', '聂鹏飞', '男', '2002-08-25',
'1601', '供应链2001');
INSERT INTO student VALUES ('202018855212', '李冬旭', '男', '2003-06-08',
'1805', '智能感知2001');
INSERT INTO student VALUES ('202018855232', '王琴雪', '女', '2002-07-20',
'1805', '智能感知2001');
```

```
------------------------------
--Table structure for course
------------------------------
DROP TABLE IF EXISTS course;
CREATE TABLE course (
  cno VARCHAR(10) COLLATE utf8_bin NOT NULL COMMENT '课程号',
  cname VARCHAR(50) COLLATE utf8_bin DEFAULT NULL COMMENT '课程名',
  ccredit INT(1) NOT NULL COMMENT '学分',
  cdept VARCHAR(20) COLLATE utf8_bin NOT NULL COMMENT '授课学院',
  PRIMARY KEY (cno)
) ENGINE=InnoDB DEFAULT CHARSET=utf8 COLLATE=utf8_bin;


------------------------------
--Records of course
------------------------------
INSERT INTO course VALUES ('11110140', '大数据管理', '3', '人工智能学院');
INSERT INTO course VALUES ('11110470', '数据分析与可视化', '3', '人工智能学院');
INSERT INTO course VALUES ('11110930', '电子商务', '2', '人工智能学院');
INSERT INTO course VALUES ('11111260', '客户关系管理', '2', '人工智能学院');
INSERT INTO course VALUES ('11140260', '新媒体运营', '2', '信息学院');
INSERT INTO course VALUES ('18110140', 'Python 程序设计', '3', '信息学院');
INSERT INTO course VALUES ('18111850', '数据库原理', '3', '大数据学院');
INSERT INTO course VALUES ('18112820', '网站设计与开发', '2', '信息学院');
INSERT INTO course VALUES ('18130320', 'Internet 技术及应用', '2', '信息学院');
INSERT INTO course VALUES ('18132220', '数据库技术及应用', '2', '大数据学院');
INSERT INTO course VALUES ('18132370', 'Java 程序设计', '2', '信息学院');
INSERT INTO course VALUES ('18132600', '数据库原理与应用 A', '3', '大数据学院');
INSERT INTO course VALUES ('58130060', 'Python 程序设计', '3', '信息学院');
INSERT INTO course VALUES ('58130540', '大数据技术及应用', '3', '大数据学院');


------------------------------
--Table structure for sc
------------------------------
DROP TABLE IF EXISTS sc;
CREATE TABLE sc (
  sno CHAR(20) COLLATE utf8_bin NOT NULL COMMENT '学号',
  cno CHAR(10) COLLATE utf8_bin NOT NULL COMMENT '课程号',
  grade FLOAT(4,1) NOT NULL COMMENT '成绩',
  KEY sno (sno),
  KEY cno (cno),
  CONSTRAINT cno FOREIGN KEY (cno) REFERENCES course (cno),
  CONSTRAINT sno FOREIGN KEY (sno) REFERENCES student (sno)
) ENGINE=InnoDB DEFAULT CHARSET=utf8 COLLATE=utf8_bin COMMENT='选修表';
```

```
------------------------------
--Records of sc
------------------------------
INSERT INTO sc VALUES ('202014855328', '58130540', '85');
INSERT INTO sc VALUES ('202014855406', '18110140', '75');
INSERT INTO sc VALUES ('202012855223', '18130320', '60');
INSERT INTO sc VALUES ('202014070116', '11110930', '65');
INSERT INTO sc VALUES ('202014855302', '11110140', '90');
INSERT INTO sc VALUES ('202011855228', '18132220', '96');
INSERT INTO sc VALUES ('202018855232', '18110140', '87');
INSERT INTO sc VALUES ('202014855328', '18130320', '96');
INSERT INTO sc VALUES ('202014855406', '11110470', '86');
INSERT INTO sc VALUES ('202012855223', '58130540', '77');
INSERT INTO sc VALUES ('202014855406', '18132220', '84');
INSERT INTO sc VALUES ('202014070116', '18130320', '90');
INSERT INTO sc VALUES ('202011855321', '11110470', '69');
INSERT INTO sc VALUES ('202018855232', '58130540', '91');
```

2. 以 yggl 数据库为示例数据库

yggl 数据库中有两张表，分别为员工表 employee 和部门表 dept。

首先创建一个新的数据库 yggl，并创建员工表 employee 和部门表 dept，分别如表 B-1 和表 B-2 所示。

表 B-1　employee 表的数据示例

empno	ename	jobrank	mgrno	hiredate	salary	allowance	deptno
7369	石一丹	职员	7902	2020-12-17	800.00	(Null)	20
7499	艾冷	副科长	7698	2010-02-20	1600.00	300.00	30
7521	李静	副科长	7698	2008-02-22	1250.00	500.00	30
7566	陈建	副处长	7839	2005-04-02	2975.00	(Null)	20
7654	马丁	副科长	7698	2010-09-28	1250.00	1400.00	30
7698	徐依婷	副处长	7839	2009-05-01	2850.00	(Null)	30
7782	杜峰	副处长	7839	2000-06-09	2450.00	(Null)	10
7788	王美美	科长	7566	2007-04-19	3000.00	(Null)	20
7839	孙一鸣	处长	(Null)	2000-11-17	5000.00	(Null)	10
7844	天才瑞	副科长	7698	2000-09-08	1500.00	0.00	30
7876	张明媚	职员	7788	1999-05-23	1100.00	(Null)	20
7900	李长江	职员	7698	2000-12-03	950.00	(Null)	30
7902	方立人	科长	7566	2001-12-03	3000.00	(Null)	20
7934	王鸣苗	职员	7782	2002-01-23	1300.00	(Null)	10

表 B-2　dept 表的数据示例

deptno	dname	location
10	财务处	文章楼
20	研究院	科研楼
30	教务处	静思楼
40	人事处	思贤楼

　　在该数据库中创建一张名为 employee 的员工表，表中字段包括：empno（员工编号）、ename（员工姓名）、jobrank（员工职级）、mgrno（员工领导编号）、hiredate（员工入职日期）、salary（员工月薪）、allowance（员工津贴）和 deptno（员工部门编号）。

　　创建 employee 表的 SQL 语句如下：

```
CREATE TABLE employee(
    empno INT(4) PRIMARY KEY,
    ename VARCHAR(10),
    jobrank  VARCHAR (9),
    mgrno INT(4),
    hiredate DATE,
    salary DECIMAL(7,2),
    allowance DECIMAL (7,2),
    deptno INT(2)
);
```

　　创建一张名为 dept 的部门表，表中字段包括：deptno（部门编号）、dname（部门名称）和 location（部门所在地），并为字段 deptno 设置主键约束。创建 dept 表的 SQL 语句如下：

```
CREATE TABLE dept(
    deptno INT(2) PRIMARY KEY,
    dname VARCHAR (14),
    location VARCHAR (13)
);
INSERT INTO employee VALUES
    (7369, '石一丹', '职员', 7902, '2020-12-17', 800, null, 20),
    (7499, '艾冷', '副科长', 7698, '2010-02-20', 1600, 300, 30),
    (7521, '李静', '副科长', 7698, '2008-02-22', 1250, 500, 30),
    (7566, '陈建', '副处长', 7839, '2005-04-02', 2975, null, 20),
    (7654, '马丁', '副科长', 7698, '2010-09-28', 1250, 1400, 30),
    (7698, '徐依婷', '副处长', 7839, '2009-05-01', 2850, null, 30),
    (7782, '杜峰', '副处长', 7839, '2000-06-09', 2450, null, 10),
    (7788, '王美美', '科长', 7566, '2007-04-19', 3000, null, 20),
    (7839, '孙一鸣', '处长', null, '2000-11-17', 5000, null, 10),
    (7844, '天才瑞', '副科长', 7698, '2000-09-08', 1500, 0, 30),
    (7876, '张明媚', '职员', 7788, '1999-05-23', 1100, null, 20),
    (7900, '李长江', '职员', 7698, '2000-12-03', 950, null, 30),
    (7902, '方立人', '科长', 7566, '2001-12-03', 3000, null, 20),
    (7934, '王鸣苗', '职员', 7782, '2002-01-23', 1300, null, 10);
INSERT INTO dept VALUES
    (10, '财务处', '文章楼'),
    (20, '研究院', '科研楼'),
    (30, '教务处', '静思楼'),
    (40, '人事处', '思贤楼');
```

图 书 资 源 支 持

感谢您一直以来对清华版图书的支持和爱护。为了配合本书的使用，本书提供配套的资源，有需求的读者请扫描下方的"书圈"微信公众号二维码，在图书专区下载，也可以拨打电话或发送电子邮件咨询。

如果您在使用本书的过程中遇到了什么问题，或者有相关图书出版计划，也请您发邮件告诉我们，以便我们更好地为您服务。

我们的联系方式：

地　　址：北京市海淀区双清路学研大厦 A 座 714

邮　　编：100084

电　　话：010-83470236　010-83470237

客服邮箱：2301891038@qq.com

QQ：2301891038（请写明您的单位和姓名）

资源下载：关注公众号"书圈"下载配套资源。

资源下载、样书申请

书圈

获取最新书目

观看课程直播